"十二五""十三五"国家重点图书出版规划项目

风力发电工程技术丛书

风电机组检测技术

邢作霞　赵丽军　陈雷　李媛　编著

·北京·

内 容 提 要

本书是《风力发电工程技术丛书》之一，主要介绍了风电机组及检测技术概述，测量误差与不确定度，传感器原理与应用，风能资源测量与评估，风电电能质量及电网适应性测试，风电机组功率特性测试，风电机组低电压穿越测试，风电机组载荷测试，风电机组噪声和振动测试等方面的内容。

本书适合作为高等院校相关专业的教学、参考用书，也可为风力发电的专业人员在风力发电机组检测方面的学习提供参考。

图书在版编目（CIP）数据

风电机组检测技术 / 邢作霞等编著. -- 北京 : 中国水利水电出版社, 2017.3
（风力发电工程技术丛书）
ISBN 978-7-5170-5506-8

Ⅰ. ①风… Ⅱ. ①邢… Ⅲ. ①风力发电机－发电机组－检测 Ⅳ. ①TM315

中国版本图书馆CIP数据核字(2017)第126912号

	风力发电工程技术丛书
书　名	**风电机组检测技术**
	FENGDIAN JIZU JIANCE JISHU
作　者	邢作霞　赵丽军　陈雷　李媛　编著
出版发行	中国水利水电出版社
	（北京市海淀区玉渊潭南路1号D座　100038）
	网址：www. waterpub. com. cn
	E－mail：sales@waterpub. com. cn
	电话：（010）68367658（营销中心）
经　售	北京科水图书销售中心（零售）
	电话：（010）88383994、63202643、68545874
	全国各地新华书店和相关出版物销售网点
排　版	北京万水电子信息有限公司
印　刷	北京瑞斯通印务发展有限公司
规　格	184mm×260mm　16开本　19.25印张　456千字
版　次	2017年3月第1版　2017年3月第1次印刷
定　价	**76.00元**

《风力发电工程技术丛书》

编 委 会

主要参编单位（排名不分先后）

河海大学
中国长江三峡集团公司
中国水利水电出版社
水资源高效利用与工程安全国家工程研究中心
水电水利规划设计总院
水利部水利水电规划设计总院
中国能源建设集团有限公司
上海勘测设计研究院有限公司
中国电建集团华东勘测设计研究院有限公司
中国电建集团西北勘测设计研究院有限公司
中国电建集团中南勘测设计研究院有限公司
中国电建集团北京勘测设计研究院有限公司
中国电建集团昆明勘测设计研究院有限公司
中国电建集团成都勘测设计研究院有限公司
长江勘测规划设计研究院
中水珠江规划勘测设计有限公司
内蒙古电力勘测设计院
新疆金风科技股份有限公司
华锐风电科技股份有限公司
中国水利水电第七工程局有限公司
中国能源建设集团广东省电力设计研究院有限公司
中国能源建设集团安徽省电力设计院有限公司
华北电力大学
同济大学
华南理工大学
中国三峡新能源有限公司
华东海上风电省级高新技术企业研究开发中心
浙江运达风电股份有限公司

前　言

风电机组检测技术对风电运行、检修、故障诊断和产品认证有重要意义。主要体现在两个方面：一方面，风电是一种间歇性电源，具有短期波动性，风电大规模接入电网会对电网产生影响，这就要求接入电网的风电机组必须符合标准，尤其是电气特性必须符合相关技术标准的要求，对产品设计、新机型的开发，也需要对设计参数指标进行检测和认证；另一方面，针对风电运行情况和数据积累，开展风电机组检测，可以为解决风电机组故障提供技术支持，便于分析故障原因，优化风电机组控制策略，保证风电机组在不同场地条件和不同风况条件下都保持良好的运行状态，提供最大可能的发电量，对风电机组和风电场的智能运维起到重要作用。因此风电机组检测技术作为风电设计和运行的一门核心主干专业课程，在风电专业中将占据越来越大的重要的地位。

风电机组检测技术包括测量与误差、不确定性评定、传感器原理、风电传感器种类、风能资源测量、风电机组功率曲线评估、电能质量测试、低电压穿越测试、风电机组设计载荷评估、风电机组噪声测试等内容。本书从传感器原理、测量方法、数据统计方法等方面讲述风电检测相关内容。通过本课程的学习，使学生了解和掌握风电相关的各种传感器应用及测量方法，应用于本科和研究生教学，培养学生具备解决风电机组实际检测问题的能力。

本书一共有9章，各章的概述如下：

第1章 风电机组及检测技术概述。本章对风电机组的组成结构和分类方法，测试技术概念及特点、现代测试系统组成等内容进行了概要阐述。建立了风电检测的基本内容和知识体系框架。

第2章 测量误差与不确定度。本章对测量技术包括的测量方法和相关的数据处理方法进行了系统阐述。对测量不确定度的分类和评定方法进行了全面介绍，并给出计算实例。

第3章 传感器原理与应用。本章对传感器的原理、结构组成、使用方法、基本特征、应用领域和前景等进行基本概述，对应变式传感器、压电式传感器、温度传感器等从原理、测量电路等方面进行测量原理和应用方法的介绍，并对风电系统所涉及的相关传感器进行介绍。

第4章 风能资源测量与评估。本章对气象测风方法进行介绍，描述测风塔的结构和分类，风电场中测风塔的布置方法等，最后对测风系统的组成、风能资源数据的测量、数据处理和风能资源评估计算方法进行了详细论述。

第5章 风电电能质量及电网适应性测试。本章介绍了风电电能质量标准和测试用相关电气设备，针对风电并网要求的电网适应性要求和相应的测试方法进行了描述。

第6章 风电机组功率特性测试。本章介绍了风电机组功率特性测试的过程及方法，场区评定，有效测风扇区计算，数据回归和数据采集与处理、不确定度评定等相关知识。

第7章 风电机组低电压穿越测试。本章介绍了低电压穿越基本概念和并网导则要求，内容包括低压穿越的原理，相关参数测量所用的设备，参数的选取和低压穿越能力的认证，以及具体的测量要求，最后介绍了低压穿越控制和测量的软、硬件系统。

第8章 风电机组载荷测试。本章对载荷测量的要求和测量目的进行了介绍，说明Bladed软件对载荷进行计算的过程，载荷测量传感器及布置布局方法，测试硬件系统的设计和软件功能，载荷测量的标定和相关数据验证处理等内容。

第9章 风电机组噪声和振动测试。本章说明了噪声产生的原理，噪声的测量方法和检测的标准。对风电机组机械传动振动的测量和评定方法进行了论述，介绍了振动监测系统和相关风电机组故障的评定过程。

本书由沈阳工业大学电气工程学院邢作霞担任主编，赵丽军担任副主编，陈雷、李媛两位老师参与书中重要章节的编写，董丽萍、郑伟两位老师负责本书校核工作。在此向所有帮助和支持过我们的朋友表示感谢。在编写过程中参考和引用了国内外很多书籍和网站的相关内容，部分图片的素材和个别实例的初始原型也来源于网络，由于涉及的网站和网页太多，没有一一列举，在此一并予以感谢。最后特别感谢中国水利水电出版社为本书出版所做出的努力。

作者

2017年1月

目 录

前言

第1章 风电机组及检测技术概述

1.1 相关基本概念

1.1.1 结构框图及基本原理

1. 结构框图

风电机组结构框图如图1-1所示。在机组中存在着两种物质流：一种是能量流，另一种是信息流。图1-1中的风轮、主传动系统、制动装置、发电系统和变压器部分构成机组的能量流，用实线描述；而图1-1中的控制系统、变桨距系统、偏航系统及测风系统部分承担机组的控制任务，构成机组的信息流，用虚线表述。

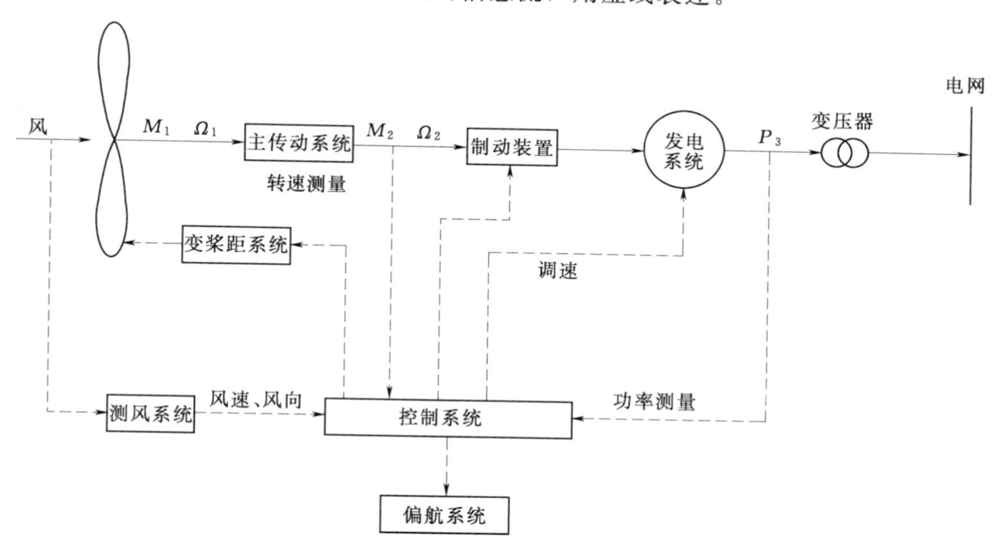

图1-1 风电机组结构框图

2. 能量流能量传递原理

当风以一定的速度吹向风电机组时，在风轮上产生的力矩驱动风轮转动。将风的动能变成风轮旋转的动能，两者都属于机械能。风轮的输出功率为

$$P_1 = M_1 \Omega_1 \tag{1-1}$$

式中 P_1——风轮的输出功率，W；

M_1——风轮的输出转矩，N·m；

Ω_1——风轮的角速度，rad/s。

风轮的输出功率通过主传动系统传递。主传动系统可能使转矩和转速发生变化，于

是有

$$P_2=M_2\Omega_2=M_1\Omega_1\eta_1 \tag{1-2}$$

式中　P_2——主传动系统的输出功率，W；

M_2——主传动系统的输出转矩，N·m；

Ω_2——主传动系统的角速度，rad/s；

η_1——主传动系统的总效率。

主传动系统将动力传递给发电机系统，发电机把机械能变为电能。发电机的输出功率为

$$P_3=\sqrt{3}U_N I_N\cos\varphi_N=P_2\eta_2 \tag{1-3}$$

式中　P_3——发电系统的输出功率，W；

U_N——定子三相绕组上的线电压，V；

I_N——流过定子绕组的线电流，A；

$\cos\varphi_N$——功率因数；

η_2——发电系统的总效率。

并网型风电机组发电系统输出的电流经过变压器升压后，即可输入电网。

3. 信息流信息控制路线

信息流的传递是围绕控制系统进行的。控制系统的功能是过程控制和安全保护。过程控制包括启动、运行、暂停、停止等。在出现恶劣的外部环境和机组零部件突然失效时应该紧急停机。

风速、风向、风电机组的转速、发电功率等物理量等作为输入信息通过传感器变成电信号传递给控制系统，控制系统随时对输入信息进行加工和比较，及时地发出控制指令，这些指令是控制系统的输出信息。

对于变桨距风电机组，当风速大于额定风速时，控制系统发出变桨距指令，通过变桨距系统改变风轮叶片的桨距角，从而控制风电机组的输出功率。在启动和停止的过程中，也需要改变叶片的桨距角。

对于变速型风电机组，当风速小于额定风速时，控制系统可以根据风的大小发出改变发电机转速的指令，以便使风电机组最大限度地捕获风能。

当风轮的轴向与风向偏离时，控制系统发出偏航指令，通过偏航系统校正风轮轴的指向，使风轮始终对准来风的方向。

当需要停机时，控制系统发出停机指令，除了借助变桨距制动外，还可以通过安装在传动轴上的制动装置实现制动。

实际上，在风电机组中，能量流和信息流组成了闭环控制系统。同时，变桨距系统、偏航系统等也组成了若干闭环的子系统，实现相应的控制功能。应该指出，由于各种风电机组组成结构的不同，其工作原理也有差异，这里介绍的是一种比较常用的典型情况。

1.1.2　构成和分类

1. 构成

从整体上看，风电机组可分为风轮、机舱、塔架和基础几个部分，风电机组外观如图

1-2所示。风轮由叶片和轮毂组成。叶片具有空气动力外形，在气流作用下产生力矩驱动风轮转动，通过轮毂将转矩输入到主传动系统。机舱由底盘、整流罩和机舱罩等组成，底盘上安装除主控制器以外的主要部件；机舱罩后部的上方装有风速和风向传感器；舱壁上有隔音和通风装置等。底部与风轮直径决定风电机组能够在多大的范围内获取风中蕴含的能量。额定功率是正常工作条件下风电机组设计要达到的最大连续输出电功率。风轮直径应当根据不同的风况与额定功率匹配，以获得最大的年发电量和最低的发电成本，配置较大直径风轮供低风速区选用，配置较小直径风轮供高风速区选用。

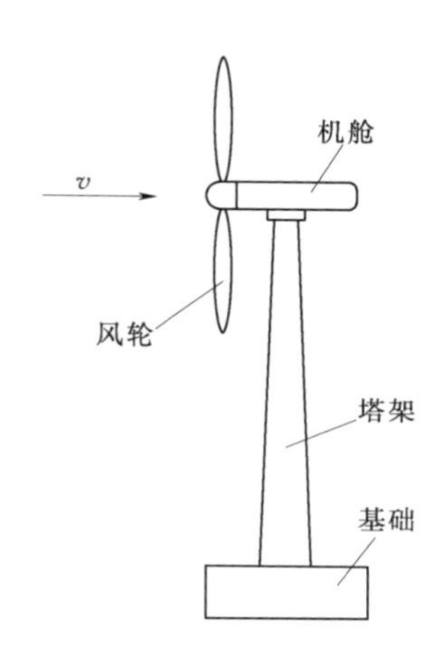

图1-2　风电机组的外观

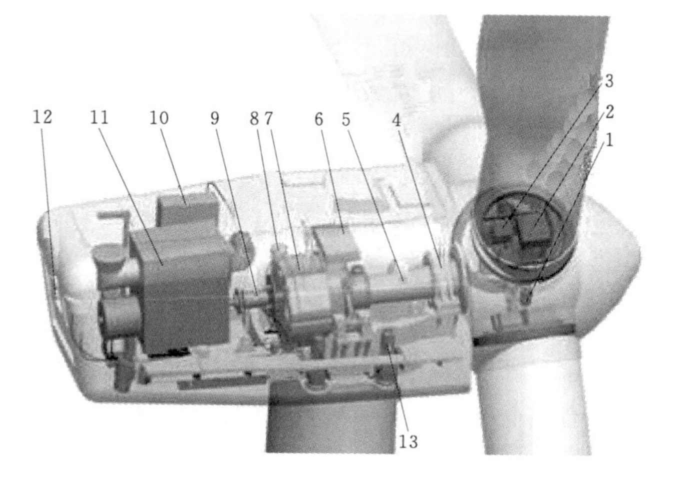

图1-3　一种变桨变速型风电机组内部结构

1—变距电机；2—变桨控制器；3—电池盒；4—主轴承；5—主轴；6—冷却风扇；7—齿轮箱；8—液压站；9—高速轴；10—电控柜；11—发电机；12—机舱通风扇；13—偏航装置

一种变桨（即叶片可以绕自身轴线旋转，又简称变距）变速型风电机组内部结构如图1-3所示。对它的一些关键部分介绍如下：

(1) 机舱。机舱有风电机组的关键设备，包括齿轮箱、发电机。维护人员可以通过风电机组塔架进入机舱。机舱前端是风电机组转子，即转子叶片和轴心。

(2) 转子叶片。其作用是捕获风并将风力传送到转子轴心。在600kW级别的风电机组上，每个转子叶片的测量长度大约为20m；而在5MW级别的风电机组上，叶片长度可以达到近60m。叶片的设计类似飞机的机翼，制造材料却大不相同，多采用纤维而不是轻型合金。大部分转子叶片用玻璃纤维强化塑料制造。采用碳纤维或芳族聚酰胺作为强化材料是另外一种选择，但这种叶片对大型风电机组来说是不经济的。尽管目前在这一领域的研究已经有了发展，但木材、环氧木材或环氧木纤维合成物尚未用于制造叶片，钢及铝合金分别存在重量及金属疲劳等问题，目前只用在小型风电机组上。实际上，转子叶片设计师通常将叶片最远端的部分横切面设计得类似于正统飞机的机翼。但是叶片内端的厚轮廓，通常是专门为风电机组设计的。为转子叶片选择轮廓需要考虑很多方面，诸如可靠的运转与延时特性。叶片的轮廓设计应满足，即使在表面有污垢时，叶片也可以运转良好。

(3) 轴心。转子轴心附着在风电机组的低速轴上。

(4) 主轴（低速轴）。风电机组的低速轴将转子轴心与变速齿轮箱连接在一起。在一般的风电机组上，转子转速相当慢，为19～30r/min。轴中有用于液压系统的导管，可以用来激发空气动力闸的运行。

(5) 齿轮箱。齿轮箱是连接低速轴和高速轴的变速装置，它可以将高速轴的转速提高至低速轴的50倍。

(6) 高速轴及机械闸。高速轴以超过1500r/min运转，并驱动发电机。它装备有紧急机械闸，用于空气动力闸失效或风电机组维修时的制动。

(7) 发电机。风电机组的发电机将机械能转化为电能。风电机组上的发电机与普通电网上的发电设备不同，风电机组的发电机需要在波动的机械能条件下运转。通常使用的风电机组发电机是感应发电机或异步发电机，目前已经开始使用永磁同步发电机。迄今世界上单机最大电力输出超过6000kW（德国Enercon的E-112/114型发电机）。

(8) 偏航装置。偏航装置借助电动机转动机舱，以使转子叶片调整达到风向的最佳切入角度。偏航装置由电子控制器操作，电子控制器可以通过风向标来探知风向。通常，在风向改变时，风电机组一次只会偏转几度。值得注意的是，小功率的风电机组都是通过统一的偏航装置调整所有叶片的角度，而最新的风电机组大都是每个叶片设置单独的偏航系统。

(9) 电子控制器。一般使用一台或多台不断监控风电机组状态的计算机，用于控制偏航装置。一旦风电机组发生故障（例如齿轮箱或发电机的过热），该控制器可以自动停止风电机组的转动，并通过网络信号通知风电机组管理中心。

(10) 变桨系统。变桨系统通过变桨控制器驱动变桨电动机，从而改变转子叶片的角度来控制风轮的转速，进而控制风电机组的输出功率。

(11) 液压系统。液压系统用于重置风电机组的空气动力闸。

(12) 冷却系统。发电机在运转时需要冷却。在大部分风电机组上，发电机被放置在管内，并使用大型风扇进行空冷，除此之外还需要一个油冷元件，用于冷却齿轮箱内的油；还有一部分制造商采用水冷。水冷发电机更加小巧，而且电效高，但这种方式需要在机舱内设置散热器，来消除液体冷却系统产生的热量。一些新型风电机组也采用水冷和风冷并用的系统（德国Multibrid的M5000系统）。

2. 分类

风电机组机型分类表见表1-1，风电机组类型分类主要从两个方面进行：一方面是按装机容量来分；另一方面是按结构型式来分。

(1) 按装机容量分类如下：

1) 小型风电机组0.1～1kW。

2) 中型风电机组1～100kW。

3) 大型风电机组100～1000kW。

4) 特大型风电机组1000kW以上。

(2) 按风轮轴方向分类如下：

1) 水平轴风电机组。水平轴风电机组是风轮轴基本上平行于风向的风电机组。工作时，风轮的旋转平面与风向垂直。

表 1-1 风电机组机型分类

<table>
<tr><th rowspan="3">结构型式
装机容量</th><th colspan="2">风轮轴方向</th><th colspan="3">功率调节方式</th><th colspan="3">传动形式</th><th colspan="3">转速变化</th></tr>
<tr><th rowspan="2">水平</th><th rowspan="2">垂直</th><th rowspan="2">定桨距</th><th colspan="2">变桨距</th><th colspan="2">有齿轮箱</th><th rowspan="2">直接驱动</th><th rowspan="2">定速</th><th rowspan="2">多态定速</th><th rowspan="2">变速</th></tr>
<tr><th>普通变距</th><th>主动失速</th><th>高传动比</th><th>中传动比</th></tr>
<tr><td>0.1～1kW
小型风电机组</td><td rowspan="4">有，常见</td><td rowspan="4">有，不常见</td><td rowspan="3">有，常见</td><td>无</td><td>无</td><td>无</td><td>无</td><td>有</td><td>有</td><td>无</td><td>无</td></tr>
<tr><td>1～100kW
中型风电机组</td><td>有</td><td>有</td><td>有</td><td>无</td><td>无</td><td>有</td><td>有</td><td>有，不常见</td></tr>
<tr><td>100～1000kW
大型风电机组</td><td rowspan="2">有，常见</td><td rowspan="2">有，不常见</td><td rowspan="2">有，常见</td><td>有，不常见</td><td>有，不常见</td><td>有</td><td>有</td><td>有，常见</td></tr>
<tr><td>1000kW
以上特大型
风电机组</td><td>有，不常见</td><td>有，不常见</td><td>有，常见</td><td>有，不常见</td><td>有，不常见</td><td>有，常见</td></tr>
</table>

水平轴风电机组随风轮与塔架相对位置的不同而有上风向与下风向之分。风轮在塔架的前面迎风旋转，叫做上风向风电机组，如图 1-2 所示。风轮安装在塔架后面，风先经过塔架，再到风轮，则称为下风向风电机组。上风向风电机组必须有某种调向装置。但对于下风向风电机组，由于一部分空气通过塔架后再吹向风轮，这样塔架就干扰了流过叶片的气流而形成所谓的塔影效应，影响风电机组的出力，使性能有所降低。

2）垂直轴风电机组。垂直轴风电机组是风轮垂直于风向的风电机组，如图 1-4 所示。其主要特点是可以接收来自任何方向的风，因而当风向改变时无需对风。由于不需要调向装置，因此结构简化。垂直轴风电机组的另一个优点是齿轮箱和发电机可以安装在地面上。但是由于垂直轴风电机组需要大量材料，占地面积大，目前商用大型风电机组较少采用。

图 1-4 垂直轴风电机组

（3）按功率调节方式分类如下：

1）定桨距风电机组。叶片固定安装在轮毂上，角度不能改变，风电机组的功率调节完全靠叶片的气动特性。当风速超过额定风速时，利用叶片本身的空气动力特性减小旋转力矩（失速）或通过偏航控制维持输出功率相对稳定。

2）普通变桨距型（正变距）风电机组。这种风电机组当风速过高时，通过减小叶片翼型上合成气流方向与翼型几何弦的夹角（攻角），改变风电机组获得的空气动力转矩，使功率输出保持稳定。同时，风电机组在启动过程也需要通过变桨距来获得足够的起动转矩。采用变桨距技术的风力发电机组还可使叶片和整机的受力状况大为改善，这对大型风电机组十分有利。

3）主动失速型（负变距）风电机组。这种风电机组的工作原理是以上两种形式的组合。当风电机组达到额定功率后，攻角也相应地增加，使叶片的失速效应加深，从而限制风能的捕获，因此称为负变距型。

（4）按传动型式分类如下：

1）高传动比齿轮箱型风电机组。风电机组齿轮箱的主要功能是将风轮在风力作用下所产生的动力传递给发电机并使其得到相应的转速。风轮的转速较低，通常达不到发电机发电的要求，必须通过齿轮箱齿轮副的增速作用来实现，故也将齿轮箱称为增速箱。

2）直接驱动型风电机组。应用多极同步风力发电机可以去掉风力发电系统中常见的齿轮箱，让风力发电机直接拖动发电机转子运转在低速状态，这就没有了齿轮箱所带来的噪声、故障率高和维修成本大等问题，提高了运行可靠性。

3）中传动比齿轮箱（“半直驱”）型风电机组。这种风电机组的工作原理是以上两种形式的综合。中传动比型风电机组减少了传统齿轮箱的传动比，同时也相应地减少了多极同步风电机组的极数，从而减小了发电机的体积。

（5）按转速变化分类：

1）定速风电机组。定速风电机组是指其发电机的转速恒定不变，即不随风速的变化而变化，始终在一个恒定不变的转速下运行。

2）多态定速风电机组。多态定速风电机组中包含着两台或多台发电机，根据风速的变化，可以有不同大小和数量的发电机投入运行。

3）变速风电机组。变速风电机组中的发电机工作在转速随风速时刻变化的状态下。目前，主流的大型风电机组都采用变速恒频运行方式。

1.2 检测技术的相关概念

1.2.1 测试技术

所谓测试，就是指用试验的方法，借助一定的仪器或设备，定量获取某种研究对象原始信息的过程。测试包含测量和试验两个内容。测量是把被测系统中的某种信息，如运动物体的位移、速度、加速度检测出来，并加以量度；试验是通过某种人为的方法，借助于专门的装置，把被测系统所存在的某种信息激发出来进行测量。试验与测量技术是紧密相连的，试验离不开测量。在各类试验中，需通过测量取得定性定量数值，以确定试验结果；而测量是随着产品试验的阶段而划分的，不同阶段的试验内容具有相对应的测量设备和系统，用以完成试验数值、状态、特性的获取，以及传输、分析、处理、显示、报警等功能。

测试技术是信息科学的源头和重要组成部分，是进行各种科学实验的研究和生产过程参数的检测等必不可少的手段。测试可以揭示事物的内在联系和发展规律，从而推动科学技术的发展。科学要发展，测试须先行。科学技术的发展历史表明，很多新的发现和突破都是以测试为基础的，同时，其他领域科学技术的发展和进步又为测试提供了新的方法和装备，促进了测试技术的发展。

现代测试技术具有如下一些特点。

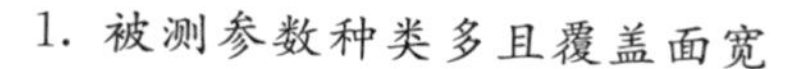

1. 被测参数种类多且覆盖面宽

被测参数的种类从大的方面分，有热工量、机械量、电学量、时间量、生物量和医学量等。

现代科学技术要求测试技术能够测试被测对象的全部特征参数。例如，在大型飞机的研制过程中，为了通过试飞了解飞机的整机性能和各分系统性能及操稳品质，试飞测量参数就多达10000多个。在我国第一个月球探测器嫦娥一号卫星的研制过程中，为了实现奔月轨道的高精度控制，就要对“嫦娥”一号的结构分系统、测控数传分系统、GNC（制导、导航、控制）分系统、推进分系统、供配电分系统、热控分系统、星上数管分系统、有效载荷分系统等进行多次地面测试仿真。

被测参数的覆盖面是指其数值范围。例如，现代测试技术中的频率范围可以从10^{-6}～10^{12}Hz变化，跨越18个数量级以上。当然，不能要求同一台仪器在这样宽的频率范围内工作。通常应根据不同的工作频段，采用不同的测量原理和使用不同的测量仪器。

2. 被测点数多

为了能全面掌握被测对象的综合特性和不同参数之间的联系并提高效益，希望从每次试验中得到尽可能多的信息。为此，在一次试验中不仅要测多个不同的参数，而同一参数的被测点也往往不止一个。例如，在爆炸试验中，不仅希望能测出爆炸过程的爆速、爆温、爆热、爆压、爆炸冲击波压力及传播速度、爆炸生成物成分及变化情况，还希望测出爆炸对地貌、地物和环境造成的各种影响的参数，这就需要在不同的方位和距离上测量同一参数，因此测量的点数往往比被测参数的数目要大许多倍。

3. 数据量大

由于被测量种类多、测点多，而且往往要在不同的条件下测试多次，所以测试的数据量很大。一些大型试验一次的测试数据量往往要以万计，有时甚至多达几十万、几百万。

4. 被测信号微弱，测量精度要求高

对微弱信号的高精度测量是测试技术的一个基本任务。目前，传感器的输出电平一般为微伏或毫伏量级，并且干扰因素又比较多，输入信噪比一般较低。例如，在应变测量中，5～10$\mu\varepsilon$产生的电信号是10～20μV，热电偶的灵敏度一般是几毫伏每摄氏度或更低些。然而科学试验要求以很高的精度测出这些参数及其变化情况。如果测量不精确，测量误差将对最后试验结果影响很大，从而影响到数据的可信性，甚至导致得出错误的结论，产生严重的后果。

5. 测试速度快

对于多参数、多点、大数据量的测试要求，无论是在测试速度方面，还是在测试结果的处理方面和传输方面，都要以极高的速度进行，这也是现代测试技术广泛用于现代科技各个领域的重要原因。例如，神舟七号飞船的发射与运行，如果没有快速、自动的测量与控制则是无法想象的。

6. 测试自动化

计算机技术，尤其是功耗低、体积小、处理速度快、可靠性高的微型计算机技术的快速发展，给测试自动化的实现奠定了基础。实现测试自动化，既可以大大缩短试验周期和提高效率，也有利于提高测试的质量。另外，由于存在一些被测过程时间短、反应快、产生很高的温度和压力的情况，甚至还可能产生危及人身安全的爆炸、放射性辐射和强冲击波及其他有毒有害物质，或者是测试环境特别恶劣的情况，故这时只能借助于自动测试来完成测量任务了。测试自动化是以测试系统实现测量、控制和处理一体化为前提的。

1.2.2　现代测试系统

测试技术是解决测试的方法和手段问题的一门科学。在完成每一项具体测试任务时，从获取被测对象或过程中的参数信息到完成整个测试任务，不仅需要有相应的器材、设备和仪器，还需要研究如何把它们构成一个既有效又经济的整体，以保证任务的完成。通常把能够完成某项测试任务而按某种规则有机构造的、互相连接起来的一套测试仪器（设备）称为测试系统。严格来讲，测试系统包括与仪器系统、测试人员、测试对象及环境等测试行为有关的全部因素在内的整体。然而，习惯上的测试系统仅指仪器系统这一部分。

所谓现代测试系统是指具有自动化、智能化、可编程化等功能的测试系统。

1.2.2.1　现代测试系统的分类

现代测试系统主要有3大类，即智能仪器、自动测试系统和虚拟仪器。智能仪器和自动测试系统的区别在于它们所用的微型计算机是否与仪器测量部分融合在一起，也就是看是采用专门设计的微处理器、存储器、接口芯片组成的系统（智能仪器），还是用现成的PC配以一定的硬件及仪器测量部分组合而成的系统（自动测试系统）。虚拟仪器与智能仪器和自动测试系统的最大区别在于它将测试仪器软件化和模块化了。这些软件化和模块化的仪器与计算机结合便构成了虚拟仪器。

1. 智能仪器

所谓智能仪器是指包含微计算机或微处理器的测量（或检测）仪器。它拥有对数据的存储、运算、逻辑判断及自动化操作等功能，具有一定的智能作用。智能仪器的典型结构如图1-5所示。

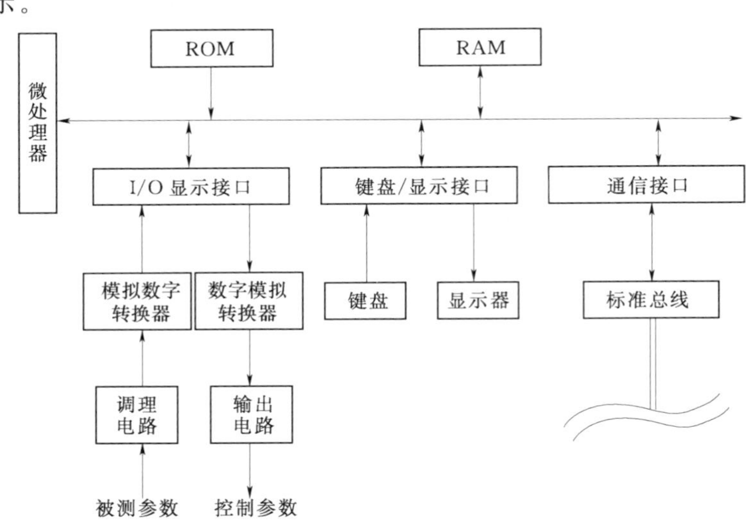

图1-5　智能仪器的典型结构

智能仪器是计算机技术与测量仪器相结合的产物，它所具有的软件功能已使仪器呈现出某种智能作用。与传统仪器仪表相比，智能仪器具有以下特点：

（1）操作自动化。仪器的整个测量过程（如键盘扫描、量程选择、开关启动闭合、数据的采集、传输与处理以及显示打印等）都用单片机或微控制器来控制操作，实现了测量过程的全部自动化。

（2）具有自测功能，包括自动调零、自动故障与状态检验、自动校准、自诊断及量程自动转换等。智能仪器能自动检测出故障的部位甚至故障的原因。这种自测试可以在仪器启动时运行，同时也可在仪器工作中运行，极大地方便了仪器的维护。

（3）具有数据处理功能，这是智能仪器的主要优点之一。由于智能仪器采用了单片机或微控制器，故使得许多原来用硬件逻辑难以解决或根本无法解决的问题现在可以用软件非常灵活地加以解决。例如，传统的数字万用表只能测量电阻、电压、电流等，而智能型的数字万用表不仅能进行上述测量，而且还具有对测量结果进行诸如零点平移、取平均值、求极值、统计分析等复杂的数据处理功能，不仅将用户从繁重的数据处理中解放了出来，也有效地提高了仪器的测量精度。

（4）具有友好的人机对话能力。智能仪器使用键盘代替了传统仪器中的切换开关，操作人员只需通过键盘输入命令，就能实现某种测量功能。与此同时，智能仪器还通过显示屏将仪器的运行情况、工作状态及对测量数据的处理结果及时告诉操作人员，使仪器的操作更加方便直观。

（5）具有可程控操作能力。一般智能仪器都配有 GPIB、RS-232C、RS-485 等标准的通信接口，可以很方便地与 PC 和其他仪器一起组成用户所需要的多种功能的自动测量系统，以完成更复杂的测试任务。

2. 自动测试系统

自动测试系统（Automatic Test System，ATS）指的是以计算机为核心，在程序控制下，自动完成特定测试任务的仪器系统。自动测试系统的发展大致可分为 3 个阶段，即专用型、积木型和模块化集成型。

（1）第一代自动测试系统。第一代自动测试系统多为专用系统，通常是针对某项具体任务而设计的。它主要用于测试工作量很大的重复测试，还可用于高可靠性的复杂测试，或者用来提高测试速度，在短时间内完成规定的测试，或者用于人员难以进入的恶劣环境的测试。第一代自动测试系统是从人工测试向自动测试迈出的重要一步，是本质上的进步。它在测试功能、性能、测试速度和效率以及使用方便等方面明显优于人工测试。使用这类系统能够完成一些人工测试无法完成的任务。

第一代自动测试系统的缺点突出表现在接口及标准化方面。在组建这类系统时，设计者要自行解决系统中仪器与仪器、仪器与计算机之间的接口问题。当系统较为复杂时，研制工作量很大，组建系统的时间增长，研制费用增加。而且由于这类系统是针对特定的被测对象而研制的，系统的适用性较弱，所以改变测试内容往往需要重新设计电路。造成这种结果的根本原因是其接口不具备通用性。由于在这类系统的研制过程中，接口设计、仪器设备选择方面的工作都是由系统的研制者各自单独进行的，系统的设计者并未充分考虑所选仪器、设备的复用性、通用性和互换性问题，所以第一代测试系统的通用性比较差。

（2）第二代自动测试系统。第二代自动测试系统是在标准的接口总线（General Purpose Interface Bus，GPIB）的基础上，以积木方式组建的系统。系统中的各个设备（计算机、可程控仪器、可程控开关等）均为台式设备，每台设备都配有符合接口标准的接口电路。组装该系统时，可用标准的接口总线电缆将系统所含的各台设备连在一起。这种系统组建方便，一般不需要用户自己设计接口电路。由于系统采用积木式的组建方式，使得这类系统的更改、增减测试内容很灵活，而且设备资源的复用性好。系统中的通用仪器（如数字多用表、信号发生器、示波器等）既可作为自动测试系统中的设备使用，也可作为独立的仪器使用。应用一些基本的通用智能仪器，可以在不同时期，针对不同的要求，灵活地组建不同的自动测试系统。

目前，组建这类自动测试系统普遍采用的接口总线为可程控仪器的通用接口总线GPIB（在美国也称此总线为IEEE488，HPIB）。采用GPIB总线组建的自动测试系统特别适合于科学研究或武器装备研制过程中的各种试验、验证测试。目前，这种系统已广泛应用于工业、交通、航空航天、核设备研制等多种领域。

基于GPIB总线的第二代自动测试系统的主要缺点如下：

1）总线的传输速度不够高（最大传输速率为1Mbit/s），很难以此总线为基础组建高速、数据吞吐量大的自动测试系统。

2）这类系统是由一些独立的台式仪器用GPIB电缆串接组建而成的，系统中的每台仪器都有自己的机箱、电源、显示面板、控制开关等，从系统角度看，这些机箱、电源、面板、开关大部分都是重复配置的，阻碍了系统体积、质量的进一步降低。因此，以GPIB总线为基础，按积木方式难以组建体积小、质量轻的自动测试系统。

（3）第三代自动测试系统。第三代自动测试系统是基于VXI、PXI等测试总线，主要是由模块化的仪器/设备所组成的自动测试系统。VXI（VMEbus eXtension for Instrumentation）总线是VME（Versabus Module European）计算机总线标准向仪器领域的扩展，具有高达40Mbit/s的数据传输速率。PXI（PCI eXension for Instrumentation）总线是PCI（Peripheral Component Interconnect）总线向仪器领域的扩展，其数据传输速率为132～264Mbit/s。以这些总线为基础，可组建高速、大数据吞吐量的自动测试系统。

在VXI、PXI总线系统中，仪器、设备或嵌入式计算机均以VXI、PXI总线插卡的形式出现，系统中所采用的众多模块化仪器/设备均插入带有VXI、PXI总线插座、插槽、电源的VXI、PXI总线机箱中，仪器的显示面板及操作用统一的计算机显示屏以软面板的形式来实现，从而避免了系统中各仪器、设备在机箱、电源、面板、开关等方面的重复配置，大大减小了整个系统的体积、质量，并能在一定程度上节约成本。

基于VXI、PXI等先进的总线，由模块化的仪器/设备所组成的自动测试系统具有数据传输速率高、数据吞吐量大、体积小、质量轻，系统组建灵活、扩展容易、资源复用性好、标准化程度高等众多优点，是当前自动测试系统的主流组建方案。

自动测试系统是计算机技术、通信技术同测试技术相结合的产物，计算机技术与测试技术以不同的形式相结合，可以构造出不同结构的自动测试系统。常见的自动测试系统一般由测试控制器、可程控测试仪器、标准数字接口总线、测试软件等组成。

1）测试控制器能够通过接口线向其他设备发送测试操作命令，并接收由其他设备发回的响应数据，通常还具有测试数据的分析、处理能力，是自动测试系统的核心，多由特定的计算机担任，也称测控计算机。

2）可程控测试仪器是为完成特定测试任务而选择的测试设备的总称，包括激励设备和测量设备等，可程控设备可能是独立的单机仪器，如示波器、信号源、频率计，也可能是插入机箱中的测试功能模块，如VXI数据采集模块、PXI示波器模块等。

3）标准数字接口总线是实现测试控制器与测试仪器连接、通信的物理手段，是测试控制器和测试仪器之间进行有效通信的重要环节。

4）测试软件通常包括操作系统、测试开发工具和测试应用程序等。测控计算机通过执行测试程序，才能实行对测试设备的操作控制，实施对数据的处理分析，最终得出测试结果，完成特定的测试任务。

典型的自动测试系统组成结构如图1－6所示。测控计算机通过MXI（Multisystem eXtension Interface）－3接口连接PXI系统和VXI系统，PXI系统中的GPIB接口还可以用来连接GPIB仪器，构建成多总线混合自动测试系统。

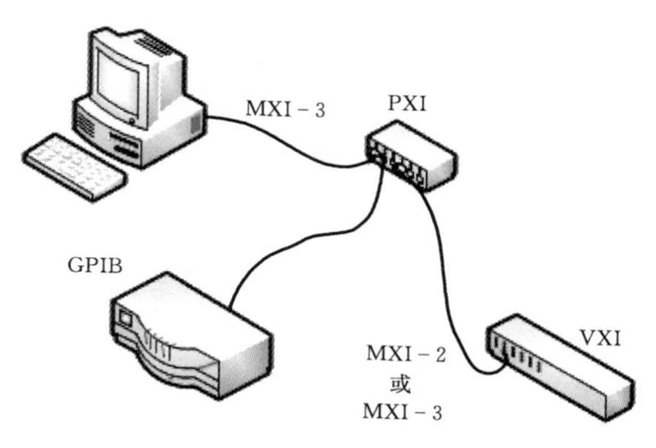

图1－6 典型的自动测试系统组成结构

3. 虚拟仪器

虚拟仪器（Virtual Instrument，VI）是指在以通用计算机为核心的硬件平台上，由用户自己设计定义，具有虚拟操作面板，测试功能由测试软件来实现的一种计算机仪器系统。虚拟仪器是现代仪器技术与计算机技术相结合的产物，是对传统仪器概念的重大突破，是仪器领域内的一次革命。虚拟仪器是继模拟式仪器、数字式仪器、智能化仪器之后的新一代仪器。虚拟仪器的组成包括硬件和软件两个基本要素。硬件是虚拟仪器工作的基础，由计算机和I/O接口设备组成。软件是虚拟仪器的关键，通过运行在计算机上的软件，一方面可以实现虚拟仪器的图形化仪器界面，给用户提供一个检验仪器通信、设置仪器参数、修改仪器操作和实现仪器功能的人机接口；另一方面可以使计算机直接参与测试信号的产生和测量特征的分析，完成数据的输入、存储、综合分析和输出等功能。虚拟仪器既可以作为测试仪器独立使用，又可以通过高速计算机网络构成复杂的分布式测试系统。虚拟仪器的组成结构如图1－7所示。在图1－7中，PCI为外设组件互联标准（Peripheral Component Interconnect），PXI为面向仪器系统的PCI扩展（PCI extensions for Instrumentation），USB为通用串行总线（Universal Serial Bus），PCMCIA为个人电脑存储卡国际协会（Personal Computer Memory Card International Association），IEEE 1394为串行标准，Ethernet RS－232/485为以太网异步传输标准接口，Compact PCI为高性能总线技术。

1.2.2.2 现代测试系统的体系结构

现代测试系统是计算机技术、数字信号处理技术、自动控制技术同测量技术相结合的产物。从硬件平台结构来看，现代测试系统有以下两种基本类型。

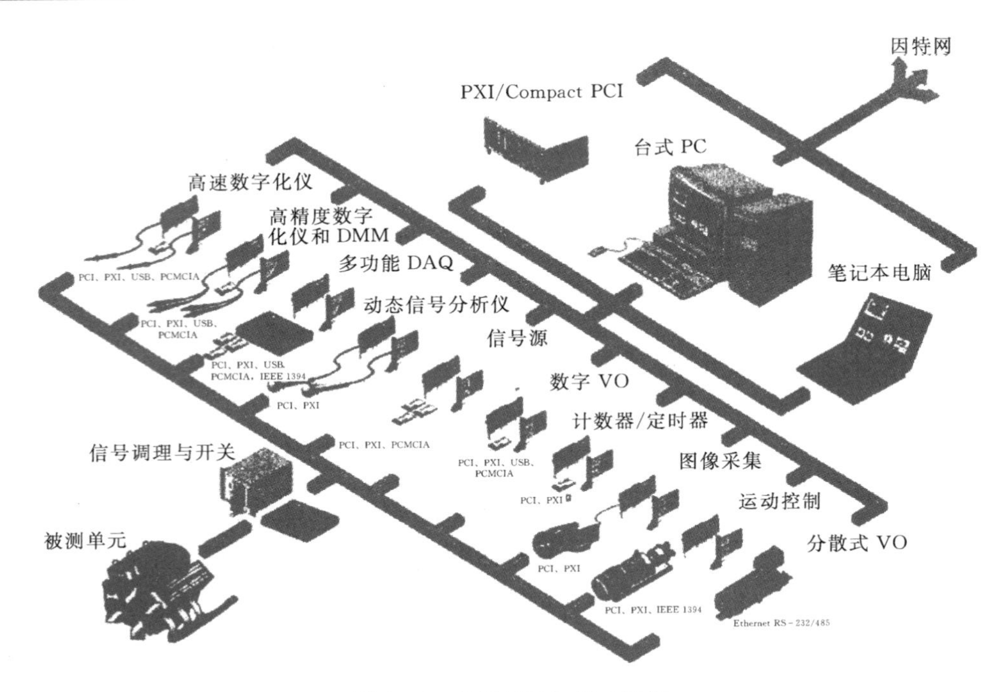

图1-7　虚拟仪器的组成结构

1. *以单片机或微处理器为核心组成的内嵌微处理器系统*

内嵌微处理器测试系统的结构如图1-8所示。

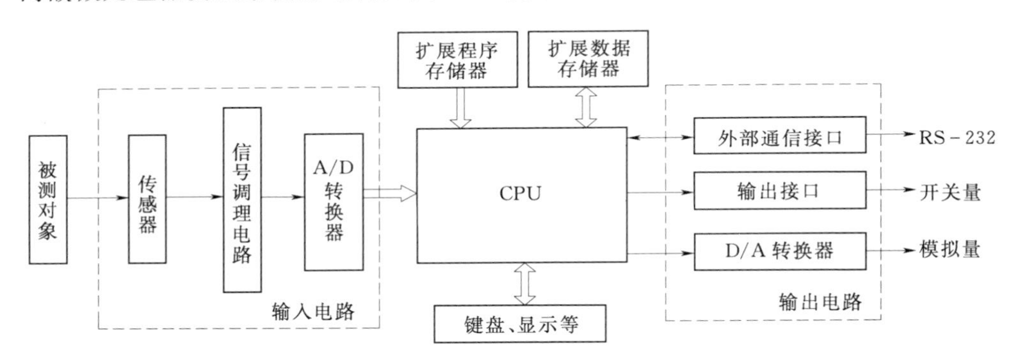

图1-8　内嵌微处理器测试系统的结构

被测信号经过传感器及调理电路输入到A/D转换器中，再由A/D转换器将模拟输入信号转换为数字信号并送入CPU系统中进行分析处理。

输出通道包括D/A转换器、RS-232外部通信接口等。其中D/A转换器会将CPU系统输出的数字信号转换为模拟信号，用于外部设备的控制。

CPU系统包含输入键盘和输出显示接口等，一般较复杂的系统还需要扩展程序存储器和数据存储器。当系统较小时，最好选用带有程序、数据存储器的CPU，甚至带有A/D转换器和D/A转换器的微处理器芯片，以便简化硬件系统的设计。CPU可选用单片机、DSP或其他微处理器。

2. 以个人计算机为核心的个人仪器测试系统

个人仪器测试系统结构框图如图 1－9 所示。

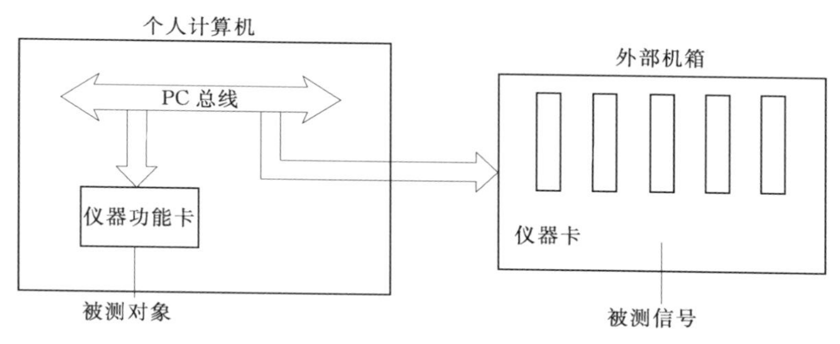

图 1－9 个人仪器测试系统结构框图

在这种测试系统的组建方法中，具有测量功能的模块或仪器卡是直接与个人计算机的系统总线相连接的。连接时模块或仪器卡既可以插在计算机内的接口槽上，也可插在计算机外部专用的仪器板卡架上或专用机箱内。个人仪器的各种测量功能都是由在个人计算机上开发的测试应用程序来实现的。

典型的基于 VXI 模块化仪器的个人仪器测试系统如图 1－10 所示。VXI 测试系统的最小物理单元是仪器模块，仪器模块的机械载体是 VXI 标准机箱。标准机箱后备板装有 VXI、6 线信号线和连接器插座，插入标准机箱的模块连接器插头应与背板插座连接。标准机箱背板信号线作为机箱内各个模块间的互联总线使用，这样就组成了“个人计算机＋标准机箱＋模块”形式的个人仪器测试系统。

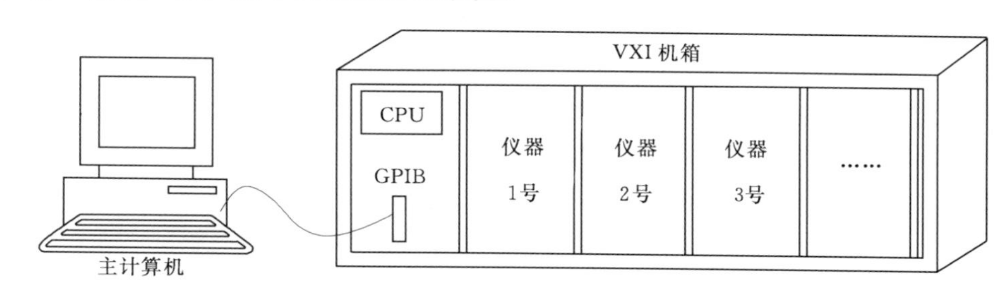

图 1－10 典型的基于 VXI 模块化仪器的个人仪器测试系统

在用个人仪器组件的测试系统中，可以去掉一些不必要的硬件，充分利用个人计算机的软、硬件资源。在这种情况下，不同功能的仪器仅体现预测量模块及其软件的不同，而仪器不再以传统的独立形态出现，从而提高了系统的设计效率。

1.2.2.3 现代测试系统的特点

计算机技术日新月异的发展及高速度、高精度 A/D 转换器的发展，将测试技术推向了一个新的发展阶段。以计算机为核心组成的测试系统，使得数据采集、处理和控制融为一体。现代测试系统与传统测试系统相比，具有以下特点：

（1）测试速度快、效率高。能够进行快速测试是现代测试系统的一个基本指标。随着电子技术的发展，电子产品日渐复杂，性能也相应提高，导致测试项目增多，而且其中有些项目的测试难以靠人工来完成。采用现代测试系统后，各种测试过程可在计算机事先编好的程序控制下自动进行，能够很快地完成测试任务，其测试速度可比常规人工测试快几十倍甚至几百倍，从而大大节省了时间和人力。

（2）测试精度高、性能好。现代测试系统可利用计算机的功能（特别是软件功能）进行自动校准、自选量程、自动调整测试点、自动检测系统误差并对各种因素引入的测量误差进行修正。这些特点决定了它具有以往简单测试仪器所不具备的极高性能。

（3）设计制造容易，操作简单，维修方便，可靠性高。在利用计算机为核心组建的现代测试系统中，可以用软件代替许多惯用的硬件，使测试系统的结构简化，从而缩短设计和研制时间。目前，由于微处理器、微型计算机和大规模集成电路的发展，其可靠性日益提高，售价逐渐降低，使得测试系统的硬件不断改进和减少，可靠性大大提高，成本也大大降低。另外，采用模块仪器组建和设计系统时，维修也十分简便。

1.2.3　现代测试技术的应用

测试技术是进行各种科学实验研究和生产过程参数检测等过程中必不可少的手段，正如培根所说“科学是建立在试验的基础上的”。随着近代科学技术，特别是信息科学、材料科学、微电子技术和计算机技术的迅速发展，测试技术所涵盖的内容更加深刻、更加广泛。现代人类的社会生产、生活和科学研究都与测试技术息息相关。各个科学领域，特别是生物、海洋、航天、航空、气象、地质、通信、控制、机械和电子等，都离不开测试技术，测试技术将在这些领域中起着越来越重要的作用。

1. 产品质量的检定

产品质量是生产者关注的首要问题。对于产品的零件、组件、部件及整体的各个环节，都必须进行性能质量测量和出厂检验。

例如，发动机是汽车的主要组成部件，是车辆行驶的动力来源。由于它的结构复杂、零件多、工作条件恶劣，运行中易出现故障，所以为了保证质量，出厂前对每台机器都要在一定的工况（油门）下，对其温度、压力、功耗、转速、振动等指标进行测试。又如压缩机是冰箱的关键部件，占冰箱成本的20%以上，其性能直接影响冰箱的质量。因此，压缩机生产厂家在压缩机出厂前都要对其进行严格检测，检测项目以规定工况下的制冷量为主，其他检测项目还包括压缩机功率、电流、电压、电源频率、转速、主绕组温升、机壳温度、启动电流等。

2. 生产过程的监视与控制

在生产过程中通过测试与运行条件有关的物理量，可确保生产的正常运行。例如，焦炉是焦化厂最主要的生产装置之一，在整个焦炉生产工艺过程中，焦炉集气管压力是焦炉正常生产、减少环境污染的重要参数。它受风机出口压力、外供煤气压力、煤气发生量等多种参数影响较大。因此，为了保证焦化生产的正常进行，提高产品质量，减少环境污染，就需要对焦化厂生产过程中的温度、压力、流量等工艺参数进行监测，对检测结果进行实时分析与处理，并将分析结果反馈给生产设备控制装置，对集气管压力进行自动调节。

3. 故障诊断

故障诊断是设备性能检测与维护的重要手段。故障诊断的任务是根据状态监测所获得

的信息，结合已有的特性和参数，判断确定故障性质、类别，指出故障发生和发展的趋势及后果，提出控制故障继续发展和消除故障的措施。例如，在石油、化工、冶金等工业生产中，大型传动机械、压缩机、风机、反应塔罐、炉体等关键设备一旦因故障停止工作，将导致整个生产停顿，造成巨大的经济损失。因此，在这些设备的运行状态下，人们需要通过测试的方法，了解和掌握其内部状况，对设备的内部状况做出诊断，安排好维修的方式、时间和所需准备的零部件等，确保设备运行的可靠性、实时性和有效性。

4. 科学研究

科技要发展，测试须先行。在科学研究中，需要对研究方案、设计的电路或系统等进行反复的测试与论证，用测试数据来确定方案、电路或系统的正确与否。例如，在卫星的研制过程中，测试是十分重要的工作，贯穿整个研究过程。从方案论证到发射全过程，它根据测试性质可分为仿真测试和实物测试；根据研制阶段可分为模样测试、初样测试、正样测试等；根据测试对象可分为单机测试和整机测试；根据场合可分为研制厂房测试、技术阵地测试、发射阵地测试等。另外，还有考核卫星各种力、热、电磁等方面的测试。灵活、通用的测试系统，可极大地提高卫星的研制效率。

5. 国防电子装备的测试

现代测试系统在各个电子领域都有着非常迫切的需要，尤其是航空、航天及武器装备等军事电子领域。随着武器装备的信息化发展，新型武器装备都采用了大量的电子和信息技术，而使装备经常处于良好战备状态，是保持和恢复装备战斗力的重要手段。因此，只有充分利用先进的计算机技术、网络技术、测试技术和故障诊断技术来构建自动化的综合保障系统，实现武器装备测试、维修和保障的综合化，才能提高维修保障效率、现代测试系统已经成为武器装备体系中不可或缺的组成部分。

1.2.4 现代测试技术的发展趋势

现代测试技术的发展和其他科学技术的发展相辅相成。测试技术既是促进科技发展的重要技术，又是科学技术发展的结果。现代科学技术的发展不断地向测试技术提出新的要求，推动测试技术的进步；与此同时，测试技术迅速吸收和综合各个科技领域（如物理学、化学、材料科学、微电子学、计算机科学等）的新成就，不断开发出新的方法和装置。大致来说，现代测试技术将朝以下三个方向发展。

1. 先进的总线技术

总线是所有测试系统的基础和关键技术，是系统标准化、模块化、组合化的根本条件，总线的能力直接影响测试系统的总体水平。在现代测试系统的发展过程中，最能代表现代测试系统结构体系变化和发展的是所采用的总线形式。从某种程度上讲，若测试仪器没有开放、标准的总线接口，就不可能有现代测试系统的诞生，总线形式已成为现代测试系统发展的重要标志。因此，研究和开发总线系统是设计、研制开放式体系结构的核心任务，也是测试系统技术研究的关键技术。目前，现代测试系统广为采用的是 GPIB、VXI、PXI，未来必将采用 GPIB/VXI/PXI/LXI 混合总线。

2. 硬件设计向着模块化、系列化和标准化方向发展

开放式、标准化的体系结构是现代测试系统发展的主要趋势。在硬件设计方面，加强

模块化、标准化设计，采取开放式的硬件架构，可使测试系统的组建方便灵活，可更好地实现可互换性和互操作性。而模块式结构将使测试系统体积减小、速度提高，从而使测试系统的小型化实现成为可能。

3. 网络化测试技术

随着计算机、通信技术和网络技术的不断发展，一种涵盖范围更宽、应用领域更广的全新现代测试技术——网络化测试技术迅速发展起来。具备网络化测试技术与网络功能的新型仪器——LXI总线仪器应运而生，使得测试技术的现场化、远程化、网络化成为可能。由于LXI基于开放的以太网技术，不受带宽、软件和计算机背板总线等的限制，故其覆盖范围宽、继承性能好、生命周期长、成本也低，具有广阔的发展应用前景。LXI是现代测试系统未来理想的模块化仪器平台。

现代测试系统经过几十年的发展，已日趋形成系列化、标准化和通用化的产品，在各行各业均发挥了重要作用，但还存在一些不足。在新一代测试系统的研制过程中，应加快新技术的引入、新测试理论的研究和国际通用标准的采纳，以将测试系统设计成为一体化测试、维护与保障系统，促使测试向综合化、智能化、网络化和虚拟现实方向发展，从而提高现代测试系统的技术水平作为目标。

1.3　风电机组检测技术的相关概念

目前风电机组检测项目主要包括功率特性测试、电能质量测试、噪声测试、载荷测试。

1. 功率特性测试

风电机组的功率特性是风电机组最重要的系统特性之一，与风电机组的发电量有直接关系。通过开展功率特性测试，可以对风电机组进行分类，对不同的风电机组进行比较，可以比较实际发电量与预计发电量的差别；通过长期的功率特性监测，可以了解风电机组的功率特性随时间变化的情况，验证风电机组制造商提出的风电机组可利用率，发现参数设置的问题，进而对风电机组的运行情况进行优化。

风电机组的功率特性测试需要同时测量风速和风电机组的发电功率，得到表示风速与功率对应关系的功率曲线、功率系数以及风电机组在不同的年平均风速下的年发电量估算值。

风电机组功率特性测试开始之前，需要对测试场地进行评估，以判断测试场地是否符合国际电工委员会（International Electrotechnical Commission，IEC）标准要求。如果不符合标准要求，就要在测试开始之前，先进行场地标定。在场地评估的同时，选定可用的风向扇区，剔除影响风速测量的风向扇区。测试时需要在被测风电机组附近树立气象桅杆，在气象桅杆上安装风速计、风向标、温度传感器、气压传感器、降雨量传感器等，用于测量风速和大气状况。测试数据采集完成后，按照标准要求剔除无效数据，然后将数据校正到标准大气情况下，得到标准大气情况下的功率曲线。最后根据测得的功率曲线估算不同年平均风速下的年发电量。测试场地情况和风能资源情况会影响测试周期，通常一次完整的功率特性测试需要3～6个月。

2. 电能质量测试

《风力发电机组 第21部分：测量和评估电能质量特性与电网连接的风力涡轮机》（IEC 61400—21—2008）标准给出了风电机组电能质量测试的原理和详细步骤。电能质量测试包括风电机组额定参数、最大允许功率验证、最大测量功率、无功功率测量、电压波动和闪变以及谐波。风电机组的输出功率受风速影响很大，而风速变化是随机的，风电机组的并网可能引起电网的电压波动。带有电力电子变流器的变速风电机组还会向电网注入含有谐波的电流，引起电网电压的谐波畸变。并网风电机组的电压波动和闪变测试结果应与测试机组所在的电网特性无关。但是在实际测量中，电网通常会有其他波动负荷，它会在风电机组接入点引起电压波动，这样测出的风电机组的电压波动将与电网特性有关。为了解决这个问题，IEC 61400—21—2008 提出虚拟电网的方法，根据这种方法测得的结果只与风电机组自身相关。闪变测量的最终结果闪变系数是风速和电网阻抗角的函数。变速风电机组的变流器采用大功率电力电子器件进行整流逆变，这些电力电子器件在工作过程中会在输入输出回路产生谐波电流。谐波问题目前已成为变速风电机组电能质量的主要问题。谐波测量的关键实质上是谐波电流的测量。

3. 噪声测试

大规模安装风电机组会带来一系列环境问题，噪声问题是其中比较突出的一个方面。风电机组的噪声多是长期持续性的，会对风电场周围居民带来很大困扰。评估风电机组的噪声辐射特性对环境有重大意义。风电机组噪声的主要来源为机械结构（如齿轮箱），噪声的频谱图可以用来分析机械结构的运行情况，查找机械结构的故障来源，调整风电机组控制策略，优化设计，杜绝硬件结构出现问题。噪声测试需要同步测量噪声的声压级和功率，然后根据功率曲线将功率折算为风速，得到不同风速对应的声压级，通过声压级计算得到声功率级。选择整数风速附近的2个1min连续测量结果做频谱分析，然后按照IEC标准逐步计算得到音值。噪声测试最终结果主要包括不同风速下的视在声功率级（描述噪声的辐射能量和风电机组的机械结构特性）、1/3倍频程频谱图、音值（评估持续性的噪声对人的影响）。

4. 载荷测试

载荷状况是指风电机组的设计状态与引起构件载荷的外部条件的组合。当今风电机组的额定功率越来越大，尺寸也越来越大。为了保证风电机组的长期安全稳定运行，有必要对风电机组在不同风速下各种运行状态的机械载荷进行分析。不仅如此，风电机组的载荷测试对于风电机组的设计也有重要意义。《风力发电机组 第13部分：机械载荷的测量》（IEC/TS 61400—13—2001）标准对风电机组的载荷测试程序规定了详细步骤。

根据该标准的要求，风电机组的载荷测试项目如下。

（1）风轮：叶片在叶根处2个相互垂直方向的弯矩。

（2）主轴：扭矩和2个相互垂直方向的弯矩。

（3）塔筒：塔顶的扭矩，塔顶和塔基2个相互垂直方向的弯矩。

需要在风电机组运行状态下测量的项目如下。

（1）稳态：正常发电过程，出现故障的发电过程，停机，空转。

（2）瞬态：启动，正常停机，紧急停机，电网故障，超速运行下保护系统的激活。

（3）选择合适的位置安装应变片，根据测得的应变计算应力，剔除不可用数据后，通过雨流计数法计算载荷谱，处理得到最终的等效载荷谱。

1.4　风电机组检测技术的发展前景

风电场建成后，提高风电机组在全生命周期内的可利用率一直是人们十分关注的问题。近年来，随着风电场的规模化发展，风电机组的维护问题愈加重要，风电机组状态检测和故障分析得到了应用。在此基础上，一些国家又提出将军事领域中的故障预测系统与健康管理系统（Prognostic and Health Management）用于风电机组。通过安装在风电机组上的传感器采集数据信息，再利用各种智能算法来评估风电机组的健康状态，在故障发生前对故障进行预测，并提供维修故障措施，将事后维修和定期维护变为基于状态的维修，可以有效提高机组的完好率，从而降低机组的全生命周期成本，并在一定程度上提高机组的利用小时数。

风电机组的检测服务是风电产业的重要组成部分，大力发展风电机组检测，将促进国内风电产业健康快速发展。国外的风电机组检测已有 20 多年的历史，积累了丰富的经验，形成了完整的测试理论和测试方法。国内对风电机组检测技术研究刚刚开始，尚不成熟，其已成为国内风电发展的一个“瓶颈”，因此建立和完善国内风电检测服务势在必行，迫在眉睫。

第2章 测量误差与不确定度

2.1 检测技术基础

在科学技术高度发达的现代社会中，人类已进入了瞬息万变的信息时代。人们在从事工业生产和科学实验等活动时，对信息资源进行开发、获取、传输和处理。传感器处于研究对象与控制系统的接口位置，是感知、获取与检测信息的窗口。一切科学实验和生产过程，特别是自动检测和自动控制系统要获取的信息，都要通过传感器将其转换为容易传输与处理的电信号。

在工程实践与科学实验中提出的检测任务是正确、及时地掌握各种信息，大多数情况下是要获取被测对象信息的大小，即被测量的大小。这样，信息采集的主要含义就是测量，取得测量数据。

2.1.1 测量技术

2.1.1.1 测量的定义

由于测量是以确定量值为目的的一系列操作，所以测量也就是将测量与同种性质的标准量进行比较，以确定被测量与标准量的倍数关系。它可以表示为

$$x=nu \tag{2-1}$$

或

$$n=x/u \tag{2-2}$$

式中 x——被测量值；

u——标准量，即测量单位；

n——比值（纯度），含有测量误差。

由测量所获得的被测量值叫做测量结果。测量结果可用一定的数值表示，也可以用一条曲线或某种图形表示。无论其表示形式如何，测量结果应包括两部分，即比值和测量单位。确切地讲，测量结果还应包括误差部分。

被测量值和比值等都是测量过程的信息，这些信息依托于物质才能在空间和时间上进行传递。参数承载了信息而成为信号。选测其中适当的参数作为测量信号，如热电偶温度传感器的工作参数是热电偶的电势，差压流量传感器中的孔板工作参数是压差。测量过程就是传感器从被测对象获取测量的信息，建立起测量信号，经过变换、传输、处理，从而获取被测量的量值。通常，所要测量的参数大多为非电量，这促使人们用电测的方法来研究非电量，即研究用电测的方法测量非电量的仪器仪表，研究如何能正确和快速测得非电量的技术。

2.1.1.2　测量方法

实现被测量与标准量比较得出比值的方法称为测量方法。针对不同测量任务进行具体分析以找出切实可行的测量方法，对测量工作是十分重要的。

对于测量方法，从不同的角度出发，有不同的分类方法。其中：①根据获得测量值的方法可分为直接测量法、间接测量法和组合测量法；②根据测量条件情况可分为等精度测量法和不等精度测量法；③根据测量方式可分为偏差测量法、零位测量法与微差测量法；④根据被测量变化快慢可分为静态测量和动态测量；⑤根据测量灵敏元件是否与被测介质接触可分为接触测量和非接触测量；⑥根据测量系统是否向被测对象施加能量可分为主动式测量与被动式测量等。前 3 种分类方法为目前常用的方法。

1. 直接测量法、间接测量法与组合测量法

在使用仪表或传感器进行测量时，对仪表度数不需要经过任何运算就能直接表示测量所需要的结果的测量方法称为直接测量法。例如用磁电系电流表测量电路的某一支路电流，用弹簧管压力表测量压力等，都属于直接测量法。直接测量法的优点是测量过程简单而又迅速，但测量精度不够高。

在使用仪表或传感器进行测量时，首先选择测量有确定函数关系的量进行测量，将被测量代入函数关系式，经过计算得到所需要的结果，这种测量方法称为间接测量法。间接测量法环节较多，花费时间较长，一般应用在直接测量不方便或缺乏直接测量手段的场合。若被测量必须经过求解联立方程组才能得到最后结果，则成为组合测量法。组合测量法是一种特殊的精密测量方法，操作复杂，花费时间长，多用于科学实验和特殊场合。

2. 等精度测量法与不等精度测量法

用相同仪表与测量方法对同一被测量进行多次重复测量称为等精度测量法。而用不同准确度的仪表或不同的测量方法或者在环境条件相差很大时对同一被测量进行多次重复测量称为不等精度测量法。

3. 偏差测量法、零位测量法与微差测量法

用仪表指针的位移（即偏差）决定被测量量值的测量方法称为偏差测量法。应用这种方法测量时仪表刻度事先用标准器具标定。在测量时输入被测量，按仪表指针在标尺上的示值决定被测量的数值。这种方法测量过程比较简单、迅速，但测量结果准确度较低。

用指零仪表的零位指示检测测量系统的平衡状态，在测量系统平衡时，用已知的标准量决定被测量的量值，这种测量方法称为零位测量法。在测量时已知标准量直接与被测量相比较，已知量应连续可调，指零仪表指零时被测量与已知标注量相等，但测量过程比较复杂，费时较长，不适用于测量迅速变化的信号。

微差测量法是综合了偏差测量法和零位测量法的优点而提出的一种测量方法。他将被测量与已知的标准量相比较取得差值后再用偏差测量测得此差值。应用这种方法测量时不需要调整标准量，而只需测量两者的差值。设 N 为标准量，x 为被测量，Δ 为两者之差，则 $x=N+\Delta$。由于 N 为标准量其误差很小，因此可选用高灵敏度的偏差式仪表测量 Δ。微差测量法的优点是反应快，而且测量准确度高，特别适用于在线控制参数的测量。

2.1.1.3　测量误差

测量的目的是希望通过测量获取被测量的真实值。但由于种种与检测系统的组成和各

组成环节相关的原因，如传感器本身的性能不十分优良，测量方法不十分完善，以及外界干扰的影响等都会造成被测参数的测量值与真实值不一致，两者不一致的程度用测量误差来表示。测量误差就是测量值与真实值之间的差值，它反应了测量质量的好坏。

测量的可靠性至关重要，不同场合对测量结果可靠性的要求也不同。例如，在量值传递、经济核算、产品检验等场合应保证测量结果有足够的准确度。当测量值用作控制信号时则要注意测量的稳定性和可靠性。因此，测量结果的准确程度应与测量的目的和要求相联系、相适应。那种不惜工本、不顾场合，一味追求越准越好的做法是不可取的，要有技术与经济兼顾的意识。

1. 误差的表示方法

测量误差的表示方法有多种，常用的表示方法如下：

（1）绝对误差。绝对误差可定义为

$$\Delta = x - a \tag{2-3}$$

式中 Δ——绝对误差；

x——测量值；

a——真实值。

对测量值进行修正时，要用到绝对误差。修正值是与绝对误差大小相等，符号相反的值，实际值等于测量值加上修正值。采用绝对误差表示测量误差不能很好说明测量质量的好坏。例如，在温度测量时绝对误差 $\Delta=1℃$，对体温测量来说是不允许的，而对钢水测量来说却是一个极好的测量结果。

（2）相对误差。相对误差的定义为

$$\delta = \frac{\Delta}{a} \times 100\% \tag{2-4}$$

式中 δ——相对误差，一般用百分数给出；

Δ——绝对误差；

a——真实值。

由于被测量的真实值 a 无法知道，实际测量时用测量值 x 代替真实值 a 进行计算，这个相对误差称为标称相对误差，即

$$\zeta = \frac{\Delta}{x} \times 100\% \tag{2-5}$$

（3）引用误差。引用误差是仪表中通用的一种误差表示方法。它是相对仪表满量程的一种误差，一般也用百分数表示，即

$$\gamma = \frac{\Delta}{\text{测量范围上限} - \text{测量范围下限}} \times 100\% \tag{2-6}$$

式中 γ——引用误差；

Δ——绝对误差。

仪表准确度等级是根据引用误差来确定的。例如，0.5 级仪表的引用误差最大值不超过±0.5%，1.0 级仪表的引用误差最大值不超过±1%。

在使用仪表和传感器时，经常也会遇到基本误差和附加误差两个概念。

（4）基本误差。基本误差是指仪表在规定的标准条件下所具有的误差。例如，仪表是

在电源电压（200±5)V、电网频率（50±2)Hz、环境温度（20±5)℃、湿度（65%±5%）RH的条件下标定的。如果这台仪表在这个条件下工作则仪表所具有的误差为基本误差。测量仪表的准确度等级就是由基本误差决定的。

（5）附加误差。附加误差是指当仪表的使用条件偏离额定条件时出现的误差。例如，温度附加误差、频率附加误差、电源电压波动附加误差等。

2. 误差的分类

根据测量数据中误差所呈现的规律将误差分为3种，即系统误差、随机误差和粗大误差。这种分类方法便于测量数据的处理。

（1）系统误差。对同一被测量进行重复多次测量时，如果误差按照一定的规律出现则把这种误差叫做系统误差。例如，由标准量值的不准确或仪表刻度的不准确而引起的误差。对于系统误差应通过理论分析和实验验证找到误差产生的原因和规律以减少和消除误差。

（2）随机误差。对同一被测量进行多次重复测量时，绝对值和符号不可预知地随机变化，但就误差的总体而言具有一定的统计规律性，这种误差称为随机误差。引起随机误差的原因是很多难以掌握或暂时未能掌握的微小因素，一般无法控制。对于随机误差不能用简单的修正值来修正，只能用概率和数理统计的方法去计算它出现可能性的大小。

（3）粗大误差。明显偏离测量结果的误差称为粗大误差，又称为疏忽误差。这类误差是由于测量者疏忽大意或环境条件的突然变化而引起的。对于粗大误差首先应设法判断是否存在，然后将其删除。

3. 确定测量误差的方法

以上分析了测量所产生的几种误差，关于如何确定所产生的误差属于哪个分类，这就要用到与被测对象相关的专业知识，如物理过程和数学手段等。

（1）逐项分析法。对测量中可能产生的误差进行分析逐项计算出数值，并对其中主要项目按照误差性质的不同用不同的方法综合成总的测量误差极限。这种方法反映出了各种误差成分在总误差中所占的比重，从中可以得知产生误差的主要原因，进而分析减小误差应采取的主要措施。

逐项分析法适用于拟定测量方案，研究新的测量方法，设计新的测量装置和系统。

（2）实验统计法。应用数理统计的方法对在实际条件下所获得的测量数据进行分析、处理，确定其可靠的测量结果，估算其测量误差的极限。这种方法利用实际测量数据对测量误差进行估计，反映出各种因素的实际综合作用。

实验统计法适用于一般测量和对测量方法与测量仪器的实际精度进行估算和校验。

综合使用以上两种方法可以互相补充、相互验证。关于测量数据的估计与处理，下面将进行详细介绍。

2.1.2 测量数据的估计和处理

从工程测量的实践可知，测量数据中含有系统误差和随机误差，有时还含有粗大误差。它们的性质不同，对测量结果的影响及处理也不同。在对测量数据进行处理时，首先应判断测量数据中是否含有粗大误差，若有，则必须将其剔除。再看数据中是否存在系统

误差，对系统误差可设法消除或加以修正。对排除了系统误差和粗大误差的测量数据则利用随机误差性质进行处理。总之，对于不同情况的测量数据，首先要加以分析研究，判断情况，分别处理，再综合整理，以得出合乎科学性的结果。

2.1.2.1 随机误差的统计处理

在测量中当系统误差已设法消除或减少到可以忽略的程度时如果测量数据仍有不稳定的现象，说明存在随机误差。在等准确度测量的情况下得 n 个测量值 x_1，x_2，…，x_n，设只含有随机误差 δ_1，δ_2，…，δ_n。这组测量值或随机误差都是随机事件，可以用概率数理统计的方法来研究。随机误差的处理任务是从随机数据中求出最接近真值的值（或称为真值的最佳估计值），对数据精密度的高低（或称为可信赖的程度）进行评定并给出测量结果。

1. 随机误差的正态分布曲线

测量实践表明多数测量的随机误差具有以下特征：

(1) 绝对值小的随机误差出现的概率大于绝对值大的随机误差出现的概率。

(2) 随机误差的绝对值不会超出一定界限。

(3) 测量次数 n 很大时，绝对值相等，符号相反的随机误差出现的概率相等。

由特征（3）不难推出当 $n\to\infty$ 时随机误差的代数和趋近于零。

随机误差的上述 3 个特征说明其分布实际上是单一峰值和有界限的，且当测量次数无穷增加时这类误差还具有对称性（即抵偿性）。

在大多数情况下当测量次数足够多时，测量过程中产生的误差服从正态分布规律。其分布密度函数为

$$y=f(x)=\frac{1}{\sqrt{\sigma 2\pi}}\mathrm{e}^{-\frac{(x-L)^2}{2\sigma^2}} \tag{2-7}$$

由随机误差定义 $\delta=x-L$ 得

$$y=f(\delta)=\frac{1}{\sigma\sqrt{2\pi}}\mathrm{e}^{-\frac{\delta^2}{2\sigma^2}} \tag{2-8}$$

式中 L——均值，随机变量 x 的数学期望；

δ——随机误差（随机变量），$\delta=x-L$。

正态分布方程式的关系曲线为一条钟形的曲线，如图 2-1 所示，说明随机变量在 $x=L$ 或 $\delta=0$ 处的附近区域内具有最大概率，当 $L=0$ 时的正态分布为标准正态分布。

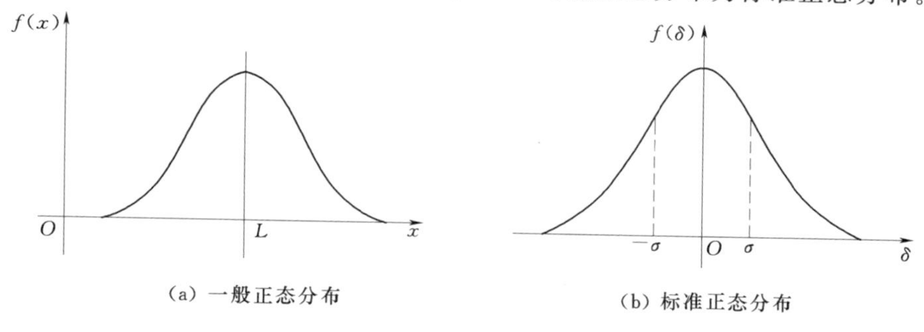

(a) 一般正态分布　　(b) 标准正态分布

图 2-1 正态分布方程式的关系曲线

2. 正态分布随机误差的数字特征

(1) 算术平均值 $\overline{x}$：在实际测量时真值 L 不可能得到。但如果随机误差服从正态分布，则算术平均值处随机误差的概率密度最大。对被测量进行等准确度的 n 次测量，得到 n 个测量值 x_1，x_2，…，x_n，它们的算术平均值为

$$\overline{x}=\frac{1}{n}(x_1+x_2+\cdots+x_n)=\frac{1}{n}\sum_{i=1}^{n}x_i \tag{2-9}$$

算术平均值是诸测量值中最可信赖的，它可以作为等准确度多次测量的结果。

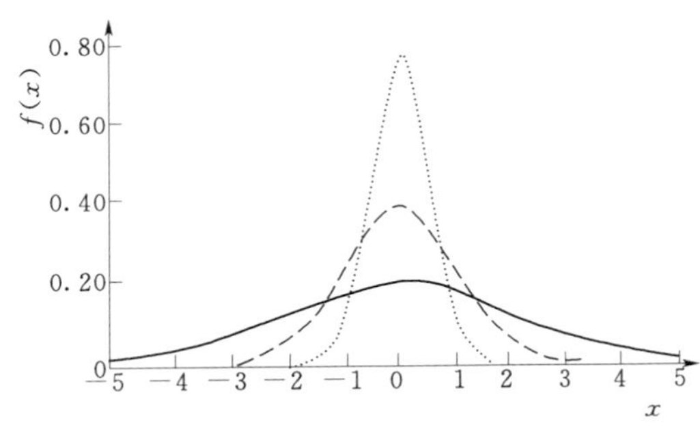

图 2-2　不同 σ 下正态分布曲线

(2) 方均根偏差：算术平均值是反映随机误差的分布中心，而方均根偏差则反映随机误差的分布范围，它又称为标准偏差或标准差。方均根偏差越大，测量数据的分散范围也越大，所以方均根偏差 σ 可以描述测量数据和测量结果的准确度。不同 σ 下正态分布曲线如图 2-2 所示。由图 2-2 可见，σ 越小，分布曲线越陡峭；这说明随机变量的分散性小，测量准确度高；反之 σ 越大，分布曲线越平坦，随机变量的分散性也大，则准确度也越低。

方均根偏差 σ 可表示为

$$\sigma=\sqrt{\frac{\sum_{i=1}^{n}(x_i-L)^2}{n}}=\sqrt{\frac{\sum_{i=1}^{n}\delta_i^2}{n}} \tag{2-10}$$

式中　x_i——第 i 次测量值。

在实际测量时，由于真值 L 是无法确切知道的，用测量值的算术平均值可替代它，测量值与算术平均值之差为残余误差，即

$$v_i=x_i-\overline{x} \tag{2-11}$$

用残余误差计算的方均根偏差称为方均根偏差的估计值 σ_s，即

$$\sigma_s=\sqrt{\frac{\sum_{i=1}^{n}(x_i-\overline{x})^2}{n-1}}=\sqrt{\frac{\sum_{i=1}^{n}v_i^2}{n-1}} \tag{2-12}$$

通常在有限次测量时，算术平均值不可能等于被测量的真值 L，它也是随机变动的。设对被测量进行 m 组的“多次测量”，各组所得的算术平均值 $\overline{x}_1$，$\overline{x}_2$，…，$\overline{x}_m$，围绕真值 L 有一定的分散性，也是随机变量。算术平均值 $\overline{x}$ 的准确度可由算术平均值的方均根偏差 σ_x 来评定。它与 σ_s 的关系为

$$\sigma_x=\frac{\sigma_x}{\sqrt{n}} \tag{2-13}$$

由式 (2-13) 可见，在测量条件一定的情况下，算术平均值的方均根偏差 σ_x 随着测量次数 n 增加而减少，算术平均值也越接近期望值，但仅靠增大 n 值是不够的，实际上测量次数越多越难保证测量条件的稳定。所以在一般精密测量中，重复性条件下测量的次数

n 大多小于 10，此时要提高测量准确度，需采用其他措施（如提高仪器准确度等级、改进测量方法等）。

3. 正态分布随机误差的概率计算

因随机变量符合正态分布，它出现的概率就是正态分布曲线下所包围的面积。因为全部随机变量出现的总概率是 1，所以曲线所包围的面积应等于 1，即

$$\int_{-\infty}^{+\infty} f(x)\mathrm{d}v = \frac{1}{\sigma\sqrt{2\pi}}\int_{-\infty}^{+\infty} \mathrm{e}^{-\frac{x^2}{2\sigma^2}}\mathrm{d}x = 1 \tag{2-14}$$

随机变量在任意区间 $[a, b)$ 出现的概率为

$$p_a = p(a \leqslant v < b) = \frac{1}{\sigma\sqrt{2\pi}}\int_a^b \mathrm{e}^{-\frac{x^2}{2\sigma^2}}\mathrm{d}x \tag{2-15}$$

式中 p_a——置信概率。

σ 是正态分布的特征参数，误差区间通常表示成 σ 的倍数，如 $t\sigma$。由于随机误差分布对称性的特点，常取对称的区间，即

$$p_a = p(-t\sigma \leqslant v \leqslant t\sigma) = \frac{1}{\sigma\sqrt{2\pi}}\int_{-t\sigma}^{+t\sigma} \mathrm{e}^{-\frac{x^2}{2\sigma^2}}\mathrm{d}v \tag{2-16}$$

式中 t——置信系数；

$\pm t\sigma$——置信区间（误差限）。

7 个典型的 t 值及其相应的概率见表 2-1。

表 2-1 t 值及其相应的概率

t	0.6745	1	1.96	2	2.58	3	4
p_a	0.5	0.6827	0.95	0.9545	0.99	0.9973	0.99994

随机变量在 $\pm t\sigma$ 范围内出现的概率为 p_a，则超出的概率称为置信度（也称为显著性水平），用 a 表示，即

$$a = 1 - p_a$$

p_a 与 a 关系如图 2-3 所示。

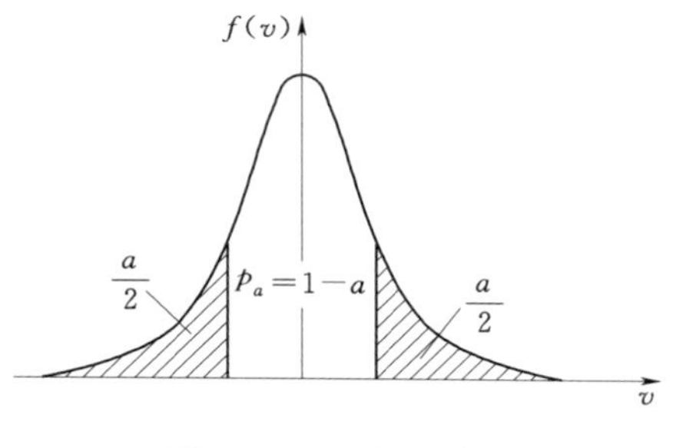

图 2-3 p_a 与 a 关系

从表 2-1 中可知，当 $t=1$ 时，$p_a=0.6827$，即测量结果中随机误差出现在 $-\sigma \sim +\sigma$ 范围内的概率为 68.27%，而 $|v|>\sigma$ 的概率为 31.73%。出现在 $-3\sigma \sim +3\sigma$ 范围内的概率为 99.73%，因此可以认为不会出现绝对值大于 3σ 的误差，故把这个误差称为极限误差 $\delta_{\lim}$。按照上面分析，测量结果可表示为

$$x = \overline{x} \pm \sigma_{\overline{x}} (p_a = 0.6827) \tag{2-17}$$

或

$$x = \overline{x} \pm 3\sigma_{\overline{x}} (p_a = 0.9973)$$

【例 2-1】 有一组测量结果为 237.4、237.2、237.9、237.1、238.1、237.5、237.4、237.6、237.6、237.4，求测量结果。

解： 将测量值列于表 2-2 中。

表 2-2　测量值列表

序　号	测量值 x_i	残余误差 v_i	v_i^2
1	237.4	−0.12	0.014
2	237.2	−0.32	0.10
3	237.9	0.38	0.14
4	237.1	−0.42	0.18
5	238.1	0.58	0.34
6	237.5	−0.02	0.00
7	237.4	−0.12	0.014
8	237.6	0.08	0.0064
9	237.6	0.08	0.0064
10	237.4	−0.12	0.014
	$\bar{x}=237.52$	$\sum v_i=0$	$\sum v_i^2=0.816$

$$\sigma_s=\sqrt{\frac{\sum v_i^2}{n-1}}=\sqrt{\frac{0.816}{10-1}}\approx 0.30$$

$$\sigma_{\bar{x}}=\frac{\sigma_s}{\sqrt{n}}=\frac{0.30}{\sqrt{10}}\approx 0.09$$

测量结果为

$$x=237.52\pm 0.09(p_a=0.6827)$$

或

$$x=237.52\pm 3\times 0.09=237.52\pm 0.27(p_a=0.9973)$$

在等准确度测量中，多次重复测量得到的各测量值具有相同的准确度，这些测量值可用同一个方均根偏差 σ 值来表征或者说具有相同的可信度。严格来说，绝对的等准确度测量是很难保证的，但对条件差别不大的测量，一般都将其当做等准确度测量来对待。某些条件的变化，如测量时温度的波动等，只作为误差来考虑。因此，在一般测量实践中，基本上都属于等准确度测量。

但在科学试验或高准确度测量中，为了提高测量的可靠性和准确度，往往在不同的测量条件下，用不同的测量仪表、不同的测量方法、不同的测量次数以及不同的测量者进行测量与对比，则认为它们是不等准确度的测量，测量数据的处理不能套用前面等准确度测量数据处理的计算公式，需要推导出新的计算公式。引入以下基本概念：

(1)“权”的概念。在不等准确度测量时，对同一被测量进行 m 组独立的无系统误差及粗大误差的测量，得到 m 组测量列（进行多次测量的一组数据称为一组测量列）的测量结果及其误差。由于各组测量条件不同，这些测量结果不能同等看待。准确度高的测量列具有较高的可靠性，将这种可靠性的大小称为“权”。

“权”可理解为各组测量结果相对的可信赖程度。测量次数多，测量方法完善，测量

仪表准确度等级高，测量的环境条件好，测量人员的水平高则测量结果可靠，其权也大。权是相对比较而存在，权 p 的计算如下：

1）用各组测量列的测量次数 n 的比值表示为

$$p_1 : p_2 : \cdots : p_m = n_1 : n_2 : \cdots : n_n \tag{2-18}$$

2）用各组测量列误差的二次方倒数的比值表示为

$$p_1 : p_2 : \cdots : p_n = \left(\frac{1}{\sigma_1}\right)^2 : \left(\frac{1}{\sigma_2}\right)^2 : \cdots : \left(\frac{1}{\sigma_m}\right)^2 \tag{2-19}$$

测量结果权的数值仅表示各组间的相对可靠程度，它是一个无量纲数，通常在计算各组权时，令 $p_{\min}=1$，以便于用简单的数值来表示各组的权。

（2）加权算术平均值 $\overline{x}_p$。在不等准确度测量时，测量结果的最佳估计值用加权算术平均值表示。加权算术平均值不同于一般的算术平均值，应考虑各组测量列的权的情况。若对同一被测量进行 m 组不等准确度测量，得到 m 个测量列的算术平均值 $\overline{x}_1$，$\overline{x}_2$，…，$\overline{x}_m$，相应各组的权分别为 p_1，p_2，…，p_m，则加权算术平均值可表示为

$$\overline{x}_p = \frac{\overline{x}_1 p_1 + \overline{x}_2 p_2 + \cdots + \overline{x}_m p_m}{p_1 + p_2 + \cdots + p_m} = \frac{\sum_{i=1}^{m} \overline{x}_i p_i}{\sum_{i=1}^{m} p_i} \tag{2-20}$$

（3）加权算术平均值 $\overline{x}_p$ 的标准偏差 $\sigma_{\overline{x}_p}$。加权算术平均值的标准误差反映了加权算术平均值的估计难度。计算加权算术平均值 $\overline{x}_p$ 的标准偏差时，也要考虑各测量列的权的情况，标准偏差 $\sigma_{\overline{x}_p}$ 可表示为

$$\sigma_{\overline{x}_p} = \sqrt{\frac{\sum_{i=1}^{m} p_i v_i^2}{(m-1)\sum_{i=1}^{m} p_i}} \tag{2-21}$$

式中　v_i——各测量列的算术平均值 $\overline{x}_i$ 与加权算术平均值 $\overline{x}_p$ 的差值。

2.1.2.2　系统误差的通用处理方法

1. 从误差根源上消除误差

系统误差是在一定测量条件下，测量值中含有固定不变或按一定规律变化的误差。系统误差不具有抵偿性，重复测量也难以发现，在工程测量中应特别注意该项误差。

由于系统误差的特殊性，在处理方法上与随机误差完全不同。有效地找出系统误差的根源并减小或消除它的关键是如何查找误差根源，这就需要对测量设备、测量对象和测量系统做全面分析，明确其中有无产生明显系统误差因素，并采取相应措施予以修正或消除。由于具体条件不同，在分析查找误差根源时并无一成不变的方法，这与测量者的经验、水平及测量技术的发展密切相关，但可以从以下 5 个方面进行分析考虑。

（1）所用传感器、测量仪表或组成元件是否准确可靠。例如，传感器或仪表灵敏度不足，仪表刻度不准确，变换器、放大器等性能不太优良，由这些引起的误差是常见的误差。

（2）测量方法是否完善。例如，用电压表测量电压，电压表的内阻对测量结果的

影响。

（3）传感器或仪表安装、调试或放置是否正确合理。例如，没有调好仪表水平位置，安装时仪表指心偏心等都会引起误差。

（4）传感器或仪表工作场所的环境条件是否符合规定的条件。例如，环境、温度、湿度、气压等的变化也会引起误差。

（5）测量者的操作是否正确。例如，读取时的视差、视力疲劳等都会引起系统误差。

2. 系统误差的发现与判别

发现系统误差一般比较困难，下面介绍 3 种发现系统误差的一般方法。

（1）实验对比法。这种方法是通过改变产生系统误差的条件，从而进行不同条件的测量，以发现系统误差。这种方法适用于发现固定的系统误差。例如，一台测量仪器本身存在固定的系统误差，及时进行多次测量也不能被发现，只有用准确度更高一级的测量仪表测量，才能发现这台测量仪表的系统误差。

（2）残余误差观察法。这种方法是根据测量值残余误差的大小和符号的变化规律，直接由误差数据或误差曲线图形判断有无变化的系统误差。残余误差变化规律如图 2－4 所示，图 2－4 中把残余误差按测量值按先后顺序排列，图 2－4（a）的残余误差排列后有递减的系统误差；图 2－4（b）则可能有周期性系统误差。

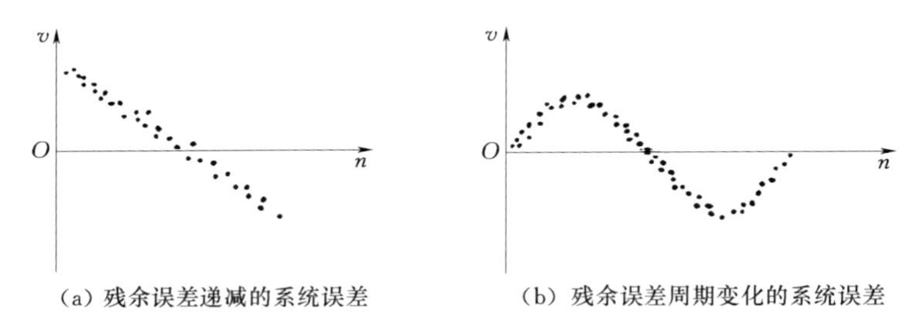

(a) 残余误差递减的系统误差　　（b）残余误差周期变化的系统误差

图 2－4　残余误差变化规律

（3）准则检查法。目前已有多种准则供人们检验测量数据中是否含有系统误差，不过这些准则都有一定的适用范围。如马利科夫判据是将残余误差前后各半分组，若“前”与“后”之差明显不为零，则可能含有线性系统误差。

又如，阿贝检查法则检查残余误差是否偏离正态分布，若偏离则可能存在变化的系统误差。将测量值的残余误差按测量顺序排列，且设

$$A=v_1^2+v_2^2+\cdots+v_n^2$$

$$B=(v_1-v_2)^2+(v_2-v_3)^2+\cdots+(v_{n-1}-v_n)^2+(v_n-v_1)^2$$

若 $\left|\dfrac{B}{2A}-1\right|>\dfrac{1}{\sqrt{n}}$，则可能含有变化的系统误差。

3. 系统误差的消除

（1）在测量结果中进行修正。对于已知的系统误差，可以用修正值对测量结果进行修正；对于变值系统误差，应设法找出误差的变化规律，用修正公式或修正曲线对测量结果进行修正；对未知系统误差，则按随机误差进行处理。

（2）消除系统误差的根源。在测量前，仔细检查仪表，正确调整和安装，使用前一定

要调零；防止外界干扰影响；选好观测位置，消除视差；选择环境条件比较稳定时进行读数等。

(3) 检测方法上消除或减小系统误差。在实际测量中，采用有效的测量方法对于消除系统误差也是非常重要的。在现有仪器设备的前提下，改进测量方法可提高测量的准确度。常用的可消除系统误差的测量方法有替换法、对照法等。

替换法是使用可调的标准器具代替被测量接入检测系统，然后调整标准器具，使检测系统的指示与被测量接入时相同，则此时标准器具的数值等于被测量值。替换法在两次测量过程中，测量电路及指示器的工作状态均保持不变，因此检测系统的准确度对测量结果基本没有影响，从而消除了测量结果中的系统误差；测量的准确度主要取决于标准已知量，对指示器只要求有足够高的灵敏度即可。替换法不仅适用于精密测量，也常用于一般技术测量。

对照法也称交换法，是在一个测量系统中改变测量安排，测出两个结果，将这两个测量结果相互对照，并通过适当的数据处理，可对测量结果进行修正。

【例 2-2】 在一个等臂天平称重试验中，天平左、右两臂的长度存在微小差别，如何测量能保证足够高的准确度？

解： 分析此称重实验，由于两臂长度微小差值的存在，使测量存在恒值系统误差。可采用对照法改进测量。设被测物为 X、砝码为 P，改变砝码质量直到两臂平衡，记录测量值 p_1；将 X 与 P 左右交换，改变砝码质量值使天平再次平衡，记录测量值 p_2，取两次测量值得平均值，即得到精确测量值，消除了系统误差。

还可采用替换法，天平左侧是被测物 X，T 仍然置于另一侧，使天平平衡则砝码的值就是被测物的质量。

(4) 在测量系统中采用补偿措施。找出系统误差的规律，在测量过程中自动消除系统误差。例如，用热电偶测量温度时，热电偶参考端温度变化会引起系统误差，消除此误差的方法之一是在热电偶回路中加一个冷端补偿器，从而实现自动补偿。

(5) 实时反馈修正。由于自动化测量技术及计算机的应用，可采用实时反馈修正的办法来消除复杂的变化系统误差。当查明某种误差因素的变化对测量结果有明显的复杂影响时，应尽可能找出其影响测量结果的函数关系或近似的函数关系。在测量过程中，用传感器将这些误差因素的变化转换成某种物理量形式（一般为电量），及时按照其函数关系，通过计算出影响测量结果的误差值，对测量结果作实时的自动修正。

2.1.2.3 粗大误差

如前所述，在对重复测量所得到的一组测量值进行数据处理前，应找出并剔除具有粗大误差的可疑数据，但绝不能凭意愿对数据进行任意取舍，而是要有一定的根据。其原则就是要看这个可疑的误差是否仍处于随机误差的范围内，是则留，不是则弃。因此要对测量数据进行必要的检验。常用的检验准则有 3σ 准则、肖维勒准则和格拉布斯准则三种。

1. 3σ 准则（拉依达准则）

通常把等于 3σ 的误差称为极限误差。3σ 准则就是如果一组测量数据中某个测量值的残余误差的绝对值 $|v_i|>3\sigma$ 时，则该测量值为可疑值（坏值），应剔除。

2. 肖维勒准则

肖维勒准则以正态分布为前提，假设 n 次重复测量所得的 n 个测量值中，某个测量值

的残余误差$|v_i|>Z_c\sigma$，则剔除此数据。使用中$Z_c<3$，所以在一定程度上弥补了3σ准则的不足。肖维勒准则中的Z_c值见表2-3。

表2-3　肖维勒准则中的Z_c值

n	3	4	5	6	7	8	9	10	11	12
Z_c	1.38	1.54	1.65	1.73	1.80	1.86	1.92	1.96	2.00	2.03
n	13	14	15	16	18	20	25	30	40	50
Z_c	2.07	2.10	2.13	2.15	2.20	2.24	2.33	2.39	2.49	2.58

3. 格拉布斯准则

某个测量值残余误差的绝对值$|v_i|>G\sigma$，则判断此值中含有粗大误差，应予剔除，此即格拉布斯准则，它被认为是比较好的准则。G值与重复测量次数n和置信概率p_a有关，格拉布斯准则中的G值见表2-4。

表2-4　格拉布斯准则中的G值

测量次数n	置信概率p_a		测量次数n	置信概率p_a	
	0.99	0.95		0.99	0.95
3	1.16	1.15	11	2.48	2.23
4	1.49	1.46	12	2.55	2.28
5	1.75	1.67	13	2.61	2.33
6	1.94	1.82	14	2.66	2.37
7	2.1	1.94	15	2.7	2.41
8	2.22	2.03	16	2.74	2.44
9	2.32	2.11	18	2.82	2.50
10	2.41	2.18	20	2.88	2.56

以上准则以数据按正态分布为前提，当偏离正态分布，特别是测量次数很少时，判断的可靠性就差。因此，对粗大误差除用剔除准则外，更重要的是要提高工作人员的技术水平和责任心。另外，要保证测量条件的稳定，防止因环境剧烈变化而产生突变。

2.1.2.4　测量数据处理中的问题

1. 测量误差的合成

一个测量系统或一个传感器都是由若干部分组成。设各环节为x_1，x_2，…，x_n的系统总的输入/输出关系为$y=f(x_1,x_2,\cdots,x_n)$，而各部分又都存在测量误差。各局部误差对整个测量系统或传感器测量误差的影响就是误差的合成问题。若已知各环节的误差而求总的误差称为误差的合成；反之，总的误差确定后，要确定各环节具有多大误差才能保证总的误差值不超过规定值，这一过程称为误差的分配。

由于随机误差和系统误差的规律和特点不同，误差的合成与分配的处理方法也不相同，下面分别介绍。

（1）系统误差的合成。由前述可知，系统总输出与各环节之间的函数关系为

$$y=f(x_1,x_2,\cdots,x_n)$$

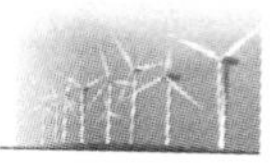

各部分定值系统误差分别为 Δx_1，Δx_2，…，Δx_n，因为系统误差一般都很小，其误差可用微分来表示，故其合成表达式为

$$\mathrm{d}y=\frac{\partial f}{\partial x_1}\mathrm{d}x_1+\frac{\partial f}{\partial x_2}\mathrm{d}x_2+\cdots+\frac{\partial f}{\partial x_n}\mathrm{d}x_n \tag{2-22}$$

实际计算误差时，是以各环节的定值系统误差 Δx_1，Δx_2，…，Δx_n 替代式（2-22）中的 $\mathrm{d}x_1$，$\mathrm{d}x_2$，…，$\mathrm{d}x_n$，即

$$\Delta y=\frac{\partial f}{\partial x_1}\Delta x_1+\frac{\partial f}{\partial x_2}\Delta x_2+\cdots+\frac{\partial f}{\partial x_n}\Delta x_n \tag{2-23}$$

式中　Δy——合成后的总的定值系统误差。

（2）随机误差的合成。设测量系统或传感器有 n 个环节组成，各部分的方均根偏差为 σ_{x_1}，σ_{x_2}，…，σ_{x_n}，则随机误差的合成表达式为

$$\sigma_y=\sqrt{\left(\frac{\partial f}{\partial x_1}\right)^2\sigma_{x_1}^2+\left(\frac{\partial f}{\partial x_2}\right)^2\sigma_{x_2}^2+\left(\frac{\partial f}{\partial x_n}\right)^2\sigma_{x_n}^2} \tag{2-24}$$

若 $y=f(x_1,x_2,\cdots,x_n)$ 为线性函数，即

$$y=a_1x_1+a_2x_2+\cdots+a_nx_n$$

则

$$\sigma_y=\sqrt{a_1^2\sigma_{x_1}^2+a_2^2\sigma_{x_2}^2+\cdots+a_n^2\sigma_{x_n}^2}$$

如果 $a_1=a_2=\cdots=a_n$，则

$$\sigma_y=\sqrt{\sigma_{x_1}^2+\sigma_{x_2}^2+\cdots+\sigma_{x_n}^2}$$

（3）总合误差。设测量系统和传感器的系统误差和随机误差均为相互独立的，则总的合成误差 ε 表示为

$$\varepsilon=\Delta y\pm\sigma_y \tag{2-25}$$

2．最小二乘法的应用

最小二乘法原理是误差数据处理中的一种数据处理手段。最小二乘法原理就是要获得最可信赖的测量结果，使各测量值的残余误差二次方和为最小。最小二乘法在组合测量的数据处理、实验曲线的拟合及其他多学科等方面，均获得了广泛的应用。在等准确度测量和不等准确度测量中，用算术平均值或加权算数平均值作为多次测量的结果，因为它们最符合最小二乘法原理。

例如，测量铂热电阻，电阻值 R_t 与温度 t 之间的函数关系式为

$$R_t=R_0(1+\alpha t+\beta t^2)$$

式中　R_0、R_t——铂热电阻在温度 0℃和 t℃时的电阻值；

　　α、β——电阻温度系数。

若在不同温度 t 条件下测得一系列电阻值 R_t，求温度系数 α 和 β。由于在测量中不可避免地引入误差，使 $R_t=R_0(1+\alpha t+\beta t^2)$ 得到一组最佳的或最恰当的解的同时具有最小误差的通常做法是使测量次数 n 大于所求未知量的个数 m（$n>m$），然后采用最小二乘法原理进行计算。

为了讨论方便起见，用线性函数通式表示。设 X_1，X_2，…，X_m 为待求量，Y_1，Y_2，…，Y_m 为直接测量值，他们相应的函数关系为

$$\begin{cases} Y_1 = a_{11}X_1 + a_{12}X_2 + \cdots + a_{1m}X_m \\ Y_2 = a_{21}X_1 + a_{22}X_2 + \cdots + a_{2m}X_m \\ \vdots \\ Y_n = a_{n1}X_1 + a_{n2}X_2 + \cdots + a_{nm}X_n \end{cases} \tag{2-26}$$

若 x_1，x_2，…，x_m 是待求量 X_1，X_2，…，X_m 最可信赖的值，又称最佳估计值，则相应的线性函数的估计值有下列函数关系

$$\begin{cases} y_1 = a_{11}x_1 + a_{12}x_2 + \cdots + a_{1m}x_m \\ y_2 = a_{21}x_1 + a_{22}x_2 + \cdots + a_{2m}x_m \\ \vdots \\ y_n = a_{n1}x_1 + a_{n2}X_2 + \cdots + a_{nm}x_n \end{cases}$$

相应的误差方程为

$$\begin{cases} v_1 = l_1 - y_1 = l_1 - (a_{11}x_1 + a_{12}x_2 + \cdots + a_{1m}x_m) \\ v_2 = l_2 - y_2 = l_2 - (a_{21}x_1 + a_{22}x_2 + \cdots + a_{2m}x_m) \\ \vdots \\ v_n = l_n - y_n = l_n - (a_{n1}x_1 + a_{n2}x_2 + \cdots + a_{nm}x_m) \end{cases} \tag{2-27}$$

式中　l_1，l_2，…，l_n——带有误差的实际直接测量值。

按最小二乘法原理，要获取最可信赖的结果 x_1，x_2，…，x_m，使式（2－27）的残余误差二次方和最小，即

$$v_1^2 + v_2^2 + \cdots + v_n^2 = \sum_{i=1}^{n} v_i^2 = [v^2] = (v^2)_{\min}$$

根据求极值条件，应使

$$\begin{cases} \dfrac{\partial[v^2]}{\partial x_1} = 0 \\ \dfrac{\partial[v^2]}{\partial x_2} = 0 \\ \vdots \\ \dfrac{\partial[v^2]}{\partial x_n} = 0 \end{cases} \tag{2-28}$$

将偏微分方程式（2－28）整理后，可写成

$$\begin{cases} [a_1a_1]x_1 + [a_1a_2]x_2 + [a_1a_m]x_m = [a_{11}] \\ [a_2a_1]x_1 + [a_2a_2]x_2 + [a_2a_m]x_m = [a_{21}] \\ \vdots \\ [a_ma_1]x_1 + [a_ma_2]x_2 + [a_ma_m]x_m = [a_{m1}] \end{cases} \tag{2-29}$$

式（2－29）即为等准确度测量的线性函数最小二乘估计的正规方程，式（2－29）中

$$[a_1a_1] = a_{11}a_{11} + a_{21}a_{21} + \cdots + a_{n1}a_{n1}$$

$$[a_1a_2] = a_{11}a_{12} + a_{21}a_{22} + \cdots + a_{n1}a_{n2}$$

$$\vdots$$

$$[a_1a_m] = a_{11}a_{1m} + a_{21}a_{2m} + \cdots + a_{n1}a_{nm}$$

$$[a_{11}]=a_{11}l_1+a_{21}l_2+\cdots+a_{n1}l_n$$

以后项依次类推。

正规方程是一个 m 元线性方程组，当其系数行列式不为零时，有唯一确定的解，由此可解得欲求的估计值 x_1，x_2，…，x_m 即为符合最小二乘原理的最佳解。

线性函数的最小二乘法处理过程，直接应用矩阵进行讨论有许多便利之处。将误差式(2-27)用矩阵表示为

$$V=L-AX \tag{2-30}$$

其中，系数矩阵

$$A=\begin{bmatrix} a_{11} & a_{12} & \cdots & a_{1m} \\ a_{21} & a_{22} & \cdots & a_{2m} \\ \vdots & \vdots & \vdots & \vdots \\ a_{n1} & a_{n2} & \cdots & a_{nm} \end{bmatrix}$$

估计值矩阵

$$X=\begin{pmatrix} X_1 \\ X_2 \\ \vdots \\ X_n \end{pmatrix}$$

实际测量值矩阵

$$L=\begin{pmatrix} L_1 \\ L_2 \\ \vdots \\ L_n \end{pmatrix}$$

残余误差矩阵

$$V=\begin{pmatrix} V_1 \\ V_2 \\ \vdots \\ V_n \end{pmatrix}$$

残余误差二次方和最小这一条件的矩阵形式为

$$V'V=\min$$

即

$$(L-AX)'(L-AX)=\min$$

将上述线性函数的正规方程式用残余误差表示，可改写成

$$\begin{cases} a_{11}v_1+a_{21}v_2+\cdots+a_{n1}v_n=0 \\ a_{12}v_1+a_{22}v_2+\cdots+a_{n2}v_n=0 \\ \vdots \\ a_{1m}v_1+a_{2m}v_2+\cdots+a_{nm}v_n=0 \end{cases} \tag{2-31}$$

$$\begin{pmatrix} a_{11} & a_{21} & \cdots & a_{n1} \\ a_{12} & a_{22} & \cdots & a_{n2} \\ \vdots & \vdots & \vdots & \vdots \\ a_{1m} & a_{2m} & \cdots & a_{nm} \end{pmatrix} V=0$$

即

$$A'V=0$$

由式（2－30），得

$$A'(L-AX)=0$$
$$(A'A)X=A'L$$

所以

$$X=(A'A)^{-1}A'L \tag{2-32}$$

式（2－32）即为最小二乘的矩阵解。

【例 2－3】 铜热电阻的电阻值 R_t 与温度 t 之间的关系为 $R_t=R_0(1+\alpha t)$，在不同温度下测定的铜热电阻阻值见表 2－5。估计 0℃时的铜热电阻阻值 R_0 和铜热电阻的电阻温度系数 α。

表 2－5　不同温度下测定的铜热电阻阻值

测试	1	2	3	4	5	6	7
t_i/℃	19.1	25.0	30.1	36.0	40.0	45.1	50.0
R_{t_i}/Ω	76.3	77.8	79.75	80.80	82.35	83.9	85.10

解： 列出误差方程：

$$R_{t_i}-R_0(1+\alpha t)=V_i \quad i=1,2,3,\cdots,7$$

式中　R_{t_i}——在温度 t_i 下测得的铜热电阻的电阻值。

令 $x=R_0$，$y=aR_0$，则误差方程可写为

$$76.3-(x-19.1y)=V_1$$
$$77.8-(x+25.0y)=V_2$$
$$79.75-(x+30.1y)=V_3$$
$$80.80-(x+36.0y)=V_4$$
$$82.35-(x+40.0y)=V_5$$
$$83.9-(x+45.1y)=V_6$$
$$85.10-(x+50.50y)=V_7$$

其正规方程式为

$$\begin{cases} [a_1a_1]x_1+[a_1a_2]y=[a_{11}] \\ [a_2a_1]x_1+[a_2a_2]y=[a_{21}] \end{cases}$$

于是有

$$\begin{cases} \sum_{i=1}^{7} t_i^2 x + \sum_{i=1}^{7} t_i y = \sum_{i=1}^{7} R_{t_i} \\ \sum_{i=1}^{7} t_i x + \sum_{i=1}^{7} t_i^2 y = \sum_{i=1}^{7} R_{t_i} t_i \end{cases}$$

将各值带入上式，得到

$$7x+245.3y=556$$
$$245.3x+9325.38y=20044.5$$

解得 $x=70.8$，$y=0.288$，即

$$R_0=70.8\ \Omega$$

$$\alpha=\frac{y}{R_0}=\frac{0.288}{70.8}\approx 4.07\times 10^{-3}\ (℃^{-1})$$

用矩阵求解，则有

$$A'A=\begin{pmatrix}1 & 1 & 1 & 1 & 1 & 1 & 1\\ 19.1 & 25.0 & 30.1 & 36.0 & 40.0 & 45.1 & 50.0\end{pmatrix}\begin{pmatrix}1 & 19.1\\ 1 & 25.0\\ 1 & 30.1\\ 1 & 36.0\\ 1 & 40.0\\ 1 & 45.1\\ 1 & 50.0\end{pmatrix}=\begin{pmatrix}7 & 245.3\\ 245.3 & 9325.38\end{pmatrix}$$

$$|A'A|=\begin{vmatrix}7 & 245.3\\ 245.3 & 9325.38\end{vmatrix}=5108.7$$

因为 $|A'A|\neq 0$，所以有解

$$(A'A)^{-1}=\frac{1}{|A'A|}\cdot\begin{vmatrix}A_{11} & A_{12}\\ A_{21} & A_{22}\end{vmatrix}=\frac{1}{5108.7}\begin{vmatrix}9325.85 & -245.3\\ -245.3 & 7\end{vmatrix}$$

$$A'L=\begin{pmatrix}1 & 1 & 1 & 1 & 1 & 1 & 1\\ 19.1 & 25.0 & 30.1 & 36.0 & 40.0 & 45.1 & 50.0\end{pmatrix}\begin{pmatrix}76.3\\ 77.8\\ 79.75\\ 80.80\\ 82.35\\ 83.9\\ 85.10\end{pmatrix}=\begin{pmatrix}556\\ 20044.5\end{pmatrix}$$

$$X=\begin{pmatrix}x\\ y\end{pmatrix}=(A'A)^{-1}A'L=\frac{1}{5108.7}\begin{pmatrix}9325.38 & -245.3\\ -245.3 & 7\end{pmatrix}\begin{pmatrix}556\\ 20044.5\end{pmatrix}=\begin{pmatrix}70.8\\ 0.288\end{pmatrix}$$

所以

$$R_0=x=70.8\ \Omega$$

$$\alpha=\frac{y}{R_0}=\frac{0.288}{70.8}\approx 4.07\times 10^{-3}/℃$$

3. 用经验公式拟合实验数据——回归分析

在工程实践和科学实验中，经常遇到需要将一批实验数据进一步整理成曲线图或经验公式。用经验公式拟合实验数据，工程上把这种方法称为回归分析。回归分析就是应用数理统计的方法，对实验数据进行分析和处理，从而得出反应变量间相互关系的经验公式(也称回归方程)。当经验公式为线性函数时，如

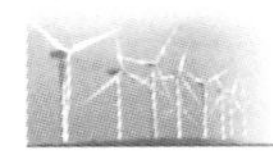

$$y=b_0+b_1x_1+b_2x_2+\cdots+b_nx_n \tag{2-33}$$

称这种回归分析为线性回归分析，它在工程中的应用价值较高。在线性回归分析中，当独立变量只有一个时，即函数关系为

$$y=b_0+bx \tag{2-34}$$

这种回归分析称为一元线性回归分析，这就是工程上和科研中常遇到的直线拟合问题。

设有 n 对测量数据（x_i，y_i），用一元线性回归方程（2-33）拟合，根据测量数据值，求方程中系数 b_0、b 的最佳估计值。可以用最小二乘法原理，使各测量数据点与回归直线的偏差二次方和为最小，如图 2-5 所示。

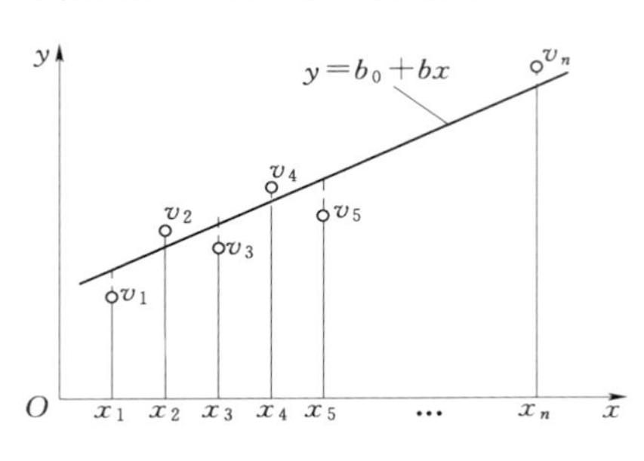

图 2-5　用最小二乘法求回归直线

$$\begin{cases} y_1-\hat{y}_1=y_1-(b_0+bx_1)=v_1 \\ y_2-\hat{y}_2=y_2-(b_0+bx_2)=v_2 \\ \vdots \\ y_n-\hat{y}_n=y_n-(b_0+bx_n)=v_n \end{cases}$$

式中　$\hat{y}_1$，$\hat{y}_2$，…，$\hat{y}_n$——在 x_1，x_2，…，x_n 点上 y 的估计值。

可用最小二乘法求出系数 b_0、b。

在求经验公式时，有时用图解法分析显得更方便、直观，即将测量数据值（x_i，y_i）绘制在坐标纸上，把这些测量点直接连接起来，根据曲线（包括直线）的形状、特征及变化趋势，可以设法给出他们的数学模型（即经验公式）。这不仅可把一条形象化的曲线与各种分析方法联系起来，而且还在相当程度上扩展了原有曲线的应用范围。

2.2　测量不确定度

2.2.1　概述

1. 不确定度概念的提出

在测量过程中，当对同一物理量进行多次重复测量时，由于诸多因素的影响，会使测量结果不重复和不准确，使得测量结果只能是近似值，测量误差是客观存在的。人们对误差的认识已有相当长的时间，100 多年前就提出了测量误差的概念，把误差作为衡量测量结果质量的一个指标，要求在给出测量结果的同时，还应该给出其测量误差。经过长期的研究、应用和发展，误差的理论体系已经十分完善，并获得了广泛的应用。

长期以来，测量误差是用来评价测量结果质量高低的主要依据，但使用中出现了不少困惑。例如，测量误差的定义为“测量结果减去被测量的真值”，若要得到误差必须知道真值。但是，实际中的真值无法得到，因此严格意义上的误差也就无法得到，它只是一个理想的概念。例如，测量地球到月球的距离，要了解其测量的误差必须先知道这个距离的真值，而若已知这个距离的真值，也就不必测量了。这样命题的逻辑概念是混乱的。

同时，根据误差的定义，误差是一个差值，在数轴上应该表示为一个点，并且是一个具有确定符号的量值，因此误差既不能表示为一个区间和范围，也不能带有不确定的

"±"符号。实际上，误差不能确切地知道，难于定为数轴上的一个点，也难于有确定符号的量值。由于真值不能确定，实际上用的是约定真值，因此实际上误差的概念只能用于已知约定真值的情况，此时还需考虑约定真值本身的误差，因而可能得到的只是误差的估计值。通过误差分析所得到的测量结果的所谓"误差"，常常只能用一个区间来表示，并且也带有"±"符号，实际上已不是真正的误差，而是被测量不能确定的范围。因此，实用中在"误差"这一术语的使用上，也经常出现不符合误差定义和概念的情况。

误差应用中另一个问题是评定方法的不统一，不同领域或不同人员对测量误差的处理方法也往往有不同的见解。这种误差评定方法的不一致，使不同的测量结果之间缺乏可比性。

因此，在测量结果评定中，传统的误差理论已不适应了。国际上早在 1963 年就提出了测量不确定度的概念，1978 年国际计量局向各国发出不确定度征求意见书，并于 1989 年组成国际不确定度工作组，通过长达数十年的探索，才提供了一个较为全面的能为各方所接受的合理可行方案。1993 年，国际标准化组织、国际电工委员会、国际计量局、国际法制计量组织等 7 个国际组织联合制定发布了测量《Guide to the Expression of Uncertainty in Measurement》(GUM)《不确定度表示指南》，1995 年又发布了 GUM 的修订版。我国计量和测量领域经过多年的深入研究和探讨，于 1999 年发布了适合我国国情的《测量不确定度评定与表示》(JJF 1059—1999) 计量技术规范。这个规范原则上等同采用 GUM 的基本内容，使我国的测试计量标准与国际通行做法接轨。2012 年又颁布了该规范的修订版本《测量不确定度评定与表示》(JJF 1059. 1—2012)。在我国实施与国际接轨的测量不确定度评定以及测量结果包括其不确定度的表示方法，不仅是不同学科之间互通的需要，也是全球市场经济发展的需要。

2. 不确定度的定义

JJF 1059. 1—2012 计量技术规范中，不确定度定义为"根据所获信息，表征赋予被测量值分散性的非负参数"，用 U 表示。测量不确定度意味着测量结果的可信任程度或者不肯定程度，是衡量测量结果质量的重要指标。一个完整的测量结果 Y，应当包含被测量值的估计值与分散性参数两部分。在给出测量结果时，必须同时给定其测量不确定度的定量描述。即测量结果 Y 为

$$Y=y\pm U$$

式中 y——被测量值的估计值，通常取多次测量值 x_i 的算术平均值，即 $y=\bar{x}$；

U——测量不确定度，是表达被测值分散程度的一个参数，这个参数是用某一置信概率下置信区间的半宽来表征，通常用标准偏差 s 或其倍数 ks 来表示。

由于测量误差的存在，测量不确定度给出了被测量真值所处的某个量值范围内的不能肯定的程度。测量不确定度越小，则表明测量结果可信赖程度越高，其质量也就越高。

3. 不确定度的来源

测量不确定度来源于以下因素：

(1) 被测量定义的不完善，实现被测量定义的方法不理想。被测量的样本不能完全代表定义的被测量。

(2) 测量装置或仪器自身性能的限制，如分辨率、抗干扰能力、元器件的稳定性等影响。

(3) 测量环境的不完善以及测量人员技术水平等的影响。

(4) 计量标准值本身的不确定度，在数据简化算法中使用常数的不确定度。

(5) 在相同的测量条件下，由随机因素所引起的被测量本身的不稳定性。

(6) 对系统误差的修正不完善，不明显的粗大误差未被剔除。

4. 不确定度的分类

根据表达形式不同，测量不确定度分为以下几类，如图 2-6 所示。

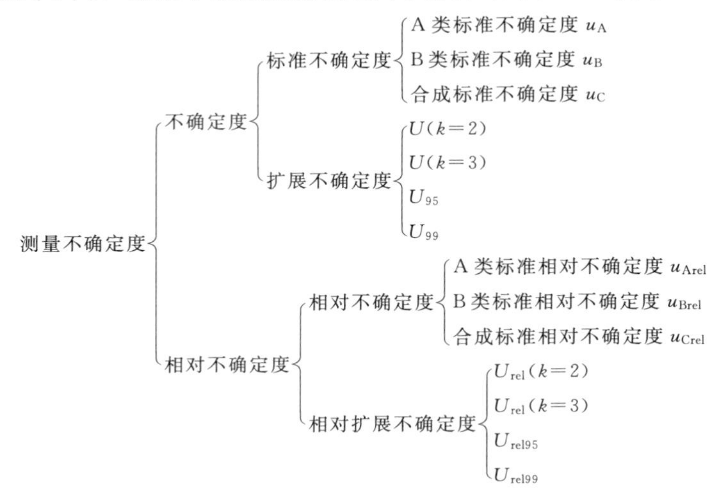

图 2-6　不确定度的分类

(1) 标准不确定度。用概率分布的标准偏差表示的不确定度，称为标准不确定度，用符号 u 表示。测量不确定度往往是由多个分量组成的，对每个不确定度来源评定的标准偏差，称为标准不确定度分量，用 u_i 表示。标准不确定度有两类评定方法：A 类评定和 B 类评定。

1) A 类标准不确定度：用统计方法得到的不确定度，用符号 u_A 表示。

2) B 类标准不确定度：用非统计方法得到的不确定度，即根据资料或假设的概率分布估计的标准偏差表示的不确定度，用符号 u_B 表示。

3) 合成标准不确定度。当测量结果是受若干因素联合影响，由各不确定度分量所合成的标准不确定度，称为合成标准不确定度，用符号 u_C 表示。合成标准不确定度仍然是用标准偏差表示测量结果的分散性，合成的方法常被称为“不确定度传播律”。

(2) 扩展不确定度。扩展不确定度是由合成标准不确定度的倍数表示的测量不确定度，即用包含因子 k 乘以合成标准不确定度 u_C 得到一个区间半宽度，用符号 U 表示。即

$$U=ku_C \tag{2-35}$$

包含因子的取值决定了扩展不确定度的置信水平。由于扩展不确定度扩展了测量结果附近的置信区间，被测量的值落在该区间内的概率是较高的。所以通常测量结果的不确定度都用扩展不确定度表示。

5. 测量误差与测量不确定度的关系

测量误差与测量不确定度是误差理论中的两个重要概念，它们都可以作为评定测量结

果精度的参数去评价测量结果质量的高低。但它们又有明显的区别，必须正确认识和区分，以防混淆和误用。

测量误差与测量不确定度的主要区别见表2-6。表2-6从定义、分类、评定、主客观性、合成方法、结果修正等方面，说明了两者的区别。其中最主要的区别在于定义上的差别。从概念上讲，误差是个确定的信息，与真值密切相关，表明从被测量真值的角度看，测量数据偏离真值有多远。前面讨论过的置信度概念，则说明由于随机误差引入了一种不确定度，它说明了当不存在系统误差时，从测量数据的角度看，被测量的真值可能处于其附近一定区域内的概率有多大。显然，置信度的不确定性概念比误差概念更接近于实际工程。不确定度概念则在此基础上进一步发展，同样表示一种不可知的信息，它不仅说明了由随机误差引起的测量不确定性，同时也说明了系统误差引起的测量不确定性。此外，不确定度概念还说明了一个测量系统和设备可能引入的测量不确定性有多大，因此不确定度也可以作为对测量系统品质的评价。由于不确定度的定义与真值无关，便于评定。

表2-6 测量误差与测量不确定度的主要区别

序号	内容	测量误差	测量不确定度
1	定义	表明测量结果偏离真值的程度，是一个确定的值。在数轴上表示为一个点。数值符号非正即负（或零），不能用不确定的正负（±）号表示	表明被测量之值的分散性，是一个区间。用标准偏差、标准偏差的倍数或说明置信水准的区间的半宽度来表示，在数轴上表示一个区间，且恒取正值
2	分类	按出现于测量结果中的规律，分为随机误差和系统误差，它们都是无限多次测量的理想概念	按是否用统计方法求得，分为A类评定和B类评定。它们都以标准不确定度表示。在评定测量不确定度时，一般不必区分其性质
3	评定	由于真值未知，往往无法得到测量误差的值。当用约定真值代替真值时，可以得到测量误差的估计值	测量不确定度可以由人们根据实验、资料、经验等信息进行评定，从而可以定量确定测量不确定度的值，可操作性好
4	主客观性	误差是客观存在的，不以人的认识程度而转移。误差属于给定的测量结果，相同的测量结果具有相同的误差，而与得到该测量结果的测量仪器与测量方法无关	测量不确定度与人们对被测量、影响量以及测量过程的认识有关。在相同的条件下进行测量时，合理赋予被测量的任何值，均具有相同的测量不确定度。即测量不确定度仅与测量条件有关
5	合成方法	各误差分量的代数和	当各分量彼此不相关时用方根法合成，否则考虑加入相关项
6	结果修正	已知系统误差的估计值时，可以对测量结果进行修正，得到已修正的测量结果。修正值等于负的系统误差	由于测量不确定度表示一个区间，因此无法用测量不确定度对测量结果进行修正。对已修正的测量结果进行不确定度评定时，应考虑修正不完善引入的不确定度分量
7	实验标准差	来源于给定的测量结果，它不表示被测量估计值的随机误差	来源于合理赋予的被测量之值，表示同一观测列中，任一估计值的标准不确定度
8	自由度	不存在	可作为不确定度评定可靠程度的指标。它是与评定得到的不确定度的相对标准不确定度有关的参数
9	置信概率	仅用于随机误差	当了解分布时，可按置信概率给出置信区间

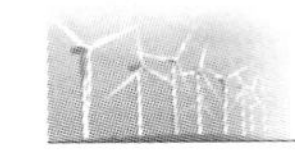

在研究过程中，不确定度可以采用与随机误差处理相似的统计方法进行评定，也可以采用其他方法。实际上，不确定度的来源中有随机因素，也有系统因素，随机误差相对应（如重复测量中的变化）可由贝塞尔公式评定，与系统误差相对应（如由上一级的标准）用统计方法得到不确定度值。B 类不确定度用除统计方法以外的其他方法得到，它可以对应于随机误差（如温度波动影响），也可以对应于系统误差。

不确定度与误差有区别，也有联系。误差是不确定度的基础，研究不确定度必须先研究误差，只有对误差的性质、分布规律、相互联系及误差传递关系等充分地认识和了解，才能更好地估计各不确定度分量，正确得到测量结果的不确定度。用测量不确定度代替误差表示测量结果，易于理解，便于评定，具有合理性和实用性。但测量不确定度的内容不能包罗、更不能取代误差理论的所有内容，如传统的误差分析与数据处理等均不能被取代。确切地说，不确定度是对经典误差理论的补充，是现代误差理论的内容之一，是误差理论的应用与拓展，它还有待于进一步研究、完善与发展。

2.2.2　测量不确定度的评定步骤

当被测量确定后，测量结果的不确定度仅仅和测量条件有关，因此在进行不确定度评定之前，必须首先确定被测量和测量条件。此处的测量条件包括测量原理、测量仪器、测量方法、测量环境以及数据处理程序等。测量条件确定后，测量不确定度评定步骤如图 2-7 所示。

1. 找出所有影响测量不确定度的影响量

进行测量不确定度评定的第一步，是找出所有对测量结果有影响的影响量，即所有的测量不确定度来源。原则上，测量不确定度来源既不能遗漏，也不要重复计算，特别是对于比较大的不确定度分量。但是，有些尚未认识到的系统效应，显然无法在不确定度评定中予以考虑，但它们可能导致测量结果的误差。

2. 建立满足测量不确定度评定所需的数学模型

建立满足测量所要求准确度的数学模型，即建立被测量 Y（输出量）和所有各影响量 x_i（输入量）之间的函数关系为

$$Y=f(x_1,x_2,\cdots,x_m)$$

从原则上说，数学模型是用以计算测量结果的计算公式。要求所有对测量不确定度有影响的输入量都包含在数学模型中。在测量不确定度评定中，所考虑的各测量不确定度分量，要与数学模型中的量一一对应。这样，在数学模型建立以后，测量不确定度的评定就可以完全根据数学模型进行。

3. 确定各输入量的估计值 x_i 及其标准不确定度 $u(x_i)$

测量结果是由各输入量的最佳估计值代入计算公式（数学模型）后得到的，因此输入量最佳估计值的不确定度显然会对测量结果的不确定度有影响。输入量最佳估计值的不确定度的确定大体上分为两类：一类是通过实验测量得到，另一类是从其他各种信息来源得到，诸如检定证书、校准证书、使用手册、文献资料以及实践经验等。对于这两种不同的情况，分别采用 A 类或 B 类评定方法评定其标准不确定度。

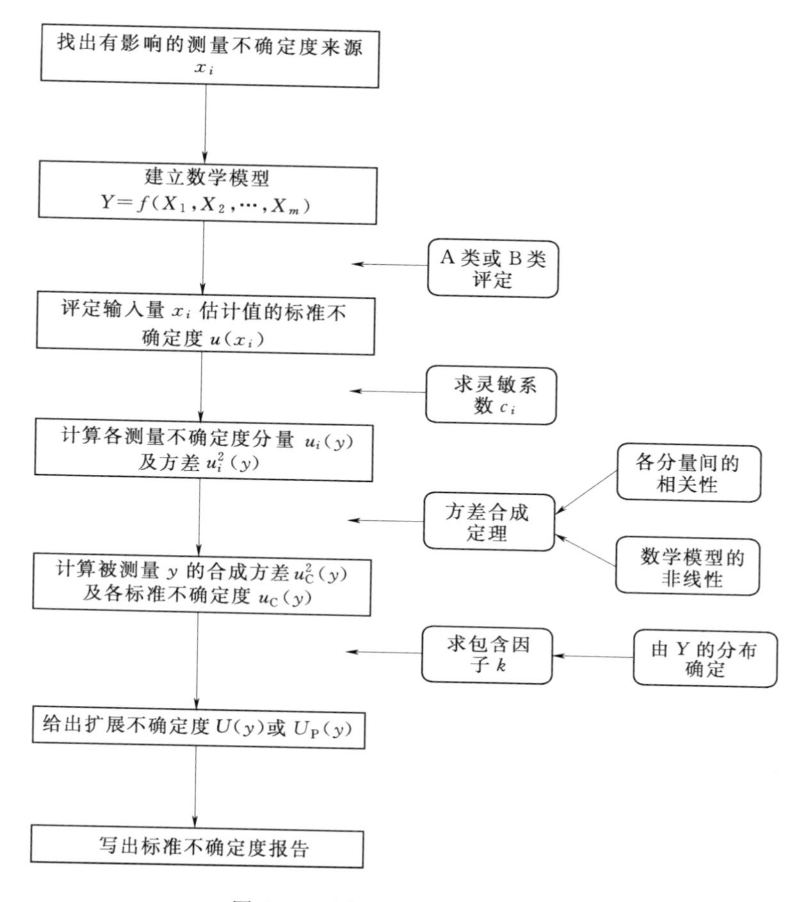

图 2-7 测量不确定度评定步骤

4. 计算对应于各输入量的标准不确定度分量 $u_i(y)$ 及方差 $u_i^2(y)$

若输入量估计值 x_i 的标准不确定度为 $u(x_i)$，则对应于该输入量的标准不确定度分量为

$$u_i(y)=c_iu(x_i)=\frac{\partial f}{\partial x_i}u(x_i) \tag{2-36}$$

式中 c_i——灵敏系数，它可由数学模型对输入量 x_i 的求偏导而得到。当无法找到可靠的数学表达式时，灵敏系数 c_i 也可以由实验测量得到。在数值上它等于当输入量 x_i 变化一个单位量时，被测量 y 产生的相应变化量。

因此这一步实际上是进行单位换算，由输入量单位通过灵敏系数换算到输出量的单位。

5. 各标准不确定度分量 $u_i(y)$ 合成得到合成标准不确定度 $u_C(y)$

根据方差合成定理，当数学模型为线性模型，并且各输入量 x_i 彼此间独立无关时，合成标准不确定度 $u_C(y)$ 为

$$u_C(y)=\sqrt{\sum_{i=1}^{n}u_i^2(y)} \tag{2-37}$$

式（2-37）常被称为不确定度传播定律。

不确定度传播定律实际上是将数学模型按泰勒级数展开后，对等式两边求方差得到的。对于线性输出模型，由于二阶及二阶以上的偏导数均等于零，于是得式（2-37）。当数学模型为非线性模型时，原则式（2-37）已不再成立，而应考虑其高阶项。

当输入量之间存在相关性时，原则上式（2-37）也不成立，因为此时还应该考虑它们之间的协方差，即在合成标准不确定度的表示式中应加入与相关性有关的协方差项。

6. 确定被测量 Y 可能值分布的包含因子和确定扩展不确定度 U

确定包含因子 k，应根据被测量 Y 的分布情况，所要求的置信概率 P，以及对测量不确定度评定具体要求的不同，分别采用不同的方法。因此在得到各分量的标准不确定度后，应该先对被测量 Y 的分布进行估计，才能确定 k。

（1）当被测量 Y 接近正态分布时，并且要求给出对应于置信概率为 P 的扩展不确定度 U_P 时，需计算各分量的自由度和相应于被测量 Y 的有效自由度 v_{eff}。并由有效自由度和所要求的置信概率 P 查 t 分布表得到 k 值。

（2）当被测量 Y 接近于某种其他的非正态分布时，则根据被测量的分布和所要求的置信概率 P 求出包含因子 k。

（3）当确定包含因子后，无法判断被测量 Y 接近于何种分布时，一般直接取 $k=2$。计算扩展不确定度 $U=ku_C$。当包含因子 k 由被测量的分布以及所规定的置信概率 P 得到时，扩展不确定度用 $U_P=k_Pu_C$ 表示。

7. 给出测量不确定度报告

报告中简要给出测量结果及其不确定度，并说明如何由合成标准不确定度得到扩展不确定度。报告应给出尽可能多的信息，避免用户对所给不确定度产生错误的理解，以致错误地使用所给的测量结果。报告中测量结果及其不确定度的表达方式应符合 JJF 1059.1—2012 的规定，同时应注意测量结果及其不确定度的有效数字位数。

2.2.3　各分量标准不确定度的评定

各分量的标准不确定度的评定方法有两类：A 类评定和 B 类评定。A 类标准不确定度和 B 类标准不确定度仅仅是评定方法不同，并不是不确定度性质上的分类，即 A 类和 B 类标准不确定度并不能表示成“随机”和“系统”不确定度。

1. 标准不确定度的 A 类评定方法

A 类标准不确定度的评定是对现有的观测数据用统计分析方法获得的，在多数情况下可以用图 2-8 所示的方法计算。在同一条件下对被测量 x 进行 n 次测量，测量值为 x_i（$i=1$，2，…，n），算术平均值为 $\bar{x}$，则 $\bar{x}$ 为被测量 X 的估计值，并把它作为测量结果。

对 x_i 在重复条件下进行 n 次独立测量，则得 $x_1, x_2, \cdots, x_n, \bar{x}=\frac{1}{n}\sum_{i=1}^{n}x_i$

↓

x_i 标准不确定度 $u_A=u(\bar{x})=s(\bar{x})=\sqrt{\frac{1}{n(n-1)}\sum_{i=1}^{n}(x_i-\bar{x})^2}$

图 2-8　标准不确定度的 A 类评定流程图

$\bar{x}$ 的实验标准偏差可用贝塞尔公式即式（2-12）计算得到，由于是用算术平均值作为测量结果，即测量结果 x_i 的 A 类标准不确定度 u_A 等于 $\bar{x}$ 的实验标准偏差 $s(\bar{x})=\frac{s(x)}{\sqrt{n}}$。

2. 标准不确定度的 B 类评定方法

在许多情况下，不能使用上述统计方法来评定标准不确定度，例如，当未对被测量进行重复测量时，其不确定度就无法用多次重复测量的统计方法计算出来，于是提出了一种利用与被测量有关的其他先验信息进行估计的不确定度评定方法，称之为标准不确定度的 B 类评定方法。B 类评定标准不确定度的信息来源主要有：以前的观测数据，生产厂商提供的技术说明书，各级计量部门给出的仪器检定证书和校准证书，测量人员对有关技术资料和测量仪器特性的了解与经验等，因此测量不确定度的 B 类评定不同于基于对具体测量结果的统计计算的 A 类评定，是用非统计方法进行评定的，往往会在一定程度上带有某种主观因素，如何恰当并合理地进行 B 类评定，是标准不确定度评定的关键。B 类评定是不确定度理论与误差理论的主要差别，它在不确定度评定中占有重要地位。

不确定度分量 B 类评定的先验信息的获取十分重要，信息来源大体上可以分为两类：由检定（或校准）证书得到和由其他各种资料得到。B 类评定方法可根据两类来源划分，当信息来自检定（或校准）证书时，证书上通常直接给出了扩展不确定度，而当信息来自其他各种资料时，并未直接给出扩展不确定度，因此 B 类评定可按如图 2-9 所示的方法进行。

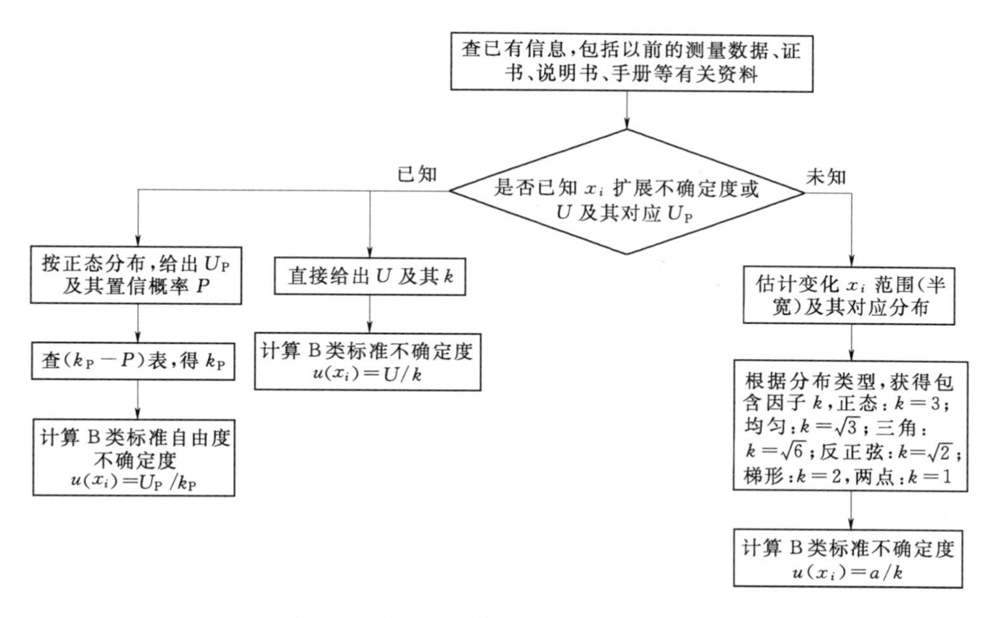

图 2-9　标准不确定度的 B 类评定流程表

（1）检定证书或校准证书通常均给出测量结果的扩展不确定度。已知扩展不确定度 U 或 U_P，其表示方法大体有两种：

1）给出被测量 x 的扩展不确定度 U 和包含因子 k。根据扩展不确定度和标准不确定度之间的关系，可以直接得到被测量 x 的标准不确定度，即

$$u(x)=\frac{U}{k} \tag{2-38}$$

【例 2-4】 校准证书表明，标称值为 1000g 的标准砝码的质量 m_s 为 1000.000325g，且该值的不确定度按 3 倍标准偏差计为 240μg，求该砝码的标准不确定度 $u(m_s)$、相对标准不确定度 $u(m_s)/m_s$ 及估计方差 $u^2(m_s)$。

解： 标准不确定度

$$u(m_s)=\frac{u}{k}=\frac{240\mu g}{3}=80\mu g$$

相对标准不确定度

$$\frac{u(m_s)}{m_s}=80\times10^{-9}$$

方差

$$u^2(m_s)=6.4\times10^{-9}g^2$$

2）给出被测量 x 的扩展不确定度 U_P 及其对应的置信概率 P。此时，包含因子 k 与被测量 x 的分布有关。若证书已指出被测量的分布，则按该分布对应的 k 值计算。若证书未指出被测量的分布，则一般可按正态分布考虑。正态分布的置信概率 P 与包含因子 k_P 之间的关系见表 2-7。

表 2-7　正态分布的置信概率 P 与包含因子 k_P 之间的关系

概率/%	50	68.27	90	95	95.45	99	99.73
包含因子	0.67	1	1.645	1.960	2	2.576	3

标准不确定度
$$u(x_i)=\frac{U_P}{k_P}$$

【例 2-5】 校准证书表明，标称为 10Ω 的标准电阻 R_s 在 23℃时为 10.000742Ω±0.029μΩ 给定值，并说明"给定值±扩展不确定所给出的区间具有 99%置信水平"。求该电阻的标准不确定度 $u(R_s)$、相对标准不确定度 $u(R_s)/R_s$ 及估计方差 $u^2(R_s)$。

解： 因 $u(R_s)=U_P/k_P$，首先，查表 2-7 求得 k 值，$P=99\%$时的 k 值为 2.576。

故 $u(R_s)=129\mu\Omega/2.576=50\mu\Omega$，相对标准不确定度 $u(R_s)/R_s=5.0\times10^{-6}$，方差 $u^2(R_s)=(50\mu\Omega)^2=2.5\times10^{-9}\Omega^2$。

（2）未给出扩展不确定度 U 或 U_P。当信号来自其他各种资料或手册时，通常得到的信息是被测量分布的极限范围，也就是说可以知道输入量 x 的可能值分布区间的半宽 a，即允许误差限的绝对值。由于 a 可以看作对应于置信概率 $P=100\%$置信区间的半宽度，故实际上它就是该输入量的扩展不确定度。于是输入量 x 的标准不确定度可表示为

$$u(x)=\frac{a}{k}$$

式中包含因子 k 的数值与输入量 x 的分布有关，因此，为了得到标准不确定度 $u(x)$，必须先对输入量 x 的分布进行估计。可能的分布有正态分布、均匀分布和三角分布，分布

确定后，就可以由对应于该分布的概率密度函数计算得到包含因子。几种非正态分布的置信因子 k（$P=1$）见表 2-8。

表 2-8　几种非正态分布的置信因子 k（$P=1$）

分布类型	反正弦	均匀	三角	两点	梯形（$\beta=0.7$）	正态
置信因子	$\sqrt{2}$	$\sqrt{3}$	$\sqrt{6}$	1	2	3

2.2.4　合成标准不确定度的计算

2.2.4.1　合成标准不确定度的评定步骤

通过对各种不确定度的评定，得到了构成总不确定度的各分量，接下来可以按一定的规则对所有的不确定度分量（无论是由 A 类评定还是 B 类评定得到的）进行合成，得到总的合成标准不确定度，用符号 $u_C(y)$ 表示，脚标"C"表示合成之意。合成标准不确定度的评定步骤如图 2-10 所示。经过合成的标准不确定度仍然用标准偏差表示，说明测量结果的分散性；合成标准不确定度的自由度称为有效自由度，用 v_{eff} 表示，它表明所评定的 u_C 的可靠程度。标准不确定度合成的基本规则称为测量不确定度的传播律。测量不确定度的传播律与传统误差理论中的间接测量误差的传播律一致。

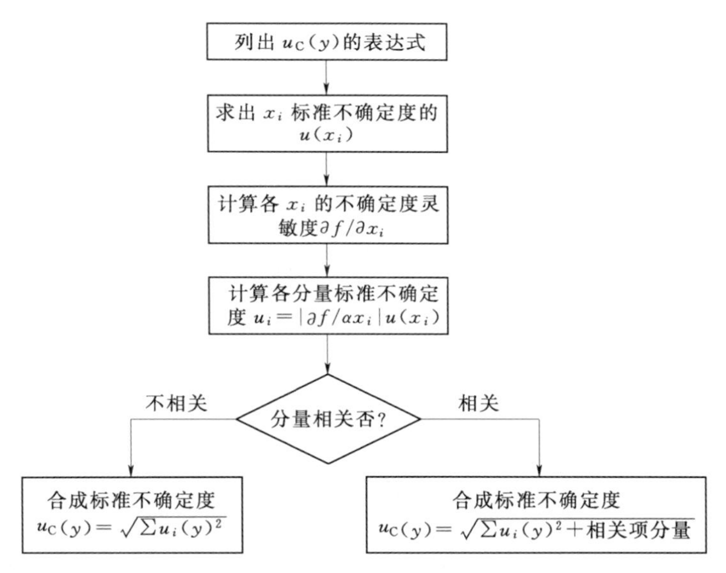

图 2-10　合成标准不确定度的评定步骤

经过评定得到的不确定度分量，无论其来源是随机因素还是系统因素，其表达形式都是相同的，因此，它们合成时的基本依据是概率论中关于随机变量函数的理论。下面简要介绍相关随机变量函数的一些概念。

2.2.4.2　独立随机变量的方差合成定理

根据独立变量之和的性质，若一个随机变量是两个或者多个随机变量之和，则该随机变量的方差等于各分量的方差之和，即若随机变量 Y 和各输入量 $X_i(i=1,2,\cdots,m)$ 之间满足关系式 $y=x_1+x_2+\cdots+x_m$，且各输入 X_i 之间相互独立，则

$$D(y)=D(x_1)+D(x_2)+\cdots+D(x_m)$$

根据标准不确定度的定义，方差即是标准不确定度，故得

$$u^2(y)=u^2(x_1)+u^2(x_2)+\cdots+u^2(x_m) \tag{2-39}$$

若被测量 y 满足更一般的关系式，则

$$y=c_1x_1+c_2x_2+\cdots+c_mx_m$$

根据方差的性质：随机变量与常数之乘积的方差，等于随机变量的方差与该常数的平方之乘积。于是式（2-39）变为

$$\begin{aligned} u_C^2(y) &= u^2(c_1x_1)+u^2(c_2x_2)+\cdots+u^2(c_mx_m) \\ &= c_1^2u^2(x_1)+c_2^2u^2(x_2)+\cdots+c_m^2u^2(x_m) \\ &= u_1^2(y)+u_2^2(y)+\cdots+u_m^2(y) \\ &= \sum_{i=1}^{m}u_i^2(y) \end{aligned} \tag{2-40}$$

式中　$u_i(y)$——不确定度分量，$u_i(y)=c_iu(x_i)$。

这就是方差合成定理，它是测量不确定度评定的基础。根据方差合成定理，对各相互独立的不确定度分量合成时，满足方差相加的原则，而与各分量的来源、性质以及分布无关。

2.2.4.3　任意随机变量的相关性

1. *协方差*

如果有两个随机变量 X 和 Y，其中一个量的变化导致另一个量的变化，那么这两个量是相关的，协方差是它们相关性的一种度量。随机变量 X 和 Y 的协方差定义为各自误差之积的期望，即

$$\begin{aligned} Cov(X,Y) &= M\{[x-M(x)[y-M(y)]\} \\ &= \lim_{n\to\infty}\frac{\sum_{i}^{n}M\{[x-M(x)][y-M(Y)]\}}{n} \end{aligned} \tag{2-41}$$

定义的协方差是一个理想的概念，实际工程中可通过求协方差的估计值来衡量两个变量的相关性。协方差的估计值为

$$S_{xy}=\frac{1}{n-1}\sum_{i=1}^{n}(x_i-\bar{x})(y_i-\bar{y}) \tag{2-42}$$

2. *相关系数*

相关系数是表示两随机变量相关程度的归一化参数。它说明两个随机变量相互间线性相关关系的强弱，即

$$Q(X,Y)=\frac{Cov(X,Y)}{\sigma(X)\sigma(Y)} \tag{2-43}$$

式中　$Cov(X,Y)$——变量 X 和 Y 的协方差；

$\sigma(X)$、$\sigma(Y)$——变量 X 和 Y 的标准偏差；

Q——相关系数，取值范围为 $-1\leqslant Q\leqslant 1$。

当 $0<Q<1$ 时，表示 X 和 Y 正相关，即一个变量增大时，另一个变量的值也增大；当 $-1<Q<0$ 时，表示 X 和 Y 负相关，即一个变量增大时，另一个变量的值减小；当 $Q=1$ 时。

表示 X 和 Y 完全正相关；当 $Q=-1$ 时，表示 X 和 Y 完全负相关。完全正相关或完全负相关，都表示两变量之间存在着确定的线性函数关系。当 $Q=0$ 时，表示 X 和 Y 完全不相关。

在实际工作中，由于不可能测量无限多次，因此无法得到理想情况下的相关系数，那么可采用 X 和 Y 的一组实验数据，求得相关系数的估计值 $r(x, y)$ 为

$$r(x,y)=\frac{S_{xy}}{S(x)S(y)}=\frac{\sum_{i=1}^{n}(x_i-\bar{x})(y_i-\bar{y})}{\sqrt{\sum_{i=1}^{n}(x_i-\bar{x})^2\sum_{i=1}^{n}(y_i-\bar{y})^2}}=\frac{\sum_{i=1}^{n}(x_i-\bar{x})(y_i-\bar{y})}{(n-1)S(x)S(y)} \tag{2-44}$$

式中　$S(x)$、$S(y)$ ——两变量的实验标准偏差。

2.2.4.4 输入量相关时不确定度的合成

如果被测量 Y 是由其他 m 个输入量 X_1，X_2，…，X_m 函数关系确定的，则

$$Y=f(X_1,X_2,\cdots,X_m)$$

这些量中包括了对测量结果不确定度有影响的量，并可能相关。若被测量 Y 的估计值为 y，其他 m 个输入量的估计值为 x_1，x_2，…，x_m，则测量结果为

$$y=f(x_1,x_2\cdots,x_m)$$

根据方差运算的性质，测量结果的合成标准不确定度 $u_C(y)$ 为

$$\begin{aligned}u_C(y)&=\left[\sum_{i}^{m}\left|\frac{\partial f}{\partial x_i}\right|^2u^2(x_i)+2\sum_{i=1}^{m-1}\sum_{j=i+1}^{m}\frac{\partial f}{\partial x_i}\frac{\partial f}{\partial x_j}r(x_i,x_j)u(x_i)u(x_j)\right]^{\frac{1}{2}}\\&=\left[\sum_{i}^{m}c_i^2u^2(x_i)+2\sum_{i=1}^{m-1}\sum_{j=i+1}^{m}c_ic_jr(x_i,x_j)u(x_i)u(x_j)\right]^{\frac{1}{2}}\end{aligned} \tag{2-45}$$

式中　x_i、x_j——输入量，一般 $i\neq j$；

$\frac{\partial f}{\partial x_i}$、$\frac{\partial f}{\partial x_j}$——$x_i$、$x_j$ 的偏导数，通常称为灵敏度；

$u(x_i)$、$u(x_j)$——输入量 x_i 和 x_j 的标准不确定度；

$r(x_i, x_j)$——输入量 x_i 和 x_j 的相关系数估计值，其绝对值小于等于 1。

式（2-45）称为不确定度传播律。

若各输入量间正强相关，即相关系数为 1 时，合成标准不确定度是各分量的代数和，应计算为

$$u_C(y)=\sum_{i=1}^{m}u(y_i)=\sum_{i=1}^{m}\frac{\partial f}{\partial x_i}u(x_i)$$

2.2.4.5 输入量不相关时不确定度的合成

（1）当影响测量结果的几个不确定度分量相互均不相关且彼此独立时，相关系数为 0，各分量与总不确定度之间存在函数关系时，式（2-45）简化为

$$u_C(y)=\left[\sum_{i=1}^{m}\left(\frac{\partial f}{\partial x_i}\right)^2u^2(x_i)\right]^{\frac{1}{2}}=\left[\sum_{i=1}^{m}c^2u^2(x_i)\right]^{\frac{1}{2}} \tag{2-46}$$

式中　f——被测量与各直接测得量的函数关系；

$u(x_i)$——A 类或 B 类标准不确定度分量；

$\frac{\partial f}{\partial x_i}$——被测量 y 在 $X=x_i$ 时的偏导数，称为灵敏度，也称为传播系数，常用符号 c_i 表示。

（2）当影响测量结果的几个不确定度分量相互均不相关且彼此独立，不能写出各分量与总不确定度之间的函数关系时，令 $c_i=\frac{\partial f}{\partial x_i}=1$，则合成标准不确定度为各标准不确定度分量 $u(x_i)$ 的方和根值，即

$$u_C(y)=\sqrt{\sum_{i=1}^{m}u(x_i)^2} \tag{2-47}$$

式中　x_i——第 i 个标准不确定度分量，各分量均为直接测量的结果；

m——标准不确定度分量的个数。

2.2.4.6　不确定度分量的忽略

一切不确定度分量均贡献于合成不确定度，每个分量都会使合成不确定度增加。忽略任何一个分量，都会导致合成不确定度变小。但由于采用的是方差相加得到合成方差，当某些分量小到一定程度后，对合成不确定度实际上起不到什么作用，为简化分析与计算，则可以忽略不计。例如，忽略某些分量后对合成不确定度的影响不足 1/10 时，可根据实际情况，决定是否忽略这些分量。

【例 2－6】 用电桥法测量电阻。已知待测电阻与其他桥臂电阻的关系为 $R_s=\frac{R_1R_3}{R_2}$，$R_1=R_2=100\Omega$，$R_3=1000\Omega$，各电阻的偏差范围均为（$R-R\times0.5\%$，$R+R\times0.5\%$），不考虑指示仪表的影响，试评定被测电阻不确定度。

解： 容易看出，影响被测电阻不确定度的因素共有 3 个，即 R_1、R_2、R_3，三个因素与被测量之间存在一定的关系，同时三个因素之间是独立不相关的。

R_1、R_2、R_3 的不确定度的评定：

根据取值范围，假设其取值均为均匀分布，则

$$u_1=u_2=\frac{\partial R_1}{\sqrt{3}}=\frac{100\times0.5\%}{\sqrt{3}}\ \Omega\approx0.289\ \Omega$$

$$u_3=\frac{\partial R_3}{\sqrt{3}}=\frac{1000\times0.5\%}{\sqrt{3}}\ \Omega\approx2.89\ \Omega$$

不确定度传播律中

$$\frac{\partial f}{\partial R_1}=\frac{R_3}{R_2}=10,\quad \frac{\partial f}{\partial R_2}=-\frac{R_1R_3}{R_2^2}=-10,\quad \frac{\partial f}{\partial R_3}=\frac{R_1}{R_2}=1$$

合成不确定度为

$$\begin{aligned}u_C(R_x)&=\sqrt{\left(\frac{\partial f}{\partial R_1}u_1\right)^2+\left(\frac{\partial f}{\partial R_2}u_2\right)^2+\left(\frac{\partial f}{\partial R_3}u_3\right)^2}\\&=\sqrt{(10\times0.289)^2+(-10\times0.289)^2+(1\times2.89)^2}\ \Omega\\&\approx5\ \Omega\end{aligned}$$

【例 2－7】 一台数字电压表出厂时的技术规范说明："在仪器校准后的两年内，1V 的不确定度是读数的 14×10^{-6} 倍加量程的 2×10^{-6} 倍"。在校准一年后，在 1V 量程上测

量电压，得到一组独立重复测量的算术平均值为 $\overline{U}=0.928571\text{V}$，并已知其 A 类标准不确定度为 $u_A(\overline{U})=14\mu\text{V}$，假设概率分布为均匀分布，计算电压表在 1V 量程上测量电压的合成标准不确定度。

解： 电压的合成标准不确定度由两部分组成。

已知多次测量取平均值的实验标准差，属 A 类标准不确定度为 $u_A(\overline{U})=14\mu\text{V}$。

由厂商给出的绝对误差的最大值，反映了制造、检定时允许的误差，这些都是在本次测量之前已经存在的，不会因多次取平均值而减少，属 B 类标准不确定度，可由已知的信息计算，首先计算区间半宽 a。

$$a=14\times10^{-6}\times0.928571\text{V}+2\times10^{-6}\times1\text{V}\approx15\ \mu\text{V}$$

假设概率分布为均匀分布，则 $k=\sqrt{3}$，那么，电压的 B 类标准不确定度为

$$u_B(\overline{U})=15\mu\text{V}/\sqrt{3}\approx8.7\mu\text{V}$$

于是合成标准不确定度为

$$u_C(\overline{U})=\sqrt{u_A^2(\overline{U})+u_B^2(\overline{U})}=\sqrt{(14\mu\text{V})^2+(8.7\mu\text{V})^2}=16\ \mu\text{V}$$

2.2.5 扩展不确定度的评定

1. 扩展不确定度的评定方法

用合成标准不确定度直接表示测量结果的不确定度时，由标准偏差给出的区间所对应的置信概率较小［以正态分布为例，数据落在区间（$y-\sigma$，$y+\sigma$）的概率只有 68%左右］，在实际应用中，为了得到更大的置信概率，就需要放大区间，使用扩展不确定度。

扩展不确定度 U 等于合成标准不确定度 u_C 与包含因子 k 的乘积 $U=ku_C$。

测量结果可表示为 $Y=y\pm U$，y 是被测量 Y 的最佳估计值。被测量 Y 的可能值以较高的概率落在区间 $y-U\leqslant Y\leqslant y+U$ 内。为了给出扩展不确定度，必须先确定被测量 Y 可能值分布的包含因子 k，包含因子是根据所确定的区间需要的置信概率来选取的，而其前提是要确定 Y 可能值的分布。

被测量 Y 的分布是所有输入量 x_i 的影响综合而成的，因此它与数学模型以及各分量的大小及其输入量的分布有关，一般只能根据具体情况来判断被测量 Y 可能接近于何种分布。归纳起来，被测量的分布有三种可能性：①接近正态分布；②接近于某种非正态的其他已知分布；③以上两种情况均不成立，无法判定其分布。一般说来，正态分布的判定要求不确定度分量的数目越多越好，且各分量的大小越接近越好。而其他非正态分布的判定则要求不确定度分量的数目越少越好，且各分量的大小相差越悬殊越好。当无法用中心极限定理判断被测量接近于正态分布，同时也没有任何一个分量，或若干个分量的合成占优势的分量时，将无法判定被测量 Y 的分布。根据上述三种情况，求取扩展不确定度的方法如图 2-11 所示。被测量 Y 不同分布时扩展不确定度的表示方法表 2-9。

扩展不确定度有两种表示方式，用 U 表示或用 U_P 表示。具体采用何种表示方式，取决于包含因子 k 的获得方式。当包含因子 k 是根据被测量 Y 的分布并由所规定的置信概率 P（一般 P 值取 0.95 或 0.99）计算得到时，包含因子可用 k_P 表示，相应的扩展不确定度

则用 U_P 表示。U_P 表示所给出的扩展不确定度是对应于置信概率为 P 的置信区间的半宽。例如，$U_{0.95}$表示测量结果落在以 U 为半宽度区间的概率为 0.95。由于被测量 Y 的不同分布情况，包含因子 k 与置信概率 P 之间的关系也不同，因此，不同的被测量分布，其包含因子也不同。当包含因子 k 的数值是假定的，而不是根据被测量 Y 的分布和规定的置信概率 P 计算得到时，则用 U 表示。

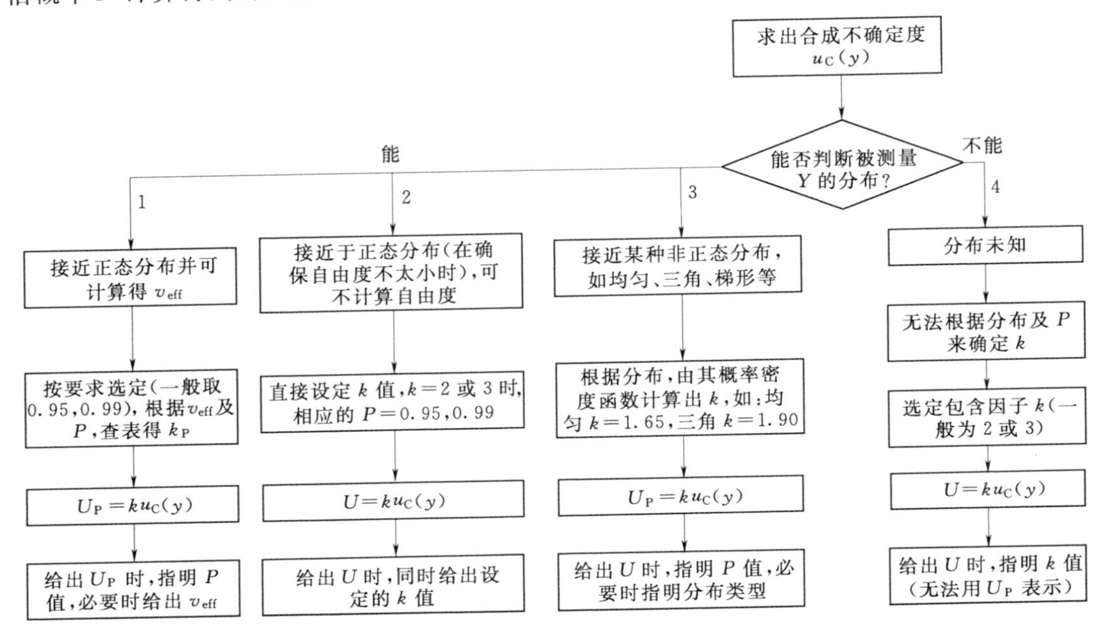

图 2-11　求取扩展不确定度的方法

表 2-9　被测量 Y 不同分布时扩展不确定度的表示方法

序号	被测量分布类型	扩展不确定度的表示方式
1	被测量接近正态分布，要用 U_P 表示	用 U_P 表示，并给出 k 值和有效自由度 v_{eff}。k 值与置信概率 P 和有效自由度 v_{eff}有关，由 t 分布表示
2	被测量接近正态分布，但没有必要用 U_P 表示	用 U 表示，并给出所设定的 k 值。当设定值 k=2 或 3 时，在确保自由度不太小（不小于 15）的情况下，它们大体上分别对应于 95%和 99%的置信概率
3	被测量为非正态分布但接近某种其他分布	用 U_P 表示指明被测量的分布并给出置信概率和 k 值。k 值必须根据分布和 P 值确定
4	无法判断被测量接近于何种分布	用 U_P 表示，同时给出所设定的 k 值（2 或 3），大多数情况下选 k=2

2. 扩展不确定度的计算方法

在 JJF 1059.1—2012 中规定，当可以判断出被测量 Y 接近于正态分布时，可以采用（1）（2）两种方法得到扩展不确定度。

（1）被测量接近于正态分布，当扩展不确定度用 U_P 表示时，则通过计算被测量 Y 的有效自由度 v_{eff}，并根据有效自由度和所要求的置信概率 k_P，由 t 分布临界值表（表 2-

10）得到包含因子 $k_P = t_P(v_{eff})$，于是扩展不确定度 U_P 为

$$U_P = k_P u_C$$

（2）被测量接近于正态分布，扩展不确定度不必用 U_P 表示，而直接用 U 表示时，可以不必计算比较麻烦的有效自由度，此时可直接假定 $k=2$ 或 3，即

$$U = k u_C (k=2 \text{ 或 } 3)$$

从原则上说，在这种情况下，扩展不确定度的计算与置信概率无关，这种方法虽然简单，但必须在确保有效自由度不太小（例如不小于 15）的前提下采用，此时，仍可以估计其置信概率大体上为 95%$(k=2)$ 或 99%$(k=3)$。否则，所得扩展不确定度所对应的置信概率可能会与 95%（或 99%）相差很大。

表 2-10　t 分布的临界值表

$v=n-1$	P								
	0.5	0.6	0.7	0.8	0.9	0.95	0.98	0.99	0.999
1	1.000	1.376	1.963	3.078	6.314	12.706	31.821	63.657	636.619
2	0.816	1.061	1.386	1.886	2.920	4.303	6.965	9.925	31.598
3	0.765	0.978	1.250	1.638	2.353	3.182	4.541	5.841	12.924
4	0.741	0.941	1.190	1.553	2.132	2.776	3.747	4.604	8.610
5	0.727	0.920	1.156	1.476	2.015	2.571	3.365	4.032	6.859
6	0.718	0.906	1.134	1.440	1.943	2.447	3.143	3.707	5.959
7	0.711	0.896	1.119	1.415	1.895	2.365	2.998	3.499	5.405
8	0.706	0.889	1.108	1.397	1.860	2.306	2.896	3.355	5.041
9	0.703	0.883	1.100	1.383	1.833	2.262	2.821	3.250	4.781
10	0.700	0.879	1.093	1.372	1.812	2.228	2.764	3.169	4.587
15	0.691	0.866	1.074	1.341	1.753	2.131	2.602	2.947	4.073
20	0.687	0.860	1.064	1.325	1.725	2.086	2.528	2.845	3.850
25	0.684	0.856	1.058	1.316	1.708	2.060	2.485	2.787	3.725
30	0.683	0.854	1.055	1.310	1.697	2.042	2.457	2.750	3.646
40	0.681	0.851	1.050	1.303	1.684	2.021	2.423	2.701	3.551
60	0.679	0.848	1.046	1.296	1.671	2.000	2.390	2.660	3.460
120	0.677	0.845	1.041	1.289	1.658	1.980	2.358	2.617	3.373
∞	0.674	0.842	1.036	1.282	1.645	1.960	2.326	2.576	3.291

（3）被测量为某种非正态分布的其他分布。若可以判断被测量接近于某种已知的非正态分布，例如矩形分布、三角分布和梯形分布等，则由分布的概率密度函数以及所规定的置信概率 P 可以计算出包含因子 k_P。此时扩展不确定度用 U_P 表示，表示对应于置信概率为 P 的扩展不确定度，即

$$U_P = k_P u_C$$

k 值必须根据分布和 P 值确定。例如，假设为均匀分布时，置信水平 $P=0.95$；均匀

分布时置信概率 P 与包含因子 k 的关系见表 2-11。查表 2-11 得 $k=1.65$。

表 2-11　均匀分布时置信概率 P 与包含因子 k 的关系

P	57.74	95	99	100
k	1	1.65	1.71	1.73

（4）无法判断被测量 Y 的分布。由于无法判断被测量 Y 的分布，也就是说无法根据所规定的置信概率求出包含因子 k。此时只能假设一个 k 值，k 值一般取 2 或 3。此时扩展不确定度用 U 表示，即

$$U=k_P u_C (k=2 \text{ 或 } 3)$$

这时无法知道扩展不确定度所对应的置信概率。

2.2.6　自由度

1. 自由度的基本概念

在测量不确定度评定中，规定标准不确定度用标准偏差 σ 来表示，但由于实际上只能进行有限次测量，因此只能用有限次测量的实验标准差 s 作为无限次测量的标准偏差 σ 的估计值。这一估计必然引入误差。显然，当测量次数越少时，实际标准差 s 的可靠性就越差。因此在测量不确定度评定中，仅给出标准不确定度（实验标准差）还不够，还必须同时给出另一个表示所给标准不确定度准确程度的参数，这个参数就是自由度 v。

在 JJF 1059.1—2012 中，自由度定义为“在方差计算中，和的项数减去对和的限制数”。前面讨论了在重复性条件下，对被测量 x 作 n 次测量，计算测量标准差 s 的贝塞尔公式（2-12）中，在 n 个剩余误差 v_i 的平方和 $\sum_{i=1}^{n} V_i{}^2 = \sum_{i=1}^{n}(x_i-\overline{x})^2$ 中：如果 n 个 v_i 之间存在 t 个独立的线性约束条件。即 n 个变量中独立变量个数仅为 $n-t$，则称平方和 $\sum_{i=1}^{n} v_i^2$ 的自由度为 $n-t$。在贝塞尔公式中，$\sum_{i=1}^{n} v_i^2$ 的 n 个变量 v_i 之间只存在唯一的线性约束条件 $\sum_{i=1}^{n} V_i^2 = \sum_{i=1}^{n}(x_i-\overline{x})^2 = 0$，故“对和的限制数为 1”，因此根据自由度的定义，和的项数 n 减去对和的限制数 1，则可计算标准差 s 的自由度 $v=n-1$。

自由度的概念也可以这样来理解，如果对一个被测量仅测量一次，则该测量结果就是被测量的最佳估计值，即无法选择该量的值，这相当于自由度为零。如果对其测量两次，这就有了选择最佳估计值的可能，可以选择其中某一个测量结果，也可以是两者的某个函数，例如平均值或加权平均值作为最佳估计值，即有了选择最佳估计值的“自由”；随着测量次数的增加，自由度也随之增加。从第二次起，每增加一次测量，自由度就增加 1。因此也可以将自由度理解为测量中所包含的“多余”测量次数。

如果需要同时测量 t 个被测量，则由于解 t 个未知量要 t 个方程，因此必须至少测量 t 次。从 $t+1$ 次开始，才是“多余”的测量，故在一般情况下自由度 $v=n-t$。

一般地说，当没有其他附加的约束条件时。“和的项数”即是多次重复测量的次数 n。由于每一个被测量都要采用其平均值，都要满足一个残差之和等于零的约束条件，因而

“对和的限制数”即是被测量的个数 t。因此，对于A类评定，自由度 v 即是测量次数 n 与被测量个数 t 之差，$v=n-t$。

2. 自由度与标准不确定度的关系

当采用不确定度的A类评定时，在数学上可以证明所给出的自由度 n 与标准不确定度 $u(x)$ 的准确程度之间的关系为

$$v=\frac{1}{2\left\{\frac{u[u(x)]}{u(x)}\right\}^2} \tag{2-48}$$

式中 $u(x)$——被测量 x 的标准不确定度；

$u[u(x)]$——标准不确定度 u_x 的标准不确定度；

$\frac{u[u(x)]}{u(x)}$——标准不确定度 $u(x)$ 的相对标准不确定度。

由此可见，自由度与标准不确定度的相对标准不确定度有关。或者说，自由度与不确定度的不确定度有关。因此也可以说，自由度是一种二阶不确定度，即不确定度的不确定度。一般说来，自由度表示所给标准不确定度的可靠程度或准确程度。自由度越大，则所得的标准不确定度越可靠。

在计算扩展不确定度时，需要确定包含因子 k。因为包含因子 k 是自由度和置信概率的函数。当被测量接近于正态分布时，此时仅根据所要求的置信概率不足以确定包含因子 k，还必须同时知道一个与索取样本大小有关的参数“自由度 v”。其包含因子 k 可根据所规定的置信概率 p 和有效自由度 v_{eff}，查阅 t 分布临界值表（见表2-10）得到，即 $k_{\mathrm{P}}=t_{\mathrm{P}}(v_{\mathrm{eff}})$。许多情况下需要计算自由度，下面讨论几种情况下自由度的计算方法。

3. 各类评定方法的自由度的计算方法

（1）A类评定不确定度的自由度。对于A类评定不确定度，若已知重复测量次数就可以得到自由度，同时还可以计算出所给标准不确定度的相对标准不确定度。对于A类评定，各种情况下的自由度为：

1）贝塞尔公式计算实验标准差时，若测量次数为 n，则自由度 $v=n-1$。

2）同时测量 t 个被测量时，其自由度 $v=m(n-1)$。

3）对于合并样本标准差 s_{P}，其自由度为各组的自由度之和。例如，对于每组测量 n 次，共测量 m 组的情况，其自由度 $v=m(n-1)$。

（2）B类评定不确定度的自由度。对于B类评定，由于其标准不确定度并不是实验测量得到的，也就不存在测量次数的问题，因此原则上也就不存在自由度的概念。但如果将关系式（2-48）推广到B类评定中，即认为该式同样适用于B类评定不确定度，B类评定不确定度的情况与A类正好相反，可以反向地利用式（2-48），如果根据经验能估计出B类评定不确定度的相对标准不确定度时，则就可以由式（2-48）估计出B类评定不确定度的自由度。

例如，若用B类评定得到输入量 X 的标准不确定度为 $u(x)$，并且估计 $u(x)$ 的相对标准不确定度为10%，于是由式（2-48）可以得到此类评定的自由度为

$$v=\frac{1}{2\left\{\frac{u[u(x)]}{u(x)}\right\}^2}=\frac{1}{2\times(10\%)^2}=50$$

（3）合成标准不确定度的有效自由度。合成标准不确定度 $u_C(y)$ 的自由度称为有效自由度，以 v_{eff} 表示。当 $u_C^2(y)$ 是由两个或者两个以上的方差分量合成，即满足 $u_C^2(y)=\sum_{i=1}^{m}c_i^2u^2(x_i)$，并且被测量 Y 接近于正态分布时，合成标准不确定度的自由度可计算为

$$v_{eff}=\frac{u_C^4(y)}{\sum_{i=1}^{n}\frac{u_i^4(y)}{v_i}}=\frac{u_C^4(y)}{\sum_{i=1}^{n}\frac{c_i^4u^4(x_i)}{v_i}}$$

式中　c_i——灵敏度，$c=\frac{\partial f}{\partial x_i}$；

$u(x_i)$——x_i 个输入量的标准不确定度；

v_i——$u(x_i)$ 的自由度。

【例 2-8】 设某输出量 $y=f(x_1,x_2,x_3)=bx_1x_2x_3$，式中 x_1，x_2，x_3 是乘积关系，分别为 $n_1=10$ 次、$n_2=5$ 次、$n_3=15$ 次重复独立测量的算术平均值。其相对标准不确定度分别为 $u(x_1)/x_1=0.25\%$、$u(x_2)/x_2=0.57\%$、$u(x_3)/x_3=0.82\%$。

求：测量结果 y 在 95%置信水平时的相对扩展不确定度。

解： $u_C^2(y)=\sum_{i=1}^{m}\left[\frac{\partial y}{\partial x}u(x_i)\right]^2=[bx_2x_3u(x_1)]^2+[bx_1x_3u(x_2)]^2+[bx_1x_2u(x_3)]^2$

$$\left[\frac{u_C(y)}{y}\right]^2=\left[\frac{bx_2x_3u(x_1)}{bx_1x_2x_3}\right]^2+\left[\frac{bx_1x_3u(x_2)}{bx_1x_2x_3}\right]^2+\left[\frac{bx_1x_2u(x_3)}{bx_1x_2x_3}\right]^2$$

$$\left[\frac{u_C(y)}{y}\right]^2=\sum_{i=1}^{m}\left[\frac{u(x_i)}{x_i}\right]^2=0.25\%+0.57\%^2+0.82\%^2=(1.03\%)^2$$

$$\frac{u_C(y)}{y}=1.03\%$$

$$v_{eff}=\frac{[u_C(y)]^4}{\sum_{i=1}^{3}\frac{[c_iu(x_i)]^4}{v_i}}=\frac{[u_C(y)/y]}{\sum_{i=1}^{3}\frac{[u(x_i)/x_i]^4}{v_i}}=\frac{1.03^4}{\frac{0.25^2}{10-1}+\frac{0.57^2}{5-1}+\frac{0.82^4}{15-1}}=19.0$$

2.2.7 测量结果及其不确定度的表示与报告

完整的测量结果应包含被测量的最佳估计值（$\bar{x}$）和测量不确定度。

1. 测量不确定度报告应提供的信息

测量不确定度报告一般应提供如下信息：

（1）明确说明被测量的定义。

（2）有关输入量与输出量的函数关系及灵敏度。

（3）常数和修正值的来源及其不确定度。

（4）列表说明输入量实验观测数据及其估计值，标准不确定度的评定方法（A 类、B 类）及其量值、自由度。

（5）数据处理程序应易于重复。

（6）对所有相关输入量给出其相关系数 r（或协方差）及获得方法。

（7）给出被测量估计值、合成标准不确定度或扩展不确定度（相对标准不确定度或相应扩展不确定度）及其单位。

（8）必要时还应给出有效自由度 v_{eff}。

2. 测量不确定度报告的表示

（1）用合成标准不确定度 u_C 来报告测量结果。例如，标准砝码的质量为 m_s，其测量结果为 100.0105g，合成标准不确定度 $u_C(m_s)$ 为 0.3mg。

其测量结果表示为

$m=100.0105$g，合成标准不确定度 $u_C(m_s)=0.3mg$。

用表达式报告和表示为

$$m_s=(100.0105\pm0.0003)g$$

（2）用扩展不确定度 U 来报告测量结果。例如，$u_C(y)=0.3mg$，取包含因子 $k=2$，$U=U=ku_C=2\times0.3mg=0.6mg$。其测量结果表示为

$m_s=100.0105$g，扩展不确定度 $U=0.6mg$，包含因子 $k=2$。

用表达式报告和表示为

$m_s=(100.0105\pm0.0006)g$，$k=2$。

（3）用扩展不确定度 U_P 来报告测量结果。例如，$u_C(y)=0.3mg$，$v_{eff}=9$，按 $P=95\%$，查 t 分布临界值表（见表 2-10），得 $k_P=t_{95}(9)=2.26$，$U_{95}=2.26\times0.3mg=0.7mg$。其测量结果表示为

$m_s=100.0105$g，扩展不确定度 $U_{95}=0.7mg$，有效自由度 $v_{eff}=9$。

用表达式报告与表示为

$m_s=(100.0105\pm0.0007)g$，$P=95\%$，$v_{eff}=9$。

3. 说明

（1）测量结果也可用相对形式 U_{rel} 或 u_{rel} 来报告与表示，如：

1）$m_s=100.0105\ (1\pm7\times10^{-6})\ g$（$P=95\%$，$v_{eff}=9$）（式中“$7\times10^{-6}$”为 U_{95rel} 之值）。

2）$m_s=100.0105$g，$u_{rel}=3.0\times10^{-6}$。

（2）在最终的测量结果中，应不再含有可修正的系统误差，即测量结果应是经过修正的。

（3）测量结果的计量单位只能出现一次，并且要列于测量结果表达式的后面。

电阻 R 可表示为

$$R=(100.00426\pm1.0\times10^{-4})\ \Omega$$

电阻 R 不能表示为

$$R=100.00426\pm1.0\times10^{-4}\ \Omega \text{ 或 } R=100.00426\ \Omega(1\pm1.0\times10^{-4})$$

4. 测量结果有效位数的保留

（1）测量结果的最终值（指测量报告上的）修约间隔应与其测量不确定度的修约间隔相同。即最后保留结果与保留的测量不确定度位数对齐，截断修约。

（2）测量结果不确定度只需用 1～2 位数字表达。

1）测量不确定度 k，s 的位数一般选取的原则是：第一个非零数字不小于 3，取 1 位有效数字；第一个非零数字小于 3，取 2 位有效数字。

2）相关系数保留 3 位有效数字即可。

3）一般测量结果不确定度采取只进不舍（全进法）；有效自由度采取只舍不进（全舍法）。如：测量结果不确定度为 10.47mg，修约为 11mg（只进不舍）；有效自由度为 11.97，则修约为 11（只舍不进）。

【例 2－9】 设等精度测量，测得值的算术平均值为 6.859628V，测量不确定度为 0.00384V，试给出测量结果。

解： 测量不确定度第一位有效数字为 3，应取 1 位变成 $A=0.004$，测量值同样应取到小数点后第三位，即舍去小数点后第三位以后的数字，按舍入的规则变成：6.859628→6.860。

给出测量的最后结果为：$A=(6.860\pm0.004)\text{V}$；

上述结果也可写成另一种形式：$A=6.860(1\pm0.0006)\text{V}$。

【例 2－10】 测量值为 3.869638，不确定度为 0.00281，给出最后的测量结果。

解： 不确定度第一位小于 3，故取 2 位为 0.0029，测量值按舍入规则舍去小数点后第 4 位以后数字，最后测量结果为：$A=(3.8696\pm0.029)\text{V}$；

另一种形式为：$A=3.8696(1\pm0.0008)\text{V}$。

2.2.8　测量不确定度的评定实例

下面通过一个实例来说明测量不确定度的评定过程。

【例 2－11】 用电压表直接测量一个标称值为 200Ω 的电阻两端的电压，以便确定该电阻承受的功率。测量所用的电压表的技术指标由使用说明书得知，其最大允许误差为 ±1%，经计量鉴定合格，证书指出它的自由度为 10（当证书上没有有关自由度的信息时，就认为自由度是无穷大）。标称值为 200Ω 的电阻经校准，校准证书给出其校准值为 199.99Ω，校准值的扩展不确定度为 0.02Ω（包含因子 k 为 2）。用电压表对该电阻在同一条件下重复测量 5 次，测量值分别为 2.2V、2.3V、2.4V、2.2V、2.5V，要求报告功率的测量结果及其扩展不确定度（置信水平为 0.95）。

解：（1）数学模型 $P=\dfrac{U^2}{R}$。

（2）计算测量结果的最佳估计值。

$$1)\ \overline{U}=(\sum_{i=1}^{n}U_i)/n=\frac{2.2+2.3+2.4+2.2+2.5}{5}=2.32\text{V}$$

$$2)\ P=\frac{(\overline{U})^2}{R}=\frac{2.32^2}{199.99}\text{W}\approx0.027\text{W}$$

（3）测量不确定度的分析。本例的测量不确定度主要来源包括：①电压表不准确；②电阻不准确；③由于各种随机因素影响所致电压测量的重复性。

（4）标准不确定度分量的评定。

1）电压测量引入的标准不确定度。

a. 电压表不准引入的标准不确定度分量 $u_1(U)$。已知电压表的最大允许误差为 ±1%，且该表经鉴定合格，所以 $u_1(U)$ 按 B 类评定。测量值可能的区间半宽度 a_1 为 $2.32\text{V}\times1\%=0.023\text{V}$。设在该区间内的概率分布为均匀分布，所以取置信因子 $k_1=\sqrt{3}$，则 $u_1(U)=\dfrac{a_1}{k_1}=\dfrac{0.023\text{V}}{\sqrt{3}}=0.013\text{V}$。

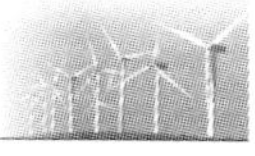

b. 电压测量重复位引入的标准不确定度分量 $u_2(U)$。已知测量值是重复测量 5 次的结果，所以 $u_2(U)$ 按 A 类评定。

$$\overline{U}=\frac{\sum_{i=1}^{n}U_i}{n}=2.32\ \mathrm{V}$$

$$s=\sqrt{\frac{\sum_{i=1}^{n}(x_i-\overline{x})^2}{5-1}}=\sqrt{\frac{0.12^2+0.02^2+0.08^2+0.12^2+0.18^2}{4}}\mathrm{V}=0.13\mathrm{V}$$

$$u_2(U)=s(\overline{x})=\frac{s}{\sqrt{n}}=\frac{0.13}{\sqrt{5}}\mathrm{V}=0.058\mathrm{V}$$

c. 由此可得 $u(U)=\sqrt{u_1(U)^2+u_2(U)^2}=\sqrt{0.013^2+0.058^2}\mathrm{V}=0.059\mathrm{V}$

电压的自由度为 $v_{\mathrm{eff}(U)}=\dfrac{u_C{}^2(U)}{\dfrac{u_1^2(U)}{v_1}+\dfrac{u_2^4(U)}{v_2}}=\dfrac{0.0594^4}{\dfrac{0.013^4}{10}+\dfrac{0.058^4}{4}}=4.3$

2）电阻不准引入的标准不确定度分量 $u(R)$。由电阻的校准证书得知，其校准值的扩展不确定度 $U=0.02\Omega$，且 $k=2$，则 $u(R)$ 可由 B 类评定得到

$$u(R)=\frac{a_2}{k_2}=\frac{U}{k}=\frac{0.02\Omega}{2}=0.01\ \Omega$$

（5）计算合成标准不确定度 $u_C(P)$。$P=\dfrac{U^2}{R}$，其中输入量 U（电压）和 R（电阻）不相关。所以

$$u_C(P)=\sqrt{c_1^2u^2(U)+c_2^2u^2(R)}$$

1）计算灵敏度 c_1 和 c_2 得

$$c_1=\frac{\partial P}{\partial U}=\frac{2U}{R}=\frac{2\times 2.32}{199.99}\mathrm{V}/\Omega=0.023\mathrm{V}/\Omega$$

$$c_2=\frac{\partial P}{\partial R}=-\frac{U^2}{R^2}=-\frac{2.32^2}{199.99^2}\mathrm{V}^2/\Omega^2\approx-0.00013\mathrm{V}^2/\Omega^2$$

2）计算 $u_C(P)$，得 $u_C(P)=\sqrt{0.023^2\times 0.059^2+(-0.00013)^2\times 0.01^2}\mathrm{W}\approx 0.0014\mathrm{W}$

（6）确定扩展不确定度 U。

1）要求置信水平为 95%($P_t=0.95$)。

2）计算合成标准不确定度 $u_C(P)$ 的有效自由度 v_{eff}。$u(U)$ 的自由度 $v(U)=4.3$，$u(R)$ 的自由度 $v(R)$ 可设为 ∞，则

$$v_{\mathrm{eff}}=\frac{u_C^4(P)}{\dfrac{c_1^4u^4(U)}{v(U)}+\dfrac{c_1^4u^4(R)}{v(R)}}=\frac{0.0014^4}{\dfrac{0.023^4\times 0.059^2}{4.3}}\approx 5.2$$

取 v_{eff} 的较低整数，则 $v_{\mathrm{eff}}=5$。

3）根据 $P_t=0.95$，$v_{\mathrm{eff}}=5$，查表 2-10，得扩展不确定度 $U_{0.95}$ 为

$$U_{0.95}=k_{0.95}u_C(P)=2.57\times 0.0014\mathrm{W}\approx 0.004\mathrm{W}$$

（7）报告最终测量结果。

$$P=(0.027\pm0.004)\mathrm{W}\quad（置信水平 P_t=0.95）$$

正负号后的值为测量结果的扩展不确定度，置信水平 $P_t=0.95$，包含因子为2.57，有效自由度为5。

第3章　传感器原理与应用

在当今信息化时代发展过程中，各种信息的感知、采集、转换、传输和处理的功能器件——传感器，已经成为各个应用领域，特别是自动检测、自动控制系统中不可缺少的重要技术工具。从航天、航空、兵器、船舶、交通、冶金、机械、电子、化工、轻工、电力能源、环保、煤炭、石油、医疗卫生、生物工程、宇宙开发等领域至农业、林业、牧业、渔业领域，甚至人们日常生活的各个方面，几乎无处不使用传感器，无处不需要传感器技术。获取各种信息的传感器越来越成为信息社会赖以生存和发展的物质与技术基础。

3.1　传感器概述

3.1.1　定义与组成

传感器是一种能感受规定的被测量，并按照一定的规律将其转换成可用输出信号的器件或装置。常用传感器的输出信号多为易于处理的量，如电压、电流和频率等。

传感器一般由敏感元件、转换元件和信号调理与转换电路、辅助电源组成。其中：敏感元件是指传感器中能直接感受或响应被测量变化的部分；转换元件是指传感器中将敏感元件感受或响应的被测量转换成适用于传输或测量的电信号的部分；由于传感器的输出信号一般都很微弱，同时包含了干扰信号及谐波，因此需要有信号调理与转换电路对其进行放大、运算和调制等。随着半导体器件与集成技术在传感器中的应用，传感器的信号调理与转换电路可安装在传感器的壳体里或与敏感元件一起集成在同一芯片上，构成集成传感器（如美国 ADI 公司生产的 AD22100 型模拟集成温度传感器）。此外，信号调理与转换电路以及传感器工作时必须有辅助电源。传感器的组成如图 3-1 所示。

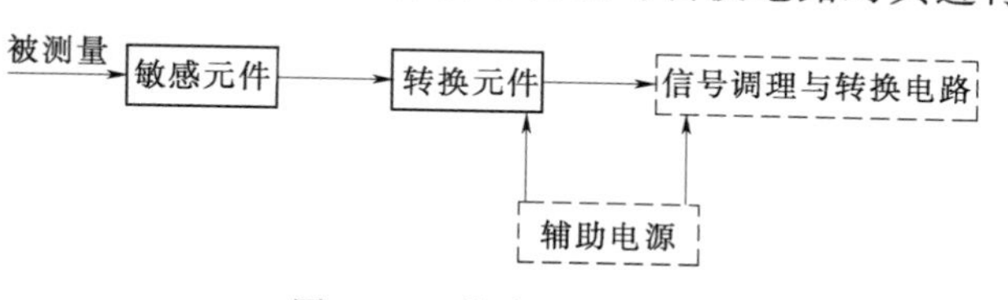

图 3-1　传感器的组成

3.1.2　分类

传感器的工作原理各种各样，其种类十分繁多，分类方法也很多。按被测量的性质不同，主要分为位移传感器、压力传感器、温度传感器等。按传感器的工作原理，主要分为电阻应变式、电感式、电容式、压电式、磁电式传感器等。习惯上常把两者结合起来命名传感器，比如电阻应变式压力传感器、电感式位移传感器等。

按被测量的转换特征，传感器又可分为结构型传感器和物性型传感器。结构型传感器是通过传感器结构参数的变化而实现信号转换的。如电容式传感器依靠极板间距离变化引起电容量的变化。物性型传感器是利用某些材料本身的物理性质随被测量变化的特性而实现参数的直接转换。这种类型的传感器具有灵敏度高、响应速度快、结构简单、便于集成等特点，是传感器的发展方向之一。

按能量传递的方式，还可分为能量控制型传感器和能量转换型传感器两大类。能量控制型传感器的输出能量由外部供给，但受被测输入量的控制，如电阻应变式传感器、电感式传感器、电容式传感器等。能量转换型传感器的输出量直接由被测量能量转换而得，如压电式传感器、热电式传感器等。

3.1.3　基本特性

在测试过程中，要求传感器能感受到被测量的变化并将其不失真地转换成容易测量的量。被测量一般有两种形式：一种是稳定的，即不随时间变化或变化极其缓慢，称为静态信号；另一种是随时间变化而变化的，称为动态信号。由于输入量的状态不同，传感器所呈现出来的输入—输出特性也不同，因此，传感器的基本特性一般用静态特性和动态特性来描述。

1. 传感器的静态特性

传感器的静态特性是指被测量的值处于稳定状态时的输入—输出关系。衡量静态特性的重要指标是线性度、灵敏度、迟滞、重复性、分辨率和漂移等。

（1）线性度。传感器的线性度是指其输入量与输出量之间的实际关系曲线（即静特性曲线）偏离直线的程度，又称非线性误差。静特性曲线可通过实际测试获得。在实际使用中，大多数传感器为非线性的，为了得到线性关系，常引入各种非线性补偿环节。如采用非线性补偿电路或计算机软件进行线性化处理。但如果传感器非线性的次方不高，输入量变化范围较小时，可用一条直线（切线或割线）近似地代表实际曲线的一段，几种直线拟合方法如图3-2所示，使传感器输入—输出线性化，所采用的直线称为拟合直线。实际特性曲线与拟合直线之间的偏差称为传感器的非线性误差（或线性度），通常用相对误差γ_L表示，即

$$\gamma_L=\pm\frac{\Delta L_{\max}}{Y_{FS}}\times 100\% \tag{3-1}$$

式中　$\Delta L_{\max}$——最大非线性绝对误差；

Y_{FS}——满量程输出。

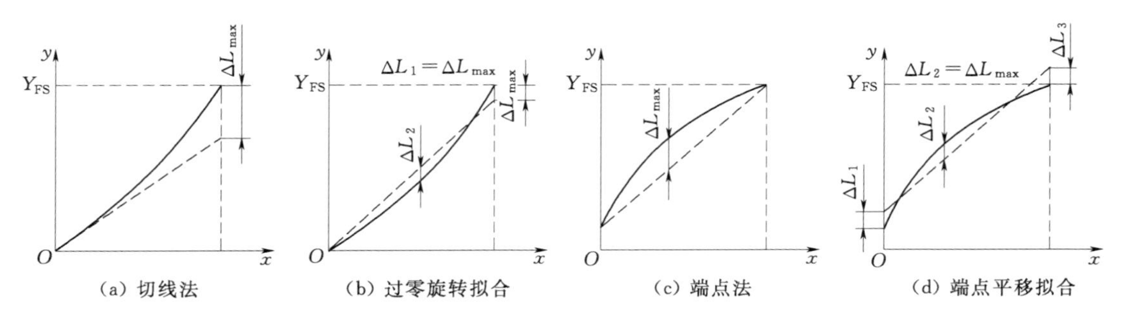

图3-2　几种直线拟合方法

从图 3-2 中可知，即使是同类传感器，拟合直线不同，其线性度也是不同的。选取拟合直线的方法很多，常用的有端点法、割线法、切线法、理论直线法、最小二乘法和计算机程序法等，用最小二乘法求取的拟合直线的拟合精度最高。

（2）灵敏度。灵敏度 S 是指传感器的输出量增量 Δy 与引起输出量增量 Δy 的输入量增量 Δx 的比值，即

$$S=\frac{\Delta y}{\Delta x} \tag{3-2}$$

对于线性传感器，它的灵敏度就是它的静态特性的斜率，即 S 为常数；而非线性传感器的灵敏度为一变量，用 $S=\frac{\mathrm{d}y}{\mathrm{d}x}$表示。传感器的灵敏度如图 3-3 所示。

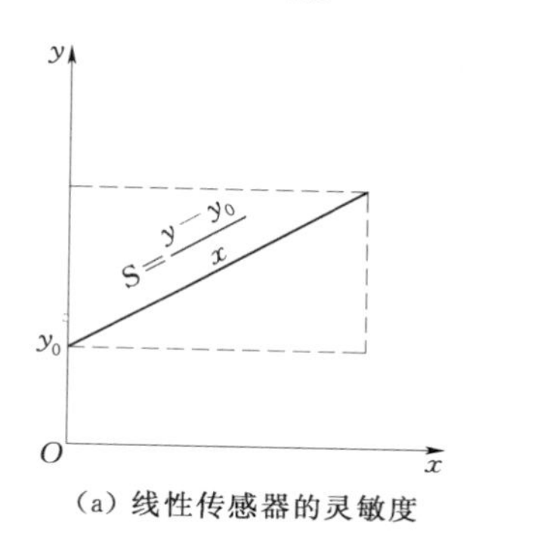

（a）线性传感器的灵敏度

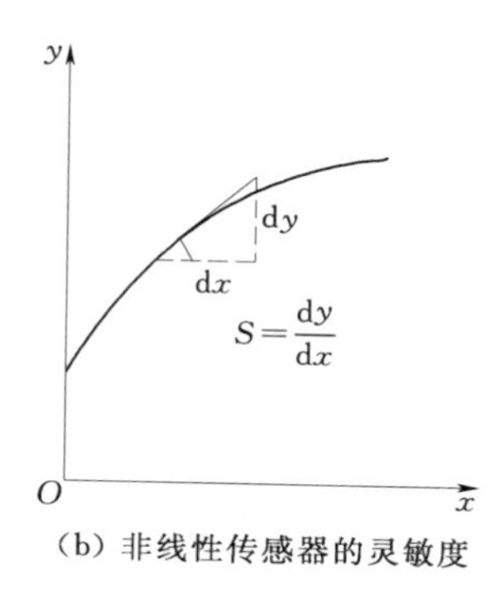

（b）非线性传感器的灵敏度

图 3-3 传感器的灵敏度

另外，有时用输出灵敏度这个性能指标来表示某些传感器的灵敏度，如应变片式压力传感器。输出灵敏度是指传感器在额定载荷作用下，测量电桥供电电压为 1V 时的输出电压。

（3）迟滞（回差滞环现象）。传感器在正向（输入量增大）行程和反向（输入量减小）行程期间，输入—输出特性曲线不重合的现象称为迟滞，如图 3-4 所示，也就是说，对于同一大小的输入信号，传感器的正、反行程输出信号大小不等。这种现象产生的主要原因是由于传感器敏感元件材料的物理性质和机械零部件的缺陷所造成的，例如，弹性敏感元件的弹性滞后、运动部件摩擦、传动机构的间隙、紧固件松动等，具有一定的随机性。

图 3-4 迟滞

迟滞大小通常由实验确定。迟滞误差计算公式为

$$\gamma_{\mathrm{H}}=\pm\frac{\Delta H_{\max}}{Y_{\mathrm{FS}}}\times 100\% \tag{3-3}$$

式中 $\Delta H_{\max}$——正、反行程输出值间的最大差值。

（4）重复性。重复性是指传感器在输入量按同一方向做全量程多次测试时，所得特性曲线不一致性的程度，如图 3-5 所示。多次按相同输入条件测试的输出特性曲线越重合，其重复性越好，误差越小。

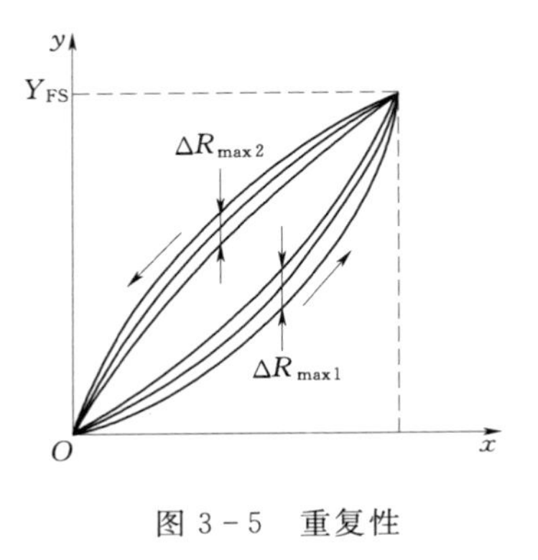

图 3-5 重复性

不重复性 γ_R 常用标准偏差 σ 表示，也可用正、反行程中的最大偏差 ΔR_{max} 表示，即

$$\gamma_R = \pm \frac{(2\sim3)\sigma}{Y_{FS}} \times 100\% \tag{3-4}$$

或

$$\gamma_R = \pm \frac{\Delta R_{max}}{Y_{FS}} \times 100\% \tag{3-5}$$

（5）分辨率。传感器的分辨率是指在规定测量范围内所能检测到的输入量的最小变化值。有时也用该值相对满量程输入值的百分数 $\frac{\Delta x_{min}}{x_{FS}} \times 100\%$ 表示。

（6）稳定性。传感器的稳定性一般是指长期稳定性，是在室温条件下，经过相当长的时间间隔，如一天、一月或一年，传感器的输出与起始标定时的输出之间的差异，因此通常又用其不稳定度来表征传感器输出的稳定程度。

（7）漂移。传感器的漂移是指在外界的干扰下，输出量发生与输入量无关的变化，包括零点漂移和灵敏度漂移等。

传感器在零输入时，输出的变化称为零点漂移。零点漂移或灵敏度漂移又可分为时间漂移和温度漂移。时间漂移是指在规定的条件下，零点或灵敏度随时间的缓慢变化。温度漂移是指当环境温度变化时，引起的零点或灵敏度漂移。漂移一般可通过串联或并联可调电阻来消除。

2. 传感器的动态特性

传感器的动态特性是指传感器测量动态信号时，输出对输入的响应特性。一个动态特性好的传感器，其输出将再现输入量的变化规律，即具有相同的时间函数。在动态的输入信号情况下，输出信号一般来说不会与输入信号具有完全相同的时间函数，这种输出与输入间的差异就是所谓的动态误差。

影响传感器的动态特性主要是传感器的固有因素，如温度传感器的热惯性等，不同的传感器，其固有因素的表现形式和作用程度不同。另外，动态特性还与传感器输入量的变化形式有关。也就是说，在研究传感器动态特性时，通常是根据不同输入变化规律来考察传感器的动态响应的。传感器的输入量随时间变化的规律是各种各样的，下面对传感器动态特性的分析，同自动控制系统分析一样，通常从时域和频域两方面采用瞬态响应法和频率响应法。

（1）瞬态响应法。研究传感器的动态特性时，在时域中对传感器的响应和过渡过程进行分析的方法为时域分析法，这时传感器对所加激励信号的响应称为瞬态响应。常用激励信号有阶跃函数、斜坡函数、脉冲函数等。下面以最典型、最简单、最易实现的阶跃信号作为标准输入信号来分析评价传感器的动态性能指标。

当给静止的传感器输入一个单位阶跃函数信号时

$$u(t) = \begin{cases} 0 & t \leqslant 0 \\ 1 & t > 0 \end{cases} \tag{3-6}$$

其输出特性称为阶跃响应或瞬态响应特性。瞬态响应特性曲线如图 3-6 所示。

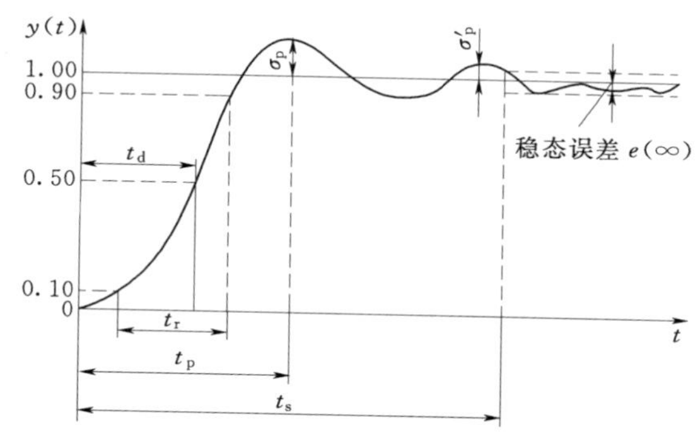

图 3-6 瞬态响应特性曲线

最大超调量 σ_p：最大超调量就是响应曲线偏离阶跃曲线的最大值，常用百分数表示。当稳态值为 1 时，则最大百分比超调量 $\sigma_p=\left[\dfrac{y(t_p)-y(\infty)}{y(\infty)}\right]\times 100\%$。最大超调量反映传感器的相对稳定性。

延滞时间 t_d：t_d 是阶跃响应达到稳态值 50%时所需要的时间。

上升时间 t_r：根据控制理论，它有几种定义：

1）响应曲线从稳态值的 10%上升到 90%所需时间。

2）从稳态值的 5%上升到 95%所需时间。

3）从零上升到第一次到达稳态值所需的时间。

对有振荡的传感器常用 3）描述，对无振荡的传感器常用 1）描述。

峰值时间 t_p：响应曲线从零到第一个峰值时所需的时间。

响应时间 t_s：响应曲线衰减到稳态值之差不超过±5%或±2%时所需要的时间。有时又称为过渡过程时间。

（2）频率响应法。频率响应法是从传感器的频率特性出发研究传感器的动态特性。传感器对正弦输入信号的响应特性，称为频率响应特性。对传感器动态特性的理论研究，通常是先建立传感器的数学模型，通过拉氏变换找出传递函数表达式，再根据输入条件得到相应的频率特性。大部分传感器可简化为单自由度一阶或二阶系统，其传递函数可分别简化为

$$H(\mathrm{j}\omega)=\frac{1}{\tau(\mathrm{j}\omega)+1} \tag{3-7}$$

$$H(\mathrm{j}\omega)=\frac{1}{1-\left(\dfrac{\omega}{\omega_n}\right)^2+2\mathrm{j}\xi\dfrac{\omega}{\omega_n}} \tag{3-8}$$

因此，我们可以方便地应用自动控制原理中的分析方法和结论，读者可参考相关书籍，这里不再赘述，研究传感器的频域特性时，主要用幅频特性。传感器频率响应特性指标主要如下：

1）频带：传感器增益保持在一定值内的频率范围称为传感器的频带或通频带，对应有上、下截止频率。

2）时间常数 τ：用时间常数 τ 来表征一阶传感器的动态特性。τ 越小，频带越宽。

3）固有频率 ω_n：二阶传感器的固有频率 ω_n 表征了其动态特性。

对于一阶传感器，减小 τ 可改善传感器的频率特性。对于二阶传感器，为了减小动态误差和扩大频率响应范围，一般是提高传感器固有频率 ω_n。而固有频率 ω_n 与传感器运动部件质量 m 和弹性敏感元件 k 有关，即 $\omega_n=\sqrt{\dfrac{k}{m}}$。增大刚度 k 和减小质量 m 可提高固有频率，但刚度 k 增加，会使传感器灵敏度降低。所以在实际应用中，应综合各种因素来确

定传感器的各个特征参数。

3.1.4　应用领域及其发展

现代信息技术的三大基础是信息采集（即传感器技术）、信息传输（通信技术）和信息处理（计算机技术），它们在信息系统中分别起到了“感官”“神经”和“大脑”的作用。传感器技术是以研究传感器的原理、传感器的材料、传感器的设计、传感器的制作、传感器的应用为主要内容；以传感器敏感材料的电、磁、光、声、热、力等物理“效应”“现象”，化学中的各种“反应”以及生物学中的各种“机理”作为理论基础；并综合了物理学、微电子学、光学、化学、生物工程、材料学、精密加工、试验测量等方面的知识和技术而形成的一门综合性学科。传感器属于信息技术的前沿尖端产品，其重要作用如同人体的五官。它是信息采集系统的首要部件，是实现现代化测量和自动控制（包括遥感、遥测、遥控）的主要环节。

3.1.4.1　传感器的应用领域

传感器主要有以下用途：

（1）生产过程的测量与控制。在生产过程中，对温度、压力、流量、位移、液位和气体成分等参量进行检测，从而实现对工作状态的控制。

（2）安全报警与环境保护。利用传感器可对高温、放射性污染以及粉尘弥漫等恶劣工作条件下的过程参量进行远距离测量与控制，并可实现安全生产。可用于温控、防灾、防盗等方面的报警系统。在环境保护方面可用于对大气与水质污染的监测、放射性和噪声的测量等。

（3）自动化设备和机器人。传感器可提供各种反馈信息，尤其是传感器与计算机的结合，使自动化设备的自动化程度有了很大提高。在现代机器人中大量使用了传感器，其中包括力、扭矩、位移、超声波、转速和射线等许多传感器。

（4）交通运输和资源探测。传感器可用于对交通工具、道路和桥梁的管理，以保证提高运输的效率与防止事故的发生。还可用于陆地与海底资源探测以及空间环境、气象等方面的测量。

（5）医疗卫生和家用电器。利用传感器可实现对病患者的自动监测与监护，可用于微量元素的测定、食品卫生检疫等，尤其是作为离子敏感器件的各种生物电极，已成为生物工程理论研究的重要测试装置。

近年来，由于科学技术和经济的发展及生态平衡的需要，传感器的应用领域还在不断扩大。

3.1.4.2　传感器的发展

在当前信息时代，对于传感器的需求量日益增多，同时对其性能要求也越来越高。随着计算机辅助设计技术（Computer Aided Design，CAD）、微机电系统（Micro－Electro－Mechanical System，MEMS）技术、光纤技术、信息理论以及数据分析算法不断迈上新的台阶，传感器系统正朝着微型化、智能化和多功能化的方向发展。

1. 微型传感器（Micro Sensor）

为了能够与信息时代信息量激增、要求捕获和处理信息的能力日益增强的技术发展趋势保持一致，对于传感器的性能指标（包括精确性、可靠性、灵敏性等）的要求越来越严格。与此同时，传感器系统的操作友好性亦被提上了议事日程，因此还要求传感器必须配有标准的输出模式。而传统的大体积弱功能传感器往往很难满足上述要求，所以它们已逐步被各种不同类型的高性能微型传感器所取代。

一方面，CAD技术和MEMS技术的发展，促进了传感器的微型化。在当前技术水平下，微切削加工技术已经可以生产出具有不同层次的3D微型结构，从而可以生产出体积非常微小的微型传感器敏感元件，像毒气传感器、离子传感器、光电探测器这样的以硅为主要构成材料的传感/探测器都装有极好的敏感元件。目前，这一类元器件已作为微型传感器的主要敏感元件被广泛应用于不同的研究领域中。

另一方面，敏感光纤技术的发展也促进了传感器的微型化。当前，敏感光纤技术日益成为微型传感器技术的另一新的发展方向。预计随着插入技术的日趋成熟，敏感光纤技术的发展还会进一步加快。光纤传感器的工作原理是将光作为信号载体，并通过光纤来传送信号。由于光纤具有良好的传光性能，对光的损耗极低，加之光纤传输光信号的频带非常宽，且光纤本身就是一种敏感元件，所以光纤传感器所具有的许多优良特征为其他所有传统的传感器所不及。概括来讲，光纤传感器的优良特征主要包括重量轻、体积小、敏感性高、动态测量范围大、传输频带宽、易于转向作业以及它的波形特征能够与客观情况相适应等诸多优点，因此能够较好地实现实时操作、联机检测和自动控制。光纤传感器还可以应用于3D表面的无触点测量。近年来，随着半导体激光盘（Laser Disc，LD）、电荷耦合装置（Charge - coupled Device，CCD）、互补金属氧化物半导体器件（Complementary Metal Oxide Semiconductor，CMOS）图形传感器、方位探测装置（Position Sensitive Device，PSD）等新一代探测设备的问世，光纤无触点测量技术得到了空前迅速的发展。

就当前技术发展现状来看，微型传感器已经应用于许多领域，对航空、远距离探测、医疗及工业自动化等领域的信号探测系统产生了深远影响。目前开发并进入实用阶段的微型传感器已可以用来测量各种物理量、化学量和生物量，如位移、速度/加速度、压力、应力、应变、声、光、电、磁、热、pH值、离子浓度及生物分子浓度等。

2. 智能传感器（Smart Sensor）

智能传感器是20世纪80年代末出现的另外一种涉及多种学科的新型传感器系统，主要是指那些装有微处理器，不但能够执行信息处理和信息存储，而且还能够进行逻辑思考和结论判断的传感器系统。这一类传感器就相当于微机与传感器的综合体，其主要组成部分包括主传感器、辅助传感器及微机的硬件设备。如智能压力传感器，主传感器为压力传感器，用来探测压力参数，辅助传感器通常为温度传感器和环境压力传感器，采用这种技术时可以方便地调节和校正由于温度的变化而导致的测量误差，环境压力传感器测量工作环境的压力变化并对测定结果进行校正。而硬件系统除了能够对传感器的弱输出信号进行放大、处理和存储外，还执行与计算机之间的通信联络。通常情况下，一个通用的检测仪器只能用来探测一种物理量，其信号调节是由那些与主探测部件相连接的模拟电路来完成的；但智能传感器却能够实现所有的功能，而且其精度更高，价格更便宜，处理质量也更好。

目前，智能传感器技术正处于蓬勃发展时期，具有代表意义的典型产品是美国霍尼韦尔公司的ST - 3000系列智能变送器和德国斯特曼公司的二维加速度传感器，以及另外一些含有微处理器（Microcon troller Unit，MCU）的单片集成压力传感器、具有多维检测能力的智能传感器和固体图像传感器（Solid State Imaging Sensor，SSIS）等。与此同时，基于模糊理论的新型智能传感器和神经网络技术在智能化传感器系统的研究和发展中的重要作用，也日益受到了相关研究人员的极大重视。

智能传感器多用于压力、力、振动冲击加速度、流量、温度、湿度的测量。另外，智能传感器在空间技术研究领域亦有比较成功的应用实例。在今后的发展中，智能传感器无疑将会进一步扩展到化学、电磁、光学和核物理等研究领域。可以预见，新兴的智能传感器将会在关系到人类国民生计的各个领域发挥越来越大的作用。

3. 多功能传感器（Multifunction Sensor）

通常情况下，一个传感器只能用来测量一种物理量，但在许多应用领域中，为了能够完美而准确地反映客观事物和环境，往往需要同时测量大量的物理量。由若干种各不相同的敏感元件组成或借助于同一个传感器的不同效应或利用在不同的激励条件下同一个敏感元件表现的不同特征构成的多功能传感器系统，可以用来同时测量多种参数。例如，可以将一个温度探测器和一个湿度探测器配置在一起（即将热敏元件和湿敏元件分别配置在同一个传感器承载体上）制造成一种新的传感器，这种新的传感器就能够同时测量温度和湿度。

随着传感器技术和微机技术的飞速发展，目前已经可以生产出将若干种敏感元件总装在同一种材料或单独一块芯片上的一体化多功能传感器。多功能传感器无疑是当前传感器技术发展中一个全新的研究方向。如将某些类型的传感器进行适当组合而使之成为新的传感器。又如，为了能够以较高的灵敏度和较小的粒度同时探测多种信号，微型数字式三端口传感器可以同时采用热敏元件、光敏元件和磁敏元件，这种组配方式的传感器不但能够输出模拟信号，而且还能够输出频率信号和数字信号。

从当前的发展现状来看，最热门的研究领域也许是各种类型的仿生传感器，在感触、刺激以及视听辨别等方面已有最新研究成果问世。从实用的角度考虑，多功能传感器中应用较多的是各种类型的多功能触觉传感器，例如，人造皮肤触觉传感器就是其中之一，这种传感器系统由PVDF材料、无触点皮肤敏感系统以及具有压力敏感传导功能的橡胶触觉传感器等组成。据悉，美国MERRITT公司研制开发的无触点皮肤敏感系统获得了较大的成功，其无触点超声波传感器、红外辐射引导传感器、薄膜式电容传感器以及温度、气体传感器等在美国本土应用甚广。

总之，传感器系统正向着微小型化、智能化和多功能化的方向发展。今后，随着CAD技术、MEMS技术、信息理论及数据分析算法的发展，未来的传感器系统必将变得更加微型化、综合化、多功能化、智能化和系统化。在各种新兴科学技术呈辐射状广泛渗透的当今社会，作为现代科学耳目的传感器系统，作为人们快速获取、分析和利用有效信息的基础，必将进一步得到社会各界的普遍关注。

3.1.5　正确选用

现代工业生产与自动控制系统是以计算机为核心，以传感器为基础组成的。传感器是实现自动检测和控制的首要环节，没有精确可靠的传感器，就没有精确可靠的自动测控系统。近年来，随着科学技术的发展，各种类型的传感器已应用到工业生产与控制的各个领域，要利用传感器设计开发高性能的测量或控制系统，必须了解传感器的性能，根据系统

要求，选择合适的传感器，并设计精确可靠的信号处理电路。

如何正确选择和使用各种传感器，要考虑的事项很多，但不必都要一一考虑。根据传感器的使用目的、指标、环境条件和成本等限制条件，从不同的侧重点，优先考虑几个重要的条件即可。例如，测量某一对象的温度时，要求测量范围为0～100℃，测量精度为±1℃，且要多点测量，那么选用何种传感器呢？满足这些要求的传感器有各种热电偶、热敏电阻、半导体PN结温度传感器、智能化温度传感器等。在这种情况下，侧重考虑成本，测量电路、配置设备是否简单等因素，相比之下选择半导体温度传感器。若测量范围变为0～800℃，其他要求不变，那么应考虑选用热电偶。总之，选择和使用传感器时，应根据几项基本标准，具体情况具体分析，选择性价比高的传感器。具体选择传感器时，应从以下方面考虑：

（1）与测量条件有关的因素。随着传感器技术的发展，被测对象涉及各个领域，除了传统的力学领域、电磁学领域、工业领域外，还有人体心电、脑波等体表电位的测量，光泽、触觉等品质测量等。所以在选择传感器时，首先就应了解与测量条件有关的因素，如测量的目的、被测试量的选择、测量范围、输入信号的幅值和频带宽度、精度要求、测量所需时间等。

（2）与使用环境条件有关的因素。在了解被测量要求后，还应考虑使用环境，如安装现场条件及情况、环境条件（湿度、温度、振动等）、信号传输距离和所需现场提供的功率容量等因素。

（3）与传感器有关的技术指标。最后，根据测量要求选择确定传感器的技术指标如精度、稳定性、响应特性、模拟量与数字量、输出幅值、对被测物体产生负载效应、校正周期、超标准过大的输入信号保护等性能指标。另外，为了提高测量精度，应注意通常应使用显示值在满量程80％左右的测量范围或刻度范围的传感器。

此外，还应考虑与购买和维修有关的因素，如价格、零配件的储备、服务与维修、交货日期等。精度很高的传感器一定要精心使用，注意安装方法，了解传感器的安装尺寸和重量等。

3.2 应变式传感器

应变式传感器是基于被测物体在外力作用下形变，对应变进行测量的一种敏感元件。电阻应变片则是其最常采用的传感器。它是一种能将机械构件上应变的变化转换为电阻变化的传感元件。例如，荷重传感器上的应变片在重力作用下产生变形，轴向变短，径向变长。电阻式应变传感器可分为金属电阻应变式与半导体应变片式两类。

3.2.1 金属电阻应变式传感器

金属应变式传感器的核心元件是金属应变片，它可将试件上的应变变化转换成电阻变化。金属应变式传感器的优点是：精度高，测量范围广；频率响应特性较好；结构简单，尺寸小，重量轻；可在高（低）温、高速、高压、强烈振动、强磁场及核辐射和化学腐蚀等恶劣条件下正常工作；易于实现小型化、固态化；价格低廉，品种多样，便于选择。同时金属应变式传感器具有非线性，输出信号微弱，抗干扰能力较差的缺点，因此信号线需要采取屏蔽措施；只能测量一点或应变栅范围内的平均应变，不能显示应力场中应力梯度的变化等；不能用于过高温度场合下的测量。

3.2.1.1 金属电阻应变片

常用的金属电阻应变片有丝式、箔式两种。金属电阻应变式传感器工作原理是基于应变片发生机械形变时，其电阻值发生变化。

金属丝式电阻应变片（又称电阻丝应变片）出现的较早，现仍在广泛应用。电阻丝应变片典型结构如图 3-7 所示。把一根具有高电阻率的金属丝（康铜或镍铬合金，直径约 0.025mm）绕成栅形，粘贴在基片和覆盖层之间，由引线接于后续电路。金属箔式应变片则是用栅状金属箔片代替金属丝。金属箔栅是用光刻成形，适用于大批量生产。其线条均匀，尺寸准确，阻值一致性好。箔片厚度为 1～10μm，散热好，黏结情况好，传递试件应变性能好。因此目前使用的多为金属箔式应变片。

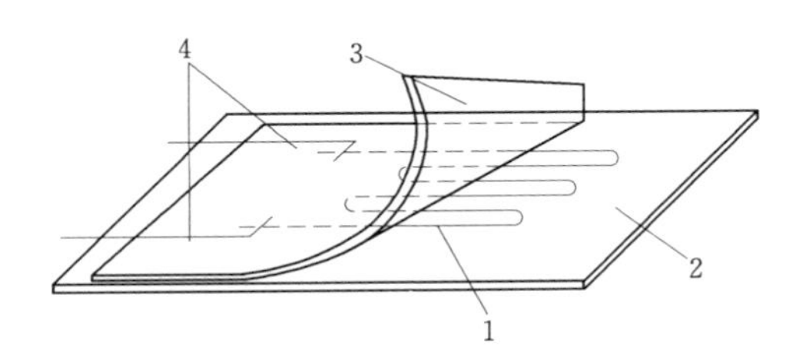

图 3-7 电阻丝应变片典型结构
1—电阻丝；2—基片；3—覆盖层；4—引出线

当金属丝在外力作用下发生机械变形时，其电阻值将发生变化，这种现象称为金属的电阻应变效应。

由于电阻值 $R=\frac{\rho l}{A}$，其长度 l、截面积 A、电阻率 ρ 均将随电阻丝的形变而变化。而 l、A、ρ 的变化将导致电阻 R 的变化。当每一可变因素分别有一增量 $\mathrm{d}l$、$\mathrm{d}A$ 和 $\mathrm{d}\rho$ 时，所引起的电阻增量为

$$\mathrm{d}R=\frac{\partial R}{\partial l}\mathrm{d}l+\frac{\partial R}{\partial A}\mathrm{d}A+\frac{\partial R}{\partial \rho}\mathrm{d}\rho \tag{3-9}$$

$$A=\pi r^2$$

$$\frac{\mathrm{d}R}{R}=\frac{\mathrm{d}l}{l}-\frac{2\mathrm{d}r}{r}+\frac{\mathrm{d}\rho}{\rho} \tag{3-10}$$

$$\frac{\mathrm{d}\rho}{\rho}=\lambda\sigma=\lambda E\varepsilon \tag{3-11}$$

式中 r——电阻丝半径；

$\frac{\mathrm{d}l}{l}$——电阻丝轴向相对变形，或称纵向应变，$\frac{\mathrm{d}l}{l}=\varepsilon$；

$\frac{\mathrm{d}r}{r}$——电阻丝径向相对变形，或称横向应变；

$\frac{\mathrm{d}\rho}{\rho}$——电阻丝电阻率的相对变化，与电阻丝轴向所受正应力 σ 有关；

E——电阻丝材料的弹性模量；

λ——压阻系数，与材料有关。

当电阻丝沿轴向伸长时，必沿径向缩小，两者之间的关系为

$$\frac{\mathrm{d}r}{r}=-\nu\frac{\mathrm{d}l}{l} \tag{3-12}$$

式中 ν——电阻丝材料的泊松比。

将式（3-11）、式（3-12）代入式（3-10）中，则有

$$\frac{dR}{R}=\varepsilon+2\nu\varepsilon+\lambda E\varepsilon=(1+2\nu+\lambda E)\varepsilon \tag{3-13}$$

分析式（3-13），$(1+2\nu)\varepsilon$ 项是由电阻丝几何尺寸改变所引起的，对于同一种材料，$(1+2\nu)$ 项是常数。$\lambda E\varepsilon$ 项则是由于电阻丝的电阻率随应变的改变而引起的，对于金属丝来说，λE 是很小的，可忽略。这样式（3-13）可简化为

$$\frac{dR}{R}\approx(1+2\nu)\varepsilon \tag{3-14}$$

式（3-14）表明了电阻相对变化率与应变成正比。一般用比值 K 表征电阻应变片的应变或灵敏度，即

$$K=\frac{\frac{dR}{R}}{\frac{dl}{l}}=1+2\nu=\text{常数} \tag{3-15}$$

用于制造电阻应变片的电阻丝的灵敏度 K 多在 1.7～3.6 之间。几种常用电阻丝应变片材料物理性能见表 3-1。

表 3-1 几种常用电阻丝应变片材料物理性能

材料名称	成分及质量分数		灵敏度	电阻率	电阻温度系数	膨胀系数
	元素	质量分数/%	K	/(Ω·mm²·m⁻¹)	/(×10⁻⁶·℃⁻¹)	/(×10⁻⁶·℃⁻¹)
康铜	Cu	57	1.7～2.1	0.49	-20～20	14.9
	Ni	43				
镍铬合金	Ni	80	2.1～2.5	0.9～1.1	110～150	14.0
	Cr	20				
镍铬铝合金	Ni	73	2.4	1.33	-10～10	13.3
	Cr	20				
	Al	3～4				
	Fe	余量				

一般市售电阻应变片的标准阻值有 60Ω、120Ω、350Ω、600Ω 和 1000Ω 等。其中以 120Ω 最为常用。应变片的尺寸可根据使用要求来选定。

3.2.1.2 半导体应变片

半导体应变片最简单的典型结构如图 3-8 所示。半导体应变片的使用方法与金属电阻应变片相同，即粘贴在被测物体上，随被测试件的应变其电阻发生相应变化。

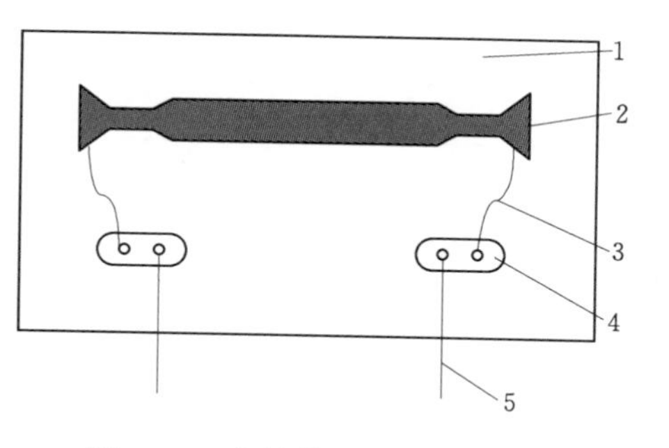

图 3-8 半导体应变片典型结构
1—胶膜衬底；2—P-Si；3—内引线；4—焊接板；5—外引线

半导体应变片的工作原理是基于半导体材料

的压阻效应。所谓压阻效应是指单晶半导体材料在沿某一轴向受到外力的作用时，其电阻率 ρ 发生变化的现象。

从半导体物理知道，半导体在压力、温度及光辐射作用下，能使其电阻率发生很大变化。分析表明，单晶体半导体在外力作用下，原子点阵排列规律发生变化，导致载流子迁移及载流子浓度的变化，从而引起电阻率的变化。根据式（3-13），$(1+2\nu)\varepsilon$ 项是由电阻丝几何尺寸改变所引起的，$\lambda E\varepsilon$ 是由于电阻丝的电阻率随应变的改变而引起的。对半导体而言，$\lambda E\varepsilon$ 项远远大于 $(1+2\nu)\varepsilon$ 项，它是半导体应变片的主要部分，故式（3-13）可简化为

$$\frac{\mathrm{d}R}{R}\approx\lambda E\varepsilon \tag{3-16}$$

这样，半导体应变片灵敏度

$$K=\frac{\frac{\mathrm{d}R}{R}}{\varepsilon}\approx\lambda E \tag{3-17}$$

这一数值比金属电阻应变片大 50～70 倍。

以上分析表明，金属丝电阻应变片与半导体应变片的主要区别在于：前者利用导体形变引起电阻的变化，后者利用半导体电阻率变化引起电阻的变化。

几种常用半导体材料特性见表 3-2，从表 3-2 中可以看出，不同材料、不同的载流子施加方向，压阻效应不同，灵敏度也不同。

表 3-2　几种常用半导体材料特性

材　料	电阻率 /($\times10^2\Omega\cdot m$)	弹性模量 /($\times10^7 N\cdot cm^{-2}$)	灵敏度	晶向
P 型硅	7.8	1.87	175	[111]
N 型硅	11.7	1.23	−132	[100]
P 型锗	15.0	1.55	102	[111]
N 型锗	16.6	1.55	−157	[111]
	1.5	1.55	−147	[111]
P 型锑化铟	0.54	—	−45	[100]
	0.01	0.745	30	[111]
N 型锑化铟	0.013	—	−74.5	[100]

半导体应变片最突出的优点是灵敏度高，这为它的应用提供了有利条件。另外，由于机械置后小、横向效应小以及它本身的体积小等特点扩大了半导体应变片的使用范围。其最大缺点是温度稳定性能差、灵敏度离散度大（由于晶向、杂质等因素的影响）以及在较大应变作用下，非线性误差大等，这些缺点也给使用带来一定的困难。

3.2.1.3　温度误差及其补偿

1. 温度误差

用作测量应变的金属应变片，希望其阻值仅随应变变化，而不受其他因素的影响。实

际上应变片的阻值受环境温度（包括被测试件的温度）影响很大。由于环境温度变化引起的电阻变化与试件应变所造成的电阻变化几乎有相同的数量级，从而产生很大的测量误差，称为应变片的温度误差，又称热输出。因环境温度改变而引起电阻变化的两个主要因素有：①应变片的电阻丝（敏感栅）具有一定温度系数；②电阻丝材料与测试材料的线膨胀系数不同。

设环境引起的构件温度变化为 Δt（℃）时，粘贴在试件表面的应变片敏感栅材料的电阻温度系数为 α_t，则应变片产生的电阻相对变化为

$$\left(\frac{\Delta R}{R}\right)_1=\alpha_t\Delta t \tag{3-18}$$

由于敏感栅材料和被测构件材料两者线膨胀系数不同，当 Δt 存在时，引起应变片的附加应变，其值为

$$\varepsilon_{2t}=(\beta_e-\beta_g)\Delta t \tag{3-19}$$

式中 β_e——试件材料线膨胀系数；

β_g——敏感栅材料线膨胀系数。

相应的电阻相对变化为

$$\left(\frac{\Delta R}{R}\right)_2=K(\beta_e-\beta_g)\Delta t \tag{3-20}$$

式中 K——应变片灵敏系数。

温度变化形成的总电阻相对变化为

$$\left(\frac{\Delta R}{R}\right)_t=\left(\frac{\Delta}{R}\right)_1+\left(\frac{\Delta R}{R}\right)_2=\alpha_t\Delta t+K(\beta_e-\beta_g)\Delta t \tag{3-21}$$

相应的虚假应变为

$$\varepsilon_t=\frac{\left(\frac{\Delta R}{R}\right)_t}{K}=\frac{\alpha_t}{K}\Delta t+(\beta_e-\beta_g)\Delta t \tag{3-22}$$

式（3-22）为应变片粘贴在试件表面上，当试件不受外力作用，在温度变化 Δt 时，应变片的温度效应用应变形式表现出来，称为热输出。

可见，应变片热输出的大小不仅与应变计敏感栅材料的性能（α_t，β_g）有关，而且与被测试件材料的线膨胀系数（β_e）有关。

2. 温度补偿（自补偿法和线路补偿法）

（1）单丝自补偿应变片。由式（3-21）知，若使应变片在温度变化 Δt 时的热输出值为零，必须使 $\alpha_t+K(\beta_e-\beta_g)=0$，即

$$\alpha_t=K(\beta_e-\beta_g) \tag{3-23}$$

每一种材料的被测试件，其线膨胀系数 β_e 都为确定值，可以在有关的材料手册中查到。在选择应变片时，若应变片的敏感栅是用单一的合金丝制成，并使其电阻温度系数 α_t 和线膨胀系数 β_g 满足式（3-23）的条件，即可实现温度自补偿，具有这种敏感栅的应变片称为单丝自补偿应变片。

单丝自补偿应变片的优点是结构简单，制造和使用都比较方便，但它必须在具有一定线膨胀系数材料的试件上使用，否则不能达到温度自补偿的目的。

(2) 双丝组合式自补偿应变片。双丝组合式自补偿应变片是由两种不同电阻温度系数(一种为正值，一种为负值)的材料串联组成敏感栅，以达到在一定的温度范围内、在一定材料的试件上实现温度补偿的目的，如图3-9所示。这种应变片的自补偿条件要求粘贴在某种试件上的两段敏感栅，随温度变化而产生的电阻增量大小相等，符号相反，即

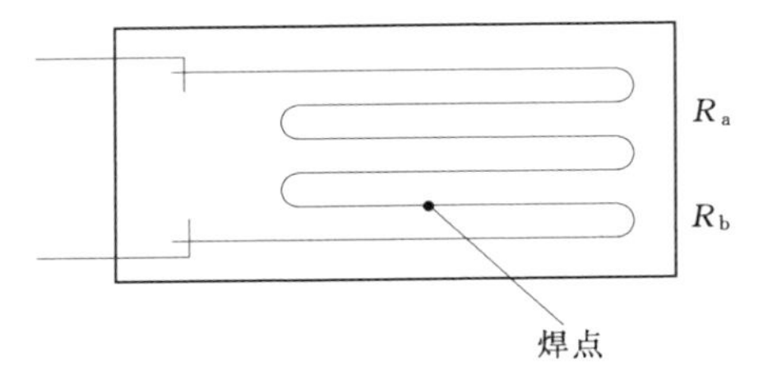

图3-9 双丝组合式自补偿应变片

$$(\Delta R_a)_t = -(\Delta R_b)_t \tag{3-24}$$

$$\frac{R_a}{R_b} = -\frac{\left(\frac{\Delta R_b}{R_b}\right)_t}{\left(\frac{\Delta R_a}{R_a}\right)_t} = -\frac{\alpha_b + K_b(\beta_e - \beta_b)}{\alpha_a + K_a(\beta_e - \beta_a)} \tag{3-25}$$

补偿效果可达0.45 $\frac{\mu\varepsilon}{℃}$。

(3) 桥路补偿法。桥路补偿法电路如图3-10所示，电桥输出电压与桥臂参数的关系为

$$U_{SC} = A(R_1R_4 - R_2R_3) \tag{3-26}$$

式中 A——由桥臂电阻和电源电压决定的常数。

由式(3-26)可知，当R_3、R_4为常数时，R_1和R_2对输出电压的作用方向相反。利用这个基本特性可实现对温度的补偿，并且补偿效果较好，这是最常用的补偿方法之一。

测量应变变化而产生的电压时，使用两个应变片，一片贴在被测试件的表面，补偿应变片粘贴示意图如图3-11所示，图3-11中R_1称为工作应变片。另一片贴在与被测试件材料相同的补偿块上，图3-11中R_2称为补偿应变片。在工作过程中补偿块不承受应变，仅随温度发生变形。由于R_1与R_2接入电桥相邻臂上，造成ΔR_{1t}与ΔR_{2t}相同，根据电桥理论可知，其输出电压U_{SC}与温度无关。当工作应变片感受应变时，电桥将产生相应输出电压。

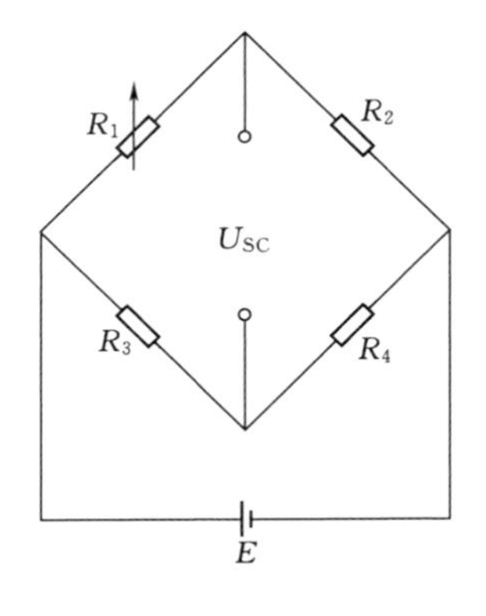

图3-10 桥路补偿法电路

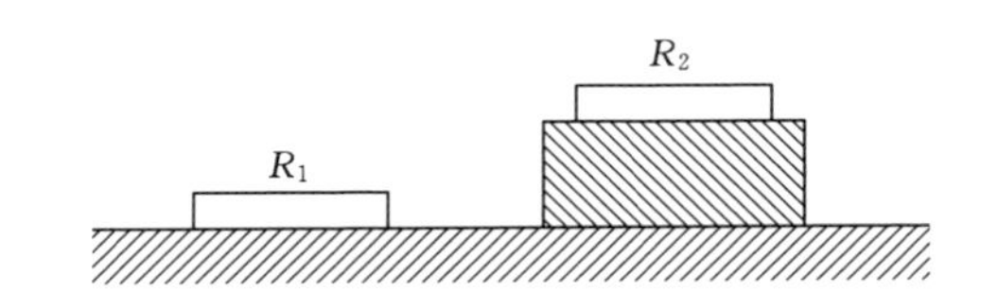

图3-11 补偿应变片粘贴示意图

当被测试件不承受应变时，R_1 和 R_2 处于同一温度场，调整电桥参数，可使电桥输出电压为零，即

$$U_{SC}=A(R_1R_4-R_2R_3)=0 \tag{3-27}$$

式（3－27）中可以选择 $R_1=R_2=R$ 及 $R_3=R_4=R'$。

当温度升高或降低时，若 $\Delta R_{1t}=\Delta R_{2t}$，即两个应变片的热输出相等，由式（3－27）可知电桥的输出电压为零，即

$$U_{SC}=A[(R_1+\Delta R_{1t})R_4-(R_2+\Delta R_{2t})R_3]=0 \tag{3-28}$$

若此时有应变作用，只会引起电阻 R_1 发生变化，R_2 不承受应变。故由式（3－27）可得输出电压为

$$U_{SC}=A[(R_1+\Delta R_{1t}+R_1K\varepsilon)R_4-(R_2+\Delta R_{2t})R_3]=AR'RK\varepsilon \tag{3-29}$$

由式（3－29）可知，电桥输出电压只与应变 ε 有关，与温度无关。为达到完全补偿，需满足下列条件：

1）R_1 和 R_2 须属于同一批号的，即它们的电阻温度系数 α、线膨胀系数 β、应变灵敏系数 K 都相同，两片的初始电阻值也要求相同。

2）用于粘贴补偿片的构件和粘贴工作片的试件两者材料必须相同，即要求两者线膨胀系数相等。

3）两应变片处于同一温度环境中。

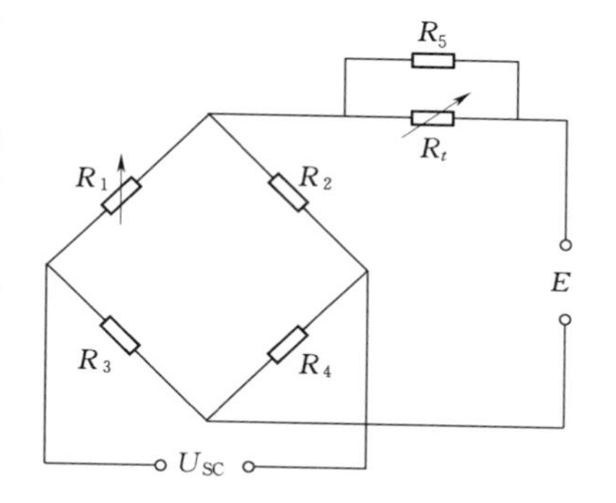

图 3－12　热敏电阻补偿法

此方法简单易行，能在较大温度范围内进行补偿。缺点是三个条件不易满足，尤其是条件 3）。在某些测试条件下，温度场梯度较大，R_1 和 R_2 很难处于相同温度点。

另外也可以采用热敏电阻进行补偿。如图 3－12 所示，热敏电阻 R_t 与应变片处在相同的温度下，当应变片的灵敏度随温度升高而下降时，热敏电阻 R_t 的阻值下降，使电桥的输入电压因温度升高而增加，从而提高电桥输出电压。

选择分流电阻 R_5 的值，可以使应变片灵敏度下降对电桥输出的影响得到很好的补偿。

3.2.2 测量电路

应变片将应变的变化转换成电阻相对变化$\dfrac{\Delta R}{R}$，还要把电阻的变化转换成电压或电流的变化，才能用电测仪表进行测量。电阻应变片的测量线路多采用交流电桥（配交流放大器），其原理和直流电桥相似。直流电桥简单，其中偏执法的应用更为广泛，本节介绍偏执法电桥。

图 3－13 是直流电桥的基本结构。以电阻 R_1、R_2、R_3、R_4 组成电桥的四个桥臂，在电桥的对角点 a、c 端接入直流电源 U_e 作为电桥的激励电源，从另一对角 b、d 两端输出电压 U_0。使用时，电桥四个桥臂中的一个或多个是阻值随被测量变化的电阻传感器元件，如电阻式应变片等。

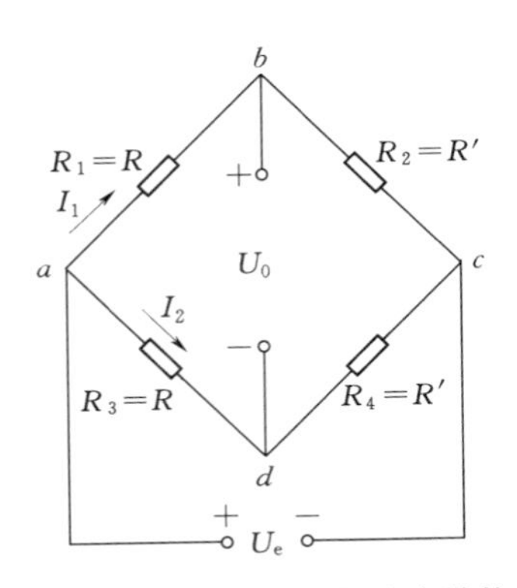

图3-13 直流电桥的基本结构

在图3-13中，电桥的输出电压U_0可计算为

$$U_0=U_{ab}-U_{ad}=I_1R_1-I_2R_4$$

$$=\left(\frac{R_1}{R_1+R_2}-\frac{R_3}{R_3+R_4}\right)U_e$$

$$=\frac{R_1R_3-R_2R_4}{(R_1+R_2)(R_3+R_4)}U_e \tag{3-30}$$

由式（3-30）可知，若要使电桥输出为零，应满足

$$R_1R_3=R_2R_4 \tag{3-31}$$

式（3-31）即为直流电桥的平衡条件。由上述分析可知，若电桥的4个电阻中任何一个或数个阻值发生变化时，将打破式（3-31）的平衡条件，使电桥的输出电压U_0发生变化，测量电桥正是利用了这一特点。

在测试中常用的电桥连接形式有单臂电桥、半桥连接与全桥连接，直流电桥的连接方式如图3-14所示。

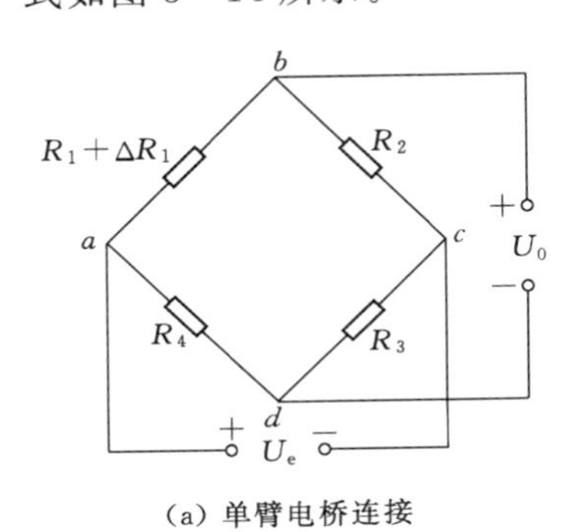

(a) 单臂电桥连接

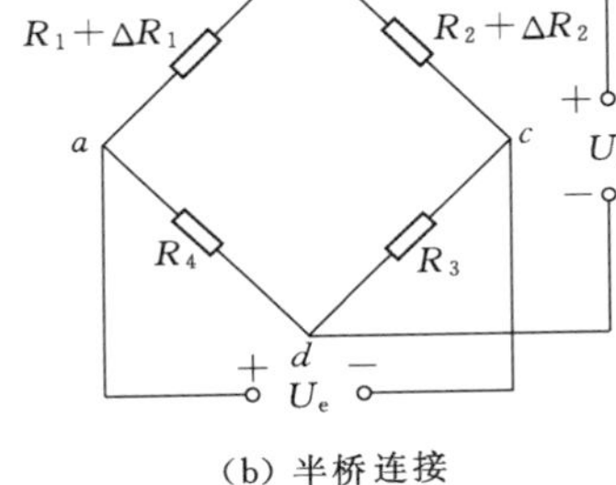

(b) 半桥连接

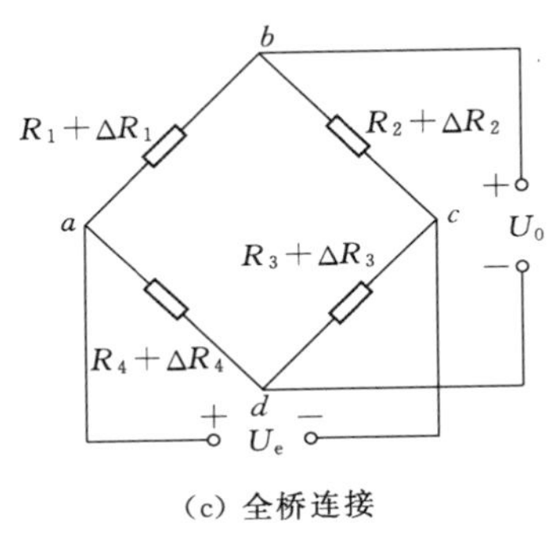

(c) 全桥连接

图3-14 直流电桥的连接方式

图3-14（a）单臂电桥连接形式工作中只有一个桥臂电阻随被测量的变化而变化，设该电阻为R_1，产生的电阻变化量为ΔR，则根据式（3-30）可得输出电压为

$$U_0=\left(\frac{R_1+\Delta R}{R_1+\Delta R+R_2}-\frac{R_4}{R_3+R_4}\right)U_e \tag{3-32}$$

为了简化桥路，设计时往往取相邻两桥臂电阻相等，即$R_1=R_2=R_0$，$R_3=R_4=R'_0$。又若$R_0=R'_0$，则式（3-32）变为

$$U_0=\frac{\Delta R}{4R_0+2\Delta R}U_e \tag{3-33}$$

一般$\Delta R\ll R_0$，所以式（3-33）可化简为

$$U_0\approx\frac{\Delta R}{4R_0}U_e \tag{3-34}$$

可见，电桥的输出电压U_0与激励电压U_e成正比，并且在U_e一定的条件下，与工作桥臂的阻值变化量$\frac{\Delta R}{R_0}$呈单调线性关系。

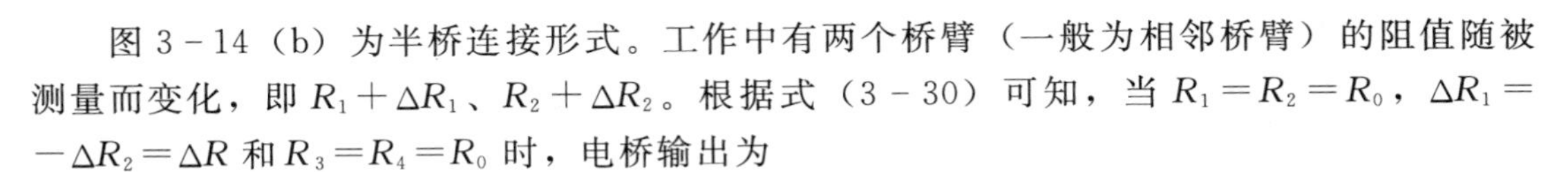

图 3－14（b）为半桥连接形式。工作中有两个桥臂（一般为相邻桥臂）的阻值随被测量而变化，即 $R_1+\Delta R_1$、$R_2+\Delta R_2$。根据式（3－30）可知，当 $R_1=R_2=R_0$，$\Delta R_1=-\Delta R_2=\Delta R$ 和 $R_3=R_4=R_0$ 时，电桥输出为

$$U_0=\frac{\Delta R}{2R_0}U_e \tag{3-35}$$

当电源 E 为电势源，电桥线路原理图如图 3－15 所示，其内阻为零时，可求出检流计中流过的电流 I_g 与电桥各参数之间的关系为

$$I_g=\frac{E(R_1R_4-R_2R_3)}{R_g(R_1+R_2)(R_3+R_4)+R_1R_2(R_3+R_4)+R_3R_4(R_1+R_2)} \tag{3-36}$$

式（3－36）中，R_g 为负载电阻，因而其输出电压 U_g 为

$$U_g=I_gR_g=\frac{E(R_1R_4-R_2R_3)}{(R_1+R_2)(R_3+R_4)+\frac{1}{R_g}[R_1R_2(R_3+R_4)+R_3R_4(R_1+R_2)]} \tag{3-37}$$

当 $R_1R_4=R_2R_3$ 时，$I_g=0$，$U_g=0$，即电桥处于平衡状态。

若电桥的负载电阻 R_g 为无穷大，则 b、d 两点可视为开路，式（3－37）可以化简为

$$U_g=E\frac{R_1R_4-R_2R_3}{(R_1+R_2)(R_3+R_4)} \tag{3-38}$$

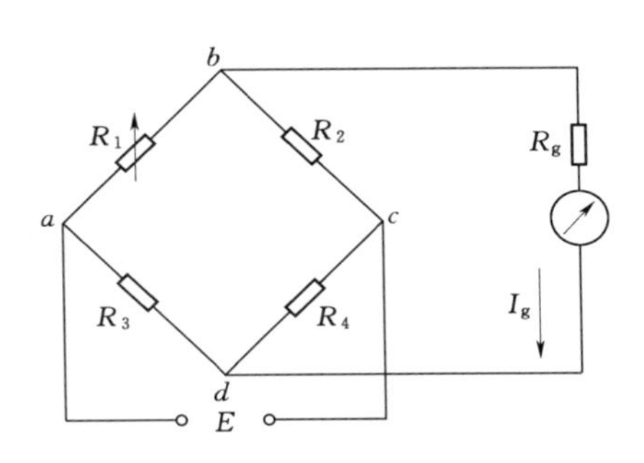

图 3－15　电桥线路原理图

设 R_1 为应变片的阻值，工作时 R_1 有一增量 ΔR，当为拉伸应变时，ΔR 为正；压缩应变时，ΔR 为负。在上式中以 $R_1+\Delta R$ 代替 R_1，则

$$U_g=E\frac{(R_1+\Delta R)R_4-R_2R_3}{(R_1+\Delta R+R_2)(R_3+R_4)} \tag{3-39}$$

设电桥各臂均有相应的电阻增量 ΔR_1、ΔR_2、ΔR_3、ΔR_4 时

$$U_g=E\frac{(R_1+\Delta R_1)(R_4+\Delta R_4)-(R_2+\Delta R_2)(R_3+\Delta R_3)}{(R_1+\Delta R_1+R_2+\Delta R_2)(R_3+\Delta R_3+R_4+\Delta R_4)} \tag{3-40}$$

在实际使用时，一般多采用等臂电桥或对称电桥。

1. 等臂电桥

当 $R_1=R_2=R_3=R_4=R$ 时，称为等臂电桥。此时电桥输出可写为

$$U_g=E\frac{R(\Delta R_1-\Delta R_2-\Delta R_3+\Delta R_4)+\Delta R_1\Delta R_4-\Delta R_2\Delta R_3}{(2R+\Delta R_1+\Delta R_2)(2R+\Delta R_3+\Delta R_4)} \tag{3-41}$$

一般情况下，$\Delta R_i(i=1,2,3,4)$ 很小，即 $R\gg\Delta R_i$，略去上式中的高阶微量，并利用 $\frac{\Delta R}{R}=K\varepsilon$ 得到

$$U_g=\frac{E}{4}\left(\frac{\Delta R_1}{R}-\frac{\Delta R_2}{R}-\frac{\Delta R_3}{R}+\frac{\Delta R_4}{R}\right)=\frac{EK}{4}(\varepsilon_1-\varepsilon_2-\varepsilon_3+\varepsilon_4) \tag{3-42}$$

式（3－42）表明：

(1) 当 $R \gg \Delta R_i$ 时，输出电压与应变呈线性关系。

(2) 若相邻两桥臂的应变极性一致，即同为拉应变或压应变时，输出电压为两者之差；若相邻两桥臂的极性不同时，输出电压为两者之和。

(3) 若相对两桥臂应变的极性一致时，输出电压为两者之和；相对桥臂的应变极性相反时，输出电压为两者之差。

利用上述特点可进行温度补偿和提高测量的灵敏度。

当仅桥臂 ab 单臂工作时，输出电压为

$$U_g = \frac{E}{4}\frac{\Delta R}{R} = \frac{E}{4}K\varepsilon \tag{3-43}$$

由式（3-42）和式（3-43）可知，当假定 $R \gg \Delta R$ 时，输出电压 U_g 与应变 ε 间呈线性关系。若假定不成立，则按线性关系刻度的仪表用来测量必然带来非线性误差。

当考虑单臂工作时，即 ab 桥臂变化 ΔR，则

$$U_g = \frac{E\Delta R}{4R+2\Delta R} = \frac{E}{4}\frac{\Delta R}{R}\left(1+\frac{1}{2}\frac{\Delta R}{R}\right)^{-1} = \frac{E}{4}K\varepsilon\left(1+\frac{1}{2}K\varepsilon\right)^{-1} \tag{3-44}$$

由级数展开，得

$$U_g = \frac{E}{4}K\varepsilon\left[1-\frac{1}{2}K\varepsilon+\frac{1}{4}(K\varepsilon)^2-\frac{1}{8}(K\varepsilon)^3+\cdots\right] \tag{3-45}$$

则电桥的相对非线性误差为

$$\delta = \frac{1}{2}K\varepsilon-\frac{1}{4}(K\varepsilon)^2+\frac{1}{8}(K\varepsilon)^3-\cdots \tag{3-46}$$

可见，$K\varepsilon$ 越大，δ 越大；通常 $K\varepsilon \ll 1$，则

$$\delta \approx \frac{1}{2}K\varepsilon \tag{3-47}$$

【例 3-1】 设 $K=2$，要求非线性误差 $\delta<1\%$，试求允许测量的最大应变值 ε_{max}。

解： 由 $\frac{1}{2}K\varepsilon_{max}<0.01$ 得，$\varepsilon_{max}<0.01=10000\mu\varepsilon$

由［例 3-1］可看出：如果被测应变大于 $10000\mu\varepsilon$，采用等臂电桥时的非线性误差大于 1%。

2. 第一对称电桥

若电桥桥臂两两相等，即 $R_1=R_2=R$，$R_3=R_4=R'$，则称它为第一对称电桥，如图 3-16 所示，实质上它是半等臂电桥。设 R_1 有一增量 ΔR，电桥的输出电压为

$$U_g = E\left[\frac{(R+\Delta R)R'-RR'}{(2R+\Delta R)(2R')}\right] = \frac{E}{4}\frac{\Delta R}{R}\frac{1}{1+\frac{1}{2}\frac{\Delta R}{R}} \tag{3-48}$$

式（3-48）表明第一对称电桥的输出电压与等臂电桥相同，其非线性误差可由式（3-47）计算。若 $R \gg \Delta R$，式（3-48）仍可化简为式（3-43），这时输出电压与应变成正比。

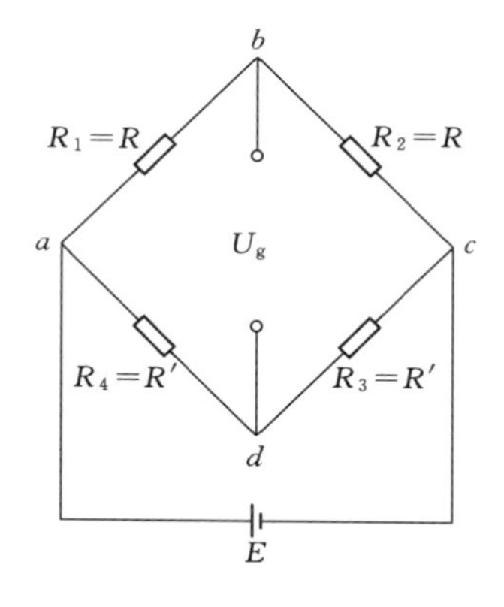

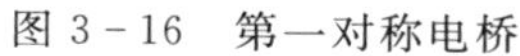
图 3-16　第一对称电桥

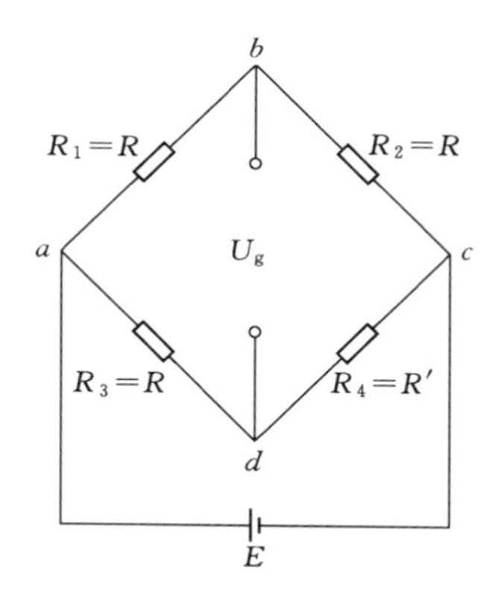

图 3-17　第二对称电桥

3. 第二对称电桥

半等臂电桥的另一种形式为 $R_1=R_3=R$，$R_2=R_4=R'$，称为第二对称电桥，如图 3-17 所示。若 R_1 有一增量 ΔR，则

$$U_g=E\frac{(R+\Delta R)R'-RR'}{(R+\Delta R+R')(R+R')}$$
$$=E\frac{\Delta R}{R}\frac{1}{\left(k+2+\frac{1}{k}\right)}\frac{1}{\left(1+\frac{k}{1+k}\frac{\Delta R}{R}\right)} \tag{3-49}$$

式（3-49）中，$k=\frac{R}{R'}$。当 $k>1(R>R')$ 时，$\frac{k}{1+k}>\frac{1}{2}$，其非线性较等臂电桥大；当 $k\ll 1$ 时，其非线性可得到很好改善；当 $k=1$ 时，即为等臂电桥。

若 $R\gg\Delta R$，忽略式（3-49）分母中 $\frac{k}{1+k}\frac{\Delta R}{R}$ 项，得到

$$U_g=\frac{E}{k+2+\frac{1}{k}}\frac{\Delta R}{R}=\frac{E}{k+2+\frac{1}{k}}K\varepsilon \tag{3-50}$$

可见，在一定应变范围内，第二对称电桥的输出与应变呈线性关系，但比等臂电桥的输出电压小 $\frac{1}{\frac{1}{4}\left(k+2+\frac{1}{k}\right)}$ 倍。

3.3 压电式传感器

压电式传感器是一种有源传感器，即发电型传感器。它是以某些材料的压电效应为基础，在外力作用下，这些材料的表面上产生电荷，从而实现非电量到电量的转换。因此压电式传感器是力敏元件，它能测量最终能变换为力的那些物理量，例如压力、应力、加速度等，在工程上有着广泛的应用。

3.3.1 压电效应

当某些材料沿着一定方向受到作用力时，不但产生机械变形，而且内部极化，表面有

电荷出现；当外力去掉后，又重新恢复到不带电状态，这种现象称为压电效应。相反，在这些材料的某些方向上施加电场，它会产生机械变形，当去掉外加电场后，变形随之消失，这种现象称为逆压电效应或电致伸缩效应。

3.3.1.1　压电材料分类

常见的压电材料分为三类：单晶压电晶体、多晶压电陶瓷和新型压电材料。

1. 单晶压电晶体

单晶压电晶体各向异性，主要有石英、铌酸锂等。石英晶体有天然与人工之分，是最常用的压电材料之一。石英晶体如图3-18所示，石英晶体的外形呈六面体结构，有三根互相垂直的轴表示其晶轴，其中纵轴z称为光轴，经过正六面体棱线而垂直于光轴的x轴称为电轴，而垂直于x轴和z轴的y轴称为机轴。

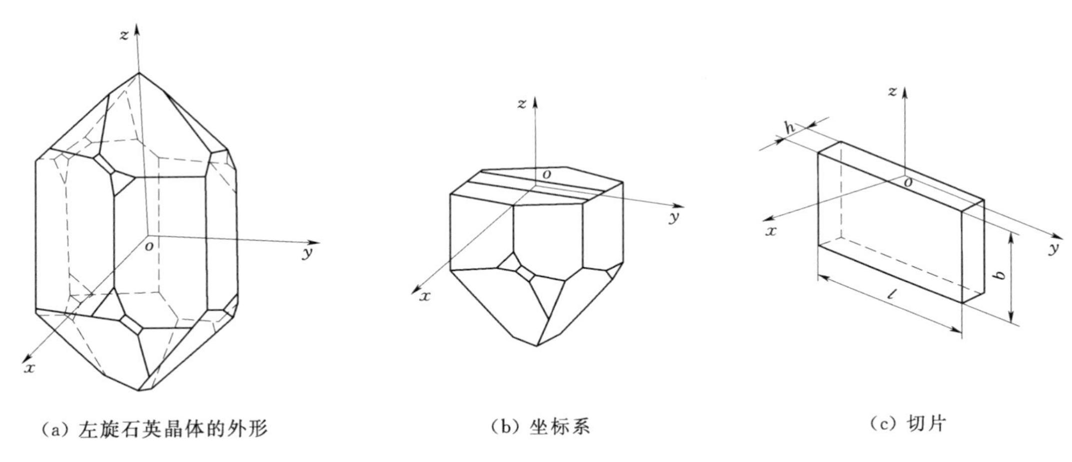

(a) 左旋石英晶体的外形　　(b) 坐标系　　(c) 切片

图3-18　石英晶体

从晶体上沿各轴线切下一片平行六面体切片，当受到力的作用时，其电荷分布在垂直于x轴的平面上，沿x轴受力产生的压电效应称为纵向压电效应，沿y轴受力产生的压电效应称为横向压电效应，沿切向受力产生的压电效应称为切向压电效应，如图3-19所示。

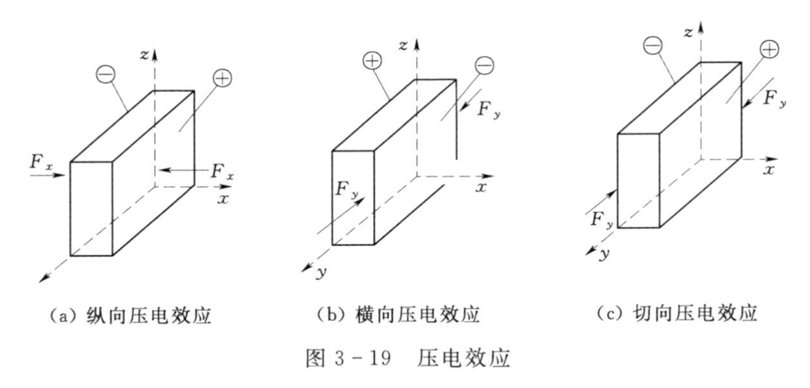

(a) 纵向压电效应　　(b) 横向压电效应　　(c) 切向压电效应

图3-19　压电效应

由纵向压电效应产生的电荷量q为

$$q=d_{11}F \tag{3-51}$$

式中　d_{11}——纵向压电常数；

F——作用力。

晶体表面产生的电荷与作用力成正比。

石英晶体的压电常数比较低，纵向压电常数 $d_{11}=2.31\times10^{-12}C/N$，但具有良好的机械强度和时间及温度稳定性，常用于精确度和稳定性要求特别高的场合。

铌酸锂晶体是人工拉制的，居里点高达 1200℃，适用于做高温传感器，缺点是质地脆，抗冲击性差，价格较贵。

2. 多晶压电陶瓷

多晶压电陶瓷是一种经极化处理后的人工多晶体，主要有极化的铁电陶瓷（钛酸钡）、锆钛酸铅等。钛酸钡是使用最早的压电陶瓷，它具有较高的压电常数，约为石英晶体的50倍。但它的居里点低，约为 120℃，机械强度和温度稳定性都不如石英晶体。

锆钛酸铅系列压电陶瓷随配方和掺杂的变化可获得不同的性能。它的压电常数很高，为 $(200\sim500)\times10^{-12}C/N$，居里点约为 310℃，温度稳定性比较好，是目前使用最多的压电陶瓷。

由于压电陶瓷的压电常数大，灵敏度高，价格低廉，在一般情况下，都采用它作为压电式传感器的压电元件。

3. 新型压电材料

新型压电材料主要包括有机压电薄膜和压电半导体等。有机压电薄膜是由某些高分子聚合物，经延展拉伸和电场极化后形成的具有压电特性的薄膜，如聚仿氟乙烯、聚氟乙烯等。有机压电薄膜具有柔软、不易破碎、面积大等优点，可制成大面积阵列传感器和机器人触觉传感器。

有些材料如硫化锌、氧化锌、硫化钙等，既具有半导体特性又具有压电特性。由于同一材料上兼有压电和半导体两种物理性能，故可以利用压电性能制作敏感元件，又可以利用半导体特性制成电路器件，研制成新型集成压电传感器。

3.3.1.2 等效电路

压电元件是在压电晶片产生电荷的两个工作面上进行金属蒸镀，形成两个金属膜电极，压电晶体如图 3-20（a）所示。当压电晶片受力时，在晶片的两个表面上聚积等量的正、负电荷，晶片两表面相当于电容器的两个极板，两极板之间的压电材料等效于一种介质，因此压电晶片相当于一只平行极板介质电容器，其电容量为

$$C_a=\frac{\varepsilon A}{\delta} \tag{3-52}$$

式中　A——极板面积；

ε——压电材料的介电常数；

δ——压电晶片的厚度。

压电元件可以等效为一个具有一定电容的电荷源。电容器上的开路电压 U_0 可表示为

$$U_0=\frac{q}{C_a} \tag{3-53}$$

当压电式传感器接入测量电路，连接电缆的寄生电容形成传感器的并联寄生电容 C_c，

传感器中的漏电阻和后续电路的输入阻抗形成泄漏电阻 R_0，其等效电路如图 3-20（d）所示。由于后续电路的输入阻抗不可能无穷大，而且压电元件本身也存在漏电阻，极板上的电荷由于放电而无法保持不变，从而造成测量误差。因此不宜利用压电式传感器测量静态信号，而测量动态信号时，由于交变电荷变化快，漏电量相对较小，故压电式传感器适宜做动态测量。

压电式传感器中使用的压电晶片有方形、圆形、圆环形等各种形状，而且往往用两片或多片进行并联或串联，如图 3-20（b）和（c）所示。并联适用于测量缓变信号和以电荷为输出量的场合。串联适用于测量高频信号和以电压为输出量的场合，并要求测量电路有高的输入阻抗。

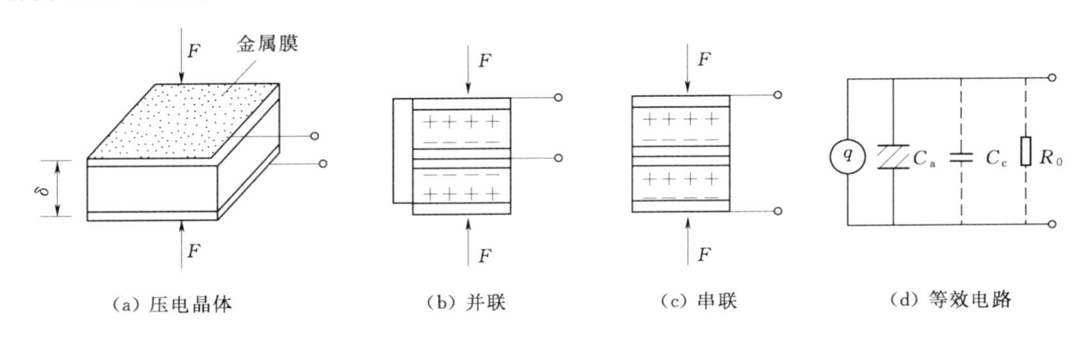

图 3-20　压电晶体及等效电路

3.3.2　压电式传感器的测量电路

由于压电式传感器输出的电荷量很小，而且压电元件本身的内阻很大。因此，通常把传感器信号先输入到高输入阻抗的前置放大器，经过阻抗变换以后，再进行其他处理。

压电式传感器的输出可以是电压，也可以是电荷。因此前置放大器有电压放大器和电荷放大器两种形式。电压放大器可采用高输入阻抗的比例放大器，其电路比较简单，但输出受到连接电缆对地电容的影响。目前常采用电荷放大器作为前置放大器。

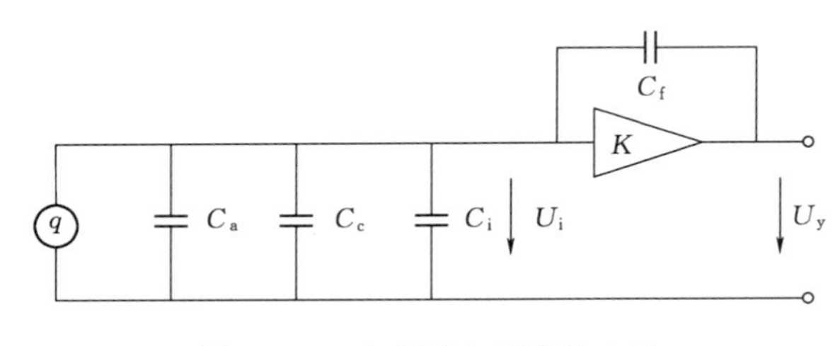

图 3-21　电荷放大器等效电路

电荷放大器的等效电路如图 3-21 所示，其中 C_a 传感器电容，C_c 为电缆电容，C_i 为放大器的输入电容。电荷放大器是一个高增益带电容反馈的运算放大器。如果电荷放大器开环增益足够大，则放大器 K 的输出电压为

$$U_y \approx \frac{-q}{C_f} \tag{3-54}$$

式（3-54）表示，在一定条件下，电荷放大器输出电压与传感器的电荷量成正比，且与电缆电容无关。

3.3.3 压电式传感器的应用

压电式传感器动态特性好、体积小、重量轻，常用来测量脉动力、冲击力和振动加速度等动态参数。由于压电材料特性的不同，石英晶体主要用于精密测量，多作为实验室基准传感器；压电陶瓷灵敏度高，机械强度稍低，多用作测力和振动传感器；而高分子压电材料多用作定性测量。

加速度传感器是测量加速度的传感器，应用较广的是压电加速度传感器，它采用石英、陶瓷等压电材料制作，具有频响宽、线性好等特点，广泛应用于各领域的振动、冲击和爆炸等动态测试中。

加速度传感器是以加速度为被测量的传感器。常用的压电式加速度传感器有压电石英加速度传感器和压电陶瓷加速度传感器。

1. 压电石英加速度传感器

压电石英加速度传感器是利用压电石英谐振器的力—频率特性进行加速度测量的，传感器可直接输出频率信号，不需要进行模拟放大和A/D转换。在传感器中，压电石英谐振器既作为摆臂，又作为敏感元件，因此在结构上采用开环结构，其结构如图3-22所示。

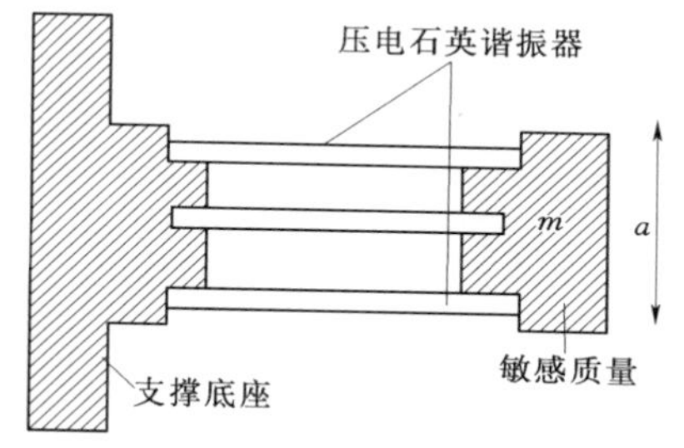

图3-22 压电石英加速度传感器敏感元件结构图

压电石英加速度传感器是由敏感质量块、压电石英谐振器、晶控振荡器、支撑底座、差频整形电路和倍频电路组成，采用基频相等的两个压电石英谐振器作为敏感元件，输出为两个压电谐振器的频率差。

当沿传感器敏感轴方向输入加速度 a 时，敏感质量 m 相对平衡位置产生惯性力 F，两个压电石英谐振器一个受正力压缩作用，一个受负力拉伸作用，差频整形电路对两个压电谐振器的输出频率进行差频和整形。

传感器的输出为

$$f=k(f_1-f_2)=2k\Delta f=2kk_f\frac{f_0^2}{D}ma=Ka \tag{3-55}$$

式中 k——倍频系数；

k_f——频率系数；

K——归一化系数；

f——传感器的输出频率；

f_1——谐振器受压缩作用时的谐振频率；

f_2——谐振器受拉伸作用时的谐振频率；

Δf——谐振器的基准频率；

D——传递力 F 的截面宽度。

由式（3-55）可知，传感器的输出频率为 f 与加速度 a 成正比。所以，通过检测石英加速度传感器的输出频率即可测得输入加速度 a。

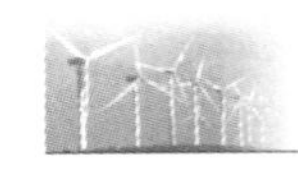

2. 压电陶瓷加速度传感器

压电加速度传感器是利用陶瓷的压电效应制成的一种加速度传感器。当压电陶瓷沿着一定方向受到外力作用时，内部会产生极化现象，同时在两个表面上产生符号相反的电荷。压电陶瓷加速度传感器常见的结构型式有基于压电元件厚度变形的压缩式加速度传感器，基于压电元件剪切变形的剪切式及复合型加速度传感器三种。

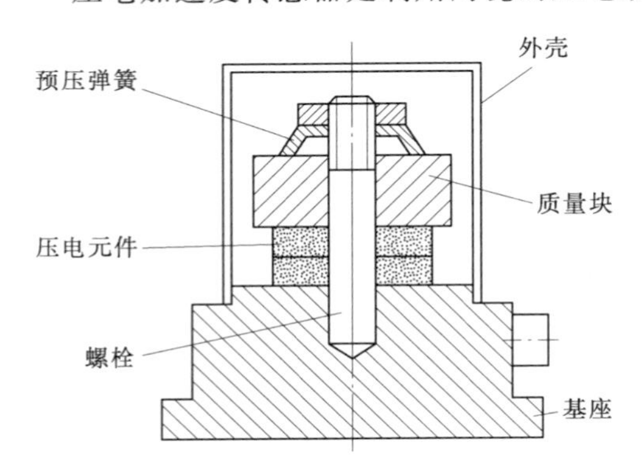

图3-23　压电加速度传感器结构图

下面以一种压缩式加速度传感器为例，简单介绍压电式加速度传感器的工作原理。其结构图如图3-23所示，它主要由压电元件、质量块、顶压弹簧、基座及外壳等部分组成。压电元件置于基座上用弹簧将压电元件压紧。测量加速度时，由于被测物件与传感器固定在一起，所以当被测物件做加速运动时，压电元件也就受到质量块由于加速运动产生的与加速度成正比的惯性力 F 作用，压电元件由于压电效应产生电荷 q。

压电式传感器输出电压为

$$U=\frac{d_{ij}ma}{C} \tag{3-56}$$

式中　d_{ij}——压电材料的压电系数。

输出电压 U 是加速度 a 的函数，测量输出电压 U 后就可以计算出加速度 a 的大小。

3.4　温度传感器

温度是一个重要的物理量，它反映了物体冷热的程度，与自然界中的各种物理和化学过程相联系。在生产过程中，各个环节都与温度紧密相连，因此，人们非常重视温度的测量。温度概念的建立及温度的测量都是以热平衡为基础的，当两个冷热程度不同的物体接触后就会产生导热、换热，换热结束后两物体处于热平衡状态，此时它们具有相同的温度，这就是温度最本质的性质。

温度测量方法有接触式测温和非接触式测温两大类。接触式测温时，温度敏感元件与被测对象接触，经过换热后两者温度相等。目前常用的接触式测温仪表有以下几种。

（1）胀式温度计。胀式温度计一种是利用液体和气体的热膨胀及物质的蒸气压变化来测量温度，如玻璃液体温度计和压力式温度计；另一种是利用两种金属的热膨胀差来测量温度，如双金属温度计。

（2）热电阻温度计。它利用固体材料的电阻随温度而变化的原理测量温度，如铂电阻、铜电阻和热敏电阻。

（3）热电偶温度计。它利用热电效应测量温度。

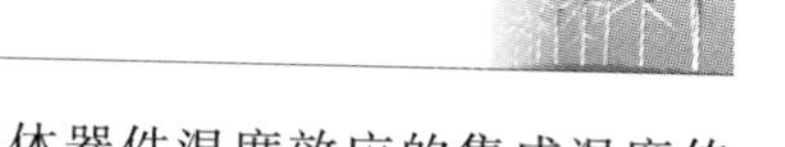

(4) 其他原理的温度计。其他原理的温度计有基于半导体器件温度效应的集成温度传感器、基于晶体的固有频率随温度而变化的石英晶体传感器等。

接触式测温的测量方法比较直观、可靠，测量仪表也比较简单。但是，由于敏感元件必须与被测对象接触，在接触过程中就可能破坏被测对象的温度场分布，从而造成测量误差。有的测温元件不能和被测对象充分接触，不能达到充分的热平衡，使测温元件和被测对象温度不一致，也会带来误差。在接触过程中，有的介质有强烈的腐蚀性，特别在高温时对测温元件的影响更大，从而不能保证测温元件的可靠性和工作寿命。

非接触测温时，温度敏感元件不与被测对象接触，而是通过辐射能量进行热交换，由辐射能的大小来推算被测物体的温度。目前常用的非接触式测温仪表有：

(1) 辐射式温度计。其测量原理是基于普朗克定理，如光电高温计、辐射传感器、比色温度计。

(2) 光纤式温度计。其是利用光纤的温度特性来实现温度的测量，或者仅仅是光纤作为传光的介质。如光纤温度传感器、光纤辐射温度计。

这类测温仪表不与被测物体接触，不破坏原有的温度场，在被测物体为运动物体时尤为适用，但是精度一般不高。

3.4.1 热电阻式传感器

利用导体或半导体材料的电阻率随温度变化的特性制成的传感器叫做热电阻式传感器，它主要用于对温度和与温度有关的参量进行检测。测温范围主要在中、低温区域(−200～650℃)。随着科学技术的发展，使用范围也不断扩展，低温方面已成功地应用于1～3K的温度测量，而在高温方面，也出现了多种用于1000～1300℃的电阻温度传感器。其测温元件可分为金属热电阻和半导体热敏电阻两大类。

3.4.1.1 金属热电阻

热电阻是由电阻体、绝缘套管和接线盒等主要部件组成的。其中，电阻体是热电阻的最主要部分。虽然各种金属材料的电阻率均随温度变化，但作为热电阻的材料，则要求电阻温度系数要大，以便提高热电阻的灵敏度；电阻率尽可能大，以便在相同灵敏度下减小电阻体尺寸；热容量要小，以便提高热电阻的响应速度，在整个测量温度范围内，应具有稳定的物理和化学性能；电阻与温度的关系最好接近于线性；应有良好的可加工性，且价格便宜。根据上述要求及金属材料的特性，目前使用最广泛的热电阻材料是铂和铜。另外，随着低温和超低温测量技术的发展，已开始采用铟、锰、碳、铑、镍、铁等材料。

1. 常用热电阻

(1) 铂热电阻。铂的物理、化学性能非常稳定，是目前制造热电阻的最好材料。铂电阻主要作为标准电阻温度计广泛应用于温度基准、标准的传递。其长时间稳定的复现性可达10^{-4}K，是目前测温复现性最好的一种温度计。

铂电阻的精度与铂的提纯程度有关，铂的纯度通常用百度电阻比$W(100)$表示，即

$$W(100)=\frac{R_{100}}{R_0} \tag{3-57}$$

式中 R_{100}——100℃时的电阻值；

R_0——0℃时的电阻值。

$W(100)$ 越高，表示铂丝纯度越高，国际实用温标规定，作为基准器的铂电阻，比值 $W(100)$ 不得小于1.3925。目前技术水平已达到 $W(100)=1.3930$，与之相应的铂纯度为99.9995%，工业用铂电阻的纯度 $W(100)$ 为1.387～1.390。

铂丝的电阻值与温度之间的关系，即特性方程如下：

当 $-200℃\leqslant t\leqslant 0℃$ 时

$$R_t=R_0[1+At+Bt^2+C(t-100)t^3] \tag{3-58}$$

当 $0℃\leqslant t\leqslant 650℃$ 时

$$R_t=R_0(1+At+Bt^2) \tag{3-59}$$

式中 R_t、R_0——温度 t℃和0℃时的铂电阻值；

A、B、C——常数，对 $W(100)=1.391$，有 $A=3.96847\times10^{-3}/℃$，$B=-5.847\times10^{-3}/℃$，$C=-4.22\times10^{-12}/℃$。

国家标准规定工业用标准铂电阻，其百度电阻比 $W(100)\geqslant1.391$，R_0 分为50Ω和100Ω两种，分度号分别为Pt50和Pt100，其分度表（给出阻值和温度的关系）可查阅相关资料。在实际测量中，只要测得铂热电阻的阻值 R_t，便可从分度表中查出对应的温度值。

（2）铜热电阻。由于铂是贵重金属，因此，在一些测量精度要求不高且温度较低的场合，普遍采用铜热电阻进行温度的测量，测量范围一般为－50～150℃。在此温度范围内线性关系好，灵敏度比铂电阻高，容易提纯、加工，价格便宜，复现性能好。但是铜易于氧化，一般只用于150℃以下的低温测量和没有水分及无侵蚀性介质的温度测量。与铂相比，铜的电阻率低，所以铜电阻的体积较大。

铜电阻的阻值与温度之间的关系为

$$R_t=R_0(1+at) \tag{3-60}$$

式中 a——铜的温度系数，$a=(4.25\sim4.28)\times10/℃$。

由式（3-60）可知，铜电阻与温度的关系是线性的。

目前工业上使用的标准化铜热电阻的 R_0 按国内统一设计取50Ω和100Ω两种，分度号分别为Cu50和Cu100，相应的分度表可查阅相关资料。

2．热电阻的结构

热电阻的结构比较简单，一般将电阻丝绕在云母、石英、陶瓷、塑料等绝缘骨架上，经过固定，外面再加上保护套管。普通工业用热电阻温度传感器结构如图3-24所示。它由热电阻、连接热电阻的内部导线、保护管、绝缘管、接线座等组成。

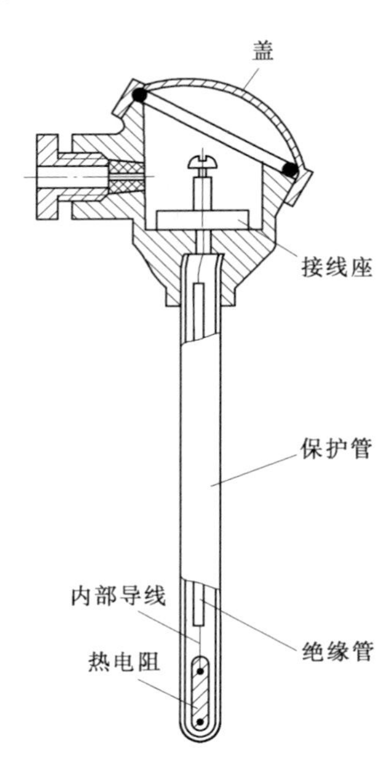

图3-24 普通工业用热电阻温度传感器结构

传感器内热电阻的结构随用途不同而各异。铜热电阻体是一个铜丝绕组，其结构型式如图3-25所示。铂热电阻体一般由直径为0.05～0.07mm的铂丝绕在片形云母骨架上，铂丝的引线采用银线，其结构型式如图3-26所示。

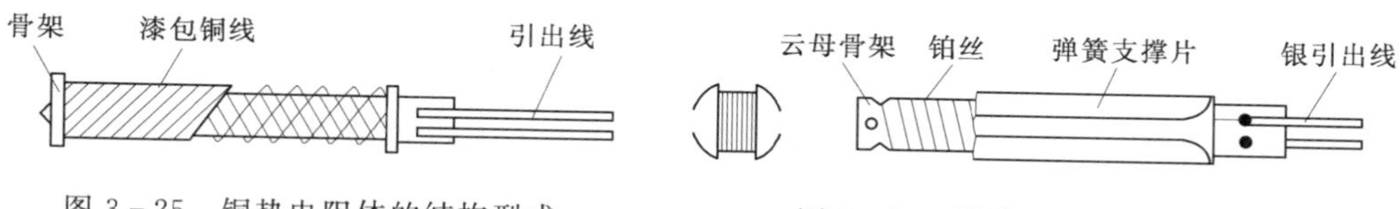

图 3-25 铜热电阻体的结构型式

图 3-26 铂热电阻体的结构型式

3.4.1.2 半导体热敏电阻

一般来说，半导体比金属具有更大的电阻温度系数。半导体热敏电阻即是利用半导体的电阻值随温度显著变化的特性而制成的热敏元件。它是由某些金属氧化物和其他化合物按不同的配方比例烧结制成的，具有以下一些优点：

(1) 热敏电阻的温度系数比金属大，大 4～9 倍，半导体材料可以有正或负的温度系数，根据需要可以选择。

(2) 电阻率大，因此可以制成极小的电阻元件，体积小，热惯性小，适于测量点温、表面温度及快速变化的温度。

(3) 结构简单、机械性能好。可根据不同要求，制成各种形状。热敏电阻的最大缺点是线性度较差，只在某一较窄温度范围内有较好的线性度，由于是半导体材料，其复现性和互换性较差。

根据热敏电阻率随温度变化的特性不同，热敏电阻基本可分为正温度系数（Positive Temperature Coefficient，PTC）、负温度系数（Negative Temperature Coefficient，NTC）和临界温度系数（Critical Temperature Resistor，CTR）3 种类型，热敏电阻的伏安特性如图 3-27 所示。

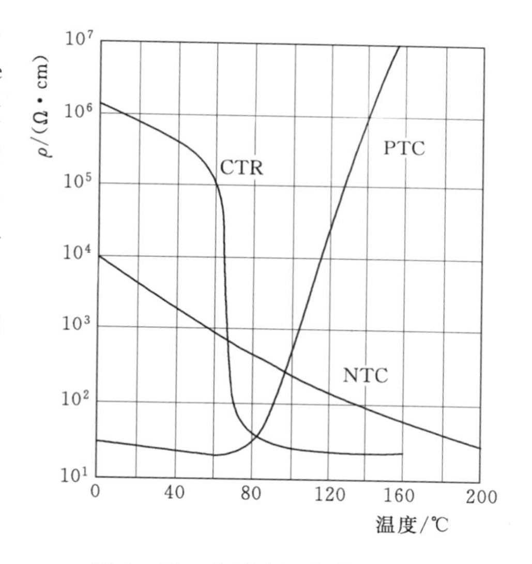

图 3-27 热敏电阻的伏安特性

PTC 热敏电阻是以钛酸钡掺合稀土元素烧结而成的半导体陶瓷元件，具有正温度系数。当温度超过某一数值时，其电阻值朝正的方向快速变化。其用途主要是彩电消磁、各种电器设备的过热保护和发热源的定温控制，也可以作为限流元件使用。

CTR 热敏电阻是以三氧化二钒与钡、硅等氧化物，在磷、硅氧化物的弱还原气氛中混合烧结而成，它呈半玻璃状，具有负温度系数。通常 CTR 热敏电阻用树脂包封成珠状或厚膜形使用，其阻值为 1kΩ～10MΩ。在某个温度值上电阻值急剧变化，具有开关特性。其用途主要用作温度开关。

NTC 热敏电阻主要由锰、钴、镍、铍、铜等过渡金属氧化物混合烧结而成，改变混合物的成分和配比，就可以获得测温范围、阻值及温度系数不同的 NTC 热敏电阻。它具有很高的负电阻温度系数，特别适用于－100～300℃之间测温。在点温、表面温度、温差、温场等测量中得到日益广泛的应用，同时也广泛地应用在自动控制及电子线路的热补

偿线路中。下面主要讨论 NTC 热敏电阻。

1. 热敏电阻的主要特性

(1) 温度特性。用于测量的 NTC 型热敏电阻，在较小的温度范围内，电阻—温度特性符合负指数规律，其关系式为

$$R_T = R_0 e^{B\left(\frac{1}{T}-\frac{1}{T_0}\right)} = R_0 \exp\left[B\left(\frac{1}{273+t}-\frac{1}{273+t_0}\right)\right] \tag{3-61}$$

式中 R_T、R_0——热敏电阻在绝对温度 T、T_0 时的阻值，Ω；

T_0、T——介质的起始温度和变化终止温度，K；

t_0、t——介质的起始温度和变化温度，℃；

B——热敏电阻材料常数，一般为 2000～6000K，其大小取决于热敏电阻的材料。

$$B = \ln\frac{R_T}{R_0}\Big/\left(\frac{1}{T}-\frac{1}{T_0}\right) \tag{3-62}$$

若已知两个电阻值及相应的温度值，就可利用上式求得 B 值。一般取 20℃ 和 100℃ 时的电阻 R_{20} 和 R_{100} 计算 B 值，即将 $T=373.15$K，$T_0=293.15$K 代入式 (3-62)，则

$$B = 1365\ln\frac{R_{20}}{R_{100}} \tag{3-63}$$

将 B 值及 $R_0=R_{20}$ 代入式 (3-61)，就确定了热敏电阻的温度特性，如图 3-28 所示。

热敏电阻在其本身温度变化 1℃时，电阻值的相对变化量称为热敏电阻的电阻温度系数。即

$$\alpha = \frac{1}{R_T}\frac{dR_T}{dT} = -\frac{B}{T^2} \tag{3-64}$$

B 和 α 值是表征热敏电阻材料性能的两个重要参数，热敏电阻的电阻温度系数比金属丝的电阻温度系数高很多，所以其灵敏度很高。

除了电阻—温度特性以外，热敏电阻的伏安特性在使用中也是十分重要的。

(2) 伏安特性。在稳态情况下，通过热敏电阻的电流 I 与其两端的电压 U 之间的关系称为热敏电阻的伏安特性，如图 3-29 所示。

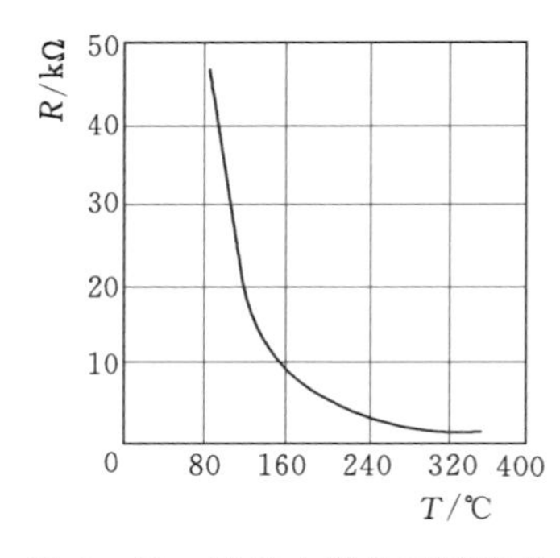

图 3-28 热敏电阻的温度特性

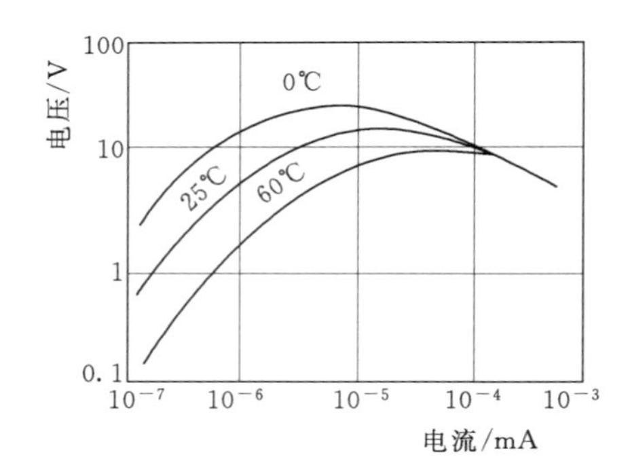

图 3-29 热敏电阻的伏安特性

由图 3-28 可见，当流过热敏电阻的电流很小时，不足以使之加热，电阻值只决定于

环境温度，伏安特性近似为线性的，遵循欧姆定律，主要用来测温。

当电流增大到一定值时，流过热敏电阻的电流使之加热，本身温度升高。出现负阻特性。

因电阻减小，即电流增大，端电压反而下降。其所能升高的温度与环境条件（周围介质温度及散热条件）有关。当电流和周围介质温度一定时，热敏电阻的电阻值取决于介质的流速、流量、密度等散热条件。根据这个原理，可以用它来测量流体速度和介质密度等。

2. 热敏电阻的结构

热敏电阻主要由热敏探头、引线、壳体构成。一般做成二端器件，但也有做成三端或四端器件的，二端和三端器件为直热式，即热敏电阻直接由连接的电路获得功率，四端器件则是旁热式的。

根据不同的使用要求，可以把热敏电阻直接做成不同的形状和结构，其典型结构如图 3-30 所示。

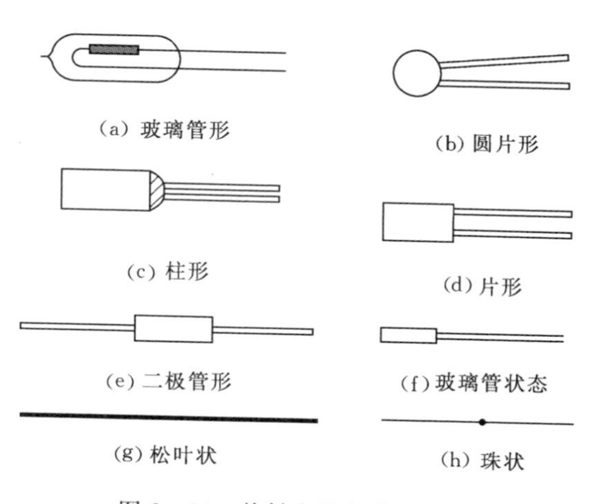

图 3-30 热敏电阻的典型结构

陶瓷工艺技术的进步，使热敏电阻体积小型化、超小型化得以实现，现在已可以生产出直径 5mm 以下的珠状和松叶状热敏电阻，它们在水中的时间常数仅为 0.1～0.2s。

3. 热敏电阻的主要参数

除了已介绍的材料常数 B 参数（单位为 K）和热敏电阻的温度系数 α（单位为%/℃）以外，还有以下几个主要参数。

(1) 标称阻值 R_H，在环境温度为 ±0.2℃时测得的电阻值，又称冷电阻。其值大小取决于热敏电阻的材料和几何尺寸。

(2) 耗散系数 H，指热敏电阻的温度与周围介质的温度相差 1℃时热敏电阻所耗散的功率，单位为 W/℃。

(3) 热容量 C，热敏电阻的温度变化 1℃所吸收或释放的热量，单位为 J/℃。

(4) 能量灵敏度 G，使热敏电阻的阻值变化 1%所需耗散的功率，单位为 W，能量灵敏度 G 和耗散系数 H、电阻温度系数 α 之间的关系为

$$G=\frac{H}{\alpha}$$

(5) 时间常数 τ，温度为 T_0 的热敏电阻突然置于温度为 T 的介质中，热敏电阻的温度增高 $\Delta T=0.63(T-T_0)$ 时所需的时间，亦即为热容量 C 与耗散系数 H 之比为

$$\tau=\frac{C}{H}$$

(6) 额定功率 P_E，是指热敏电阻在规定的技术条件下，长期连续使用所允许的耗散功率，单位为 W。在实际使用时，热敏电阻所消耗的功率不得超过额定功率。

4．热敏电阻的线性化

由于NTC热敏电阻是烧结半导体，其特性参数有一定的离散性，导致它的互换性较差。此外，热电特性的非线性较大，也影响了热敏电阻传感器测量精度的提高。

为了克服热敏电阻传感器的上述缺点，改善其性能，可通过在热敏电阻上串、并联固定电阻，做成组合式元件来代替单个热敏元件，使组合式元件电路特性参数保持一致并获得一定程度的线性特征。

NTC的几种组合电路及其热电特性曲线如图3－31所示。图3－31（a）为串联电路，在低温时，由于热敏电阻$R_T \to \infty$，使电路总电阻近似等于R_T，而在高温时，$R_T \to 0$，电路的总电阻等于R_V，其热电特性曲线仍是非线性的，但比单个热敏元件要平坦。图3－31（b）为并联电路，它在低温时的电阻为R_P，高温时的电阻为R_T，其热电特性更平坦，且有一个通过拐点。图3－31（c）和图3－31（d）为混联电路，特性曲线均有一个拐点，对于有一个拐点的特性曲线，可用一条通过拐点的切线来近似地取代。

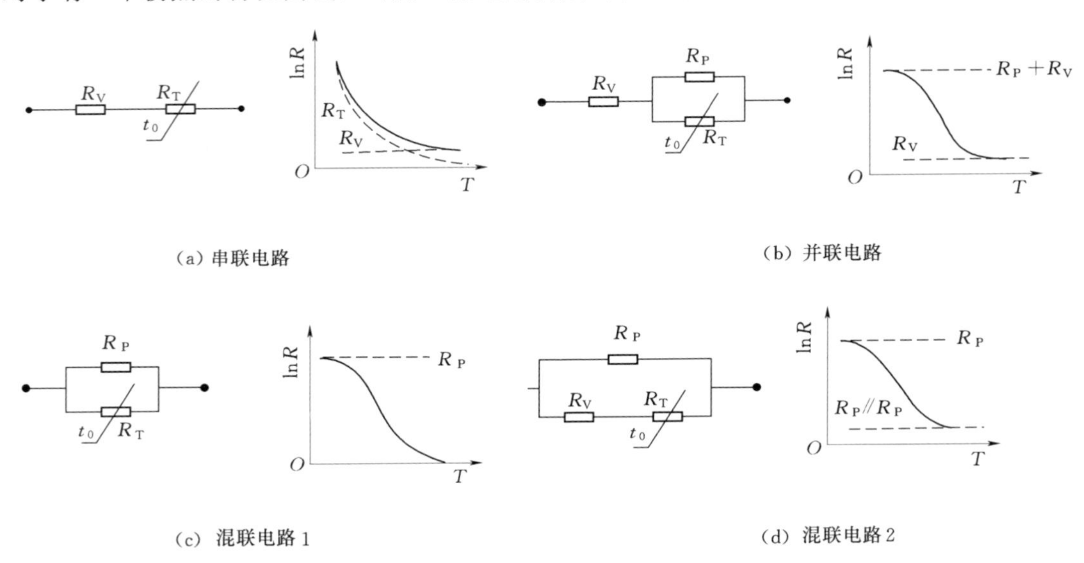

图3－31　NTC的几种组合电路及其热电特性曲线

组合电路的设计可按下述方法进行：首先根据互换性与线性要求，给定在一定温度时组合电路的电阻值（可作为标称电阻值）$R_g(T_1)$和温度系数$\alpha_\varepsilon(T_1)$。根据电路理论计算组合电路中的固定电阻值R_V和R_P，则可得到组合电路的特性曲线和过该定点的切线方程。

现以图3－31（c）的组合电路为例，由电路原理可得组合电路总电阻R_g为

$$R_g = R_V + \frac{R_T R_P}{R_T + R_P} \tag{3-65}$$

当温度为T_1时，有

$$R_g(T_1) = R_V + \frac{R_{T1} R_P}{R_{T1} + R_P} \tag{3-66}$$

由式（3－64）给出的电阻温度系数的定义可得

$$\frac{dR_g}{dT}=\alpha_g R_g \tag{3-67}$$

式中 α_g——组合电路的电阻温度系数。

根据式（3-65）可得

$$\frac{dR_g}{dT}=\frac{\frac{dR_T}{dT}R_P(R_T+R_P)-\frac{dR_T}{dT}R_TR_P}{(R_T+R_P)^2}$$
$$=\frac{\alpha_T R_T R_P(R_T+R_P)-\alpha_T R_T R_P}{(R_T+R_P)^2}$$
$$=\frac{\alpha_T R_T+R_P^2}{(R_T+R_P)^2} \tag{3-68}$$

式中 $\alpha=-B/T^2$——NTC热敏电阻的电阻温度系数。

将式（3-68）代入式（3-67）且温度为 T_1 时，可得

$$\alpha_g(T_1)R_g(T_1)=\frac{\alpha_{T1}R_{T1}R_P^2}{(R_{T1}+R_P)^2} \tag{3-69}$$

当给出 T_1 时的 $R_g(T_1)$ $\alpha_g(T_1)$ 数值时，由式（3-66）和式（3-69）可求出电路中的固定电阻 R_V 和 R_P 的数值。然后由式（3-65）可得 $R_g=f(T)$ 的特性曲线，并由式（3-67）可求出过给定点 T_1 的切线方程。

当 $R_g=f(T)$ 时，有

$$R_g(T_1+\Delta T)=R_g(T_1)+\alpha_g R_g(T_1)\Delta T$$
$$=R_g(T_1)(1+\alpha_g\Delta T) \tag{3-70}$$

用求得的切线来代替特征曲线可实现线性化。

3.4.1.3 热电阻式传感器的应用

1. 金属热电阻传感器

工业上广泛使用金属热电阻传感器进行-200～+500℃范围的温度测量。在特殊情况下，测量的低温端可达3.4K，甚至更低，达到1K左右。高温端可测到1000℃。金属热电阻传感器进行温度测量的特点是精度高、适于测低温。

经常使用电桥作为传感器的测量电路，精度较高的是自动电桥。为了消除由于连接导线电阻随环境温度变化而造成的测量误差，常采用三线制和四线制连接法。

工业用热电阻一般采用三线制，三线制连接法的原理图如图3-32所示。G为检流计，R_1、R_2、R_3 为固定电阻，R_a 为零位调节电阻。热电阻 R_t 通过电阻为 r_1、r_2、r_3 的3根导线与电桥连接，r_1 和 r_2 分别接在相邻的两桥臂内，当温度变化时，只要它们的长度和电阻温度系数相等，它们的电阻变化就不会影响电桥的状态。电桥在零位调整时，使用 $R_3=R_a+R_{t0}$ 为热电阻在参考温度（如℃）时的电阻值。三线接法中，可调节 R_a 的触点，接触电阻和电桥臂的电阻相连，可能导致电桥的零点不稳。

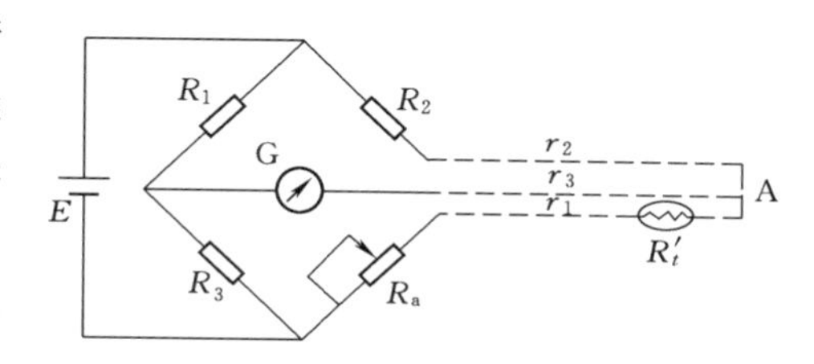

图3-32 三线制连接法的原理图

在精密测量中，则采用四线制接法，即金属热电阻线两端各焊上两根引出线，四线制连接法如图3-33所示。这种接法不仅可以消除热电阻与测量仪表之间连接导线电阻的影响，而且可以消除测量线路中寄生电势引起的测量误差，多用于标准计量或实验室中。图3-32中，调节R_a电位器的接触电阻和检流计串联，这样，接触电阻的不稳定不会破坏电桥的平衡和正常工作状态。

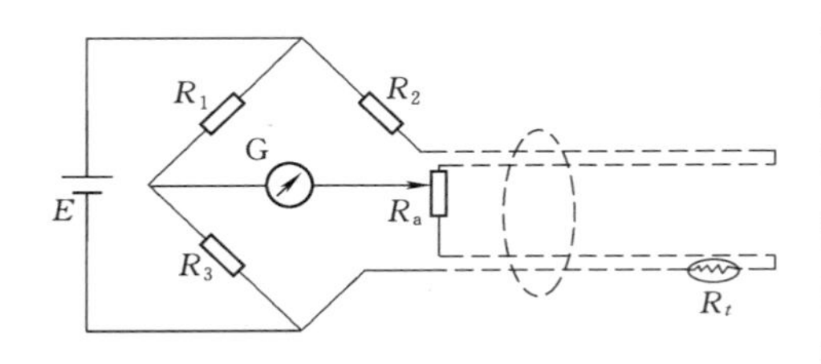

图3-33　四线制连接法

为避免热电阻中流过电流的加热效应，在设计电桥时，要使流过热电阻的电流尽量小，一般小于10mA，小负荷工作状态一般为4～5mA。

近年来，温度检测和控制有向高精度、高可靠性发展的倾向，特别是各种工艺的信息化及运行效率的提高，对温度的检测提出了更高水平的要求。以往铂测温电阻具有响应速度慢、容易破损、难于测定狭窄位置的温度等缺点，现已逐渐使用能大幅度改善上述缺点的极细型铠装铂测温电阻，因而将使应用领域进一步扩大。

铂测温电阻传感器主要应用于钢铁、石油化工的各种工艺过程；纤维等工业的热处理工艺；食品工业的各种自动装置；空调、冷冻冷藏工业；宇航和航空、物化设备及恒温槽等。

金属丝热电阻作为气体传感器的应用如图3-34所示。把铂丝装于与被测介质相连通的玻璃管内。给银电阻丝加较大的（一般大负荷工作状态为40～50mA）恒定电流加热。在环境温度与玻璃管内介质的导热系数恒定的情况下，当铂电阻所产生的热量和主要经玻璃管内介质导热而散失的热量相平衡时，铂丝就有一定的平衡温度，相对应地就有一定的电阻值。当被测介质的真空度升高时，玻璃管内的气体变得更稀薄，即气体分子间碰撞进行热量传递的能力降低（热导率变小），铂丝的平衡温度及其电阻值随即增大，其大小反映了被测介质真空度的高低。这种真空度测量方法对环境温度变化比较敏感，在实际应用中附加有恒温或温度补偿装置。

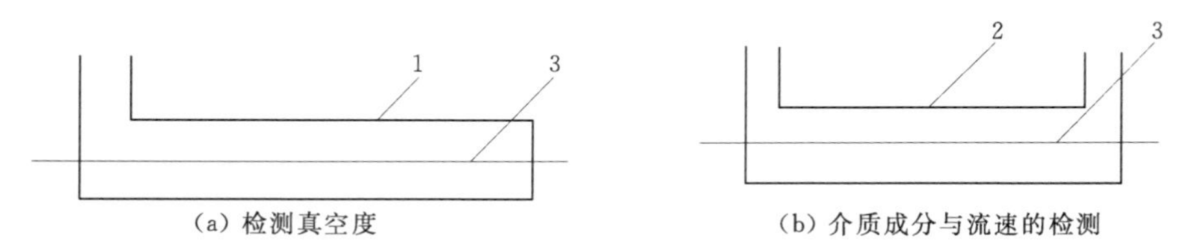

图3-34　金属丝热电阻作为气体传感器的应用

1—连通玻璃管；2—流通玻璃管；3—铂丝

利用图3-34（b）所示的流通式玻璃管内装铂丝的装置，可对管内气体介质成分比例变化进行检测，或对管内热风流速变化进行测量，因为两者的变化均可引起管内气体导热系数的变化，而使铂丝电阻值发生变化。但是，必须使其他非被测量保持不变，以减少误差。

2. 半导体热敏电阻传感器

由于热敏电阻具有许多优点，所以热敏电阻传感器的应用范围很广，可在宇宙飞船、医学、工业及家用电器等方面用作测温、控温、温度补偿、流速测量、液面指示等。

（1）温度测量。热敏电阻点温计的结构原理如图3-35所示。使用时先将切换开关S旋到1处，接通校正电路，调节R_6，使显示仪表的指针转至测量上限，用以消除由于电源E变化而产生的误差。当热敏电阻感温元件插入被测介质后，再将切换开关旋到2处，接通测量电路，这时显示仪表的示值即为被测介质的温度值。

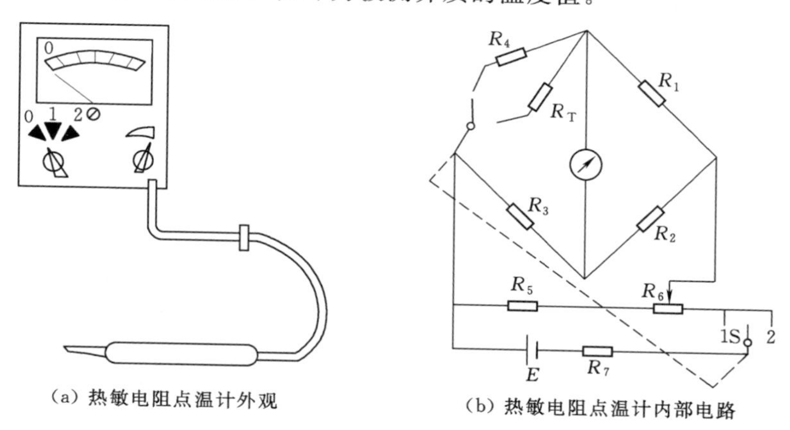

（a）热敏电阻点温计外观　　（b）热敏电阻点温计内部电路

图3-35　热敏电阻点温计的结构原理

（2）温度控制。一种简易的温度控制器如图3-36所示，由VR设定动作温度。其工作原理如下：当要控制的温度比实际温度高时，VT_1的b极、e极间电压大于导通电压，VT_1导通，相继VT_2也导通，继电器吸合，电热丝加热。当实际温度达到要求控制的温度时，由于R_T(NTC型）的阻值降低，使VT_1的b极、e极间电压过低（<0.6V），VT_1截止，相继VT_2截止，继电器断开，电热丝断电而停止加热。这样便达到控制温度的目的。

当控制温度确定后，选择热敏电阻，并根据热敏电阻的参数设计R以及R_1～R_4，设计自由度相当高。所选的继电器应与电源电压$+V_{cc}$相配合。为保证控制的稳定性，应采用稳压电源。R_5为限流电阻，设计时让流过LED的电流为5mA左右即可，LED为加热指示器。

（3）温度补偿。仪表中通常用的一些零件，多数是用金属丝做成的，如线圈、线绕电阻等，金属一般具有正的温度系数，采用负温度系数的热敏电阻进行补偿，可以抵消由于温度变化所产生的误差。实际应用中，将负温度系数的热敏电阻与锰铜丝电阻并联后再与被补偿元件串联，仪表的电阻温度补偿电路如图3-37所示。

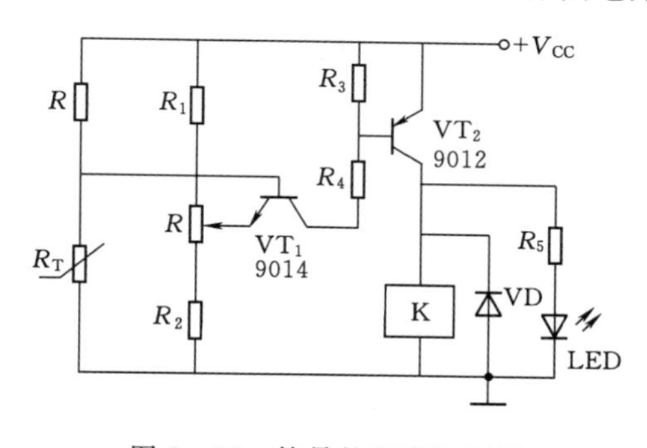

图3-36　简易的温度控制器

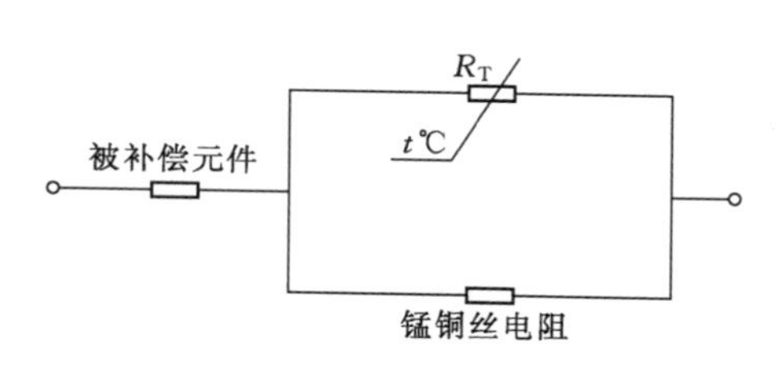

图3-37　仪表的电阻温度补偿电路

3.4.2　热电偶式传感器

1. 热电偶的工作原理

将两种不同成分的导体组成一个闭合回路，热电偶回路如图3－38所示，当闭合回路的两个接点分别置于不同的温度场中，回路中产生一个方向和大小与导体的材料及两接点的温度有关的电动势，这种效应称为“热电效应”。若两端的温差越大，产生的电动势也越大。两种导体组成的回路称为热电偶，这两种导体称为热电极，产生的电动势称为热电动势。

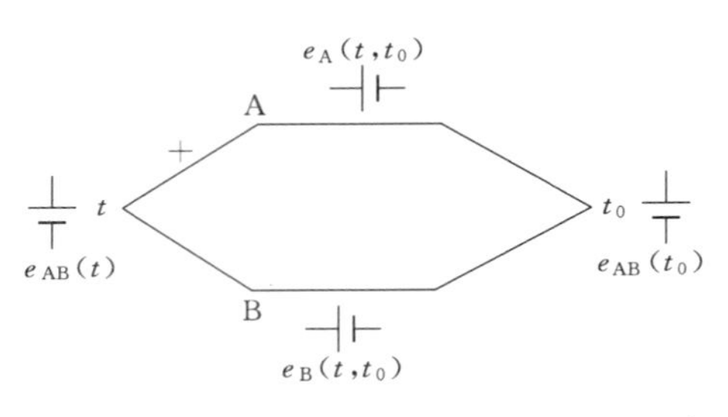

图3－38　热电偶回路

热电偶的热电动势由两部分组成：一部分是两种导体的接触电动势；另一部分是单一导体的温差电动势。接触电动势是两种不同材料的导体接触时，由于导体的自由电子密度不同，电子在两个方向上扩散的速率不一样所造成的电压差。

温差电动势是由于同种导体置于不同的温度场，导体内部自由电子将从热端向冷端扩散，并在冷端积聚起来，从而使得热端失去电子带正电，冷端得到电子带负电，这样，导体内部建立了一个由热端指向冷端的静电场，此静电场使得电子反向运动，当静电场对电子的作用力与扩散力相平衡时，扩散作用停止。此时，导体两端形成的电场产生的电势称为温差电动势。但在热电偶回路中起主要作用的是接触电动势，温差电动势只占极小部分，可以不予考虑。

常用的热电偶由两根不同的导线组成，它们的一端焊接在一起，为工作端（或称为热端）T，测温时将它置于被测温度场中；不连接的两个叫自由端（或称为冷端）T_0，与测量仪表引出的导线相连接。当热端与冷端有温差时测量仪表便能测出被测温度。热电偶由温差产生的热电势是随介质温度变化而变化的，其关系为

$$E_{AB}(t,t_0)=e_{AB}(t)-e_{AB}(t_0) \tag{3-71}$$

式中　$E_{AB}(t,t_0)$——热电偶的热电动势；

$e_{AB}(t)$——温度为 t 时工作端 T 的热电势；

$e_{AB}(t_0)$——温度为 t_0 时自由端 T_0 的热电势。

综上所述，热电动势的大小只与材料和接点温度有关，与热电偶的尺寸、形状及沿电极温度分布无关。如果冷端温度固定，则热电偶的热电势就是被测温度的单值函数

$$E_{AB}(t,t_0)=f(t) \tag{3-72}$$

这样，当冷端温度恒定，热电偶产生的热电动势只随热端（工作端 T）温度的变化而变化，即一定的热电动势对应着一定的温度。只要测量出热电动势就可以达到测温的目的。但是对于不同金属组成的热电偶，温度与热电动势之间有不同的函数关系。一般用试验方法求取这个函数关系，通常把冷端放于温度场为零的环境内，然后在不同的温差情况下，精确地测出回路总热电势，并将结果列成表格，称为热电偶的分度表（热电偶分度表

见附录A)。

2. 热电偶的基本定律

(1) 匀质导体定律。由一种匀质导体组成的闭合回路，不论导体的截面和长度如何，都不能产生热电势。根据这个定律，可以校验热电极材料的成分是否相同，也可以检查热电极材料的均匀性。

(2) 中间导体定律。在热电偶回路中接入第三种导体，只要第三种导体的两接点温度相同，则回路总的热电动势不变。

同样在热电偶回路中插入第四、第五、…、第 n 种导体，只要插入导体的两端温度相等，且插入导体是匀质的，都不会影响原来热电偶热电动势的大小。这种性质在实际应用中有着重要的意义，它使我们可以方便地在回路中直接接入各种类型的仪表，也可以将热电偶的两端不焊接而直接插入液态金属中或直接焊接在金属表面进行温度测量。

(3) 标准电极定律。如果两种导体分别与第三种导体组成的热电偶所产生的热电动势已知，则由这两种导体组成的热电偶所产生的热电动势也就已知，这个定律就称为标准电极定律。

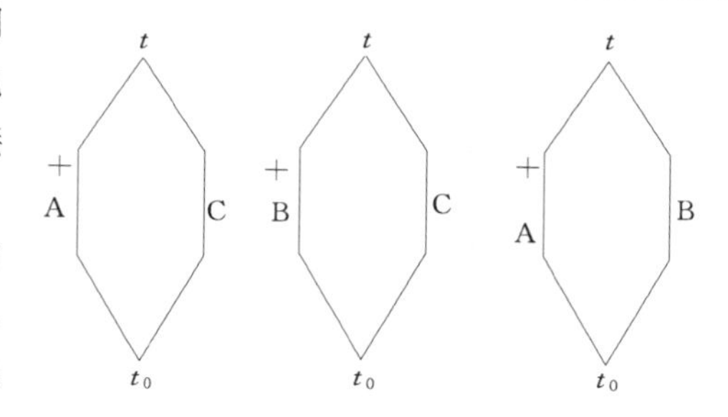

图 3-39 三种导体分别组成的热电偶

三种导体分别组成的热电偶如图 3-39 所示，导体 A、B 与标准电极 C 组成的热电偶，若它们产生的热电动势已知，即

$$E_{AC}(t,t_0)=e_{AC}(t)-e_{AC}(t_0)$$
$$E_{BC}(t,t_0)=e_{BC}(t)-e_{BC}(t_0) \tag{3-73}$$

那么，导体 A 与 B 组成的热电偶热电动势为

$$E_{AB}(t,t_0)=E_{AC}(t,t_0)-E_{BC}(t,t_0) \tag{3-74}$$

标准电极定律是极为实用的定律，使得标准电极的作用得以实现。可以想象，金属有成千上万，而合金类型更是繁多。因此要得出各种金属之间组合而成热电偶的热电动势，其工作量太大。由于铂的物理、化学性质稳定，熔点高，易提纯，所以通常选用高纯铂作为标准电极。当各种金属与纯铂组成的热电偶的热电动势已知，则各种金属之间相互组合而成的热电偶的热电动势就可计算出来。

(4) 中间温度定律。热电偶在两接点温度 t、t_0 时的热电动势等于该热电偶在接点温度为 t、t_n 和 t_n、t_0 时的相应热电动势的代数和，这个定律称为中间温度定律，即

$$E_{AB}(t,t_0)=E_{AB}(t,t_n)-E_{AB}(t_n,t_0) \tag{3-75}$$

中间温度定律为补偿导线的使用提供了理论基础。它表明热电偶的两电极被两根导体延长，只要接入的两根导体组成的热电偶的热电特性与被延长热电偶的热电特性相同，且它们之间连接的两点温度相同，则总回路的热电动势与连接点温度无关，只与延长以后的热电偶两端的温度有关。另外，当冷端温度 t_0 不为 0℃，可通过式 (3-75) 及热电偶分度表（见附录 A）求得工作温度 t。

3. 热电偶的材料与结构

（1）热电偶的材料。根据金属的热电效应，任意两种不同的金属导体都可以作为热电偶回路的电极，但在实际应用中，不是所有的金属都可以作为热电偶的。作为热电偶回路电极的金属导体应具备以下特点：

1）配对的热电偶应有较大的热电势，并且热电势与温度尽可能有良好的线性关系。

2）能在较宽的温度范围内应用，并且在长时间工作后，不会发生明显的化学及物理性能的变化。

3）温度系数小，电导率高。

4）易于复制，工艺性与互换性好，便于制定统一的分度表，材料要有一定的韧性，焊接性能好，以利于制作。

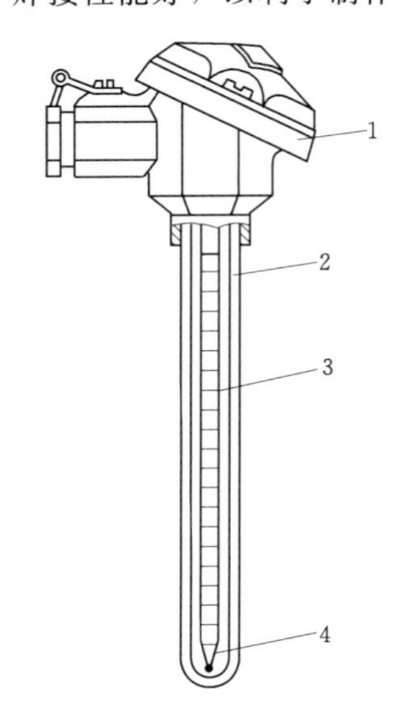

图3-40 热电偶结构图
1—接线盒；2—保护套管；3—绝缘管；4—热电极

满足上述条件的金属材料不是很多。目前我国大量使用的是铜-康铜、镍铬-烤铜、镍铬-镍硅、镍铬-镍铝、铂铑$_{10}$-铂、铂铑$_{30}$-铂铑$_{6}$。根据国际电工委员会（International Electrotechnical Commission，IEC）标准规定，我国将发展镍铬-康铜、铁-康铜热电偶材料。

（2）热电偶的结构。热电偶的种类繁多，按结构型式和用途可分为普通型热电偶、铠装热电偶、多点式热电偶和薄膜热电偶等。另外，按照材料划分还可分为难熔金属热电偶、贵金属热电偶和廉价金属热电偶；按照使用温度划分可分为高温热电偶、中温热电偶和低温热电偶。下面介绍按照结构型式和用途分类的热电偶。

1）普通型热电偶。工业用普通热电偶的结构一般由热电极、绝缘管、保护套管和接线盒四部分组成，如图3-40所示。贵金属热电极直径一般为0.3～0.6mm，普通金属热电极直径一般为0.5～3.2mm。热电极的长短由使用条件、安装条件而定，特别是由工作端在被测介质中插入的深度来决定，一般为250～3000mm，通常的长度是350mm。

绝缘管是为防止两根热电极之间以及热电极与保护套之间短路而设置的，形状一般为圆形、椭圆形，中间开有单孔、双孔、四孔、六孔，材料视其使用的热电偶类型而定。

保护套管的作用是保护热电偶的感温元件免受被测介质化学腐蚀、机械损伤，避免火焰和气流直接冲击以及提高热电偶的强度。保护套管应具有耐高温、耐腐蚀的性能，要求其导热性能好，气密性好。其材料主要有不锈钢、碳钢、铜合金、铝、陶瓷和石英等。

接线盒是用来固定接线座和提供热电偶补偿导线连接用的，它的出线孔和盖子都用垫圈加以密封，以防污物落入而影响接线的可靠性。根据被测温度的对象及现场环境条件，设计有普通式、防溅式、防水式和接插座式。

这种热电偶主要用于测量气体、蒸汽和流体等介质的温度。安装时可采用螺纹或法兰方式，普通热电偶外形图如图3-41所示。根据测量范围和环境气氛的不同，可选用不同的热电偶。目前，工程上常用的有铂铑$_{10}$-铂热电偶、镍铬-镍硅热电偶、镍铬-康铜热电偶等，它们都已系列化和标准化，选用非常方便。

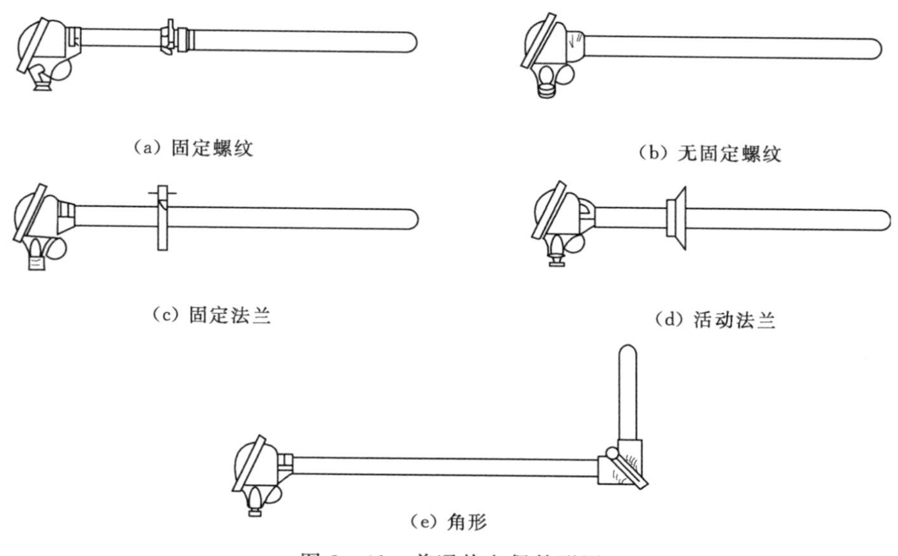

(a) 固定螺纹　(b) 无固定螺纹　(c) 固定法兰　(d) 活动法兰　(e) 角形

图 3-41　普通热电偶外形图

2）铠装热电偶。铠装热电偶又称缆式热电偶，是由热电极、绝缘材料（通常为电熔氧化镁）和金属保护管三者经拉伸结合而成的。铠装热电偶有单支（双芯）和双支（四芯）之分，其测量端有碰底型、不碰底型、露头型和帽型等多种型式，其结构型式及特点如图 3-42 所示。

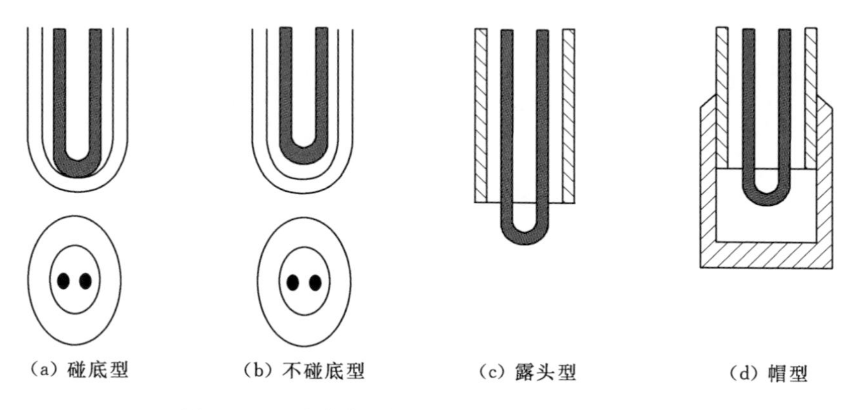

(a) 碰底型　(b) 不碰底型　(c) 露头型　(d) 帽型

图 3-42　铠装热电偶测量端的结构型式及特点

碰底型热电偶测量端和套管焊接在一起，其动态响应比露头型慢，但比不碰底型快。不碰底型测量端已焊接成并封闭在套管内，热电极与套管之间相互绝缘，这是最常用的型式。露头型的测量端暴露在套管外面，动态响应好，但仅在干燥、非腐蚀性介质中使用。帽型即是把露头型的测量端套上一个用套管材料做成的保护管，用银焊密封起来。

铠装热电偶的种类很多，其长短可根据需要制作，最长可达 10m，也可制作得很细，其外径可以为 0.25～12mm。因此，在热容量非常小的被测物体上也能准确地测出温度

值，并且其寿命和对温度变化的反应速度比一般工业用热电偶要长得多、快得多。铠装热电偶的品种、代号、分度号和测量范围见表3-3。

表3-3 铠装热电偶的品种、代号、分度号和测量范围

表热电偶名称	代号	分度号	测量范围/℃
铠装铂铑$_{10}$-铂热电偶	WRPK	S	0～1300
铠装镍铬-镍铝热电偶	WRNK	K	0～1100
铠装镍铬-康铜热电偶	WRKK		0～800
铠装铜-康铜热电偶	WRCK	T	-200～300

3）薄膜热电偶。薄膜热电偶是用真空蒸镀的方法，把两种热电极材料分别沉积在绝缘基片上形成的一种快速感温元件。采用蒸镀工艺，热电偶可以做得很薄，而且尺寸可做得很小。它的特点是热容量小，响应速度快，特别适用于测量瞬变的表面温度和微小面积上的温度。薄膜热电偶结构示意图如图3-43所示。

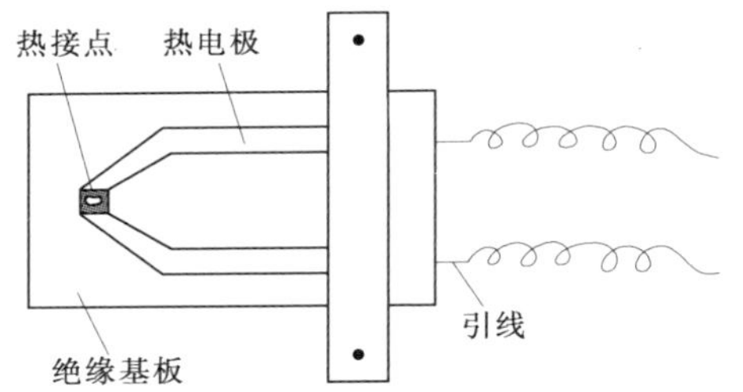

图3-43 薄膜热电偶结构示意图

我国现使用的主要有铁-镍、铁-康铜和铜-康铜三种薄膜热电偶。应用时将薄膜状热电偶用黏胶剂紧紧粘贴在被测物体表面上，由于受黏胶剂和绝缘基片材料限制，测温范围一般为-200～300℃。

4. 热电偶冷端的温度补偿

为使热电动势与被测温度间呈单值函数关系，需要把热电偶冷端的温度保持恒定。由于热电偶的分度表是在其冷端温度（℃）条件下测得的，所以只有在满足 $t_0=0$℃的条件下，才能直接应用分度表。但在实际中，热电偶的冷端通常靠近被测对象，且受到周围环境温度的影响，其温度不是恒定不变的。为此必须采用一些措施进行补偿或者修正，常用的方法如下：

（1）0℃恒温法。将热电偶的冷端置于装有冰水混合物的恒温器内，使冷端温度保持0℃不变，它消除了 t_0 不等于0℃而引入的误差。通常用于实验室或精密的温度检测。

（2）冷端温度修正法。在冷端温度不等于0℃，但为不变的 t_n 时，避免了由于环境温度的波动而引入的误差。此时，根据中间温度定律，可将热电动势修正到冷端0℃时的电势，修正公式为

$$E_{AB}(t,t_0)=E_{AB}(t,t_n)-E_{AB}(t_n,0) \tag{3-76}$$

式中 $E_{AB}(t,t_0)$——热电偶热端温度为 t，冷端温度为0℃时的热电动势；

$E_{AB}(t,t_n)$——热电偶热端温度为 t，冷端温度为 t_n 时的热电动势；

$E_{AB}(t_n,0)$——热电偶热端温度为 t_n，冷端温度为0℃时的热电动势。

【例3-2】 用镍铬-镍硅热电偶测炉温，当冷端温度为30℃时，测得热电势为39.17mV，实际温度是多少？

解： 由 $t_n=30$℃，查热电偶分度表得 $E(30,0)=1.20$mV，则

$$E(t,0)=E(t,30)+E(30,0)=39.17+1.20=40.37(\text{mV})$$

再用 40.37mV 反查分度表可得 977℃，即为实际炉温。

(3) 补偿导线法。在使用热电偶测温时，必须使热电偶的冷端温度保持恒定，否则在测温时引入的测量误差将是个变量，影响测温的准确性。所以必须使冷端远离温度对象，采用补偿导线就可以做到这一点。补偿导线实际上是一对化学成分不同的导线，在 0～150℃温度范围内与配接的热电偶有一致的热电特性，起着延长热电偶的作用，这样就将热电偶的冷端延伸到温度恒定的场所（如仪表室、控制室），其实质是相当于将热电极延长。根据中间温度定律，只要使热电偶和补偿导线的两个接点温度一致，就不会影响热电动势的输出。

补偿导线一般采用多股廉价金属制造，不同的热电偶采用不同的补偿导线。廉价金属制成的热电偶，可用本身材料做补偿导线。各种补偿导线只能与相应型号的热电偶配用，而且必须在规定的温度范围内用。补偿导线与热电极连接时，正极应当接正极，负极接负极，极性不能接反，否则会造成更大的误差。补偿导线与热电偶连接的两个接点，其温度必须相同。

几种常用的热电偶补偿导线见表 3-4，其中型号第一个字母与热电偶的分度号对应，字母“X”表示延伸型补偿导线，字母“C”表示补偿型补偿导线。

表 3-4 几种常用热电偶补偿导线

补偿导线型号	配用热电偶分度号	补偿导线材料		绝缘层颜色	
		正极	负极	正极	负极
SC	S（铂铑$_{10}$-铂）	铜	镍铜	红	绿
KC	K（镍铬-镍硅）	铜	康铜	红	黄
KX	K（镍铬-镍硅）	镍铬	镍硅	红	黑
EX	E（镍铬-康铜）	镍铬	康铜	红	蓝
JX	J（铁-康铜）	铁	康铜	红	紫
TX	T（铜-康铜）	铜	康铜	红	白

(4) 仪表机械零点调整法。对于具有零位调整的显示仪表而言，如果热电偶冷端温度 t_0 较为恒定时，可采用测温系统未工作前，预先将显示仪表的机械零点调整到 t_0℃上的方法。这相当于把热电势修正值 $E(t_0,0)$ 预先加到了显示仪表上，当此测量系统投入工作后，显示仪表的示值就是实际的被测温度值。

(5) 补偿电桥法。当热电偶冷端温度波动较大时，一般采用补偿电桥法，其测量线路如图 3-44 所示。补偿电桥法是利用不平衡电桥（又称冷端补偿器）产生不平衡电压来自动补偿热电偶因冷端温度变化而引起的热电势变化。

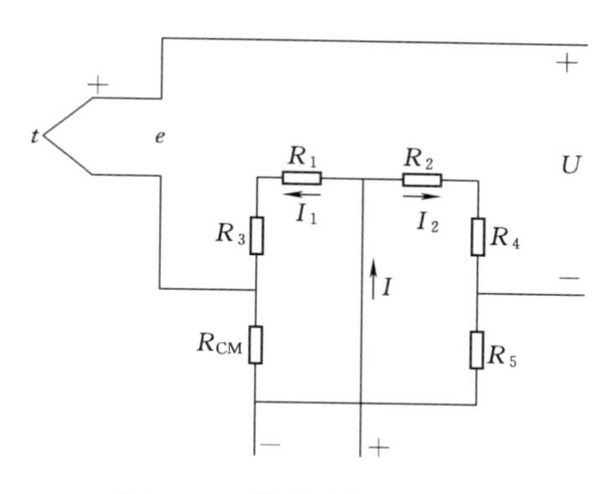

图 3-44 补偿电桥测量线路

采用补偿电桥法必须注意：

1) 补偿器接入测量系统时正负极性不可接反。

2) 显示仪表的机械零位应调整到冷端温度补偿器设计时的平衡温度，如补偿器是按 $t_0=20$℃时电桥平衡设计的，则仪表机械零位应调整到

20℃处。

3）因热电偶的热电势和补偿电桥输出电压两者随温度变化的特性不完全一致，故冷端补偿器在补偿温度范围内得不到完全补偿，但误差很小，能满足工业生产的需要。

5. 热电偶测温电路

热电偶常用于测量一点的温度，或者是两点之间的温度差。当测量一点温度时，热电偶与仪表通过补偿导线连接，如图3-45所示。测量两点之间温度差时采用两支热电偶和检测仪表配合使用，如图3-46所示。工作时两支热电偶产生的热电动势方向相反，

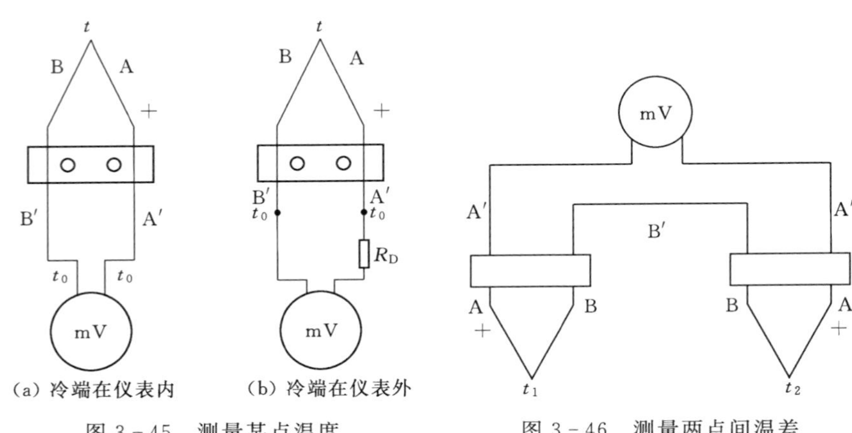

（a）冷端在仪表内　（b）冷端在仪表外

图3-45　测量某点温度　　图3-46　测量两点间温差

所以输入仪表的是热电动势的差值，这个差值反映了两点间的温度差。为了减少测量误差，提高检测精度，一般使用两支热电特性一致的热电偶，同时要保证两支热电偶的冷端温度一致，配合相同的补偿导线。

另外，热电偶测温时还常采用并联线路和串联线路。如有些大型设备，当要测量其多点的平均温度时，多采用与热电偶并联的测量电路来实现，如图3-47所示，将 N 支相同型号的热电偶的正极和负极分别连接在一起，如果 N 支热电偶的电阻值相等，则并联测量的总热电势等于 N 支热电势的平均值，即

$$e_{并}=\frac{e_1+e_2+e_3+\cdots+e_N}{N} \tag{3-77}$$

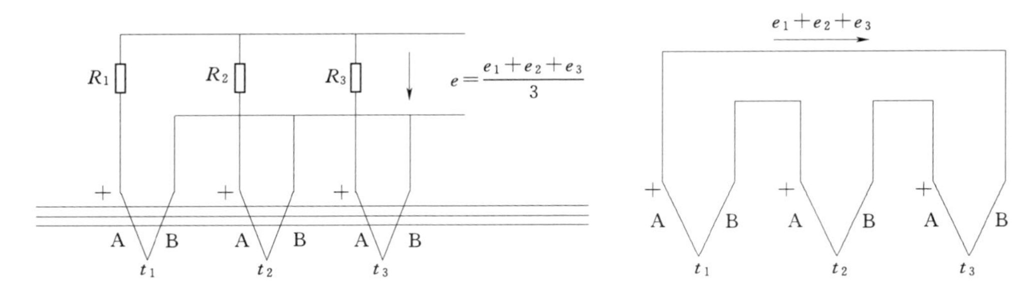

图3-47　与热电偶并联的测量电路　　图3-48　热电偶串联测量电路

有时将 N 支相同型号热电偶依次按图3-48所示连接，这样串联测量线路的总热电

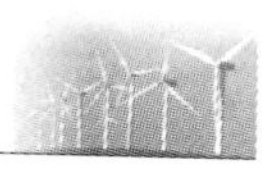

动势较大，等于 N 支热电偶热电动势之和，即

$$e_{串}=e_1+e_2+e_3+\cdots+e_N \tag{3-78}$$

3.5 风电机组中的传感器

风电机组的控制系统是风电机组的重要组成部分，它承担着风电机组监控、自动调节、实现最大风能捕获以及保证良好的电网兼容性等重要任务，它主要由监控系统、主控系统、变桨控制系统以及变频系统（变流器）几部分组成。

风电机组由多个部分组成，而控制系统贯穿到每个部分，相当于风电系统的神经。因此控制系统的好坏直接关系到风电机组的工作状态、发电量的多少以及设备的安全。

风电机组控制系统的基本目标分为三个层次：保证风电机组安全可靠运行；获取最大能量；提供良好的电力质量。

3.5.1 风电控制系统组成

一般而言，控制系统组成主要包括各种传感器、变距系统、运行主控制器、功率输出单元、无功补偿单元、并网控制单元、安全保护单元、通信接口电路、监控单元。

具体控制内容有信号的数据采集、处理，变桨控制、转速控制、自动最大功率点跟踪控制、功率因数控制、偏航控制、自动解缆、并网和解列控制、停机制动控制、安全保护系统、就地监控、远程监控。当然对于不同类型的风电机组控制单元会不相同。

风电机组控制单元是风电机组的控制核心，分别布置在机组的塔筒和机舱内。由于风电机组现场运行环境恶劣，对控制系统的可靠性要求非常高，而风电控制系统是专门针对大型风电场的运行需求而设计，应具有极高的环境适应性和抗电磁干扰等能力。控制系统结构框图如图 3-49 所示。

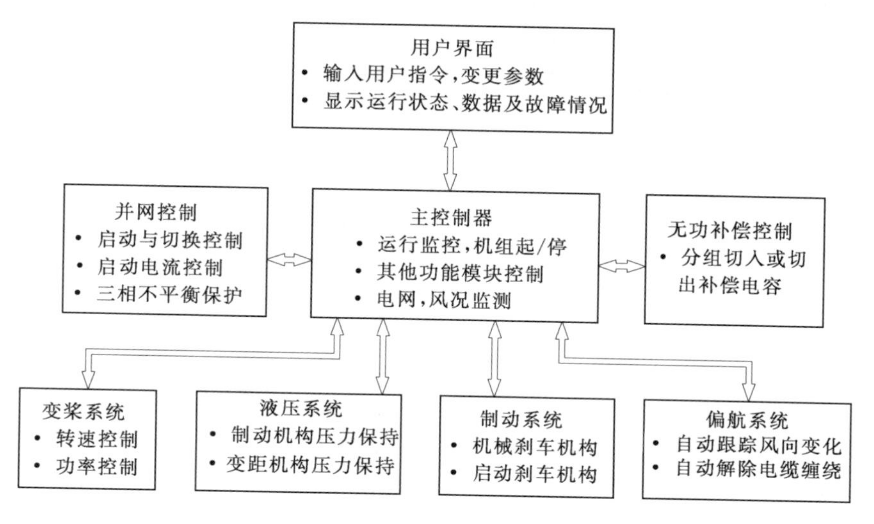

图 3-49 风电机组控制系统结构框图

在风电机组运行过程中，必须对相关物理量进行测量，并根据测量结果发出相应信号，将信号传递到主控系统，作为主控系统发出控制指令的依据。

风力发电系统中主要检测的信号有：

（1）速度信号，包括发电机转速、风轮转速、偏航转速和方向等。

（2）温度信号，包括主轴承温度、齿轮箱油温、液压油油温、齿轮箱轴承温度、发电机轴承温度、发电机绕组温度、环境温度、电器柜内温度、制动器摩擦片温度等。

（3）位置信号，包括桨距角、叶尖扰流器位置、风轮偏角等。

（4）电气特性，包括电网电流、电压、功率因数、电功率、电网频率、接地故障、逆变器运行信息等。

（5）液流特性，包括液压或气压、液压油位等。

（6）运动和力特性，包括振动加速度、轴转矩、齿轮箱振动、叶根弯矩等。

（7）环境条件，包括风速、风向、湿度等。

风电机组控制系统都采用集散型控制系统，或称分散式控制系统。风电机组控制系统的功能模块直接布置在控制对象的位置，就地进行数据采集、控制与处理。各功能模块的数据采集涉及各种类型的传感器，传感器是对风力发电系统各项参数进行拾取和采集的关键部件，在风力发电系统中具有重要作用。

3.5.2　发电机系统

发电机系统监控发电机运行参数，通过冷却风扇和电加热器，控制发电机线圈温度、轴承温度、滑环室温度在适当的范围内，相关逻辑如下：

（1）当发电机温度升高至某设定值后，启动冷却风扇，当温度降低到某设定值时，停止风扇运行。

（2）当发电机温度过高或过低并超限后，发出报警信号，并执行安全停机程序。

（3）当温度低至某设定值后，启动电加热器，温度升高至某设定值后时，停止加热器运行。同时电加热器也用于控制发电机的温度端差在合理的范围内。

在该系统中主要监控参数为温度参数，对于温度测量采用温度传感器。

3.5.3　变桨距控制系统

变桨距控制系统是现代大型风电机组的重要组成部分。变桨伺服控制系统作为风力发电控制系统的外环，在风电机组的控制中起着十分重要的作用。变桨系统结构如图3-50所示。

与定桨距风电机组相比，变桨距风电机组具有较好的功率平滑控制性能及并网更加灵活等优点，被广泛应用于现代风力发电系统中。根据变桨距系统在变桨中所起的作用，将变桨风电机组控制（以电机驱动变桨距为例）分为启动状态控制、欠功率状态控制、额定功率状态控制和停机控制四种控制模式。其中前三种控制状态是风电机组变桨控制的重点和难点，分述如下：

1. *启动状态控制*

当变桨距风电机组静止时，其风轮叶片的桨距角为90°。由于气流与叶片之间的攻角

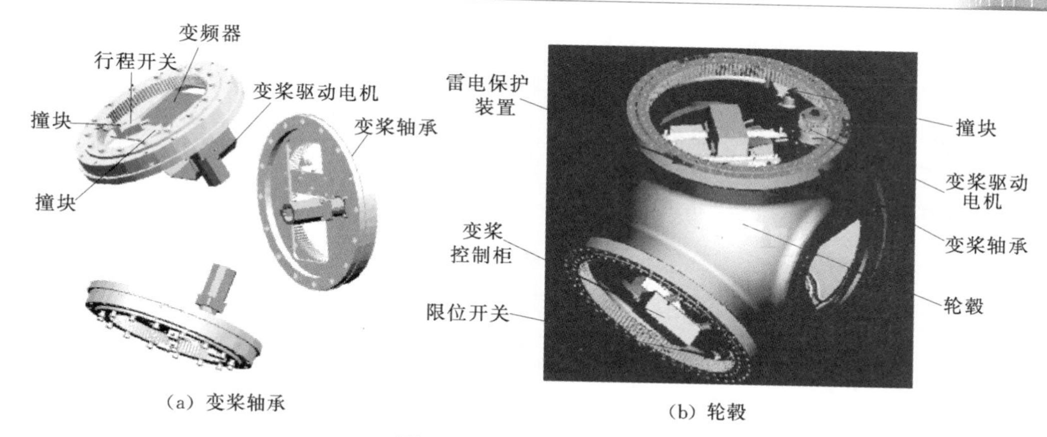

(a) 变桨轴承　　(b) 轮毂

图 3-50　变桨系统结构

为 0°，因此气流不会对叶片产生力矩，此时叶片为一块阻尼板。而当风速逐渐增大至切入风速（起动风速）时，则需通过控制变桨机构使叶片向 0°桨距角方向旋转，此时气流会对叶片产生一定的攻角，风电机组开始启动。对半直驱风电系统来说，在风电机组并入电网以前，由发电机转速信号控制桨距角给定值。转速控制器给出转速参考值后，变桨系统则根据该参考值对桨距角进行调节。为确保风电机组平稳并网，尽可能减小对电网的冲击，可以控制发电机转速运行在同步转速附近一段时间，以期寻求合适时机进行并网。为使控制系统设计简单，变桨距风电机组转速未达到同步转速之前不对桨距角加以控制。此时，叶片只是按预先设定的速度向 0°桨距角方向旋转，直至风电机组转速达到同步转速附近。其中，转速控制的参考值为同步转速值。转速反馈信号与该值比较，当转速小于参考值时，叶片就向着迎风面积增大的方向旋转至一定角度；反之，叶片则向与前者相反的方向旋转至一定角度。当风电机组转速趋于同步转速并在该值附近稳定运行一段时间后，机组即可并网。变桨距控制系统并网前控制结构图如图 3-51 所示。

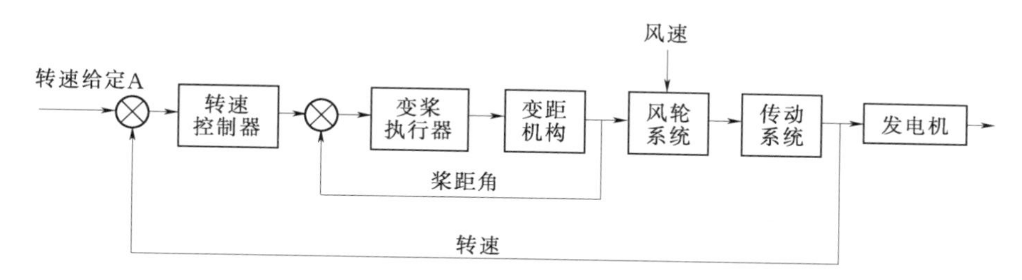

图 3-51　变桨距控制系统并网前控制结构图

2. 欠功率状态控制

风电机组并入电网后，由于实际风速小于额定风速，风电机组的输出功率小于额定功率，风电机组在低功率状态下运行，对这种工作状态的控制称为欠功率状态控制。当变桨距风电机组工作在欠功率状态时，此时，风电机组输出功率低于额定功率。为了提高风电机组的发电效率，尽可能捕获风能，此运行状态下对风电机组进行最大功率跟踪（Maximum Power Point Tracking，MPPT）控制。在进行 MPPT 控制时，控制变桨距风电机组在优化桨距角 0°附近保持不变，然后通过控制机侧变换器来调节发电机定子电流，进而

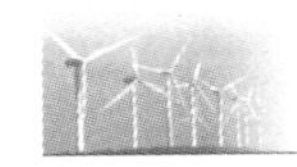

控制电机转速，最终实现风电机组的最大功率捕获。

3．额定功率状态控制

在可用风速范围内，当实际风速大于额定风速时，风电机组输出功率一般要大于额定功率，此时机组进入额定功率运行状态。考虑到风电机组的机械应力、发电机的容量以及变换器容量的限制，需对机组进行变桨距控制。变桨距控制系统并网后控制结构图如图3－52所示。

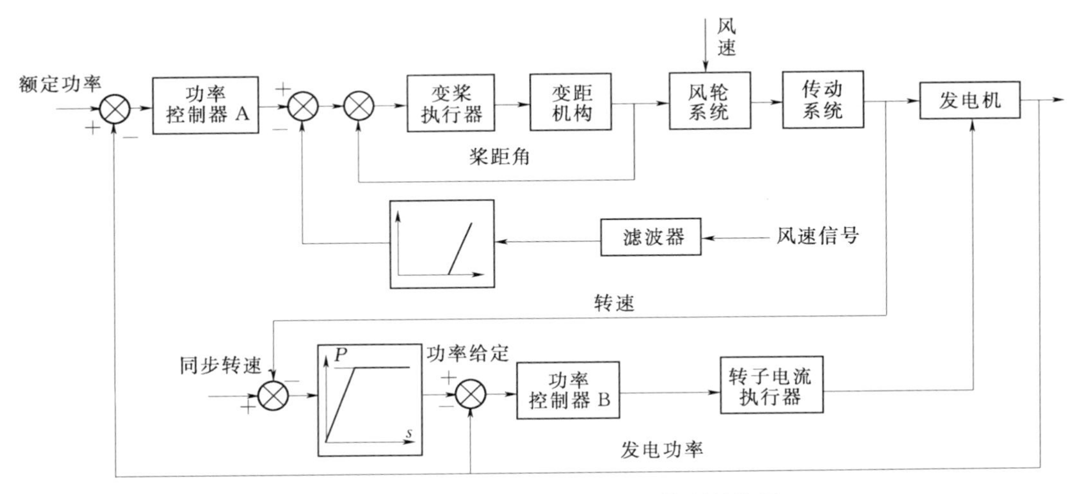

图3－52　变桨距控制系统并网后控制结构图

独立变桨距风电机组执行机构原理图如图3－53所示。该图为一个桨叶的变桨距执行

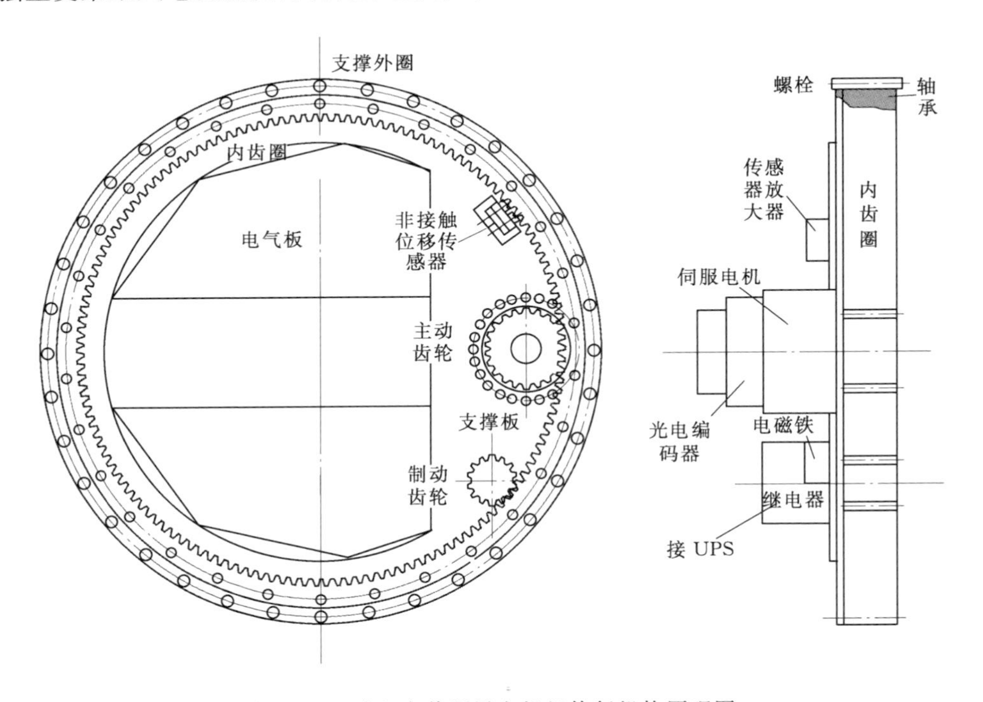

图3－53　独立变桨距风电机组执行机构原理图

机构，其他两个桨叶与此相同。每个桨叶分别采用一个带位移反馈的伺服电机进行单独调节，位移传感器采用光电编码器，安装在电机输出轴上，采集电机转速。伺服电机通过主动齿轮与桨叶轮毂内齿圈相连，带动桨叶进行转动，实现对桨叶的桨距角的直接控制。在轮毂上变桨轴承内齿圈的边上又安了一个非接触式位移传感器，直接检测内齿圈转动的角度，即桨距角变化，当内齿圈转过一个齿，非接触式位移传感器输出一个脉冲信号。变桨距控制是依据光电编码器所测的位移值进行控制，非接触传感器作为冗余控制的参考值，它直接反映桨距角的变化，当发电机输出轴、联轴器或光电编码器出现故障时，即光电编码器与非接触位移传感器所测数字不一致时，则控制器便可知道系统出现故障。

当桨距角达到0°或90°时极限开关撞击撞块，控制系统根据极限开关信号判断控制过程，增大桨距角或收桨停机。

风电机组控制电路安放在电气板上，便于散热。如果系统出现故障，控制电源断电时，风电机组由UPS供电，60s内将桨叶调节为顺桨位置。在UPS电量耗尽时，继电器断路，原来由电磁力吸合的制动齿轮弹出，制动桨叶，保持桨叶处于顺桨位置。在风电机组正常工作时，继电器得电，电磁铁吸合制动齿轮，不起制动作用。

在整个变桨距控制过程中测量的参数如下：

(1) 风速。风速信号是风电机组启动及变桨距调节的重要信号。每秒采集一次，规定时间内计算一次平均值。$v>3m/s$时发电机启动，$v>25m/s$停机。变桨距调节过程中变桨距控制系统要不断参考风速大小调整桨距角来实现风电机组的产出最大功率。风速的测量采用风速传感器。

(2) 转速。风电机组并入电网以前，发电机转速信号作为调节桨距角控制的参考值。变桨控制系统中所使用的转速传感器一般多使用光电编码器、接近开关等。

(3) 位移。作为冗余控制的参考值，桨叶在变桨过程中的位移也是变桨控制系统的重要参数。位移传感器的类型较多，在实际运行的风电机组中使用较多的为非接触式位移传感器和角度传感器。

(4) 限位信号。桨叶运行轨迹有两个限位位置，桨距角分别为0°和90°位置，这两个位置的限定就通过限位开关实现。

3.5.4 偏航系统

偏航系统是水平轴式风电机组必不可少的部件之一。偏航系统主要有两个作用：①与风电机组的控制系统相互配合，使风电机组的风轮始终处于迎风状态，充分利用风能，提高风电机组的发电效率；②提供必要的锁紧力矩，以保障风电机组的安全运行。风电机组的偏航系统一般分为主动偏航和被动偏航两种。被动偏航是指依靠风力通过相关机构完成风轮对风动作的偏航方式，常见的有尾舵、舵轮和下风向三种；主动偏航是指采用电力或液压拖动来完成对风动作的偏航方式，常见的有齿轮驱动和滑动驱动两种形式。对于并网型风电机组来说，通常都采用主动偏航的齿轮驱动形式。

大型风电机组常采用电动的偏航系统来调整风电机组并使其对准风向，风电机组的偏航系统作用主要有两个：①当风的方向变化时，能够快速平稳地对准风向，这样可以使叶轮跟踪变化稳定的风向，以得到最大的风能利用率；②由于风电机组可能持续一个方向偏航，为了保证风电机组悬垂部分的电缆不至于产生过度的扭绞而使电缆断裂、失效，在电缆达到设计缠绕圈数值时能够自动解缆。由此可见偏航系统在风电机组中的作用非常大。

偏航系统是由偏航控制机构和偏航驱动机构两大部分组成。风电机组的偏航系统结构图如图3-54所示。

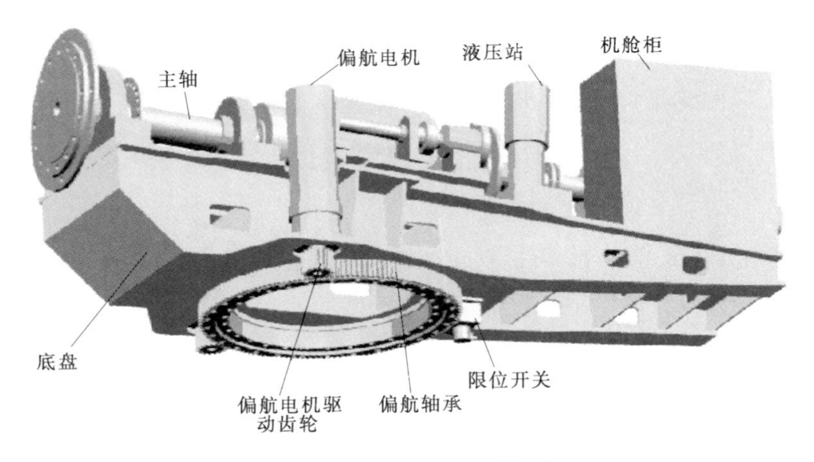

图3-54　偏航系统结构图

偏航控制机构包括风向传感器、偏航控制器、解缆传感器等几部分。偏航驱动机构一般由驱动电机、偏航行星齿轮减速器、传动齿轮、偏航轴承、回转体大齿轮、偏航制动器等几部分组成。偏航驱动机构在正常的运行情况下，应启动平稳，转速均匀无振动现象。偏航轴承的轴承内外环分别与机组的机舱和塔架连接器用螺栓连接，轮齿可采用外齿或内齿形式。偏航制动器是偏航系统中的重要部件，它的主要作用为：①安装在风电机组底座上的制动器上下闸体的摩擦片抱住与塔架连接器上的制动盘，提供的制动力矩起到刹车制动的目的；②在机组偏航过程中，制动器提供适当的阻尼力矩保持机舱的平稳旋转。

偏航系统工作过程大致为：风向标作为感应元件将风向变化信号转换为电信号传递到偏航电机控制回路的处理器中，处理器经过比较后给偏航电机发出顺时针或逆时针的偏航指令。为了减少偏航时的陀螺力矩，风电机组转速将通过同轴连接的减速器减速后，将偏航力矩作用在回转体大齿轮上，带动风轮偏航对风，当对风结束后，风向标失去电信号，风电机组停止转动，偏航过程结束。在偏航过程中，风电机组总是按最短路径将机舱转过相应角度，才能够提高发电效率，这样就需要解决风电机组的启动和转向问题。为了确定风电机组的转向（使风电机组转过最小路径即偏航时间最短，需要弄清偏航角）与风向角度和风电机组叶轮角度（也就是机舱角度）之间的相对关系。偏航控制系统主要具备风向标控制的自动偏航、人工偏航功能。按其优先级别由高到低依次为顶部机舱控制偏航、面板控制偏航、远程控制偏航；风向标控制的90°侧风；自动解缆。风电机组偏航控制图如图3-55所示。

在整个偏航控制过程中测量的参数如下：

（1）风向。风向信号是风电机组启动及偏航调节的重要信号。风向标是风向测量的主

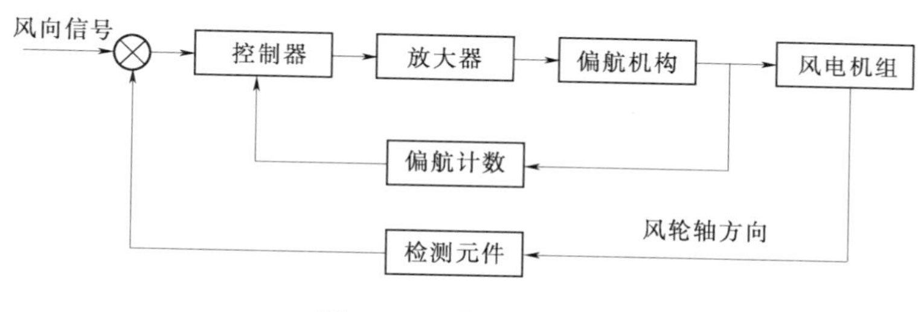

图 3－55　偏航控制图

要手段。

(2) 偏航角度及方向。偏航系统只可以处于不偏航、左偏航和右偏航三个状态之中的一个。偏航角度及偏航方向参数测量一般采用两个接近开关，或在偏航驱动电机轴承处安装的光电编码器来测量。

(3) 限位信号。偏航轴承转动同时带动限位开关转动，偏航角度达到极限值时限位开关处于触发状态时，偏航停止。

(4) 解缆信号。由于风电机组总是选择最短距离最短时间内偏航对风，有时由于风向的变化规律，风电机组有可能长时间向一个方向偏航对风，这样就会造成电缆的缠绕，如果缠绕圈数过多，超过了规定的值，将造成电缆的损坏。风电机组在达到预设的解缆角度后会继续偏航，并触发左或右偏航停止限位开关，风电机组停机。再次启动偏航系统时，风电机组向相反方向转动，即实现解缆。

3.5.5　液压系统

风电机组的液压系统属于风电机组的一种动力系统，它的主要功能是为变桨控制装置、安全桨距控制装置、偏航驱动和制动装置、停机制动装置提供液压驱动力。风电机组液压系统是一个公共服务系统，它为风电机组上一切使用液压作为驱动力的装置提供动力。

在定桨距风电机组中，液压系统的主要任务是驱动风电机组的气动刹车和机械刹车；在变桨距风电机组中，液压系统主要控制变距机构，实现风电机组的转速控制、功率控制，同时也控制机械刹车机构。

在偏航控制中，根据风电机组的工况要求，在风轮迎风时，需要完全制动定位；在需要对风时，风电机组进行驱动偏航，但为了偏航动作的精确性和稳定性，仍需要有一定的制动压力，使制动盘处于“半刹”状态；在解缆状态下应将偏航制动盘完全释放。因此，偏航制动器需要有 3 种压力，即全压、部分压力（半压）、零压。对应不同的状态，液压系统需要输出不同的压力。

停机制动（主轴制动）系统是风电机组安全链上的重要装置，在风电机组启动前靠液压作用使得制动钳抱紧风电机组主轴制动盘起到制动作用；当风电机组运转过程中要停机时，制动器制动，抱紧高速轴，使风电机组停机。

一个风电机组的液压系统一般将各控制回路集中到一个液压站上，这样结构更为紧凑，安装、维护、检查也方便。下面以一种偏航液压站设计为例分析该液压站中的控制信

号。偏航液压系统原理图如图3-56所示。

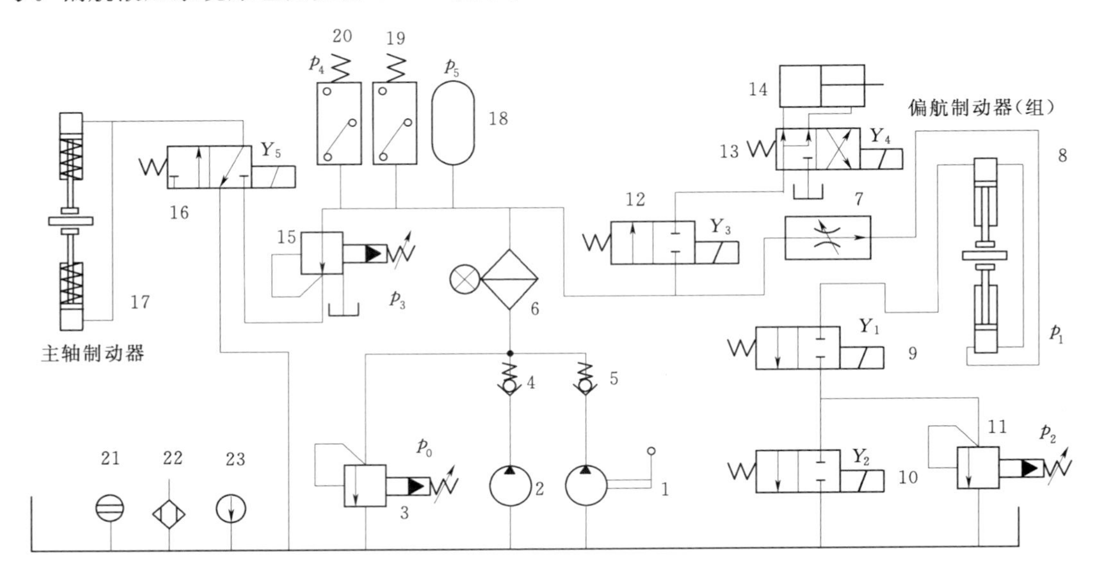

图3-56 偏航液压系统原理图

1—手动泵；2—电动泵；3—主溢流阀；4、5—单向阀；6—带污染监测的过滤阀；7—调速阀；8—偏航制动器（组）；9、10、12—两位两通电磁换向阀；11—偏航溢流阀；13—两位四通电磁换向阀；14—风轮锁定油缸；15—减压阀；16—两位三通电磁换向阀；17—主轴制动器；18—蓄能器；19、20—压力传感器；21—液位传感器；22—空气滤清器；23—温度传感器

在液压站中主要测量的参数如下：

（1）压力。在主油路设置了蓄能器和压力传感器，因为根据系统需求各回路所需的压力为 $p_5 \leqslant p_1 \leqslant p_4 \leqslant p_0$，所以通常可由蓄能器保压，当系统压力低于压力传感器19设定压力 p_5 时，油泵启动为系统补压，当系统油压达到压力传感器20设定压力 p_4 时，油泵停止工作。

（2）液位。监控液压站油箱内液位，目前风电行业中使用较多的为浮子液位计。

（3）温度。监控油箱内液压油温度。

除了上述各系统中的测量信号，为保证风电机组正常、安全运行，还需要对应力、转矩、振动等信号进行检测。综上所述，风电机组中应用到的主要传感器有风速传感器、风向传感器、转速传感器、限位开关、振动传感器、温度传感器等。

1. 风速传感器

测量风速的仪器称为风速仪，其类型有多种，根据工作原理可分为旋转式风速仪、压力式风速仪、散热式风速仪和声学风速仪。

（1）旋转式风速仪。它的感应部分是一个固定转轴上的感应风的组件，常用的有风杯和螺旋桨叶片两种类型。风杯旋转轴垂直于风的来向；螺旋桨叶片的旋转轴平行于风的来向。

测定风速最常用的传感器是风杯，杯形风速仪的主要优点是它与风向无关，能够适应多种恶劣的环境，所以百余年来在世界上获得了广泛的采用，风杯式风速仪如图3-57所

示。该类型风速仪一般由 3 个或 4 个半球形或抛物锥形的空心杯壳组成。杯形风顺着同一方向，整个横臂架则固定在能旋转的垂直轴上。

图 3－57 风杯式风速仪

由于凹面和凸面所受的风压力不相等，在风杯受到扭力作用而开始旋转，它的转速与风速成一定的关系。推导风标转速与风速的关系可以有多种途径，大都在设计风速仪时要详细推导，但都要用到杯状测风的阻力公式，即

$$F_D = \frac{1}{2} C_D A \rho_a V^2 \tag{3-79}$$

式中 C_D——阻力系数；

A——杯状物暴露在风中的面积，m^2；

ρ_a——空气密度，kg/m^3；

V——风速，m/s。

螺旋桨叶式风速仪类似于水平轴风电机组的工作，主要靠升力工作的螺旋桨叶式的风速仪如图 3－58 所示。螺旋桨叶式风速仪是由若干片桨叶按一定角度等间隔地装置在一垂直面内，能逆风绕水平轴转动，其转速正比于风速。桨叶有平板叶片的风车式和螺旋桨式两种。最常见的是三叶或四叶式螺旋桨，装在形似飞机机身的流线形风向标前部，风向标使叶片旋转平面始终对准风的来向。叶片由轻质材料制成，如铝或碳纤维热塑料。桨叶旋转方向始终正对风向，在流向平行于轴的气流中，桨叶受到升力，从而使螺旋桨以与风速成正比的速度旋转。为测量风的垂直和水平分力，三个桨叶固定在一个共同的桅杆上。

图 3－58 螺旋桨叶式风速仪

可用余弦定律来表示螺旋桨轴随风向偏转的变化，这意味着垂直于螺旋桨轴的速度可被置为零。螺旋桨叶式风速仪可以保持转速与所测风速间相当好的线性关系。与多叶片风速表相比，它的启动风速较高，因而灵敏度要差些。

风杯式风传感器与螺旋桨叶式风传感器在性能方面的比较如下：

1）风杯的断面总面积和螺旋桨叶的总面积相等，力的作用半径也相同的情况下，螺旋桨的力矩为风杯力矩的1.5倍，所以螺旋桨叶式风传感器的效率大于风杯式风传感器的效率。

2）螺旋桨式仪器的刻度几乎与雷诺数 Re 无关，所以在湍流中工作时，线性和稳定性都比较好。风杯受 Re 的影响较大，而且风杯本身就是空气流的扰动源。试验表明，风杯式仪器的读数，随乱流的强度而变化，这是风杯式传感器的严重缺点。

3）螺旋桨叶轮的距离常数与桨叶数无关，而风杯则不然。

4）在同样条件下，螺旋桨叶轮所造成的气流平均速度偏高，比风杯式小1.4倍。

5）螺旋桨式叶轮在风为正或者是负的阵型时，其效率差不多，而风杯叶轮则以较高的效率感应递增的风速，对递减的风速感应效率较低。

6）使用螺旋桨叶式风传感器时，由于其风向标的摆动不能精确地对准风向，而产生侧面分量，会部分地降低平均风速，这可以认为是有益的因素。

7）螺旋桨的技术要求比风杯严格，制造工艺也较风杯复杂，所以成本比风杯高得多。

8）螺旋桨叶式风传感器风向标转换器为电位器，外加一个激励电压，电位器输出的风向信号是一个正比于尾翼转动角度的模拟电压值，精度难以达到很高的要求；风杯式传感器的转换器为格雷码盘，每一个格雷码代表一个风向，并且每次只能变化一位，有助于消除乱码，因此精度可以做到很高。

综上所述，螺旋桨的理论和实验特性均好于风杯，但出于性价比及精度方面的考虑，人们往往选用后者。

(2) 压力式风速仪。测量气流速度最常用的仪器是由皮托管演变而来的。皮托管是一根圆柱形管子，一端开口，另一端连在压力计上，用以测量气流总压。这种管子是 H. Piston 在1872年用来测量河流的水深和流速关系的。

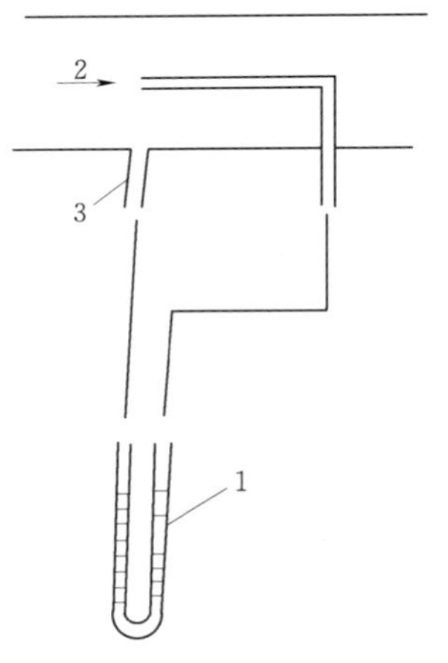

图3-59 皮托管测流速工作原理

1—Δp；2—p_0；3—p

皮托管测流速工作原理如图3-59所示，一个管口迎着气流的来向，它感应气流的全压力 p_0；另一个管口背着气流的来向，所感应的压力为 p，因为有抽吸作用，比静压力稍低些。两个管子所感应的压力有一个压力差 Δp 为

$$\Delta p = p_0 - p = \frac{1}{2}\rho v^2(1+c) \tag{3-80}$$

$$v = \left[\frac{2\Delta p}{\rho(1+c)}\right]^{1/2} \tag{3-81}$$

式中 ρ——空气密度，kg/m^3；

v——风速，m/s；

c——修正系数。

这样由式（3-81）可计算出风速，可看出风速与风压不是线性关系。

(3) 散热式风速仪。当流体沿垂直方向流过金属丝时，将带走金属丝的一部分热量，使金属丝温度下降。根据强迫对流热交换理论，可导出热线散失的热量口与流体的速度 v 之间存在的关系式。标准的热线探头由两根支架张紧一根短而细的金属丝组成，金属丝通常用铂、铑、钨等熔点高、延展性好的金属制成。常用的丝直径为 5μm，长为 2mm；最小的探头直径仅 1μm，长为 0.2mm。根据不同的用途，热线探头还做成双丝、三丝、斜丝及“V”形、“X”形等。为了增加强度，有时用金属膜代替金属丝，通常在一热绝缘的基体上喷镀一层薄金属膜，称为热膜探头。热线探头在使用前必须进行校准，静态校准是在专门的标准风洞里进行的，测量流速与输出电压之间的关系并画成标准曲线；动态校准是在已知的脉动流场中进行的，或在风速仪加热电路中加上一脉动电信号，校验热线风速仪的频率响应，若频率响应不佳可用相应的补偿线路加以改善。热线风速仪如图 3-60 所示。

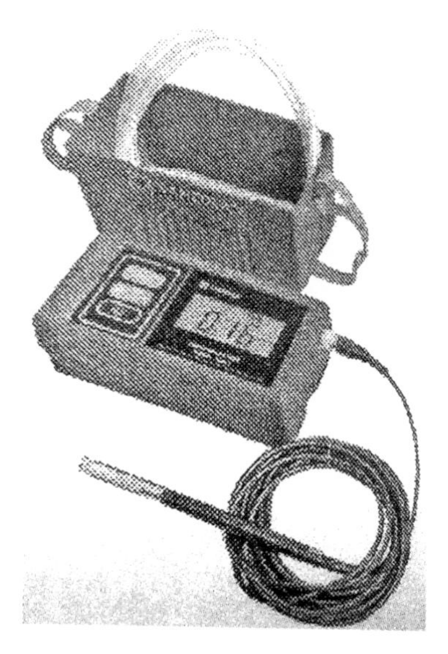

图 3-60　热线风速仪

(4) 声学风速仪。声学风速仪是利用声波在大气中传播速度与风速间的函数关系来测量风速。声波在大气中传播的速度为声波传播速度与气流速度的代数和。它与气温、气压、湿度等因子有关。在一定距离内，声波顺风与逆风传播有一个时间差。由这个时间差便可确定气流速度。

声波风速仪通常设置 3 个手臂，彼此垂直安装，在臂端安装了传感器，通过空气向上或向下发出声波信号。运动空气中的声速不同于静止空气中的声速。用 v_s 表示静止空气中的音速，v 表示风速。如果声音和风向向同一方向移动，则由此产生的声波速度 v_1 可表示为

$$v_1 = v_s + v \tag{3-82}$$

同样，如果声波的传递与风向相反，则由此产生的声波速度 v_2 可表示为

$$v_2 = v_s - v \tag{3-83}$$

根据式 (3-82) 和式 (3-83)，可得出

$$v = \frac{v_1 - v_2}{2} \tag{3-84}$$

因此，在上下移动时通过测量传感器尖端间的声波速度，风速则可被计算出。在 0～65m/s 范围内测出的风速是可靠且准确的。但是，声波风速仪比其他类型的风速仪要昂贵。三维超音速风速传感器如图 3-61 所示。

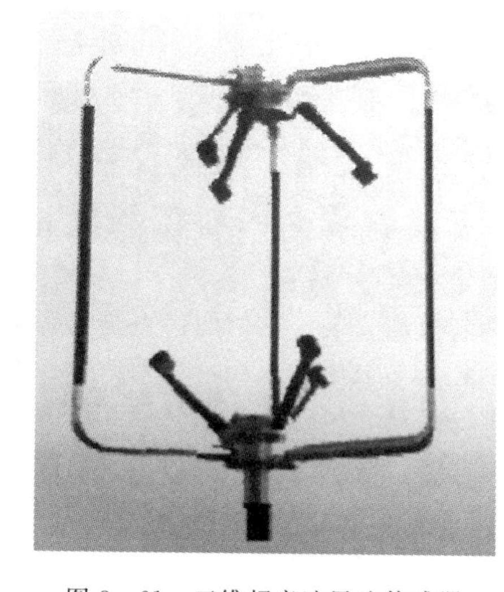

图 3-61　三维超音速风速传感器

对于风速和风向的测量，在许多情况下，风速和风向测量用一体的风速和风向传感器，如图 3-62、图 3-63 所示。

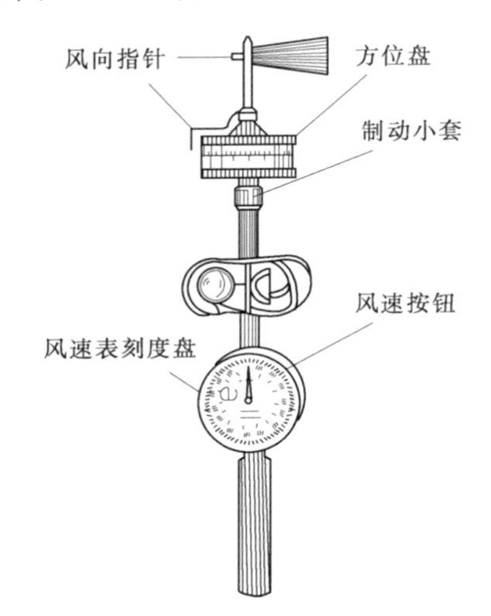

图 3-62 轻便风向风速表

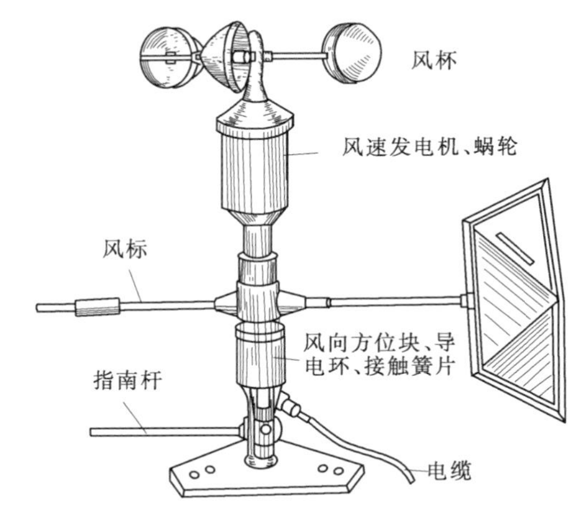

图 3-63 EL 型风向风速仪传感器

2. 风向传感器

目前普遍采用的测定风向的仪器为风向标，如图 3-64 所示。风向标外形可分为尾翼、平衡锤、指向杆、转动轴四部分。尾翼是感受风力的部件，在风力的作用下产生旋转力矩，使指向杆不断调整取向，与风向保持一致。指向杆的作用是指示风的来向。平衡锤装在指向杆上，使整个风向标对支点（旋转主轴）保持重力矩平衡。转动轴风向标的转动中心，并通过它带动一些传感元件使风向标指示的度数传送到室内的指示仪表上。

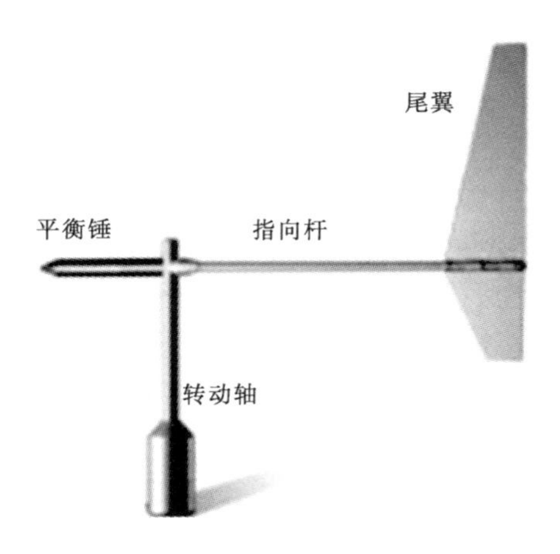

图 3-64 风向标

当风的来向与风向标成某一交角时，风对风向标产生压力，这个力可以分解成平行和垂直于风向标的两个风力。由于风向标头部受风面积比较小，尾翼受风面积比较大，因而感受的风压不相等，垂直于尾翼的风压产生风压力矩，使风向标绕垂直轴旋转，直至风向标头部正好对准风的来向时，由于翼板两边受力平衡，风向标就稳定在某一方位。

风杯式风速仪和风向标属于机械式风力传感器，两者分离安装，它们的优点是结构简单、价格低廉，最大的缺点是有旋转部件，存在磨损损耗，易被风沙损耗，易受冰冻、雨雪干扰。一般风电机组为保证测量准确，每个机舱上都安装两套风速仪和风向标，用两套仪器的测量值对比来判断风速仪或风向标有无故障。

近年超声波技术也被用于风速和风向的测量中，利用该技术可将风向和风速的测量集于一体，常用的二维超声波风速风向仪如图 3-65 所示。超声波风速风向仪的工作原理是利用超声波时差法来实现风速的测量。声音在空气中的传播速度，会和风向上的气流速度叠加。若超声波的传播方向与风向相同，它的速度会加快；反之，若超声波的传播方向与风向相反，它的速度会变慢。因此，在固定的检测条件下，超声波在空气中传播的速度可以和风速函数对应。通过计算即可得到精确的风速和风向。由于声波在空气中传播时，它的速度受温度的影响很大；风速仪检测两个通道上的两个相反方向，因此温度对声波速度产生的影响可以忽略不计。传统超声波式仪器最大优点是无机械式摩擦损耗带来的系列缺点。与身俱来的缺点是尺寸大、不易加热、易结冰，同时易受雨、雪、雹、霜、雾、沙尘等障碍物影响。

图 3-65 二维超声波风速风向仪

随着激光与光电子技术、光学加工技术及信号处理技术的发展，多普勒测风激光雷达应运而生。多普勒测风激光雷达利用光的多普勒效应，测量激光光束在大气中传输时其回波信号的多普勒频移来反演空间风速分布。多普勒测风激光雷达测量分辨率、精度高，探测范围广，但应用条件限于晴朗天气而且造价非常高。

综合上述三种风传感器类型，目前应用最广泛的还是机械式风向风速传感器。

3. 转速传感器

风电机组需要测量风轮主轴（低速轴）和发电机轴（高速轴）的转速。该转速信号主要用于机组的并网、脱网以及变速控制等。另外为提高变桨距及偏航精度，在使用电机驱动变桨距和偏航的风电机组中会在电机尾部安装转速传感器。

转速测量方法有很多种，在风电机组中，常采用光电转速传感器、电感式接近开关及光电编码器。

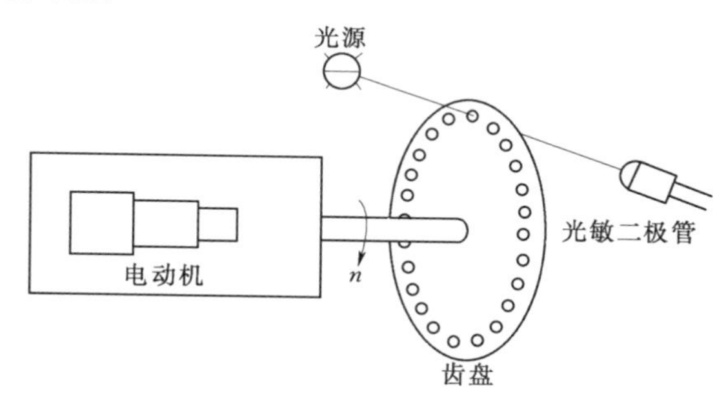

图 3-66 投射式光电转速传感器的测速原理

(1) 光电转速传感器。在风电机组中主要采用投射式光电传感器，其主要测速原理如图 3-66 所示。

将一个圆周均匀分布着很多小圆孔或齿槽的圆盘（常称为齿盘）固定在被测轴上，齿盘两侧分别设置红外光源和光敏晶体管，当红外光束通过小孔或槽部投射到光敏晶体管上时，光敏晶体管导通；当光束被齿盘的无孔部分或齿部遮挡时，光敏晶体管截止。因此，每当齿盘随转轴转过一个孔距（或一个齿距），光敏晶体管就会送出一个脉冲信号，显然，脉冲信号的频率与被测轴的转速成正比。一般齿盘圆周的孔数（或齿槽数）为 60 或 60 的整数倍。

(2) 电感式接近开关。电感式接近开关也用于检测低速轴和高速轴的转速，如图 3-67 所示。

电感式接近开关外形如图 3－67 所示。每当齿盘随转轴转过一个齿距，接近开关就会送出一个脉冲信号，显然，脉冲信号的频率与被测轴的转速成正比。

图 3－67　电感式接近开关外形

图 3－68　偏航接近开关安装位置

风电机组在偏航过程中，偏航控制系统根据风向标信号来调整机舱的对风方向：顺时针偏航、逆时针偏航还是不偏航，风电机组偏航方向的判断通过两个接近开关的输出信号来实现，偏航接近开关安装位置如图 3－68 所示。这两个接近开关在安装时要根据实际情况错位安装，安装的平视图如图 3－69 所示。控制系统根据两个接近开关的信号，计算偏航角度以及判断偏航方向，顺时针偏航的脉冲时序及偏航原理如图 3－70 所示；逆时针偏航的脉冲时序及偏航原理如图 3－71 所示。

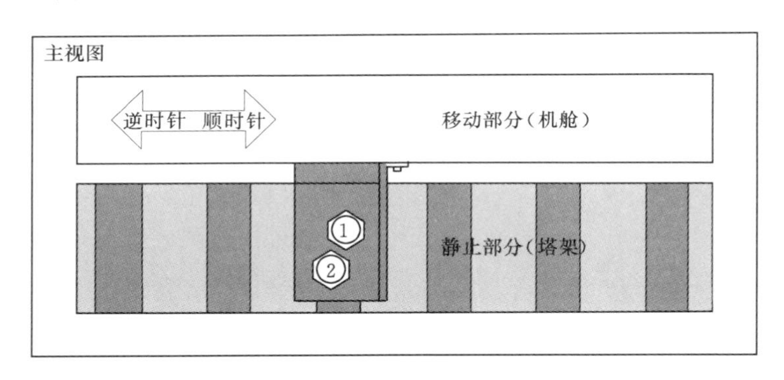

图 3－69　偏航接近开关安装平视图

（3）光电编码器。光电编码器是一种通过光电转换将输出轴上的机械几何位移量转换成脉冲或数字量的传感器，是目前应用较多的传感器。一般的光电编码器主要由光栅盘和光电检测装置组成。在伺服系统中，由于光电码盘与电动机同轴，电动机旋转时，光栅盘与电动机同速旋转，经发光二极管等电子元件组成的检测装置检测，输出若干脉冲信号，其原理如图 3－72 所示。通过计算每秒光电编码器输出脉冲的个数就能反映当前电动机的转速。此外，为判断旋转方向，码盘还可提供相位相差 90°的 2 个通道的光码输出，根据双通道光码的状态变化确定电机的转向。

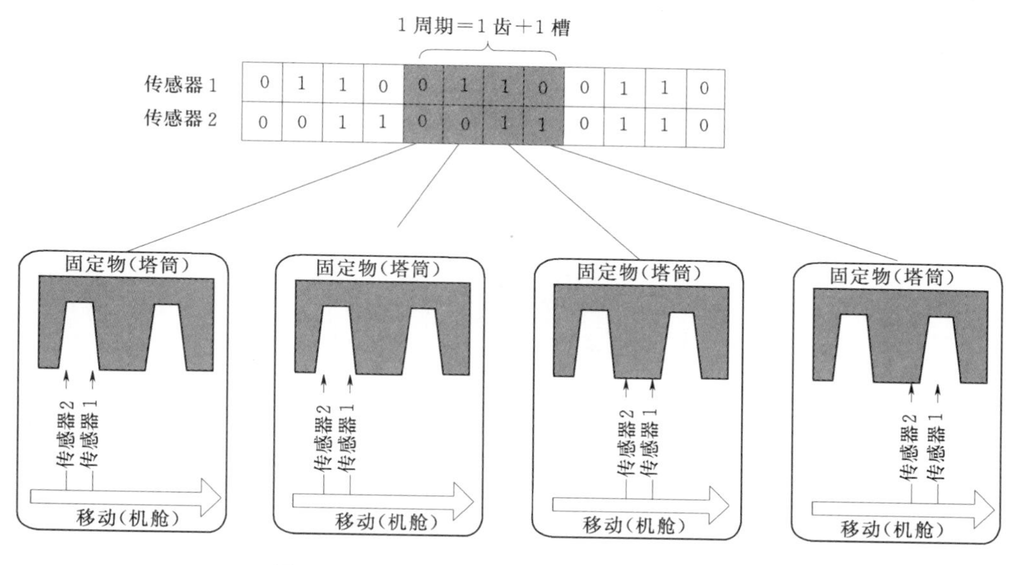

图 3-70 顺时针偏航的脉冲时序及偏航原理

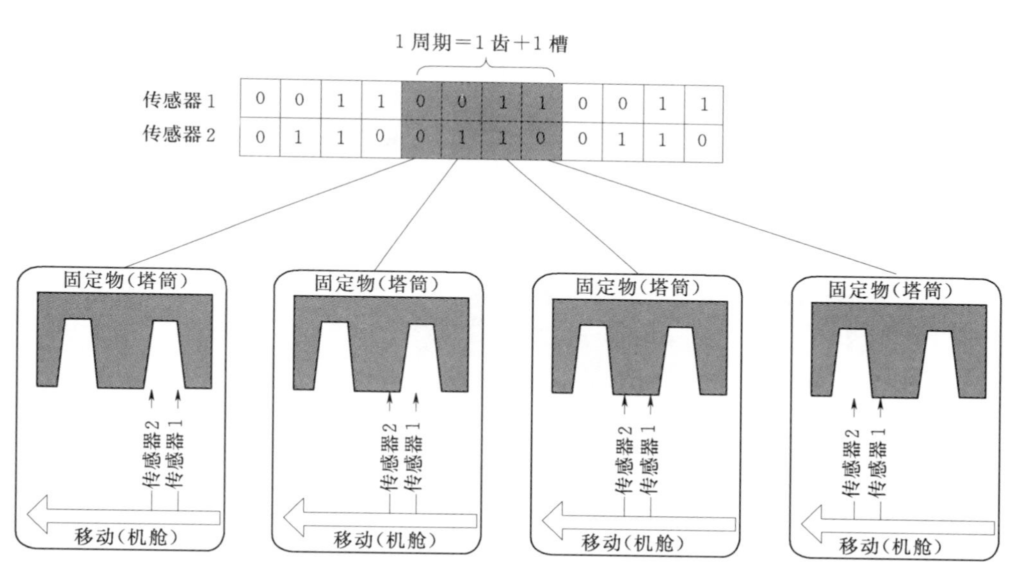

图 3-71 逆时针偏航的脉冲时序及偏航原理

4. 限位开关

限位开关用于控制机械设备的行程及限位保护。在风电机组中基本有两种限位开关设计，具体如下：

(1) 变桨距限位开关，将限位开关安装在预先安排的位置，当安装于机械运动部件上的模块撞击限位开关时，限位开关的触点动作，实现电路的切换。因此，限位开关是一种根据运动部件的行程位置而切换电路的电器，它的作用原理与按钮类似，限位开关安装图如图 3-73 所示。

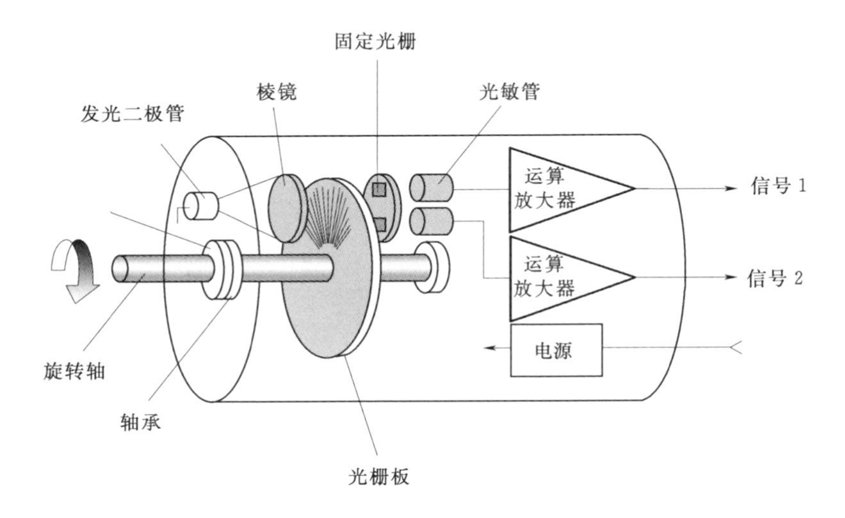

图 3-72 光电编码器结构图

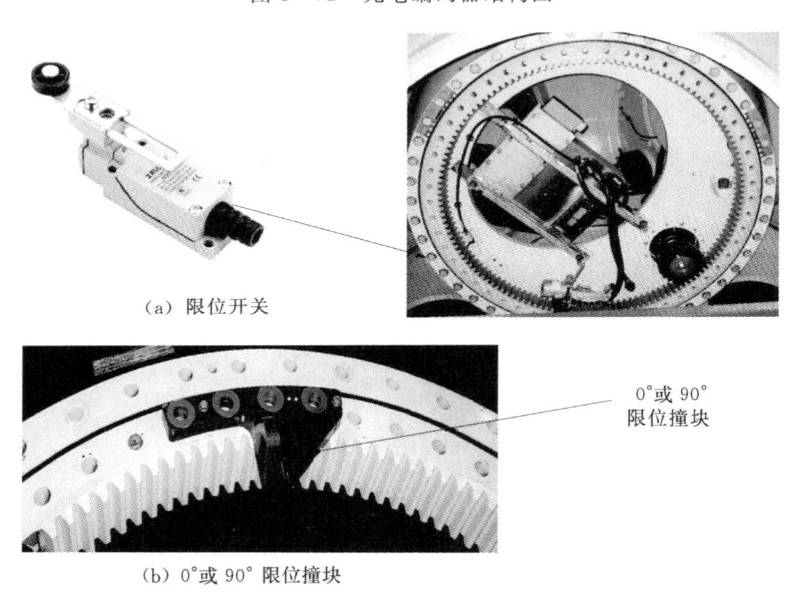

(a) 限位开关

(b) 0°或 90° 限位撞块

图 3-73 限位开关安装图

(2) 偏航限位开关，现在大型风电机组一般采用在偏航齿轮上安装凸轮记忆的限位开关，偏航限位开关如图 3-74 所示。齿轮是扭缆开关不可少的附件，齿轮的大小取决于被检测物体边缘大小。

偏航限位开关的作用是实现电缆的自动解缆。当偏航控制器检测到扭缆达到 2.5～3.5 圈（可根据实际设定）时，若风电机组在暂停或启动状态，则进行解缆（机舱向电缆缠绕相反方向转动对风）；若正在运行，则主控系统将不允许解缆，偏航系统继续进行正常偏航对风跟踪。当偏航控制器检测到扭缆达到保护极限 3～4 圈时，偏航控制器请求主控系统正常停机，此时主控系统允许偏航系统强制进行解缆操作。在解缆完成后，偏航系

图 3-74 偏航限位开关

统便发出解缆完成信号。

5. 振动传感器

由于风电场的环境恶劣加上自身结构等的特点，风电机组所受的外部激振力和振动自由度相对其他大型旋转机械要多，所以长期以来，振动是风电机组运行中最常见的主要故障之一，又是原因最复杂、最不容易解决的问题，严重时会形成振动事故，造成设备损害。为了保障风电机组的安全运行，对其运行状况进行振动状态监测非常重要。

目前风电机组振动监测仪器有极限振动保护传感器和机械振动传感器。

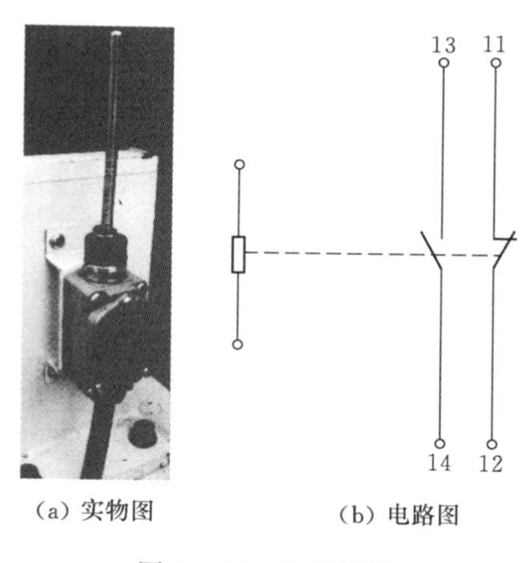

(a) 实物图　(b) 电路图

图 3-75 振动开关

极限振动保护传感器是用反映激烈振动的重力钢制微动开关来输出信号的。振动开关如图 3-75 所示。传感器通常安装在垂直于重力的方向上，灵敏度可以通过上下移动重量来调整。剧烈的振动可以激活振动传感器的微动开关，当微动开关被激活后，振动传感器将改变其内部的自由继电器的状态，可能是由开到关（13/14），或是由关到开（11/12）。该振动传感器通常被用在安全锁链中，传感器被激活，风电机组停止工作。

机械振动传感器可以检测两个方向上的振动情况，可以保证实际条件不超过临界振动，振动测试原理如图 3-76 所示。机械振动传感器用于风电机组中重要组成部分的低频振动的参数监测，其内部的两个加速计可以用来测量 X 方向和 Y 方向的振动。

6. 温度传感器

风电机组传动系统的每个旋转部件都能产生热，这些热量不能及时散出就会损伤部件，在并网运行的大中型风电机组中，前轴承、后轴承、齿轮箱油、发电机轴承以及定子绕组等的温度都需要监测。在风电机组中，多采用铂热电阻 Pt100 进行测试，实物如图 3-77所示。

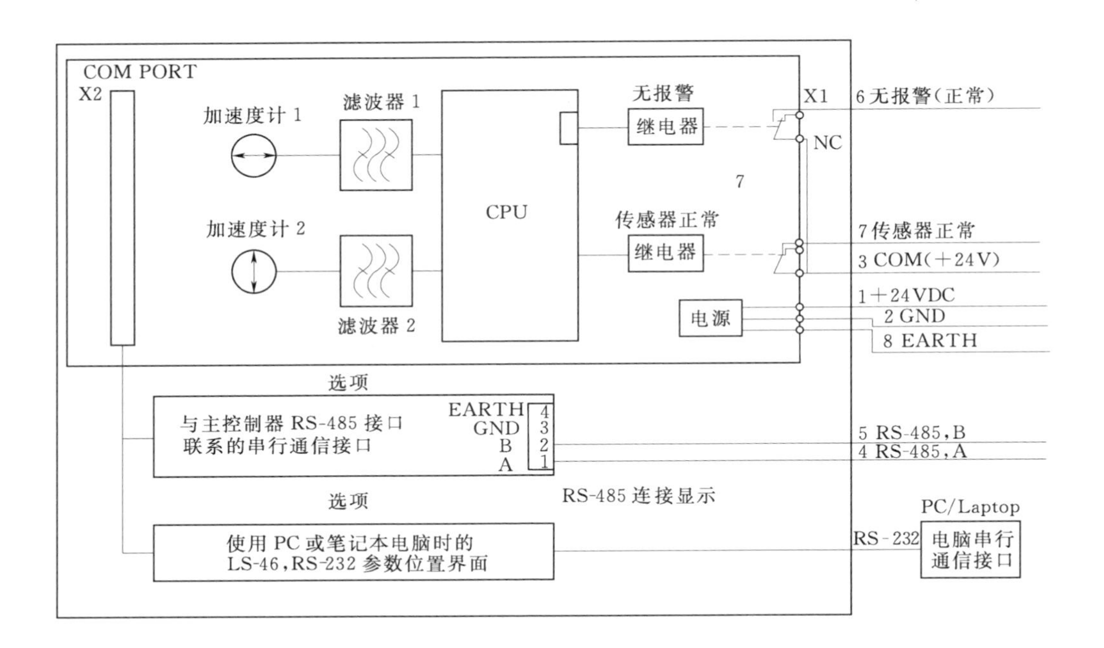

图 3-76 振动测试原理图

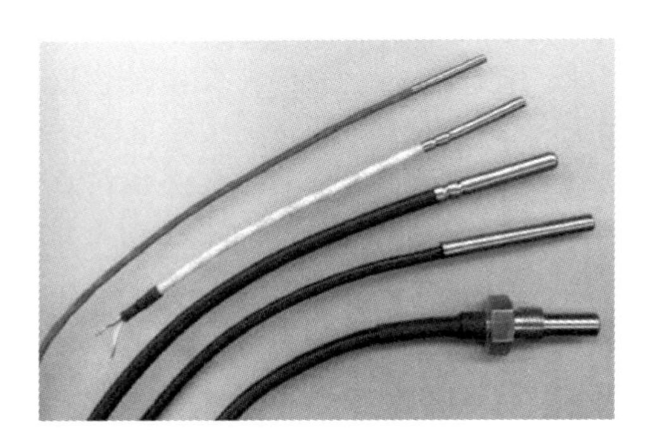

图 3-77 Pt100 热电阻

第4章　风能资源测量与评估

风能资源的开发和利用过程中，风能资源的测量与评估处于十分重要的位置，主要表现在风电场规划设计、风电场微观选址、风电场风况实时监测、超短期预测、数值预报模式、预报输出数据比对和数值模式参数校正等方面。风电场大都位置偏远，处于电网末端，电网接纳能力较弱，风电外送的能力受到制约。当风电机组满发时，电网调节能力有限，无法消纳大规模风电，为保障电网的安全稳定，特定时候需要适当弃风限电。因此，通过对风电场气象要素资料，尤其是风速进行测量和收集，能够对弃风限电的风电场发电损失进行有效评估，提高风电场的运营管理水平。对风能资源进行测量和评估，直接关系到风电场效益，是风电场建设成功与否的关键。本章就风能资源测量与评估问题进行描述。

4.1　测　风　步　骤

现场测风的目的是获取准确的风电场选址区的风况数据，要求数据具有代表性、精确性和完整性。因此，应制定严格的测风计划及步骤。

1. 制定测风原则

为了能够确定在各种时间和空间条件下风能变化的特性，需要测量风速、风向及其湍流特性；为进行风电机组微观选址，根据建设项目规模和地形地貌，需要确定测风点及塔的数量、测风设备的数量。

测风时间应足够长，以便分析风能的日和年变化，还应借助与风电场有关联的气象台、站长期记录数据以分析风的年际变化。

测风时间应连续，至少一年以上，连续漏测时间应不大于全年的1%。有效数据不得少于全部测风时间的90%。采样时间为1s，每10min计算有关参数并进行记录。

2. 选定测风设备

由于野外工作性质，应选用精度高、性能好、功耗低的自动测风设备。设备应具有抗自然灾害和人为破坏、保护数据安全准确的功能。

3. 确定测风方案

风电场测风方案是实施风电场测风的基础，风电场测风方案的好坏将直接影响测风的准确性和可靠性，其编制应符合国家和行业的有关技术标准与规定以及项目建设单位、当地政府的有关要求等。方案应能使风电场的测风达到《风电场风能资源测量方法》（GB/T 18709—2002）和《风电场风能资源评估方法》（GB/T 18710—2002）中的有关要求，测风数据能满足风电场风能资源评估和工程设计要求。风电场测风方案一般应包括的内容有：项目目的及任务由来、风电场项目简况、项目有关依据和开发原则、测风工作深度、测风范围的确定、测风塔及测风设备布置、技术要求、工作内容、工作进度计划等。

测风方案依测风的目的可分为短期临时测风方案和长期测风方案。短期方案可设立临时测风塔，测风高度一般为 10m 高度和预计轮毂高度；长期方案则需设立固定的多层塔，测风塔一般要求上、下直径相等的拉线塔，伸出的臂长是塔身直径的 6 倍以上，但有的预选风电场是用自立式（桁架式结构）塔，下粗上细，臂长要求是塔身直径 3 倍以上，而测风高度有多种选择。

对于复杂地形，需增设测风塔及测风设备数量，视现场具体情况而定。每个风电场应安装一个温度传感器和一个气压传感器，安装高度为 2～3m。

4. 确定测风位置

测风塔应尽量设立在能够代表并反映风电场风况的位置，测风应在空旷的开阔地进行，尽量远离高大树木和建筑物。在选择位置时应充分考虑地形和障碍物影响。最好采用 1∶10000 比例地图或详细的地形图确定测风塔位置。如果测风塔必须位于障碍物附近，则在盛行风向的下风向与障碍物的水平距离不应少于该障碍物高度的 10 倍；如果测风塔必须设立在树木密集的地方，则至少应高出树木顶端 10m。

5. 提取、存储和保存测风数据

测风数据应及时提取，按数据存储卡容量，一般 30～45 天提取一次，为保险起见，最好一个月提取一次。数据存储卡替换下来后，应及时提取并存储其内部数据以免造成数据意外丢失，提取数据应备份保存，除正在分析使用以外，至少备份两份保存归档（磁盘、光盘），分别存放在安全地方，避开可能导致数据丢失的环境如静电、强磁场和高温环境等。

6. 记录测风数据文件

测风数据提取后，每次以文件形式保存并对其进行编号，记录编号内容；数据文件名称、数据采集开始及结束时间、风电场所在地名称、风电场名称、测风塔编号、测风塔海拔及经纬度等。

4.2 测　风　塔

1. 测风塔的作用与结构

前期开发过程中，测风塔主要用于风电场的风能资源评估和微观选址。风电场投运后，测风塔主要用于风电场的气象信息实时监视和发电能力预测。

测风塔主要有桁架式拉线塔架和圆筒式塔架等两种结构型式，如图 4-1、图 4-2 所示。目前，国内大多数采用桁架拉线塔架结构型式。测风塔的安装地理位置可选择在拟建风电场的中央或风电场的外围 2～3km 处。用于风能资源开发利用的测风塔架上搭载的设备主要是气象要素实时监测系统，包括多种气象要素测量传感器、数据采集模块、通信模块等，分层梯度测量和采集风电场微气象环境场内的风况、温度、湿度、气压等气象信息。

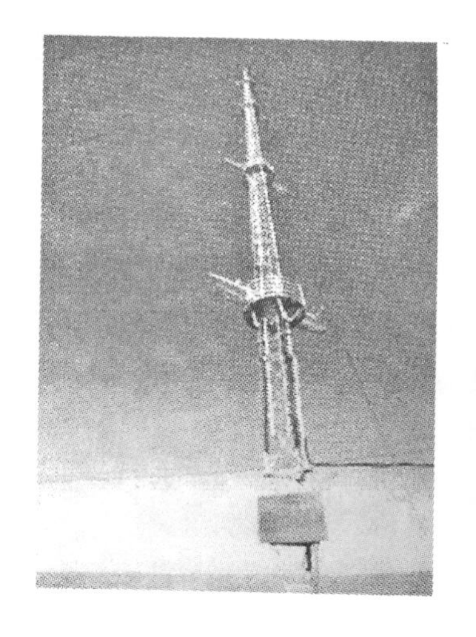

图 4-1 桁架式拉线塔架测风塔

2. 测风塔要求

测风塔应具备结构安全、稳定、轻便，易于运输、安装及维护，风振动小，塔影影响小及防腐、防雷电等特点；风电场基本（主）测风塔的高度应不低于今后风电场拟安装风电机组的轮毂高度；塔上应悬挂“请勿攀登”等明显的安全警示标志。测风塔应能抗击当地最大阵风冲击以及10～20年一遇的自然灾害（如暴雨、洪水、泥石流、凝冻结冰等）。对于有结冰凝冻气候现象的风电场，在测风塔设计、制作时应予以特别考虑。测风塔的形式可根据风电场的自然条件和交通运输条件，选用桁架式拉线塔架、圆筒形拉线塔、桁架形自立塔中的一种，以满足测风要求为原则。测风塔的接地电阻应尽量满足规范要求（小于40Ω），若接地确有困难，可适当放宽其接地电阻要求；对于多雷暴地区，测风塔的接地电阻应引起高度重视。

图 4-2 圆筒式塔架测风塔

3. 风电场区域内测风塔位置与数量选择

测风塔所选测量位置的风况应基本代表该风电场的风况，测风塔位置既不能选在风电场区域的较高处也不能选择较低的位置，所选位置应能代表场区内风电机组的总体位置。测风塔附近应无高大建筑物、树木等障碍物，与单个障碍物距离应大于障碍物高度的3倍，与成排障碍物距离应保持在障碍物最大高度的10倍以上。测量位置应最好选择在风电场主风向的上风向位置。

设立测风塔的目的是能够准确反映将来风电场内风电机组位置的资源情况，所立测风塔周围环境要与风电机组位置的环境基本一致。这样它们之间就要遵循一定的相似准则，测风塔位置和风电机组位置之间的相似准则主要从大气环境和地理特性两方面来说。大气环境相似，即整体区域风况、风的驱动力、大气稳定等情况相似；地形相似，即地形复杂度、海拔及周边、背景粗糙度等情况相似。

规划区域内测风塔数量根据风电场规模和地形复杂程度而定。一般来说，具有均匀粗糙程度的平坦地形 $50\sim100\text{km}^2$ 范围考虑在场中央安装一座测风塔即可。如果场区内地表粗糙度在中间衔接发生急剧变化，测风塔应避开此类地区，在地表粗糙度变化前和变化后分别安装测风塔；丘陵及山地地形 $30\sim40\text{km}^2$ 范围考虑一个测风塔。

对于宏观选址已确定的风电场区域，首先获取 1∶50000 的风电场区域地形图，根据风电场区域给定的各个拐点坐标，确定风电场在地形图上的具体位置，并扩展到外沿 5km 的半径范围，根据等高线的多少、疏密和弯曲形状以及标注的高程等对风电场的地形地貌进行分析，确定风电场区域内的高差和坡度，找出影响风力变化的地形特征，如高山、丘陵以及其他障碍物。

风电场建设区域的地形一般分为平坦地形和复杂地形。平坦地形是指在风电场区及周围 5km 半径范围内其地形高度差小于 5m，同时地形最大坡度小于 3°的地形。复杂地形指平坦地形以外的各种地形，可分为隆升地形和低凹地形。地形局部特征的变化对风的运动有很大的影响，这种影响在总的风能资源图上无法表示出来，需根据实际情况作进一步的分析。

在隆升地形处，由隆升地形气流运动特点可看出，在盛行风向吹向隆升地形时，山脚风速最小，山顶风速最大，半山坡的风速趋于中间，均不能代表风电场的风速，故应在山顶、半山坡和山脚的来流方向分别安装测风塔。

在低凹地形处，由低凹地形的气流运动机理可看出，只有盛行风向与低凹地形的走向一致，低凹地形内的气流方能加速，才适宜建设风电场，否则谷内的气流变化较复杂，不宜建设风电场。故应将测风塔设在低凹地形盛行风向的上风入口处，测风数据才具有代表性，然后根据气流运动机理和风速场数学模型估测出其他地段的风速。

根据当地的水文地质资料，测风塔应避开土质较松、地下水位较高的地段，防止在施工中发生塌方、出水等安全事故。

在风向稳定的地区，对风电机组和测风塔的微观选址没有太大的影响，主要取决于地形地貌和当地盛行方向。对于没有固定盛行方向但风况又较好的地区，应根据地形地貌条件适当增加测风塔的数量。

现场所安装测风塔的数量一般不能少于两座。若条件许可，对于地形相对复杂的地区应增至 4～8 座。一般来说，测风方案依选址的目的而不同，若是要求在选定区域内确定风电场场址，则可以采用临时方案，安装一个或几个单层安装测风仪的临时塔。该塔可以是固定的，也可以是移动的，测风仪应安装在 10m 和大约风电机组轮毂高度处（30～70m）；若测风的目的是要对风电场进行长期风况测量及对风电场风电机组进行产量测算，则应采用设立多层测风塔长期测量有关数据。

4. 测风塔等测风设备布置

测风塔一般应布置不少于 3 层的风速观测，是否需要布置风向、温度、气压、湿度等气象要素观测应以满足今后风电场风能资源评估和设计的有关要求为原则。对于风电场的基本（主）测风塔一般除布置有风速观测外，还布置 2～3 层风向观测，若风电场还有其

他气象要素需进行观测，一般也布置在基本（主）测风塔上。

对于一座高 70m 的测风塔，风速观测若设置 3 层，则一般考虑在 10m、40m（或 50m）、70m 高度设置；若设置 4 层，则一般考虑在 10m、30m、50m、70m 高度设置；若设置 5 层，则一般考虑在 10m、30m、50m、60m、70m 高度设置；若设置 6 层，则一般考虑在 10m、25m（或 30m）、40m、50m、60m、70m 高度设置；若设置 7 层，则一般考虑在 10m、20m、30m、40m、50m、60m、70m 高度设置。测风塔的风向观测布置，若布置两层，一般布置在测风塔的 10m 高度和顶层高度。

4.3 测 风 系 统

风电场选址时，当采用气象台、站所提供的统计数据时，往往只是提供较大区域内的风能资源情况，而且其采用的测量设备精度也不一定能满足风电场微观选址的需要，因此，一般要求对初选的风电场选址区用高精度的自动测风系统进行风的测量。

4.3.1 技术要求

对风电场进行测风时，除需对风速、风向进行测量外，一般还会在风电场设置 1～2 套测量温度、气压、湿度等气象要素观测的设备。其测量要求如下：

（1）风速参数采样时间间隔应不大于 3s，并自动计算和记录每 10min 的平均值和标准偏差以及每 10s 内的最大风速及其对应的时间和方向。

（2）风向参数采样时间间隔应不大于 3s，与风速参数采样时间同步，并自动计算和记录每 10min 的风向值。风向单位一般采用（°）表示，风向转动一周为 360°；也可以采用扇区表示，一般将风向转动一周分为 16 个扇区，每个扇区为 22.5°。

（3）温度参数应每 10min 采样一次，并计算和记录每 10min 温度值（温度单位一般采用℃）。

（4）气压参数应每 10min 采样一次，并计算和记录每 10min 的气压值（气压单位一般采用 kPa 或 hPa）。

（5）相对湿度参数应每 10min 采样一次，并计算和记录每 10min 的相对湿度值（%）。

4.3.2 组成

自动测风系统主要由 5 部分组成，包括传感器、主机、数据存储装置、电源、安全与保护装置。

（1）传感器。根据测量内容分风速传感器、风向传感器、温度传感器（即温度计）、气压传感器等，输出信号为频率（数字）或模拟信号。

（2）主机。利用微处理器对传感器发送的信号进行采集、计算和存储，由数据记录装置、数据读取装置、微处理器、就地显示装置组成。

（3）数据存储装置。由于测风系统安装在野外，因此数据存储装置（数据存储盒）应有足够的存储容量，而且为了野外操作方便，采用可插接形式。一般来说，系统工作一定时间后，将已存有数据的存储盒从主机上替换下来，进行风能资源数据分析处理。

（4）电源。测风系统电源一般采用电池供电，为提高系统工作的可靠性，应配备一套或两套备用电源，如太阳能光电板等，主电源和备用电源互为备用，当某一故障出现时可自动切换。对有固定电源地段（如地方电网），可利用其为主电源，但也应配备一套备用电源。

（5）安全与保护装置。由于系统长期工作在野外，输入信号可能会受到各种干扰，设备会随时遭受破坏，如恶劣的冰雪天气会影响传感器信号、雷电天气干扰传输信号出现误差，甚至毁坏设备等。因此，一般在传感器输入信号和主机之间增设保护和隔离装置，从而提高系统运行可靠性。另外，测风设备应远离居住区，并在离地面一定高度区内采取措施进行保护以防人为破坏。主机箱应严格密封，防止沙尘进入。

总之，测风系统应具备的功能有：设备有较高的性能和精度，系统有防止自然灾害和人为破坏，保护数据安全准确的功能。

4.3.3 风向测量

1. 风向表示

气象上把风吹来的方向定为风向，因此，风来自北，称作北风；风来自南方，称作南风。气象台预报风向时，当风向在某个方向左右摆动不能确定时，则加“偏”字，如在北风方位左右摆动，则叫偏北风。风向测量单位，陆地一般用 16 个或 12 个方位表示，海上则多用 36 个方位表示。若风向用 16 个方位表示，则用方向的英文首字母的大写的组合来表示方向，即北东北（NNE）、东北（NE）、东东北（ENE）、东（E）、东东南（ESE）、东南（SE）、南东南（SSE）、南（S）、南西南（SSW）、西南（SW）、西西南（WSW）、西（W）、西西北（WNW）、西北（NW）、北西北（NNW）、北（N）。静风记为“C”。也可以用角度来表示，以正北基准，顺时针方向旋转，东风为 90°，南风为 180°，西风为 270°，北风为 360°，方位风向如图 4－3 所示。

各种风向的出现频率通常用风玫瑰图来表示。风玫瑰图是在极坐标图上，给出某年、某月或某日各种风向出现的频率（数字沿半径线标注），也称为风向玫瑰图。风向玫瑰图，既可画成一天中每个小时的，又可画成逐月的。分析比较一系列这样的图就可以掌握一天或一年中风向的变化。同理，统计各种风向上的平均风速和风能的图分别称为风速玫瑰图和风能玫瑰图。风频和风能以玫瑰图表示，如图 4－4、图 4－5 所示。风速风向频率柱状图如图 4－6 所示。风向频率和风能频率可以表示为

$$风向频率=\frac{某风向出现次数}{各风向总观测次数}\times 100\% \tag{4-1}$$

$$风能频率=\frac{某风向风能}{各风向总风能}\times 100\% \tag{4-2}$$

根据当地多年观测资料的年风向玫瑰图，风向频率较大方向为盛行风向。以季度绘制的可以有四季的盛行风向。

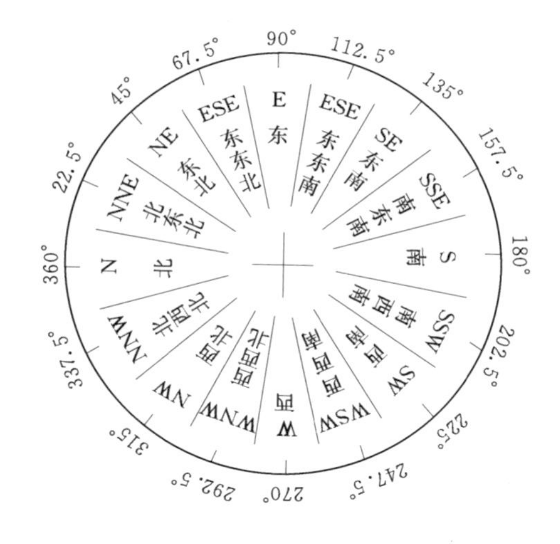

图 4-3 方位风向

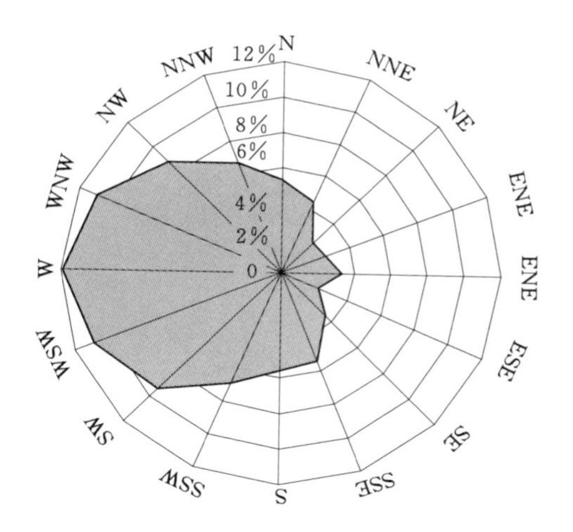

图 4-4 某风电场风频玫瑰图

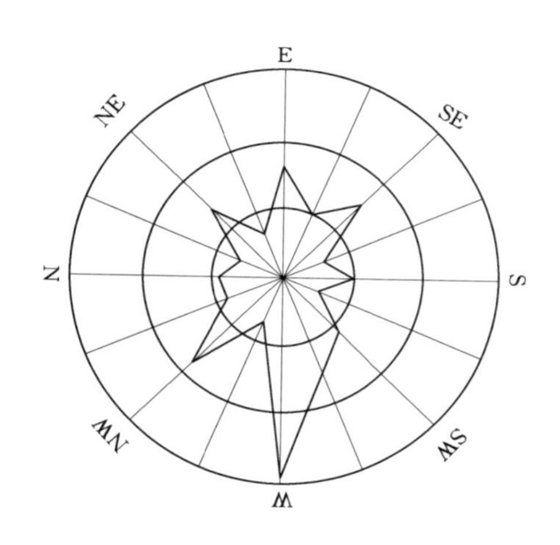

图 4-5 某风电场风能玫瑰图

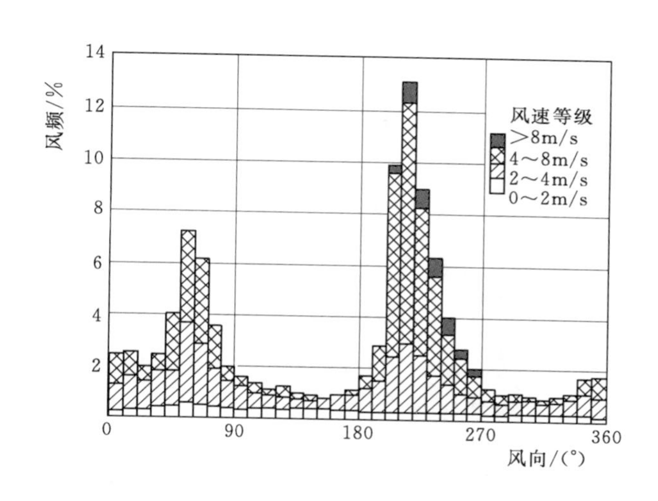

图 4-6 风速风向频率柱状图（H=60m）

2. 风向标

风向标是测量风向的最通用装置，有单翼型、双翼型和流线型等。风向标一般是由尾翼、指向杆、平衡锤及旋转主轴等 4 部分组成的首尾不对称的平衡装置。其重心在支撑轴的轴心上，整个风向标可以绕垂直轴自由摆动。在风的动压力作用下取得指向风的来向的一个平衡位置，即为风向的指示。传送和指示风向标所在方位的方法很多，风向标有电触点盘、环形电位、自整角机和光电码盘等 4 种类型，其中最常用的是光电码盘。风向标如图 4-7 所示。

4.3.4 风速测量与记录

1. 风速测量

目前风速测量手段主要是采用风速仪，风速仪的分类及原理详见本书 3.5 节。

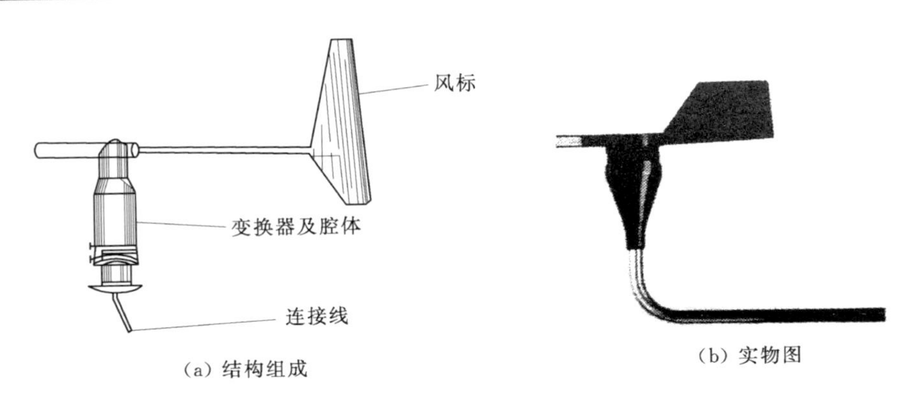

图 4-7　风向标

2. 风速记录

风速记录通过信号转换的方法来实现，一般有 4 种方法。

(1) 机械式。当风速感应器旋转时，通过蜗杆带动蜗轮转动，再通过齿轮系统带动指针旋转，从刻度盘上直接读出风的行程，除以时间得到平均风速。

(2) 电接式。由风杯驱动的蜗杆，通过齿轮系统连接到一个偏心凸轮上，风杯旋转一定圈数，凸轮使相当于开关作用的两个触头闭合或打开，完成一次接触，表示一定的风程。

(3) 电机式。风速感应器驱动一个小型发电机中的转子，输出与风速感应器转速成正比的交变电流，输送到风速的指示系统。

(4) 光电式。风速旋转轴上装有一圆盘，盘上有等距的孔，孔上面有一红外光源，正下方有一光电半导体，风杯带动圆盘旋转时，由于孔的不连续性，形成光脉冲信号，经光敏晶体管接收放大后变成电脉冲信号输出，每一个脉冲信号表示一定的风的行程，光电式风速记录原理如图 4-8 所示。

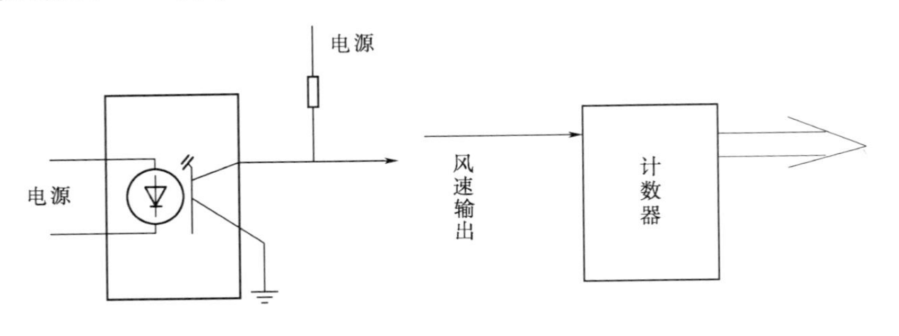

图 4-8　光电式风速记录原理

3. 风速表标定

为了运行可靠，应尽可能地减小风速仪的测量误差，风速仪的定期标定是有必要的。校准是在理想条件下制定一个基准风速作为标准。风速仪测量数据质量取决于其自身特性，如精度、分辨率、灵敏度、误差、响应速度、可重复性和可靠性。例如，一个典型的杯状风速仪有±0.3m/s 的精度，风速的最微小变化能被风速仪检测出，灵敏度即输出与

输入信号的比值；误差来源于指示速度与实际速度之间的偏差；响应速度表明了风速仪检测到风速变化的快慢程度；重复性表明在相同的条件下多次测量时所读取数据的接近程度；可靠性表明在给定风速的范围内风速仪成功工作的可能性。风速仪的这些属性应当定期检查。

标定的方法有两种：①使用专门的热线探头标定仪进行标定；②在风洞中使用参考速度标定探头进行标定。第一种标定方法比较准确，但是由于设备所限，通常选择第二种方法对风速仪进行标定。

校准风洞有吸入式、射流式、吸入—射流复合式以及正压式等多种类型，其中最常用的是图 4-9 所示的射流式校准风洞。射流式校准风洞由稳流段和收缩段构成，稳流段内装有整流网和整流栅格。供应给风洞的压缩空气先通过稳流段，再通过收缩段形成自由射流。

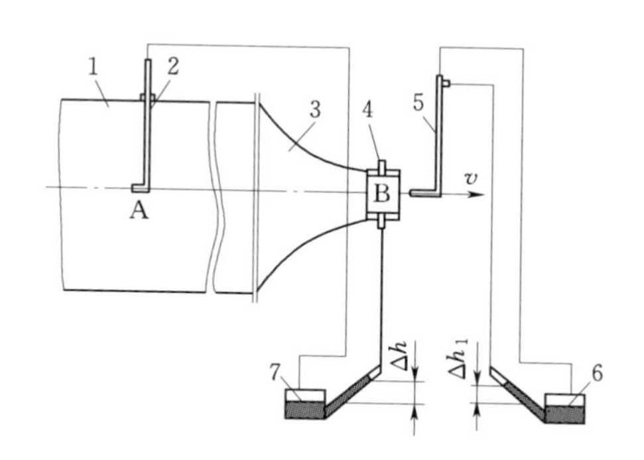

图 4-9 射流式校准风洞测试系统

1—稳流段；2—总压管；3—收缩段；4—静压测孔；5—被标定的皮托管；6、7—微压计

以皮托管风速的标定为例，被标定的皮托管感压探头迎风置于风洞出口处，其总压孔轴线对准校准风洞的轴线，标定时，皮托管动压读数为微压计示出的 Δh_1。相应的标准动压由安装在稳流段 A 处的总压管和开在射流段 B 处的静压孔组合测取，即为图 4-9 所示的 Δh。

在所选择的标定流速范围内，记录各稳定气流流速下校准风洞的标准动压值 Δh 和被标定皮托管的动压值 Δh_1。整理测定数据，结果被拟合成标定方程，或绘制成标定曲线，以备皮托管测量风速时查用。当 Δh 和 Δh_1 之间呈线性关系时，可以直接求出被标定皮托管的校准系数 ζ，即

$$\zeta=\sqrt{\frac{\Delta h}{\Delta h_1}} \tag{4-3}$$

4. 风速表示

各国表示风速的单位不尽相同，如 m/s、n mile/h、km/h、ft/s、mile/h 等。各种风速单位换算表见表 4-1。

表 4-1 各种风速单位换算表

单 位	m/s	n mile/h	km/h	ft/s	mile/h
m/s	1	1.944	3.600	3.281	2.237
n mile/h	0.514	1	1.852	1.688	1.151
km/h	0.278	0.540	1	0.911	0.621
ft/s	0.305	0.592	1.097	1	0.682
mile/h	0.447	0.869	1.609	1.467	1

风速大小与风速计安装高度和观测时间有关。各国基本上都以 10m 高度处观测为基

准，但取多长时间的平均风速不统一，有取 1min、2min、10min 平均风速，有取 1h 平均风速，也有取瞬时风速等的。

我国气象站观测时有 3 种风速，一日 4 次定时 2min 平均风速，有的记 10min 平均风速和瞬时风速。风能资源计算时，都用记 10min 的平均风速。安全风速计算时用最大风速（10min 平均最大风速）或瞬时风速。

4.3.5　其他气象参数测量

1. 气温测量

风能资源测量对温度传感器性能的有关规定在 GB/T 18709—2002 中，温度传感器要求测量范围为－40～50℃，精确度为±1℃。金属铂电阻温度表是利用金属电阻随温度变化的原理制成的温度传感器，电阻与温度的关系为式（3－59）。

为了避开紧贴地面处温度剧烈变化的影响，世界气象组织（World Meteorological Organization，WMO）规定测定空气温度，传感器离地面高度为 1.25～2.0m。由于风能资源测量的特殊性，在风电场风能资源测量标准中一般规定，气温的测量为离地 3m 高，温度传感器如图 4－10 所示。

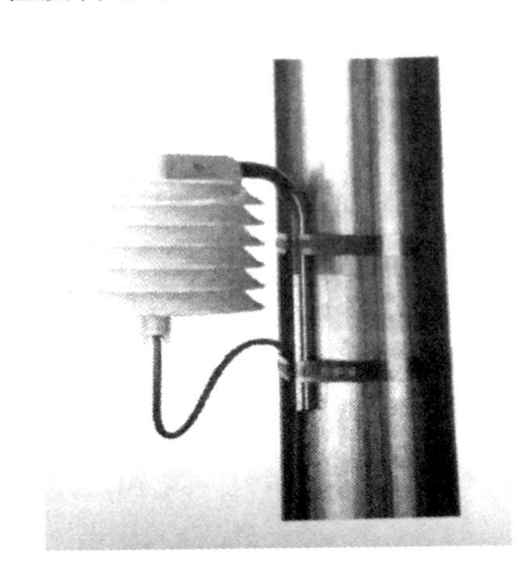

图 4－10　温度传感器

对于气温的测定，要求传感器只能与空气进行热交换，但由于太阳的直射辐射、地面的反射辐射，以及其他类型的天空辐射和长波辐射等的辐射热也介入到与传感器进行热交换，将使得传感器指示的温度与实际气温有较大的差别。在白天日射强时将使传感器温度远高于气温，在极端条件下，其差值可达到 25℃，夜间则偏低，因此减小辐射误差是气温观测中的关键问题。防止辐射误差的最简单方法是屏蔽，使太阳辐射和地面反射辐射等不能直接照射到传感器上，主要的屏蔽设备有百叶窗和防辐射罩。

2. 气压测量

气压是作用在单位面积上的大气压力，即等于单位面积上向上延伸到大气上界的垂直空气柱的重量。大气压力测量的基本单位是帕斯卡（Pa，即 N/m^2）。常以百帕（hPa）为单位，取一位小数。气象上使用的所有气压表的刻度均应以 hPa。分度场测量中，依据风电场风能资源测量方法的标准，风电场的大气压单位在风电为 kPa。

气压场分析是气象科学的基本需要，应该把气压场看成是大气状态所有预报产品的基础。在条件允许的情况下，气压测量应该做到技术上能达到多高准确度就要求多高的准确度。必须保持在全国范围内气压测量和校准的一致性。风电场中所使用的气压传感器测量值作为本场气压。

在 GB/T 18709—2002 中，要求气压传感器测量范围为 60～108kPa，精确度为±3%。

在风电场测量中，风能资源数据记录仪采用在我国自动气象站中普遍采用硅膜盒电容式气压传感器，在使用中，一般使用其电压输出类型。该气压传感器的主要部件为变容式硅膜盒。变容式硅膜盒是将薄层单晶硅用静电焊接方法焊接在一个镀有金属导电膜的玻璃片上，中间形成真空而组成硅膜盒，在薄层单晶硅片上靠近玻璃片两边处，用蚀刻方法形成硅膜，并对硅膜采用喷镀金属方法使其具有导电硅，而使导电玻璃片与硅膜形成平行板电容器，分别为该平行板电容器的两个电极，如图 4-11 所示。

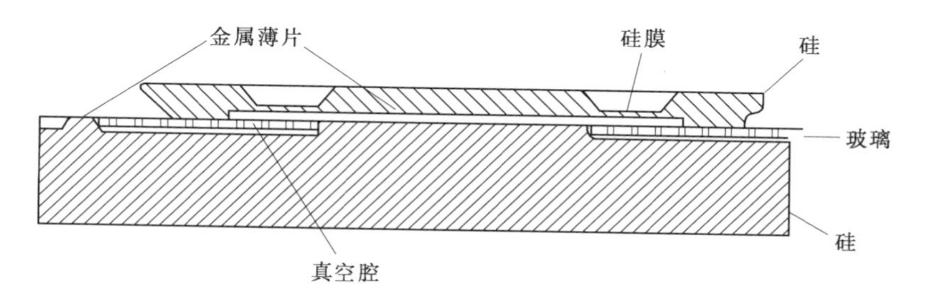

图 4-11 硅膜盒电容式气压传感器

在结构上，将该变容硅膜盒玻璃板片装在一个厚的单晶硅层上，形成传感器的刚性基板，以使结构牢固，具有较好的抗机械和热冲击性能。由于传感器中所使用的硅材料和玻璃材料的热膨胀系数是彼此匹配的，为使温度影响减到最小，在 1000hPa 时设计它的温度影响为零，并在连续增温条件下进行热老化，使其长期稳定性增加到最大。因单晶硅材料具有理想的弹性特性，而该传感器中弹性变形仅使用到硅材料整个弹性范围的百分之几，故该传感器具有测量范围宽、滞差极小、重复性好以及无自热效应的特性。当该变容硅膜盒外界大气压力发生变化时，单晶硅膜盒随之发生弹性变形，从而引起硅膜盒平行板电容器电容量的变化。该传感器的测量电路是 RC 振荡器，在振荡器中有 3 个参考电容器。使用参考电容的目的是在连续测量过程中，用来检验电容压力传感器和电容温度补偿传感器的频率。测量时，由多路转换器把 5 个参考电容器一次一个按顺序接到 RC 振荡器中去。因此，在一个测量周期中，可以测量到 5 个不同频率。气压传感器外观如图 4-12 所示。

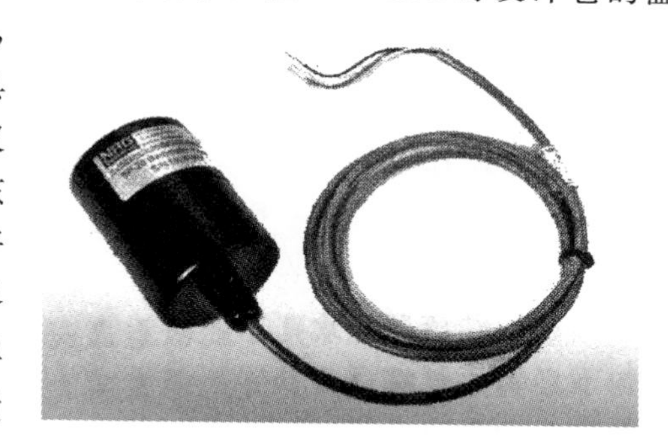

图 4-12 气压传感器

4.3.6 测风仪器选择

（1）风速仪的测量范围为 0～60m/s，测量误差范围±0.5m/s，工作环境气温为−40～50℃。

（2）风向传感器的测量范围为 0°～360°，精确度±2.5°，工作环境气温为−40～50℃，安装时风向传感器应该定位在正北。

（3）数据采集器应具有 GB/T 18709—2002 规定的测量参数的采集、计算和记录功能，应能在现场可以直接从外部观察到采集的数据，应具有在现场或室内下载数据的功能，应能完整保存不低于3个月的采集数据量，应能在现场工作环境温度下可靠运行。

（4）大气温度计测量范围在$-40\sim50$℃之间，精确度为±1℃。

（5）大气压力计测量范围在60～108kPa之间，精确度为$\pm3\%$。

（6）数据采集器至少可以储存6个月的数据，并且在一座测风塔上安装了无线传输装置，每天给电子信箱发送一次一天的数据以便于观察测风仪器的运行情况。

4.3.7　测风设备安装

风速仪、风向标传感器分别安装在已确定高度处的测风塔上，为减小测风塔的塔影效应对传感器的影响，风速、风向传感器应固定在由测风塔塔身水平伸出的牢固支架上。传感器离塔体的距离：桁架式结构测风塔为塔架平面尺寸的3倍以上、圆管形结构测风塔为塔架直径的6倍以上，固定传感器的支架应进行水平校正。安装风速传感器的支架与测风区主风向的夹角控制在30°～90°。风向标应根据当地磁偏角修正，按实际北方向进行定向安装。风向标死区范围应避开主风方向。数据采集器应放置在安装盒中，安装盒应固定在测风塔上的适当位置（一般选在测风塔8～10m高度的位置）或者安装在现场的临时建筑物内；安装盒应具备防水、防冻、防腐蚀和防沙尘等特性。温度计、气压计、湿度计一般安装在测风塔5～10m高度的位置或现场临时气象观测装置内。

1. 风速和风向传感器

（1）把上层传感器安装在离塔架顶端至少0.3m的位置以减少潜在的塔影效应。

（2）传感器要安装在单独的横梁上。对安装在塔架侧面的传感器，支架应水平地伸出塔架以外至少3倍桁架式塔架的宽度，或6倍圆筒式塔架的直径。三角形桁架式塔架，塔架宽度指的是一个面的宽度。

（3）传感器安装在塔架主风向的一侧，如果有不止一个主风向，则安装在能减小塔架和传感器尾流影响的一侧。

（4）传感器的位置应在支架以上至少8倍支架直径的高度。对矩形截面的支臂，直径等于支臂垂直方向的长度。

（5）传感器泄水孔不能被垂直安装的杆件阻挡，以防止在冬季内部结冰。应该用管材而不是实体材料。

（6）风向标盲区（无记录区）的位置不能直对盛行风向。盲区的方向至少偏离主风向90°，最好在基本方位上。

（7）塔架立起后要校验风向标死区。如果死区和安装支架对齐，应用罗盘校验到比较高的精度。

2. 温度传感器

（1）传感器要带护罩，安装位置离塔架表面至少一个塔架直径距离，以减小塔架本身热作用的影响。

（2）传感器在塔架上的位置要尽可能在盛行风向上，以保证足够的通风。

3. 数据采集器和相关硬件

（1）在数据采集器内放置干燥剂包以防潮。

(2) 把数据采集器、连接电缆、通信设备放入安全的防护箱内,能够锁住并抵御恶劣天气。

(3) 防护箱在塔架的安装位置要足够高,高于平均积雪深度,并能防止被故意破坏。

(4) 如果利用太阳能,要把太阳能电池板放到防护箱之上以防阴影,朝向南方并接近直立以减少脏物堆积和在冬季太阳角度较低时能获得最大的能量。

(5) 确保所有进设备防护箱的电缆都有滴水回路。

(6) 密封防护箱的所有开口,如销口等,以防止漏雨、昆虫和啮齿动物等造成破坏。

(7) 如果用移动通信,把通信天线放在容易够着的高度。

4. 传感器连接和电缆

(1) 用硅树脂密封传感器接线端口,用橡胶套保护以免直接暴露。

(2) 把传感器电缆沿塔架长度方向缠绕并用抗紫外线的线绳或电气绝缘胶布绑住。

(3) 在每个风速计和风向标端口加装金属氧化物压敏电阻作瞬时保护。

(4) 为防止传感器导线和支撑构件(如拉绳塔架的地锚环)发生摩擦,用带子缠绕传感器导线并留有足够的长度。

5. 接地系统

(1) 接地系统在已有塔架上安装,把数据采集器的地线接到塔架的接地系统。

(2) 在塔架上安装避雷针并通过导线接地。

(3) 确保接地杆上没有绝缘涂层,如油漆、瓷釉。

(4) 把所有的接地杆连在一起以保证电流连续,所有接地杆埋在地表以下。在有岩石的地方,使接地杆成45°,或埋入至少深6m的电缆沟,越深越好。关键是使其与土壤的接触面积最大。

(5) 保护接地杆上端的土壤以及导线接触不受破坏,有冻土的地方,接地极要在冻土层以下。

(6) 使用单点接地系统,确定土壤类型和阻抗等级,一般阻抗越低,接地越好。

(7) 确保接地系统与土壤的阻抗小于100Ω,在所有接地连接处涂还原剂。

4.3.8 现场调试

现场测试包括两方面的工作:①在斜拉式塔架立起之前或安装人员在塔架高处的时候,设备要经过测试,使其正常工作;②安装完成后的功能测试。现场调试主要包括以下任务:

(1) 确保所有传感器测得的数据合理。

(2) 校验所有的系统电源,并确保数据采集器处于合适的长期供电状态。

(3) 校验数据采集器的输入参数,包括测站编号、日期、时间和传感器的斜率与偏移量。

(4) 校验数据获取过程。对移动电话信号传输系统来说,用办公地点的计算机下载数据,把传输的数据和现场读数作比较。

(5) 记录离开的时间和所有观察到的相关事务。

4.3.9　文档记录

在测站信息记录中完整而详细地记录所有测站特性，包括数据采集器、传感器和支持构件的信息，主要包括以下信息：

（1）测站描述。测站描述包括唯一的测站编号和一份地图，同时需标明测站位置及海拔、纬度和经度等以及安装日期和调试时间。在站址选择或安装过程中应该确定测站的坐标，并用 GPS 接收器确认。要求经度和纬度的坐标精确到 0.1′（最低 100m），海拔至少精确到 10m。

（2）测站设备清单。把所有设备（数据采集器、传感器和支持构件）的生产厂家、型号、出厂编号、安装高度和方向（包括移动电话天线和太阳能电池板）。传感器信息应包括斜率、偏移量和数据采集器接线端口号。

4.3.10　测风运行管理

目前风电场测风数据的收集、传输一般采用自动方式，同时还可以远程监控。因此，在风电场测风运行期间，应随时注意测风数据、测风设备运行、数据传输是否正常，一旦发现异常，应及时进行处理。除了进行远程监控外，还应定期或不定期到风电场现场对仪器设备进行检查，从测风记录存储卡上收集原始测风数据；若条件许可，还应在风电场当地选择至少一名工作人员不定期地对风电场测风设备设施进行巡视。风电场前期测风一般要持续一年以上，因此最好每个月对测风数据进行初步的整理分析，主要对测风数据的完整性、合理性、平均风速、平均风功率密度、风向分布等进行统计分析，发现测风过程中存在的问题，及时提出解决的方法和建议。

风电场在经历连续一年以上的正常测风后，对风电场测风资料进行全面的整理分析，提出风电场风能资源评估报告。为项目建设单位提出风电场的测风是否有必要继续进行，以及风电场是否具有开发价值等建设性意见。

4.4　测 风 数 据 处 理

测风数据处理包括数据验证缺测数据订正及数据计算处理等。

4.4.1　数据验证

在验证处理测风数据时，必须先进行审定，主要从数据的代表性、准确性和完整性着手，因为它直接关系到现场风能资源的大小。

对提取的测风数据进行检查，判断其完整性、连贯性和合理性，挑选出不合理的、可疑的数据以及漏测的数据，对其进行适当的修补处理，从而整理出较实际合理的完整数据以供进一步分析处理。具体如下：

（1）完整性及连贯性检查，包括：检查测风数据的数量是否等于测风时间内预期的数据数量；时间顺序是否符合预期的开始结束时间，时间是否连续。

（2）合理性检查，包括测风数据范围检验，即各测量参数是否超出实际极限。

（3）测风数据相关性检验，即同一测量参数在不同高度的值差是否合理。

（4）测风数据的趋势检验，即各测量参数的变化趋势是否合理等，测风数据范围参考值表见表4-2。

表4-2 测风数据范围参考值表

检验项目	主要参数	合理范围
合理范围	平均风速	0≤小时平均风速≤40m/s
	湍流强度	0≤湍流强度≤1
	风向	0°≤小时平均值≤360°
	平均气压（海平面）	94kPa≤小时平均值≤106kPa
合理相关性	50m/30m高度小时平均风速差值	＜2.0m/s
	30m/10m高度小时平均风速差值	＜2.0m/s
	50m/30m高度风向差值	＜22.5°
趋势	平均风速变化	＜6.0m/s
	平均温度变化	＜5℃
	平均气压变化	＜1kPa

1. 数据代表性

首先了解现场测点的位置，判断现场是简单的平坦地形，还是丘陵或者是其他复杂的地形，了解测点在这几种地形下所处的位置。一个场地测风仪安装在最高、最低或者峡谷口等不具有代表性，因为将来安装风电机组是几十台或几百台，面积较大，测风点应在平均地形状况下测得的风速，否则就偏大或偏小。因为建造在经济上可行的风电场，必须有最低限度的风能资源要求，在山顶上达到了最低限度的风能资源要求，可能在谷地达不到要求。

若在预选风电场有多点测风数据，可以进行对比分析，进行多点平均。在平均时删除最低风速地形的值，而且以后安装风电机组时，这些地形也不予考虑。

此外，要考虑在测风点附近有无建筑物和树木，如存在，测风点是否在建筑物和树木高度的10倍距离之外，这也是衡量测风点是否具有代表性的一个要素。

2. 数据准确性

数据序列既然是一种观测结果的时间序列，必然受到风速本身变化和观测仪器、观测方法以及观测人员诸因素变化的影响。对于风电场测风的数据不能只从数据上分析其准确性，还要从现场测风点实地考察，如风速感应器是否水平。如某一风电场在40m高处的风杯倾斜45°，影响风速的记录，某咨询公司做可行性研究报告时，在风洞中进行测试，其结果计算为

风杯正常 $v_x = -0.051 + 0.998 v_x$ （4-4）

风杯右倾 $v_y = -0.046 + 0.982 v_x$ （相当于S、N风） （4-5）

风杯前倾 $v_y = 0.024 + 0.880 v_x$ （相当于W风） （4-6）

风杯后倾 $v_y = 0.048 + 0.943 v_x$ （相当于E风） （4-7）

式中　v_y——现场测风的风速，m/s；

v_x——风洞风速，m/s。

又如某一风电场测风仪风杯盐蚀严重，在风洞进行测试，风速 2m/s 时，还不能起动。根据风洞测试两台风速仪结果为

$$v_{y1}=0.601+0.965v_x \tag{4-8}$$

$$v_{y2}=1.59+0.923v_x \tag{4-9}$$

式中　v_{y1}、v_{y2}——现场测风的风速，m/s；

v_x——风洞风速，m/s。

由此可见现场测风的数据非常不准确。通过式（4-9）可知，在 $v_x=0$ 时，实际上已有 1.59m/s 的风速；在 $v_x=10$m/s 时，已有 10.82m/s 的风速。

风向的准确性关系到确定主导风向，但有的现场测风站仅用罗盘，把北标记对准地磁方向的北，没有进行地磁偏角方向找正。还有的风向指北杆各点不一致，在测量塔装多层风向标，上下指北杆有 5°～10°的差异，这些都影响风向玫瑰图的精度。

3. 数据完整性

由于传感器、数据处理器和记录器的失灵或者电池更换不及时等都能引起数据遗漏，使现场观测的风速值不连续，形成的资料不完整。实际上，一年的资料中间断断续续加起来仅 7～8 个月的数据，这样的资料无法用 WAsP 等软件进行计算，也缺乏其代表性。

数据完整率指的是有效数据时间占采集时间的 95%以上，最差也不能低于 90%。有效数据完整率计算为

$$\text{有效数据完整率}=\frac{\text{应测数目}-\text{缺测数目}-\text{无效数据数目}}{\text{应测数目}}\times 100\% \tag{4-10}$$

应测数目是测量期间总小时数，缺测数目为没有记录到小时的数目，无效数据数目为确认时不合理的小时数目。

风电场要求至少有一年的完整数据（最好是一个自然年，即从当年 1 月 1 日到当年 12 月 31 日），因为一年是建立风况季节性特性资料的最短期限，这样也有利于与气象站资料进行对比分析，若用前一年的下半年和后一年的上半年作为一年，往往很难判断是大风年还是小风年。

一般来说，数据验证工作应在测风数据提取后立即进行。检验后列出所有可疑的数据和漏测的数据及其发生时间。对可疑数据进行再判断，从中挑选出符合实际的有效数据放回原数据中；无效数据则采用前后相邻数据取平均、参考其他类似测风设备同期数据或者凭经验进行替代而变为有效数据等方式处理，对无法平均或无法替代的则视为无效数据；误测和漏测数据除按可疑数据进行处理外，应及时通知测风人员尽快采取措施予以纠正。最终整理出一组连续的数据，数据完整率应达到 90%以上。

最后，将所有经验证后的数据汇总，得到至少连续一年的一套完整数据。

4.4.2 缺测数据订正

测风数据经常需要通过相关性进行验证、补充和订正，相关性分析通常通过相关函数实现，风能资源分析中，相关函数一般采用线性方程

$$y=kx+b \tag{4-11}$$

式中 y——数据1，即风电场风速；

x——数据2，即气象站风速。

作出相关分析成果表及图，得到数据2和数据1的相关程度。相关程度一般用相关系数来表示

$$r=\frac{\sum_{i=1}^{n}(x_i-\bar{x})(y_i-\bar{y})}{\sqrt{\sum_{i=1}^{n}(x_i-\bar{x})^2\sum_{i=1}^{n}(y_i-\bar{y})^2}} \tag{4-12}$$

式中 y_i——数据1的样本数据，即风电场样本风速 x_i 为数据2的样本数据，即气象站样本风速。

缺测数据可参照不同方法进行订正。

1. 按不同风向求相关

需要借助邻近气象站或者现场多点观测的其他点数据进行比较。这种方法建立在同一大气环流形势、相邻观测数据变化是有联系的情况，其振动幅度大致一致，两点间风的变化相关。

从理论上讲在同一天气系统下，相邻两点风向一致，所以寻求各风向下的风速相关是合理的。其方法是建一直角坐标系，横坐标为基准站（气象站）风速，纵坐标为风电场场测站的风速。按风电场测点在某一象限内的风速值，找出参考站对应时刻的风速值点图，求出相关性，最好能建立回归方程式，对于其他象限重复上述过程，可获得16个风向测点的相关性，然后按各方向对缺测的数据进行订正。

在国家标准《风电场风能资源评估方法》（GB/T 18710—2002）中对缺测风速数据处理的方法，是将备用的或可供参考的传感器同期记录数据填补缺测的数据，鉴于一般测风塔没有备用的或可供参考的传感器同期记录数据，因此无法填补缺测的数据。一般采用相关的方法，通过建立本塔或相邻塔之间不同高度间风速相关方程，根据相关理论，只要这些相关方程的相关系数高于0.8以上，就可以利用这些相关方程填补那些缺测的风速数据。

2. 按不同风速求相关性

一般来说，小风即风速3m/s以下时，相关性较差，因为小风时，受局部地形影响很大，如甲地风速在1m/s时，相邻乙地可能是2m/s，却不能得出甲地比乙地风速小50%的结论。同时小风时风向也不稳。只有当风速较大，相关性才较好。

3. 长年数据订正

在风电场测风，仅有一两年的资料还不够，若想取得历年之间及各季之间的风力变化资料，则要根据相邻气象站或水文站、海洋站的长时期（30年以上）资料进行订正。

从长期来看，根据所测的风速大小判断风电场测风时的年份可能是正常年，也可能是大风年或者是小风年的风速，若不作修正，会产生风能估计偏大或偏小的情况，因此不能简单地将气象站 30 年的资料拿来进行对比。同时，基于气象要素随时间的变化、站址的搬迁、站址周围建筑物和树木的成长等因素的影响，气象站的风速往往有随年代推移逐年变小的趋势，故不能因为气象站的风速序列中与风电场测风的年份比 20 世纪 50—80 年代小就认定该年是小风年。应该分析气象站资料，近年来周围环境的变化，再确定相应风电场那一年属于什么年（大风、小风或正常年），然后以每年与气象站风速的差值推算出风电场长期资料，即反映风电场长期平均水平的代表性资料。

（1）风速数据插补基于以下原则进行：

1）若某层某时期数据缺测或无效，而用该时期同一塔的其他用风切变系数订正插补。

2）某一测风塔某时刻所在层次均无效或缺测，而同一时刻另一测风塔为有效测值，则用有效测值对测风塔的数据进行插值。

3）对于所有测风塔同时刻均无有效数据或数据缺测的情况，原则上不应进行插补。

（2）风向缺测情况的处理原则如下：

1）若同塔不同高度缺测（含无效），以该塔有记录的风向替代。

2）若不同塔间出现交替缺测，以有记录的风向替代。

3）若两塔均缺测，以参照站同期风向替代。

4.4.3　数据计算处理

将验证后的数据与附近气象台、站获取的长期统计数据进行相关比较并对其进行修正，从而得出能反映风电场长期风况的代表性数据；将修正后的数据通过分析计算程序处理，变成评估风电场风能资源所需要的标准参数指标，如月平均风速、年平均风速、风速和风能频率分布（每个单位风速间隔内风速和风能出现的频率）、风功率密度、风向频率（在各风向扇区内风向出现的频率）等，计算风功率密度和有效风速小时数，绘制出风速频率曲线，风向玫瑰图，风能玫瑰图，年、月、日风速变化曲线。

4.4.4　代表年风速数据的获取

根据 GB/T 18710—2002，将风电场短期测风数据订正为代表年风况数据的方法如下：

（1）对风电场测站与长期测站同期的各风向象限的风速进行相关分析，将测风塔 10m 高度处的测风资料与气象站同步实测的风速、风向数据进行 16 个风向扇区的相关分析，相关函数采用线性方程 $y=kx+b$（y 代表风电场风速，x 代表气象站风速）。

（2）根据气象站测风年与所选长期系列风速差值，对每个风速相关曲线，在横坐标轴上标明长期测站多年的年平均风速以及与风电场测站观测同期的长期测站年平均风速，然后在纵坐标轴上找到对应的风电场测站的两个风速值，并求出这两个风速值的代数差值。

（3）风电场测站数据的各个风向象限内的每个风速都加上对应的风速代数差值，即可获得订正后的风电场测站风速风向资料。

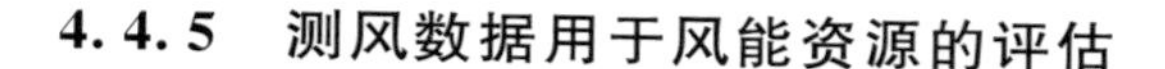

4.4.5 测风数据用于风能资源的评估

对计算处理后的各参数指标及其他因素进行评估。其中包括重要参数指标的分析与判断，如风功率密度等级的确定、风向频率的统计及风能的方向分布、风速的日变化和年变化、湍流强度分析、天气等；将各种参数以图表形式绘制出来，如绘制全年各月平均风速，风速频率分布图，各月、年风向和风能玫瑰图等，以便能直观地判断风速风向变化情况，从而估计及确定风电机组机型和风电机组排列方式。

4.5 风能资源统计计算

风能资源在统计计算时，主要考虑风况和风功率密度。

4.5.1 风况

1. 平均风速

平均风速是一年中各次观测的风速之和除以观测次数，它是最直观简单表示风能大小的指标之一，其计算公式为

$$\overline{v}=\frac{\sum_{i=1}^{n}v_i}{n} \tag{4-13}$$

式中 $\overline{v}$——平均风速；

v_i——观测点风速；

n——观测点样本个数。

平均风速是反映风能资源情况的重要参数，平均风速可以是小时平均风速、月平均风速、年平均风速。年平均风速是全年瞬时风速的平均值，年平均风速越高，则该地区风能资源较好。

我国建设风电场时，一般要求当地在10m高处的年平均风速在6m/s左右。这时，风功率密度在200～250W/m²，相当于风电机组满功率运行的时间为2000～2500h，从经济分析来看是有益的。但是用年平均风速来要求也存在着一定的缺点，它没有包含空气密度和风频，所以年平均风速即使相同，其风速概率分布并不一定相同，计算出的可利用风能小时数和风能也会有很大的差异。

在计算风能平均值时，也可用速度来衡量功率。此时，平均风速为

$$\overline{v}=\left(\frac{1}{n}\sum_{i=1}^{n}v_i^3\right)^{\frac{1}{3}} \tag{4-14}$$

如果速度以频率分布的形式表示，则平均风速和标准偏差表示为

$$\overline{v}=\left(\frac{\sum_{i=1}^{n}f_i v_i^3}{\sum_{i=1}^{n}f_i}\right)^{\frac{1}{3}} \tag{4-15}$$

$$\sigma = \sqrt{\frac{\sum_{i=1}^{n} f_i (v_i - v_{\mathrm{m}})^2}{\sum_{i=1}^{n} f_i}} \tag{4-16}$$

式中　f_i——某一风速的次数；

v_{m}——平均风速。

2. 风速年变化

风速年变化是风速在一年内的变化，可以看出一年中各月风速的大小，在我国一般是春季风速大，夏秋季风速小。这有利于风电和水电互补，也可以将风电机组的检修时间安排在风速最小的月份。同时，风速年变化曲线与电网年负荷曲线对比，若一致或接近的部分越多越理想。

3. 风速日变化

风速虽瞬息万变，但如果把长期资料平均起来便会显出一个趋势。一般说来，风速日变化有陆、海两种基本类型。陆地白天午后风速大，夜间风速小，因为午后地面最热，上下对流最旺盛，高空大风的动量下传也最多。海洋白天风速小，夜间风速大，这是由于白天大气层的稳定度大，白天海面上气温比海水温度高所致。风速日变化若与电网的日负载曲线特性相一致时，即为理想状态。

4. 风速随高度变化

在近地层中，风速随高度有显著的变化，造成风在近地层中垂直变化的原因有动力因素和热力因素，前者主要来源于地面的摩擦效应，即地面的粗糙度；后者主要表现与近地层大气垂直稳定度的关系。当大气层为中性时，乱流将完全依靠动力原因来发展，这时风速随高度变化服从普朗特经验公式，为

$$v = \frac{v^*}{K} \ln \frac{Z}{Z_0} \tag{4-17}$$

$$v^* = \sqrt{\frac{\tau_0}{\rho}} \tag{4-18}$$

式中　v——风速，m/s；

K——卡门常数，其值为 0.4 左右；

v^*——摩擦速度，m/s；

ρ——空气密度，$\mathrm{kg/m^3}$，一般取 $1.225\mathrm{kg/m^3}$；

τ_0——地面剪切应力，$\mathrm{N/m^2}$；

Z——离地高度，m；

Z_0——地面粗糙度，m。

经过推导可以得出幂定律公式为

$$v_n = v_0 \left(\frac{Z_n}{Z_1} \right)^{\alpha} \tag{4-19}$$

式中　v_n——Z_n 高度处风速，m/s；

v_0——Z_1 高度处风速，m/s；

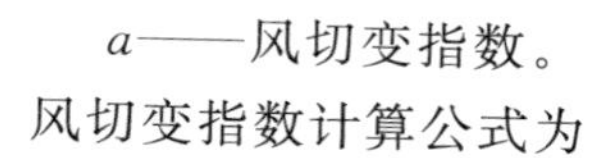

a——风切变指数。

风切变指数计算公式为

$$a=\frac{\lg(v_n/v_1)}{\lg(Z_n/Z_1)} \tag{4-20}$$

如果没有不同高度的实测风速数据，风切变指数 $a=1/7$（约为 0.143）作为近似值，这相当于地面为短草情况。在广州电视塔观测 $a=0.22$，上海南京路电视塔 $a=0.33$，南京跨江铁塔 $a=0.21$，武汉跨江铁塔 $a=0.19$，北京八达岭风电试验站 $a=0.19$。

风速垂直变化取决于 a 值。a 值的大小反映风速随高度增加的快慢，a 值大表示风速随高度增加的快，即风速梯度大；a 值小表示风速随高度增加的慢，即风速梯度小。

a 值的变化与地面粗糙度有关，地面粗糙度是随地面的粗糙程度变化的常数，反映某地区地表微观起伏情况，当地的植被或建筑对粗糙度影响较大。高楼林立的城市地带粗糙度较大；其次是林地，再次是有矮树或灌木的地表；平坦的草原、戈壁、静水粗糙度最小。由于地表对来流的边界层影响较大，粗糙度较大的地表黏滞效应较大，边界层较厚，能够影响到较高的地方。粗糙度较小的地表黏滞效应较小，边界层较薄，能够影响到的高度较低。因此粗糙度较小的地方，风切变指数较小，粗糙度大的地方，风切变指数较大。

5. 风向频率玫瑰图

风向频率玫瑰图可以确定主导风向，因为机组排列是垂直于主导风向的，所以对于风电场机组位置排列起到关键作用。

6. 湍流强度

湍流是指风速、风向及其垂直分量的迅速扰动或不规律性，是重要的风况特征。湍流很大程度上取决于环境的粗糙度、地层稳定性和障碍物。

对于风电场而言，其湍流特征很重要，因为它对风电机组性能和寿命有直接影响。大气湍流对风电机组的影响，主要表现在引起结构和控制系统的响应，使作用在叶片上的气动力和力矩发生变化，从而引起输出功率的波动，风电机组结构长期受到随机载荷的作用会产生疲劳破坏。当湍流强度大时，会减少输出功率，还可能引起极端荷载，最终磨损和破坏风电机组。在风测量中，一般关注小时的湍流强度，逐小时的湍流强度以 1h 内最大的湍流强度作为该小时的代表值。

湍流强度值在 0.10 或以下时表示湍流较小，到 0.25 表明湍流过大，一般海上范围为 0.08～0.10，陆地上范围为 0.12～0.15。对风电场而言，要求湍流强度不超过 0.25。

7. 风速统计特性

由于风的随机性很大，因此在判断一个地方的风况时，必须依靠各地区风速统计特性。在风能利用中，反映风特性的一个重要参数是风速的频率分布，长期观察的结果表明，年度风速频率分布曲线最有代表性。为此，应该具有风速的连续记录，并且资料的长度至少有 3 年，一般要求能达到 5～10 年。

关于风速的分布，国外有过不少的研究，近年来国内也有探讨。风速分布可以为正偏态分布，一般说，风力愈大的地区，分布曲线愈平缓，峰值降低右移。这说明风力大的地区，一般大风速所占比例也多。如前所述，由于地理、气候特点的不同，各种风速所占的比例也不同。

（1）风能资源评估系统通用模型。风能资源计算的关键在于频率曲线的线型选择是否恰当。线型通用模型是风能资源计算的前提，只有选用了适当的线型后，才有可能求出与风能资源系列相应的参数和各种频率设计值。通常描述风速频率用概率密度表示，通过概率密度函数 $f(v)$ 可以计算风速的概率

$$F(v_1-v_2)=\int_{v_1}^{v_2}f(v)\mathrm{d}v \tag{4-21}$$

式中　$F(v_1-v_2)$——风速为 v_1 和 v_2 之间的概率；

$f(v)$——风速的概率密度。

对于描述风速要寻找一种包含多种频率曲线的模型，实际上就是同一个模型之内的参数优化拟合问题。早在 1984 年被提出的新的洪水频率模型，经过后来逐年不断的深入研究，它不但适用于水文统计而且适用于气象统计领域。其概率密度函数为

$$f(v)=\frac{\beta^{\alpha}}{b\Gamma(\alpha)}(v-\delta)^{\frac{a}{b}-1}\exp[-\beta(v-\delta)^{\frac{1}{b}}](\delta\leqslant v<\infty) \tag{4-22}$$

式中　α、β、δ 和 b——形状、比例、位置和变换参数，α 和 β 均大于零，δ 为分布的下界。

（2）参数的约束条件。在概率论与数理统计中，随机变量的数学期望 $\overline{v}$、相对标准差也即离差系数 C_v、偏态系数 C_s 和峰度系数 C_e 与各阶原点矩关系为

$$\overline{v}=v_1 \tag{4-23}$$

$$C_v=\frac{\sqrt{\mu_2^2}}{\mu_1} \tag{4-24}$$

$$C_s=\frac{\mu_3}{\sqrt{\mu_2^3}} \tag{4-25}$$

$$C_e=\frac{\mu_4}{\mu_2^2}-3 \tag{4-26}$$

式中　μ_1——一阶原点矩；

μ_2、μ_3、μ_4——二阶、三阶、四阶三阶中心矩。

一阶原点矩为

$$\mu_1=\int_0^{\infty}vf(v)\mathrm{d}v=\frac{\beta^{\alpha}}{b\Gamma(\alpha)}\int_0^{\infty}v(v-\delta)^{\frac{a}{b}-1}\exp[-\beta(v-\delta)^{\frac{1}{b}}]\mathrm{d}v$$

$$V=v-\delta\ \frac{\beta^{a}}{b\Gamma(\alpha)}\int_0^{\infty}V^{\frac{a}{b}}\exp[-\beta V^{\frac{1}{b}}]\mathrm{d}V+\frac{\delta\beta^{a}}{b\Gamma(\alpha)}\int_0^{\infty}V^{\frac{a}{b}-1}\exp[-\beta V^{\frac{1}{b}}]\mathrm{d}V$$

$$t=\beta V^{\frac{1}{b}}\ \frac{\beta^{a}}{b\Gamma(\alpha)}\int_0^{\infty}\left(\frac{t^b}{\beta^b}\right)^{\frac{a}{b}}\mathrm{e}^{-t}\ \frac{b}{\beta^b}t^{b-1}\mathrm{d}t+\frac{\delta\beta^{a}}{b\Gamma(\alpha)}\int_0^{\infty}\frac{t^{a-b}}{\beta^{a-b}}\mathrm{e}^{-t}\ \frac{b}{\beta^b}t^{b-1}\mathrm{d}t$$

$$=\frac{1}{\beta^b\Gamma(\alpha)}\int_0^{\infty}\mathrm{e}^{-t}t^{a+b-1}\mathrm{d}t+\frac{\delta}{\Gamma(\alpha)}\int_0^{\infty}\mathrm{e}^{-t}t^{\alpha-1}\mathrm{d}t=\frac{\Gamma(a+b)}{\beta^b\Gamma(\alpha)}+\delta \tag{4-27}$$

二阶中心距为

$$\mu_2=\int_0^{\infty}(v-\overline{v})^2 f(v)\mathrm{d}v=\int_0^{\infty}\frac{\beta^{\alpha}}{b\Gamma(\alpha)}(v-\overline{v})^2(v-\delta)^{\frac{a}{b}-1}\exp[-\beta(v-\delta)^{\frac{1}{b}}]\mathrm{d}v$$

$$=\frac{\beta^{\alpha}}{b\Gamma(\alpha)}\int_0^{\infty}\left[(v-\delta)-\frac{\Gamma(\alpha+b)}{\beta^b\Gamma(\alpha)}\right]^2(v-\delta)^{\frac{a}{b}-1}\exp[-\beta(v-\delta)^{\frac{1}{b}}]\mathrm{d}v$$

$$V=v-\delta\ \frac{\beta^{\alpha}}{b\Gamma(\alpha)}\int_0^{\infty}\left[V-\frac{\Gamma(a-b)}{\beta^b\Gamma(\alpha)}\right]^2 V^{\frac{a}{b}-1}\exp[-\beta V^{\frac{1}{b}}]\mathrm{d}V$$

$$t=\beta V^{\frac{1}{b}}\ \frac{1}{b\Gamma(\alpha)}\int_0^{\infty}\left[\left(\frac{t}{\beta}\right)^b-\frac{\Gamma(\alpha+b)}{\beta^b\Gamma(\alpha)}\right]^2 t^{\alpha-1}\mathrm{e}^t\mathrm{d}t$$

$$=\frac{1}{\beta^{2b}\Gamma(\alpha)}\int_0^{\infty}t^{2b+\alpha-1}\mathrm{e}^{-t}\mathrm{d}t-\frac{2\Gamma(a+b)}{\beta^{2b}\Gamma^2(\alpha)}\int_0^{\infty}t^{b+\alpha-1}\mathrm{e}^{-t}\mathrm{d}t+\frac{\Gamma^2(a+b)}{\beta^{2b}\Gamma^3(\alpha)}\int_0^{\infty}t^{\alpha-1}\mathrm{e}^{-t}\mathrm{d}t$$

$$=\frac{\Gamma(2b+\alpha)\Gamma(\alpha)-\Gamma^2(\alpha+b)}{\beta^{2b}\Gamma^2(\beta)} \tag{4-28}$$

三阶中心距为

$$\mu_3=\int_0^{\infty}(v-\overline{v})^2 f(v)\mathrm{d}v=\int_0^{\infty}\frac{\beta^{\alpha}}{b\Gamma(\alpha)}(v-\overline{v})^2(v-\delta)^{\frac{a}{b}-1}\exp[-\beta(v-\delta)^{\frac{1}{b}}]\mathrm{d}v$$

$$=\frac{\Gamma(3b+\alpha)\Gamma^2(\alpha)-3\Gamma(\alpha+b)\Gamma(\alpha+2b)\Gamma(\alpha)+2\Gamma^3(b+\alpha)}{\beta^{3b}\Gamma^3(\alpha)} \tag{4-29}$$

四阶中心距为

$$\mu_4=\int_0^{\infty}(v-\overline{v})^4 f(v)\mathrm{d}v=\int_0^{\infty}\frac{\beta^{\alpha}}{b\Gamma(\alpha)}(v-\overline{v})^4(v-\delta)^{\frac{a}{b}-1}\exp[-\beta(v-\delta)^{\frac{1}{b}}]\mathrm{d}v$$

$$=\frac{\Gamma(4b+\alpha)\Gamma^4(\alpha)-4\Gamma(\alpha+b)\Gamma(\alpha+3b)\Gamma^2(\alpha)+6\Gamma(\alpha)\Gamma^2(\alpha+b)\Gamma(\alpha+2b)-3\Gamma^4(\alpha+b)}{\beta^{4b}\Gamma(\alpha)} \tag{4-30}$$

把式（4-27）～式（4-30）代入式（4-23）～式（4-26）并化简，可得到

$$\overline{v}=\frac{\Gamma(\alpha+b)}{\beta^b\Gamma(\alpha)}+\delta \tag{4-31}$$

$$C_v=\frac{[\Gamma(\alpha)\Gamma(\alpha+2b)-\Gamma^2(\alpha+b)]^{\frac{1}{2}}}{\Gamma(\alpha+b)+\delta\beta^b\Gamma(\beta)} \tag{4-32}$$

$$C_s=\frac{\Gamma^2(\alpha)\Gamma(\alpha+3b)-3\Gamma(\alpha)\Gamma(\alpha+b)\Gamma(\alpha+2n)+2\Gamma^3(\alpha+b)}{[\Gamma(\alpha)\Gamma(\alpha+2b)-\Gamma^2(\alpha+b)]^{\frac{3}{2}}} \tag{4-33}$$

$$C_e=\frac{[\Gamma(\alpha+4b)\Gamma^3(\alpha)-4\Gamma^2(\alpha)\Gamma(\alpha+3b)\Gamma(\alpha+b)+12\Gamma(\alpha)\Gamma(\alpha+2b)\Gamma^2(\alpha+b)-6\Gamma^4(\alpha+b)-3\Gamma^2(\alpha)\Gamma^2(\alpha+2b)]}{\Gamma^2(\alpha)\Gamma^2(\alpha+2b)-2\Gamma(\alpha)\Gamma(\alpha+2b)\Gamma^2(\alpha+b)+\Gamma^4(\alpha+b)} \tag{4-34}$$

再根据气象的极值特性，通用模型的分布下界 $\delta\geqslant 0$，其参数应该符合

$$C_v\leqslant u\leqslant\frac{C_v}{1-K_{\min}} \tag{4-35}$$

$$K_{\min}=\frac{V_{\min}}{v}$$

式中　$K_{\min}$——随机变量系数的最小模比系数。

$$u=\frac{[\Gamma(\alpha)\Gamma(\alpha+2b)-\Gamma^2(\alpha+b)]}{\Gamma(\alpha+b)} \tag{4-36}$$

式（4-35）即为统计参数的约束条件。由实测气象资料所估计的样本统计参数应与式（4

-35）符合。

（3）通用模型与其他模型的关系。当 α、β、δ 和 b 4 个参数取某特定值时，通用模型可以转化为目前常用的各种概率模型。

1）皮埃尔Ⅲ型分布。当参数 $b=1$ 时，代入式（4-22）可得皮埃尔Ⅲ型分布为

$$f(v)=\frac{\beta^{\alpha}}{\Gamma(\alpha)}(v-\delta)^{\alpha-1}\exp[-\beta(v-\delta)] \tag{4-37}$$

2）三参数 Weibull 分布。当 $\alpha=a/m$、$\beta=1/d$、$\delta=0$、$b=1/m$ 时，代入式（4-22）可得三参数 Weibull 分布为

$$f(v)=\frac{m}{d^{\frac{a}{m}}\Gamma\left(\frac{a}{m}\right)}v^{a-1}\exp\left(-\frac{v^{m}}{d}\right) \tag{4-38}$$

3）正态分布。当 $\alpha=1/2$、$\beta=1/2\sigma^{2}$、$\delta=a$、$b=1/2$ 时，代入式（4-22）可得正态分布为

$$f(v)=2\frac{1}{\sigma\sqrt{2\pi}}\exp\left[-\frac{1}{2\sigma^{2}}(v-a)^{2}\right] \tag{4-39}$$

虽不是标准的正态分布，但可以看成是正态分布的 2 倍。

4）麦克斯韦分布。当 $\alpha=3/2$、$\beta=1/a^{2}$、$\delta=0$、$b=1/2$ 时，代入式（4-22）可得麦克斯韦分布为

$$f(v)=\frac{4}{a^{3}\sqrt{\pi}}v^{2}\exp\left(-\frac{v^{2}}{a^{2}}\right) \tag{4-40}$$

5）克里茨基—闵克里分布。当参数 $\beta=\frac{\alpha}{a^{1/b}}$、$\delta=0$ 时，代入式（4-22）可得克里茨基—闵克里分布为

$$f(v)=\frac{\alpha^{a}}{a^{\frac{a}{b}}b\Gamma(\alpha)}v^{\frac{a}{b}-1}\exp\left[-\alpha\left(\frac{v}{a}\right)^{\frac{1}{b}}\right] \tag{4-41}$$

6）χ^{2} 分布。当 $\alpha=n/2$、$\beta=1/2$、$\delta=0$、$b=1$ 时，代入式（4-22）可得 χ^{2} 分布为

$$f(v)=\frac{1}{2^{\frac{n}{2}}\Gamma\left(\frac{n}{2}\right)}v^{\frac{n}{2}-1}\exp\left(-\frac{v}{2}\right) \tag{4-42}$$

7）泊松分布。当 $\alpha=1$、$\beta=\lambda$、$\delta=0$、$b=1$ 时，代入式（4-22）可得泊松分布为

$$f(v)=\frac{v^{k}}{k!}\exp^{v} \tag{4-43}$$

8）指数分布。当 $\alpha=1$、$\beta=\lambda$、$b=1$ 时，代入式（4-22）可得指数分布为

$$f(v)=\lambda\exp[-\lambda(v-\delta)]$$

9）Γ 分布。当 $\delta=0$、$b=1$ 时，代入式（4-22）可得 Γ 分布为

$$f(v)=\frac{\beta^{\alpha}}{\Gamma(\alpha)}v^{\alpha-1}\exp(-\beta v) \tag{4-44}$$

10）皮埃尔Ⅴ型分布。当 $\alpha=p-1$、$\beta=\lambda$、$b=-1$ 时，代入式（4-22）可得皮埃尔Ⅴ型分布为

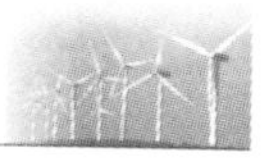

$$f(v)=\frac{\gamma^{p-1}}{|\Gamma(p-1)|}(v-\delta)^{-p}\exp\left(-\frac{\gamma}{v-\delta}\right) \tag{4-45}$$

11）两参数威布尔（Weibull）及参数估计。两参数 Weibull 分布是风速分布一个最常用的分布方式，是皮尔逊（Pierson）分布第三类的一个特例。在 Weibull 分布中，风速的变化用两个函数来表示：概率密度函数和累计分布函数。概率密度函数 $f(v)$ 表明的是时间的概率，计算公式为

$$f(v)=\frac{k}{c}\left(\frac{v}{c}\right)^{k-1}\exp\left[-\left(\frac{v}{c}\right)^{k}\right] \tag{4-46}$$

式中 v——风速；

k——Weibull 形状因子；

c——比例因子。

速度 v 的累计分布函数 $F(v)$ 提供了风速等于或低于 v 的时间（或概率）。因此，累计分布函数 $F(v)$ 是概率密度函数的积分，计算公式为

$$F(a)=\int_0^a f(v)\mathrm{d}v=1-\exp\left[-\left(\frac{a}{c}\right)^{k}\right] \tag{4-47}$$

根据 Weibull 分布，平均风速为

$$v_{\mathrm{m}}=\int_0^{\infty} vf(v)\mathrm{d}v \tag{4-48}$$

消去 $f(v)$，得出

$$v_m=\int_0^{\infty} v\frac{k}{c}\left(\frac{v}{c}\right)^{k-1}\exp\left[-\left(\frac{v}{c}\right)^{k}\right]\mathrm{d}v \tag{4-49}$$

可简化为

$$v_m=k\int_0^{\infty}\left(\frac{v}{c}\right)^{k}\exp\left[-\left(\frac{v}{c}\right)^{k}\right]\mathrm{d}v \tag{4-50}$$

设

$$x=\left(\frac{v}{c}\right)^{k},\mathrm{d}v=\frac{c}{k}x^{\frac{1}{k}-1}\mathrm{d}x \tag{4-51}$$

将式（4-50）中的 $\mathrm{d}v$ 消去，得

$$v_m=c\int_0^{\infty}\exp(-x)x^{n-1}\mathrm{d}x \tag{4-52}$$

标准伽马函数形式为

$$\Gamma n=\int_0^{\infty}\exp(-x)x^{n-1}\mathrm{d}x \tag{4-53}$$

因此，根据式（4-50），平均速度可表示为

$$v_m=c\Gamma\left(1+\frac{1}{k}\right) \tag{4-54}$$

根据 Weibull 分布，风速标准偏差为

$$\sigma_{\mathrm{v}}=(\mu'_2-v_m^2)^{\frac{1}{2}} \tag{4-55}$$

其中

$$\mu_2=\int_0^{\infty}v^2f(v)\mathrm{d}v \tag{4-56}$$

消去 $f(v)$，据式（4-52）得出

$$\mu'_2 = c^2\int_0^{\infty} \exp(-x)x^{\frac{2}{k}}\,\mathrm{d}x \tag{4-57}$$

表示为伽马积分的形式为

$$\mu'_2 = c^2\Gamma\left(1+\frac{2}{k}\right) \tag{4-58}$$

将式（4-55）中的μ'_2、v_m替换掉，得

$$\sigma_v = c\left[\Gamma\left(1+\frac{1}{k}\right)-\Gamma^2\left(1+\frac{1}{k}\right)\right]^{\frac{1}{2}} \tag{4-59}$$

累计分布函数可用来分析特定风速区间里风的时间概率。风速在v_1和v_2之间风速的概率为由对应v_1和v_2的累计概率之差来表示，具体为

$$f(v_1<v<v_2)=F(v_2)-F(v_1) \tag{4-60}$$

即

$$f(v_1<v<v_2)=\exp[-(v_1/c)^k]-\exp[-(v_2/c)^k] \tag{4-61}$$

Weibull分布是一种单峰的、两参数的分布函数簇。k和c为Weibull分布的两个参数，k称作形状参数，c称作尺度参数。当$c=1$时，称为标准Weibull分布。形状参数k的改变对分布曲线型式有很大影响。当$0<k<1$时，分布的指数为0，分布密度为x的减函数；当$k=1$时，分布呈指数形；$k=2$时，便成为瑞利分布；$k=3.5$时，Weibull分布实际已很接近于正态分布了。

参数k和c对风速概率密度的影响如图4-13所示。当c为常数时，形状参数k越大，小时平均风速的变化范围越小，即概率密度分布越集中；当k为常数时，尺度参数c越大，小时平均风速的变化范围越大，概率分布越广泛。因此，参数k和c与平均风速有密切关系。同时，也可以看出较高的平均风速出现的概率很小，大多集中在中等风速。

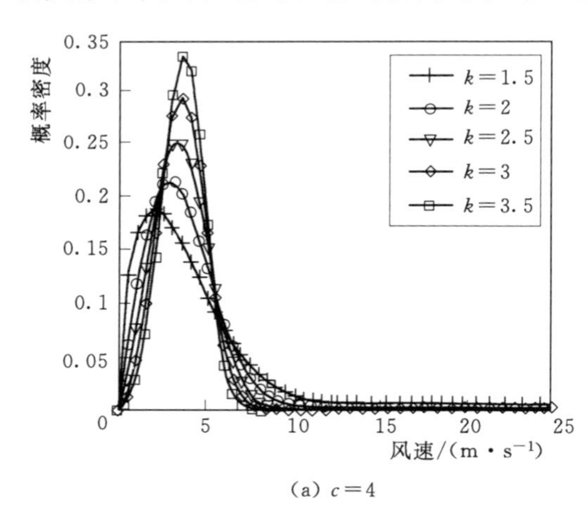

(a) $c=4$

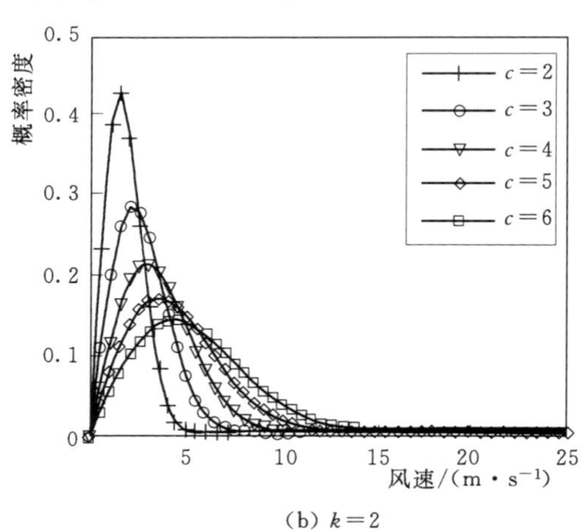

(b) $k=2$

图4-13　参数k和c对风速概率密度的影响

（4）两参数Weibull分布参数估计方法。描述通用风速分布曲线的4个参数α、β、δ和b，决定了该模型的分布与实际分频分布特性的拟合程度。参数估计是在某种曲线的基础上实现样本对总体的最优估计，不同线型应建立不同形式的最优统计参数估计公式（方法），所以参数估计是与线型相匹配的，也只有这样才能取得精度合格的结果。对于通用

方程可以依据使用方便和拟合效果好的原则，有文献提出采用了最小误差逼近算法来循环优化通用模型的 4 个参数。其过程为：首先固定 3 个参数，优化另一个参数；然后再固定另外 3 个参数，优化另一个前次固定的参数，这样 4 个参数循环轮次优化，直到误差不再变小。

通常用于拟合风速分布的线形很多，有瑞利分布、对数正态分布、Γ 分布、双参数 Weibull 分布、三参数 Weibull 分布等，也可用皮尔逊曲线进行拟合。但双参数 Weibull 分布曲线，普遍被认为是适用于风速统计描述的概率密度函数。

估计风速的两参数 Weibull 分布有多种方法，通常采用的方法有 3 种：最小二乘法，即累积分布函数拟合 Weibull 分布曲线法；平均风速和标准差估计法；平均风速和最大风速估计法。根据国内外大量验算结果，上述方法中最小二乘法误差最大。在具体使用当中，前两种方法需要有完整的风速观测资料，需要进行大量的统计工作；后一种方法中的平均风速和最大风速可以从常规气象资料获得，因此，这种方法较前面两种方法有优越性。此外，还有矩量法、极大似然估计法、能量格局因子法等。

1）最小二乘法。根据风速的 Weibull 分布，风速小于 v_g 的累积概率（分布函数）为

$$F(v\leqslant v_g)=1-\exp\left[-\left(\frac{v_g}{c}\right)^k\right] \tag{4-62}$$

取对数整理后，有

$$\ln\{-\ln[1-F(v\leqslant v_g)]\}=k\ln v_g-k\ln c \tag{4-63}$$

令 $y=\ln\{-\ln[1-F(v\leqslant v_g)]\}$，$x=\ln v_g$，$a=-k\ln c$，$b=k$，于是参数 c 和 k 可以由最小二乘拟合 $y=a+bx$ 得到。具体作法如下：

将观测到的风速出现范围划分成 n 个风速间隔：$0\sim v_1$，$v_1\sim v_2$，$v_2\sim v_3$，…，$v_{n-1}\sim v_n$。统计每个间隔中风速观测值出现的频率 f_1，f_2，f_3，…，f_n，累积频率 $p_1=f_1$，$p_2=f_1+f_2$，…，$p_n=f_{n-1}+f_n$，对 p_i 取变换为

$$y_i=\ln[-\ln(1-p_i)] \tag{4-64}$$

并令

$$a=-k\ln c \tag{4-65}$$

$$k=b \tag{4-66}$$

因此，根据风速累积频率观测资料，便可得到 a，b 的最小二乘估计值为

$$a=\frac{\sum x_i^2\sum y_i-\sum x_i\sum x_iy_i}{n\sum x_i^2-(\sum x_i)^2} \tag{4-67}$$

$$b=\frac{-\sum x_i\sum y_i+n\sum x_iy_i}{n\sum x_i^2-(\sum x_i)^2} \tag{4-68}$$

从而

$$c=\exp\left(-\frac{a}{b}\right) \tag{4-69}$$

$$k=b \tag{4-70}$$

2）平均风速和标准差估计法。

$$\left(\frac{\sigma}{\overline{v}}\right)^2=\{T(1+2/k)/[\Gamma(1+1/k)]^2\}-1 \tag{4-71}$$

可见$\frac{\sigma}{\bar{v}}$是k的函数，当知道了分布的均值和方差，便可求解k。

由于直接用$\frac{\sigma}{\bar{v}}$求解k比较困难，通常可用式（4－71）的近似关系式求解k为

$$k=\left(\frac{\sigma}{\bar{v}}\right)^{-1.086} \tag{4-72}$$

从而有

$$c=\frac{\bar{v}}{\Gamma(1+1/k)} \tag{4-73}$$

而对$\bar{v}$和σ的估计，即

$$\bar{v}=\frac{1}{N}\sum v_i \tag{4-74}$$

$$\sigma=\sqrt{\frac{1}{N}\sum v_i^3-\left(\frac{1}{N}\sum v_i\right)^2}$$

式中　v_i——计算时段中每次的风速观测值，m/s；

N——观测总次数。

由式（4－72）和式（4－73）便可求得c和k的估计值。在各个等级风速区间（如 0，1m/s，2m/s，3m/s，…）的频数已知的情况，$\bar{v}$和σ又可以近似地计算为

$$\bar{v}=\frac{1}{N}\sum n_j v_j \tag{4-75}$$

$$\sigma=\sqrt{\frac{1}{N}\sum n_j v_j^3-\left(\frac{1}{N}\sum n_j v_j\right)^2} \tag{4-76}$$

式中　v_j——各风速间隔的值（以该间隔中值代表该间隔平均值），m/s；

n_j——各间隔的出现频数。

3）平均风速和最大风速估计法。我国气象观测规范规定，最大风速的挑选指的是一日任意时间的 10min 最大风速值。设$v_{\max}$为时间T内观测到的 10min 平均最大风速，显然它出现的概率为

$$\rho(v\geqslant v_{\max})=\exp\left[-\left(\frac{v_{\max}}{c}\right)^k\right]=\frac{1}{T} \tag{4-77}$$

对式（4－77）作逆变换得

$$\frac{v_{\max}}{\mu}=(\ln T)^{1/k}/\Gamma(1+1/k) \tag{4-78}$$

因此在得到了$v_{\max}$和$\bar{v}$后，以$\bar{v}$作为μ的估计值，由式（4－78）就可能解出k。大量的观测表明，k值通常变动范围为 1.0～2.6。此时$\Gamma(1+1/k)\approx 0.90$，于是从式（4－78）得到$k$的近似解，则求得$c$为

$$c=\bar{v}/\Gamma(1+1/k) \tag{4-79}$$

考虑到抽样的随机性很大，又有较大的年际变化，为了减小抽样随机性误差，在估计一地的平均风能潜力时，应根据v和$v_{\max}$的多年平均值（最好 10 年以上）来估计风速的威布尔参数，可有较好的代表性。

4）矩量法。另一种计算k和c值的方法是一阶和二阶矩量法。Weibull 分布有着阶数

n^{th}的矩量M_n表示为

$$M_n = c^n \Gamma\left(1+\frac{n}{k}\right) \tag{4-80}$$

如果M_1和M_2是一阶和二阶矩量，利用式（4-80），c可求解为

$$c = \frac{M_2 \Gamma\left(1+\frac{1}{k}\right)}{M_1 \Gamma\left(1+\frac{2}{k}\right)} \tag{4-81}$$

类似的

$$\frac{M_2}{M_1^2} = \frac{\gamma\left(1+\frac{2}{k}\right)}{\gamma^2\left(1+\frac{1}{k}\right)} \tag{4-82}$$

这种方法的M_1和M_2根据给定的数据计算得出，k和c通过解式（4-81）和式（4-82）求得。

由于服从Weibull分布的随机变量的各阶矩仍然服从Weibull分布，故可用k阶样本矩代替总体k阶矩，求解由所有以未知参数为自变量的矩方程组，便可得到总体未知参数的估计值，此估计值即为参数的矩估计。

矩估计法的优点在于它的简单性，缺点是不能完全利用样本的信息。有文献显示，无论是风能特征指标还是理论发电量，基于矩函数的公式法，结果误差整体都较小，精度明显高于最小二乘法、最小误差逼近法。

5）极大似然估计法。极大似然估计法的基本思想是根据子样本观察值出现概率最大的原则，来求母体中未知参数的估计值。极大似然估计具有渐进无偏性、一致性、渐近有序性，其计算精度高，但计算过程复杂。

首先要构造对数似然函数为

$$L(k,c) = \sum_{i=1}^{n}\left[\ln k + (k-1)\ln v_i - k\ln c - \left(\frac{v_i}{c}\right)^k\right] \tag{4-83}$$

对构造的对数似然函数，分别对k和c求导，并令其为0得到

$$\sum_{i=1}^{n}\left[\frac{1}{k} + \ln v_i - \ln c - \left(\frac{v_i}{c}\right)^k \ln\left(-\frac{v_i}{c}\right)\right] = 0 \tag{4-84}$$

$$\sum_{i=1}^{n}\left[-\frac{k}{c} - \frac{k}{c}\left(\frac{v_i}{c}\right)^k\right] = 0 \tag{4-85}$$

式（4-84）和式（4-85）相当复杂，一般用迭代法或最优化方法求解。用迭代法进行求解时，选取合适的初始值，经过反复迭代，满足收敛条件得到k和c的结果。当选择的迭代初始值不合适会导致算法不收敛，甚至得到错误的结果，因此需要对迭代点进行预处理，这也导致极大似然估计计算法有一定的局限性。

用极大似然法，形状因子和比例因子可计算为

$$k = \left[\frac{\sum_{i=1}^{n} v_i^k \ln(v_i)}{\sum_{i=1}^{n} v_i^k} - \frac{\sum_{i=1}^{n} \ln(v_i)}{n}\right]^{-1} \tag{4-86}$$

$$c = \left(\frac{1}{n}\sum_{i=1}^{n} v_i^k\right)^{\frac{1}{k}} \quad (4-87)$$

6）能量格局因子法。能量格局因子（E_{PF}）是总功率和对应于平均风速三次方的功率的比值，因此

$$E_{PF} = \frac{\frac{1}{n}\sum_{i=1}^{n} v_i^3}{\left(\frac{1}{n}\sum_{i=1}^{n} v_i\right)^3} \quad (4-88)$$

一旦风况的能量格局因子根据风力数据得出，k 的近似解即为

$$k = 3.957 E_{PF}^{-0.898} \quad (4-89)$$

4.5.2　风功率密度

1. 风能计算

风能是空气运动的动能，是每秒钟在面积 A 上从以速度 v 自由流动的气流中所获得的能量，即获得的功率 W。它等于面积、速度、气流动压的乘积，即

$$W = Av\left(\frac{1}{2}\rho v^2\right) = \frac{1}{2}\rho A v^3 \quad (4-90)$$

式中　ρ——空气密度，kg/m^3；
　　W——风功率，W；
　　v——风速，m/s；
　　A——面积，m^2。

实际上，对于一个地点来说，如果空气密度为常数，当面积一定时，风速是决定风能大小的关键因素。

风功率密度是气流垂直通过单位面积（风轮面积）的风能，它是表征一个地方风能资源多少的指标。因此在与风能公式相同的情况下，将风轮面积定为 1m^2（A=1m^2）时，风能具有的功率为

$$w = \frac{1}{2}\rho v^3 \quad (4-91)$$

衡量一地风能大小，要视常年平均风能的多少而定。由于风速是一个随机性很大的量，必须通过一定长度的观测来了解它的平均状况。因此在一段时间（如一年）长度内的平均风功率密度可以将式（4-91）对时间积分后平均，即

$$\overline{w} = \frac{1}{T}\int_0^T \frac{1}{2}\rho v^3 \mathrm{d}t \quad (4-92)$$

式中　$\overline{w}$——平均风功率密度，W/m^2；
　　T——总时数，h。

当我们知道了在一段时间长度内风速的概率密度分布后，平均风功率密度便可计算出来。

在研究了风速的统计特性后，风速分布可以用一定的概率密度分布形式来拟合，这样就大大简化了计算的过程。

2. 风功率密度计算

（1）空气密度计算。从式（4-90）可知，ρ 的大小直接影响到 W 的大小，特别是在高海拔地区，影响更突出。所以，计算一个地点的风功率密度，需要掌握的量是所计算时间区间下的空气密度和风速。在近地层中，空气密度 ρ 的量级为 10^2，而风速 v^3 的量级为 $10^2\sim10^3$。因此，在风能计算中，一方面，风速具有决定性的意义；另一方面，由于我国地形复杂，空气密度的影响也必须要加以考虑。空气密度 ρ 是气压、气温和温度的函数，其计算公式为

$$\rho=1.276\frac{p-0.378e}{1000(1+0.00366t)} \tag{4-93}$$

式中 p——气压，hPa；

t——气温，℃；

e——水汽压，hPa。

（2）平均风功率密度计算。根据风功率密度的定义式（4-92），w 为 ρ 和 v 两个随机变量的函数，对某一地面而言，空气密度 ρ 的变化可忽略不计，因此，应有的变化主要是由随机变化决定的，这样 w 的概率密度分布只决定风速的概率密度分布特征，即

$$P(v)=\frac{1}{2}\rho E(v^3) \tag{4-94}$$

风速立方的数学期望为

$$\begin{aligned} E(v^3) &= \int_0^\infty v^3 f(v)\mathrm{d}v \\ &= \int_0^\infty \frac{k}{c}\left(\frac{v}{c}\right)^{k-1}\exp\left[-\left(\frac{v}{c}\right)^k\right]v^3\mathrm{d}v \\ &= \int_0^\infty v^3\exp\left[-\left(\frac{v}{c}\right)^k\right]\mathrm{d}\left(\frac{v}{c}\right)^k \\ &= \int_0^\infty c^3\left(\frac{v}{3}\right)^3\exp\left[-\left(\frac{v}{c}\right)^k\right]\mathrm{d}\left(\frac{v}{c}\right)^k \end{aligned} \tag{4-95}$$

令 $y=\left(\frac{v}{c}\right)^k$，即 $\frac{v}{c}=y^{1/k}$，$\left(\frac{v}{c}\right)^3=y^{3/k}$，则

$$E(v^3)=\int_0^\infty y^{3/k}\exp(-y)\mathrm{d}y=c^3\int_0^\infty y^{3/k}\exp(-y)\mathrm{d}y=c^3\Gamma(3/k+1) \tag{4-96}$$

可见，风速立方的分布仍然是一个 Weibull 分布，只不过它的形状参数变为 $3/k$，尺度参数为 c^3，因此，只要确定了风速 Weibull 分布的两个参数 c 和 k，风速立方的平均值便可以确定，平均风功率密度便可以求得

$$\overline{w}=\frac{1}{3}\rho c^3\Gamma(3/k+1) \tag{4-97}$$

（3）有效风功率密度计算。在有效风速范围（风电机组切入风速到切出风速之间的范围）内，设风速分布为 $f'(v)$，风速立方的数学期望为

$$\begin{aligned} E'(v^3) &= \int_{v_1}^{v_2} v^2 f'(v)\mathrm{d}v \\ &= \int_{v_1}^{v_2} v^3\frac{f(v)}{v}\mathrm{d}v \end{aligned}$$

$$=\int_{v_1}^{v_2} v^3 \frac{p(v)}{p}\mathrm{d}v$$

$$=\int_{v_1}^{v_2} v^3 \frac{\left(\frac{k}{c}\right)\left(\frac{v}{c}\right)^{k-1}\exp\left[-\left(\frac{v}{c}\right)^k\right]}{\exp\left[-\left(\frac{v_1}{c}\right)^k\right]-\exp\left[-\left(\frac{v_2}{c}\right)^k\right]}\mathrm{d}v$$

$$=\frac{k/c}{\exp\left[-\left(\frac{v_1}{c}\right)^k\right]-\exp\left[-\left(\frac{v_2}{c}\right)^k\right]}\int_{v_1}^{v_2} v^2\left(\frac{v}{c}\right)^{k-1}\exp\left[-\left(\frac{v}{c}\right)^k\right]\mathrm{d}v, v_1\leqslant v\leqslant v_2 \tag{4-98}$$

因此有效风功率密度便可计算出来

$$w=\frac{1}{2}\rho E'(v^2)=\frac{1}{2}\rho\frac{k/c}{\exp\left[-\left(\frac{v_1}{c}\right)^k\right]-\exp\left[-\left(\frac{v_2}{c}\right)^k\right]}\int_{v_1}^{v_2} v^2\left(\frac{v}{c}\right)^{k-1}\exp\left[-\left(\frac{v}{c}\right)^k\right]\mathrm{d}v \tag{4-99}$$

（4）风能可利用时间计算。在风速概率分布确定以后，还可以计算风能的可利用时间

$$t=N\int_{v_1}^{v_2} f(v)\mathrm{d}v=N\int_{v_1}^{v_2}\frac{k}{c}\left(\frac{v}{c}\right)^{k-1}\exp\left[-\left(\frac{v}{c}\right)^k\right]\mathrm{d}v$$

$$=N\left\{\exp\left[-\left(\frac{v_1}{c}\right)^k\right]-\exp\left[-\left(\frac{v_2}{c}\right)^k\right]\right\} \tag{4-100}$$

式中　N——年计时段的总时间，h；

v_1——风电机组的切入风速，m/s；

v_2——风电机组的切出风速，m/s。

一般年风能可利用时间在2000h以上时，可视为风能可利用区。

（5）风电场年发电量计算。单机年发电量为年平均各等级风速（有效风速范围内）的风速小时数乘以此风速等级对应的风电机组输出功率的总和，其计算公式为

$$G=\sum N_i P_i \tag{4-101}$$

式中　G——发电量，kW·h；

N_i——相应风速等级出现的全年累计小时数，h；

P_i——风电机组在此等级风速下对应的输出功率，kW。

风电场年发电量为各单机年发电量的总和，计算采用的风电机组功率表或功率曲线图必须是厂家提供的、由权威机构测定的风电机组功率表或功率曲线图。标准空气密度是指标准大气压下的空气密度，一般为1.225kg/m^3。在标准空气密度下，风电机组的输出功率与风速的关系曲线称为该风电机组的标准功率曲线。

可以知道，只要确定了Weibull分布参数c和k之后，平均风功率密度、有效风功率密度和风能可利用小时数都可以方便地求得。另外，知道了分布参数c和k，风速的分布形式便给定了，具体风电机组设计的各个参数同样可以加以确定，而无须逐一查阅和重新统计所有的风速观测资料，它无疑给实际使用带来许多方便。一些研究结果还表明，Weibull分布不仅可用于拟合地面风速分布，也可用于拟合高层风速分布，其参数在近地层中随高度的变化很有规律。当我们知道了一个高度风速的Weibull分布参数，便不难根

据这种规律求出近地层中任意高度风速的 Weibull 分布参数。由于这些特点，使得用 Weibull 分布拟合风速频率分布较用其他分布拟合更为方便。

(6) 测站 50 年一遇最大风速 $v_{50.\max}$。风速的年最大值 x 采用极值 I 型的概率分布表示，其分布函数为

$$F(x)=\exp\{-\exp[-a(x-u)]\} \tag{4-102}$$

式中 u——分布的位置参数，即分布的众值；

a——分布的尺度参数。

分布的参数与均值$\overline{v}$和标准差 σ 的关系确定为

$$\overline{v}=\frac{1}{n}\sum_{i=1}^{N}v_i \tag{4-103}$$

$$\sigma=\sqrt{\frac{1}{n-1}\sum_{i=1}^{n}(v_i-\overline{v})^2} \tag{4-104}$$

$$a=\frac{c_1}{\sigma} \tag{4-105}$$

$$u=\overline{v}-\frac{c_2}{a} \tag{4-106}$$

式中 v_i——连续 n 个最大风速样本序列，$n\geqslant15$。

n 年一遇风速计算参数表见表 4-3。

表 4-3 n 年一遇风速计算参数表

n	C_1	C_2	n	C_1	C_2
15	1.02057	0.51820	70	1.18536	0.55477
20	1.06283	0.52355	80	1.19385	0.55688
25	1.09145	0.53086	90	1.20649	0.55860
30	1.11238	0.53622	100	1.20649	0.56002
35	1.12847	0.54034	250	1.24292	0.56878
40	1.14132	0.54362	500	1.25880	0.57240
45	1.15185	0.54630	1000	1.26851	0.57450
50	1.16066	0.54853	∞	1.28255	0.57722
60	1.17465	0.55208			

测站 50 年一遇最大风速计算公式为

$$v_{50-\max}=u-\frac{1}{a}\ln\left[\ln\left(\frac{50}{50-1}\right)\right] \tag{4-107}$$

实际上，一个风电场的极端气象条件对风电机组载荷的评估和风电场的分级有着重要的影响。最大阵风速度和最大 10min 平均风速（多年一遇）之间存在紧密联系。

设计风电机组时，要统计以下极值风速：预计在 50 年内所出现的 10min 平均风速的最高值 u_{m50}，最大阵风 u_{i50}，即 50 年内出现的 3s 极大平均风速。最大阵风 u_{m50} 可由 10min 平均风速最高值 u_{m50} 和估算出的湍流强度 I_t 来计算

$$u_{e50}=u_{m50}\ (1+2.8I_t) \tag{4-108}$$

式（4-108）中，I_t 前的系数 2.8 是通过在地面上不同高度测量而得的，与统计时间段

(10min) 内的风速无关，称为阵风因子。

由于极大风速对风电机组的设计至关重要，风电场规划时要综合考虑风电机组的技术发展状况，在进行微观选址时尽量避开极大风速区，对风电机组进行合理的布置。

4.6 风能资源评价

目前我国风电场可行性研究中风能资源评价应遵循的有关标准主要包括《地面气象观测规范》(中国气象局，1979年)、《风力发电场项目可行性研究报告编制规程》(DL/T 5067—1996)、《风力发电场并网运行管理规定》(电政法〔1994〕461号)、GB/T 18709—2002、GB/T 18710—2002和《风电场工程技术标准》(FD 007—2011) 等。根据有关标准要求，风力发电场项目可行性研究报告要求的有关风力资源评价的附图、附表主要包括以下8项内容。

(1) 风电场址测站的风速频率曲线。

(2) 与场址测站年份对应的气象台（站）风速频率曲线。

(3) 风电场址测站的风向玫瑰图。

(4) 与场址测站年份对应的气象台（站）风向玫瑰图。

(5) 风电场址测站的风能玫瑰图。

(6) 与场址测站年份对应的气象台（站）风能玫瑰图。

(7) 风电场址测站的年平均风速变化（1—12月）直方图。

(8) 风电场址测站的典型日平均风速变化（1—24时）直方图。

将处理好的各种风况参数绘制成图形，以便能够更直观地看出风电场的风速、风向和风能的变化，便于和当地的地形条件、电力负荷曲线等比较，判断对风电机组的排列是否有利、风电场输出电力的变化是否接近负荷需求的变化等。图形主要分为年风况图和月风况图两大类，其中年风况图包括全年的风速和风功率日变化曲线图、风速和风功率的年变化图、全年的风速频率分布直方图、全年的风向和风能玫瑰图；月风况图包括各月的风速和风功率日曲线变化图、各月的风向和风能玫瑰图。另外，还应包括长期测站风况图、与风电场测风塔同期的风速年变化直方图，连续20～30年的年平均风速变化直方图。

第5章 风电电能质量及电网适应性测试

5.1 风电机组电能质量检测技术

5.1.1 电能质量研究现状

近年来，风电机组的电能质量问题已被看作是机组并网时所面临的重要问题，而风电机组的电能质量检测也已成为风电机组型式认证中非常重要的一项检测。对于风电机组的电能质量检测，国外很多相关的测试机构已进行了大量的测试。国际电工委员会发布了相应的标准 IEC 61400—21—2008，作为风电机组电能质量的测试标准，其明确规定了风电机组电能质量的检测方法和检测内容，保证了检测结果的准确性，同时也使得不同检测单位的检测结果在一定程度上可以进行对比。

目前，国内关于风电机组电能质量方面的研究相对薄弱，至今没有建立全国性或大范围的风电机组电能质量实时监测系统，主要的问题在于缺乏技术含量高的新型风电机组电能质量检测产品和解决方案。由于国外产品比较成熟，而国内产品刚刚起步，所以各大用户会选择国外的高端产品，这就导致了国内产品在应用机会上受到了很大程度的限制。而对于那些已经投入实际运用中的风电机组电能质量检测仪器来说，一般都存在检测精度不高、不够智能等问题。此外，这些仪器在处理大量数据的时候能力差，功能单一，这些问题都不利于对风电机组的电能质量问题进行大范围的状况分析和数据共享。总体而言，我国对风电机组电能质量问题的研究相对落后。

国外的检测机构对风电机组的电能质量特性研究起步较早，做过大量的深入研究，已得到了一些重要的结论。参考文献［41］详细地介绍了美国国家可再生能源实验室（National Renewable Energy Laboratory，NREL）测试风电机组电能质量的设备和方法。参考文献［42］介绍了巴西某个风电场如何检测其4台风电机组的电能质量特性。检测结果表明：在低风速时，风电机组输出的有功功率几乎接近于零；在机组启停切换操作过程中并没有出现谐波、闪变等电能质量问题，但机组的切换操作次数太过频繁。

参考文献［43］对比了欧洲几家测试机构的电能质量分析软件，如DEWI、RISO等，比较了它们的电能质量检测方法和数据处理方式，并对比研究了电网特性和风电场地形对恒速和变速两种风电机组可能产生的电能质量影响。研究结果表明：各单位的检测结果基本一致，机组的结构和电网特性对电能质量有较大影响；在风速较小的情况下，风电场的地形对机组的功率输出和产生的闪变值有较大的影响，但在风速较大情况下，这些影响很小。

参考文献［44］介绍了希腊可再生能源中心，根据IEC标准，对风电场内两台恒速风电机组和两台变速风电机组产生的谐波和闪变情况进行了测试。测试结果表明当风电机组处于连续运行的状态，所有风电机组的闪变特性几乎相同；而当风电机组处于切换运行状态下，变速风电机组的最大电压波动幅值要比恒速风电机组的最大电压波动幅值小，变速风电机组的暂态过程要比恒速风电机组的暂态过程持续时间长；风速区间的不完整性可能会导致闪变值计算偏离；另外，只要湍流强度在规定的范围之内，风向对谐波和闪变的影响都比较小。

参考文献［45］描述了丹麦Hagsholm风电场中风电机组电能质量的测试情况。结果表明：除了风电机组在连续运行或切换操作状态下对电网的闪变有影响外，负荷的变化或者接入电网引起的电压快速变化，也会产生闪变，对电网电能质量具有一定影响。

在电力系统中，电能质量分析方法一般有时域法、频域法和基于变换的方法三种。

时域法是指利用时域仿真程序研究电能质量中的暂态现象。一般常用的时域仿真程序有电力电子仿真程序，如SPICE、PSPICE、SABER等和系统暂态仿真程序，如EMTP、EMTDC、NETTOMAC等。时域仿真计算存在着一定的缺点，如仿真步长的选取决定了可仿真的最大频率范围，所以仿真之前必须确定整个暂态过程的频率范围。另外，在仿真开关的断开和闭合过程中，还会引起数值的振荡。

频域法主要包括频率扫描、谐波潮流计算以及混合谐波潮流计算等，更多地运用在谐波的分析中。其优点在于考虑了非线性负荷控制系统的作用，缺点是计算量较大，分析过程复杂。

基于变换的方法是指利用Fourier变换、神经网络等方法分析电能质量问题，是近年来发展比较快的理论，不但可以运用于谐波分析，而且对电压波动和闪变也有较好的分析效果。下面首先介绍几种基于变换的方法。

1. Fourier变换分析法

Fourier变换是电能质量分析领域中较为经典的方法，对变化平稳的周期信号具有良好的分析效果，但对时变的非平稳信号则难以充分描述。尽管存在局限性，但改进的快速傅里叶变换（Fast Fourier Transformation，FFT）和短时傅里叶变换（Short－time Fourier Transformation，STFT），因计算简单、使用方便等优点，广泛地应用于频谱分析和谐波检测两个方面。快速傅里叶变换的缺点在于计算量较大，测量的实时性不够好，对非整数次谐波的检测容易产生频谱泄露和栅栏现象，从而导致该方法对间谐波相关参数的检测无法满足测量精度要求。

2. 基于小波变换的分析法

小波变换是在变换基础上发展起来的一个新领域，但与Fourier变换不同的是，小波变换的窗函数选取相对灵活。其克服了Fourier变换在频域完全局部性和在时域完全无局部性的缺点，能够准确地把握信号的局部细节，计算精度高，不仅适合稳态信号的分析，也适合暂态时变信号的分析，特别适合突变信号和不平稳信号的分析。但其在实时系统运用中算法复杂、运算速度慢，还有“边缘效应”，边界数据处理占用较多时间，并带来一定的误差。

3. 基于神经网络的分析法

1943年，心理学家W. S. McCalloch和数学家W. Pitts首次提出了人工神经网络（Artificial Network，ANN）的概念。1958年，Rosenblatt提出了感知机概念，第一次把

ANN 的研究运用于工程实践中。在随后几十年里，神经网络理论得到了快速的发展，其具有的分布并行处理、非线性映射和自适应学习等特性已被广泛应用于模式识别、信号处理和智能控制等许多领域。近年来，ANN 理论又被应用于谐波分析，具有延时小、检测精度高、收敛速度快等优点，然而在工程实际运用中还有很多问题，例如，理想训练样本的提取困难，影响网络的训练速度和训练质量。因此基于神经网络分析方法的实现还有待完善。

电能质量中闪变的计算方法，虽然《Wind turbine generator systems Part 4：Design requirements for wind turbine gearboxes》（IEC 61400—4）已经提供了相应的测量算法，但该算法存在计算复杂、测量数据多和计算速度慢等缺点，所以，国内外很多学者对闪变的算法进行了大量研究，得到了很多新算法。

参考文献［47］、［48］提出了闪变的频域计算方法，该算法具有计算速度快、所需时间短等优点，更重要的是该算法能够区分不同频率对应电压波动所引起的闪变。其基本思路是根据机组输出功率推导出电方均根值波动的频谱，然后用频率加权滤波器对该频谱信号进行滤波，也就相当于考虑了人眼对电压波动的反应。大量实验结果证明，频域算法的计算结果与 IEC 61400—4 中闪变时域算法结果一致。

有学者［49］给出了基于虚拟仪器技术的电压闪变算法研究。这些文献都是在对 IEC 推荐的闪变算法进行深入研究的基础上，提出一种利用虚拟仪器技术实现闪变的测量方法，大量仿真结果证明，这种测量方法能在较高的精度下实现闪变的测量。参考文献［50］根据 IEC 闪变仪原理，利用 Matlab 建立了闪变测量模型，利用灯-眼-脑传递函数来逼近视感度系数的做法在该模型中得到了验证。参考文献［50］提出了一种基于 DSP 的闪变仪分析方法。

有学者提出了利用快速傅里叶变换的方法来计算电压闪变值，该方法具有原理简单、易于操作、计算精度高等优点，具体思路是首先将原始信号进行处理，获得方均根值曲线，再经过 FFT 处理之后，用一种简单、方便的算法计算出短时闪变值和长时闪变值，但该算法存在一个问题，就是在进行 FFT 分解时，频谱分辨率的选择可能会影响最终的计算结果。

随着电能质量分析技术的发展，近年来出现了模糊数学法、遗传算法、神经网络算法以及它们相互交叉的新型算法，这些算法将成为以后电能质量问题分析的主要方法。

5.1.2 电能质量测量标准

为了保证风电机组并网后能够安全、经济有秩序地运行，就必须制定统一的和适度的基本指标，以及统一的质量检测方法和检测要求。关于风电机组电能质量的检测，我国于 2006 年 7 月在 IEC 制定的标准 IEC 61200—21—2001 基础上，结合我国风电技术发展现状，制定并发布了国家标准《风电机组电能质量测量和评估方法》（GB/T 20320—2013），该标准对风电机组电能质量的测试内容和测试方法做了详细的介绍。另外，对于标准中规定的风电机组电能质量检测指标的具体测量方法，还需相应地参考国家从 1990 年陆续发布的几个电能质量标准，具体如下：

（1）《电能质量 供电电压允许偏差》（GB/T 12325—2003）。

（2）《电能质量 电压波动和闪变》（GB/T 12326—2008）。

（3）《电能质量 公用电网谐波》（GB/T 14549—1993）。

（4）《电能质量 三相电压不平衡》（GB/T 15543—2008）。

（5）《电能质量 电力系统频率偏差》（GB/T 15945—2008）。

5.1.3 电能质量要求

电能质量描述的是通过公用电网供给用户端的交流电能的品质。理想状态的公用电网应以恒定的频率、正弦波形和标准电压对用户供电。电能质量的定义应理解为：导致用户电力设备不能正常工作的电压、电流或频率偏差，造成用电设备故障或误动作的任何电力问题都是电能质量问题。风电场电能质量问题一般指电压偏差、电压波动和闪变以及谐波三个主要方面。IEC 61400—21是风电机组特殊标准系列中的一个，主要针对电能质量。下面主要对实际应用中的电压偏差和谐波两个方面做介绍。

1. 电压偏差

供电系统在正常运行方式下，某一节点的实际电压与系统额定电压之差对系统标称电压的百分数称为该节点的电压偏差。

电压偏差是衡量电力系统正常运行与否的一项主要指标。由于风电机组本身的无功电压特性，无论是定速机组还是变速机组对其接入的电网尤其是接入点的电压都有较大影响。根据我国《风电场接入电力系统技术规定》（GB/T 19963—2011），当风电场的并网电压为110kV及其以下时，风电场并网点电压的正、负偏差的绝对值之和不超过额定电压的10%。当风电场的并网电压为220kV及其以上时，正常运行时风电场并网点电压的允许偏差为额定电压的−3%～7%。

2. 谐波

当电网中的电压或电流波形为非理想的正弦波时，说明其中含有频率高于50Hz的电压或电流成分，这些成分称之为谐波。当谐波频率为工频频率的整数倍时，称之为整数次谐波。

对于风电机组来说，发电机本身产生的谐波是可以忽略的，谐波电流的真正来源是风电机组中采用的电力电子装置。对于定速风电机组来说，在连续运行过程中没有电力变换，因而也基本没有谐波产生；当机组进行投入操作时，软并网装置（电力电子装置）处于工作状态，将产生谐波电流，但由于投入的过程较短，这时的谐波注入可以忽略。变速风电机组则采用大容量的电力电子器件，直驱永磁同步风电机组的交直交变频器采用可控PWM整流或不控整流后接DC/DC变换，在电网侧采用PWM逆变器输出恒定频率和电压的三相交流电；双馈式异步风电机组定子绕组直接接入交流电网；转子绕组端接线由三只滑环引出接至一台双向功率变换器，电网侧同样采用PWM逆变器，定子绕组端口并网后始终发出电功率。不论是哪种变速风电机组，并网后变流器将始终处于工作状态。因此，需要考虑变速风电机组的谐波注入问题，对风电机组产生的谐波需要采用实测的方式来确定。

我国标准GB/T 19963—2011规定，“当风电场采用带电力电子变换器的风电机组时，需要对风电场注入系统的谐波电流作出限制”。风电场所在的公共连接点的谐波注入电流应

满足 GB/T 14549—1993 的要求，其中风电场向电网注入的谐波电流允许值按照风电场装机容量与公共连接点上具有谐彼源的发电、供电设备总容量之比进行分配，或者按照与电网公司协商的方法进行分配。风电机组的谐波测试与多台风电机组的谐波叠加计算，应根据 IEC 61400—21—2008 有关规定进行。

谐波主要出现在含有反向器的系统，另外整数阶数 v 与非整数阶数 μ 出现在 PWM 控制变流器情况下。《电磁兼容限值—谐波电流发射限值》（IEC 61000—3—2—2009）中定义了谐波电流的许可等级。电网运营商已经建立了自己的许用标准。在低压 A/MVA 中给出了谐波电流的允许值，其与普通连接处的视在短路功率有关。在德国，对于私人馈入电网系统，电网运营商分别规定了低压、中压和高压情况的相关标准。

发电系统馈入低压、中压和高压电网的谐波电流上限值见表 5-1。

表 5-1 发电系统馈入低压、中压和高压电网的谐波电流上限值

阶数 v，μ	低压网 A/MVA	中压网 10kV A/MVA	高压网 220kV A/GVA
3	4	—	—
5，7	2.5/2	0.115/0.082	1.3/1.9
9	0.7	—	—
11，13	1.3/1	0.052/0.038	1.2/0.8
17，19	0.55/0.45	0.022/0.018	0.46/0.35
23，25	0.30/0.025	0.012/0.010	0.23/0.16
$v>25$	$0.2525/v$	$0.06/v$	$2.6/v$
$v=$恒值	$1.5/v$	$0.06/v$	$2.6/v$
$\mu<40$	$1.5/\mu$	$0.06/\mu$	$2.6/\mu$
$\mu>40$	$4.5/\mu$	$0.06/\mu$	$8/\mu$

总谐波失真（Total Harmonic Distortion，THD）为整体谐波扭曲值的一个基本特征参数，根据电流，考虑直到 40 阶的谐波分量如下

$$THD = \frac{\sum_{20}^{40} I_n^2}{I_1} \tag{5-1}$$

式中 I_1——基波电流。

在 IEC 标准中描述了电磁兼容问题，其中《电磁兼容测试与测量技术—电源系统及其相连设备的谐波、间谐波测量方法和测量仪器技术标准》(IEC 61000—4—7—2009) 为谐波、间谐波测量的指导准则。对于低电压系统，IEC 61000—3—2—2009 规定了谐波电流耗散极限。

电压波动为一系列电压变动或连续的电压偏差，判断电压波动值是否被接受的依据是其对白炽灯工况的影响程度，即引起白炽灯闪变的大小。电压闪变的主要影响因素是电压波动的幅值和频率，并和照明装置特性及人对闪变的主观视感有关。

风电机组引起电压波动和闪变的根本原因是风电机组输出功率的波动。并网风电机组不仅在连续运行过程中产生电压波动和闪变，而且在机组切换操作过程中也会产生电压波

动和闪变。典型的切换操作包括风电机组启动、停止和发电机切换，其中发电机切换仅适用于多台发电机或多绕组发电机的风电机组。这些切换操作引起功率波动，并进一步引起风电机组端点及其节点的电压波动和闪变。

除去风的自身形态和风电机组的特性，风电机组所接入系统的网络结构对其引起的电压波动和闪变也有较大影响。风电场公共连接点的短路比和电网线路的电源阻抗电感和电阻比（X/R）是影响风电机组引起的电压波动和闪变的重要因素。并网风电机组引起的电压波动和闪变与线路 X/R 比呈非线性关系，当对应的线路阻抗角为 60°～70°时，电压波动和闪变最小。

国家标准 GB 12326—2008，对电压波动和闪变的允许值做了明确的规定。风电场在公共连接点引起的电压闪变变动应当满足 GB 12326—2008 的要求，其中 35～220kV（含）电压等级的短时闪变限值和长时闪变限值分别为 0.8 和 0.6。

5.1.4　电能质量测量

并网风电机组电能质量检测是针对电网三相连接的单台风电机组，检测和评估风速不高于 15m/s 时风电机组所有运行范围内的电能质量特性参数。

并网风电机组电能质量的测试分为短期和长期两个阶段进行。短期阶段针对高速数据的采集、分析与处理，其电能质量特征参数主要包括谐波、三相电压、电流不平衡度、电压波动和闪变等。长期阶段主要是对与风速相关的风电机组有功功率和无功功率的收集，这项测试将与风电机组功率特性同时进行，并使用功率特性测试的数据，长期阶段电能质量特征参数包括风电机组额定参数、最大测量功率和无功功率等。

根据 GB/T 20320—2013，风电机组的电能质量指标测试主要是基于 10min 的测试数据进行的，测试项目包括频率的测量、有效值的测量、功率的测量、三相不平衡度的测量、谐波的测量以及电压波动与闪变的测量等。

1. 频率的测量

频率是风电机组的重要技术指标之一，将直接影响到机组输出的电能质量。在风力发电中，由于风能的随机性和不可控性，将导致风电机组输出功率的波动性，而输出功率的波动和系统中负荷的变化将导致风电机组的频率偏差。在正常运行条件下，电力系统中规定：系统的频率偏差是指频率的实际值与标称值的差值，其数学表达式为

$$\delta f = f_{re} - f_N \tag{5-2}$$

式中　δf——频率偏差，Hz；

f_{re}——实际频率，Hz；

f_N——系统标称频率，Hz。

GB/T 20320—2006 对频率偏差限值作了详细的规定：电网频率的测量平均值应在额定频率的±1%的范围内。

关于频率的测量方法，国标 GB/T 20320—2006 中没有作详细地说明，本书经过多次测试，最终采用了一种基于傅里叶变换的精确频率的算法。

2. 有效值的测量

在风电机组电能质量指标测量中，电压、电流有效值的测量是非常重要的一项评估。

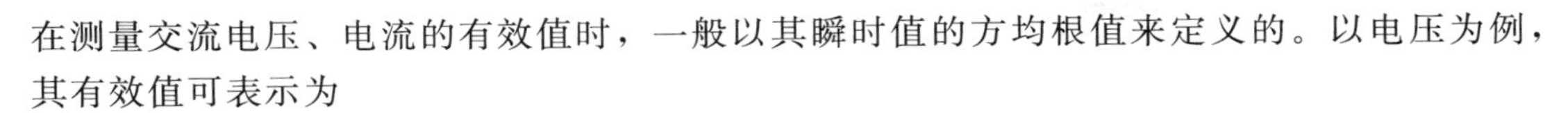

在测量交流电压、电流的有效值时，一般以其瞬时值的方均根值来定义的。以电压为例，其有效值可表示为

$$U=\sqrt{\frac{1}{T}\int_0^T u^2\mathrm{d}t} \tag{5-3}$$

式中 u——交流电压的瞬时表达式；

T——交流电压 u 的周期。

如果将交流电压 u（或电流 i）在一个周期 T 内分成间隔为 Δt 的 N 个子区间，当足够小时，式（5-3）中的积分运算可以足够准确地用求和运算来代替，即

$$U=\sqrt{\frac{1}{T}\sum_{m=1}^{N}u_m^2\Delta t} \tag{5-4}$$

式中 u_m——$t=(m-1)\Delta t$ 时的瞬时电压值。

如果令 N 个子区间的时间间隔 Δt 相等，则有 $\Delta t=T/N$，此时式（5-4）可表示为

$$U=\sqrt{\frac{1}{N}\sum_{m=1}^{N}u_m^2} \tag{5-5}$$

同理，如果被测电量是电流，则有与上式形式相同的表达式，即

$$I=\sqrt{\frac{1}{N}\sum_{m=1}^{N}i_m^2} \tag{5-6}$$

式中 i_m——$t=(m-1)\Delta t$ 时的瞬时电压值。

根据式（5-5）和式（5-6），可以用数字方法测量任意波形交流电压和电流的有效值，其具体方法为：在一个周期 T 内采集电压或电流信号的 N 个离散值，按式（5-5）和式（5-6）计算出电压或电流的有效值。

另外，如果已经用傅里叶变换分析出电压或电流的谐波情况，即已知电压或电流的基波和各次谐波的有效值，则可计算非正弦电压或电流的有效值

$$U=\sqrt{U_1^2+U_2^2+\cdots+U_n^2} \tag{5-7}$$

$$I=\sqrt{I_1^2+I_2^2+\cdots+I_n^2} \tag{5-8}$$

式中 U_1、U_2、…、U_n——非正弦电压的基波和各次谐波分量的有效值；

I_1、I_2、…、I_n——非正弦电流的基波和各次谐波分量的有效值。

3. 功率的测量

功率是风电机组的重要技术指标之一，其测量内容包括有功功率和无功功率的测量。一般情况下，风电机组输出的电压、电流波形会发生畸变。对于这种非正弦电路，通常有功功率 P 和无功功率 Q 分别定义为其基波和各次谐波有功功率及无功功率之和，即

$$P=\sum_{k=1}^{\infty}U_kI_k\cos\varphi_k \tag{5-9}$$

$$Q=\sum_{k=1}^{\infty}U_kI_k\sin\varphi_k \tag{5-10}$$

式中　U_k——每相第 k 次谐波的电压；

I_k——每相第 k 次谐波的电流有效值；

φ_k——每相第 k 次谐波的相位差。

一般来说，对于非正弦电路的瞬时电功率可表示为其电压、电流瞬时值的乘积，即

$$p(t)=u(t)i(t) \tag{5-11}$$

而平均有功功率则可表示为其瞬时功率在一个周期内的平均值，即

$$P=\frac{1}{T}\int_0^T u(t)i(t)\mathrm{d}t \tag{5-12}$$

用数字方法测量有功功率时，采用电压和电流信号的离散值，此时可代替为

$$P=\frac{1}{N}\sum_{j=1}^{N}u_j i_j \tag{5-13}$$

式中　u_j、i_j——第 j 个采样点的电压、电流的离散值；

N——一个周期内的采样点数。

对于无功功率的测量，若是正弦电路，可计算出视在功率 S

$$S=UI \tag{5-14}$$

式中　U、I——非正弦相电压和相电流的有效值。

可得无功功率 Q

$$Q=\sqrt{S^2-P^2} \tag{5-15}$$

对于非正弦电路，通常来说，有 $P=S\cos\varphi$，但 $Q=S\sin\varphi$ 的关系已不再成立，所以首先对采集的每相电压、电流信号进行傅里叶变换获得每相电压、电流的谐波有效值及其相位差角，然后按式（5-10）进行计算，获得无功功率测量值。

综合考虑 GB/T 20320—2013 中关于功率测量的规定和项目的实际需求，将对风电机组的 200ms 平均有功功率 $P_{0.2}$、60s 平均有功功率 P_{60}、600s 平均有功功率 P_{600} 进行测量以及对 $P_{0.2}$、P_{60} 和 P_{600} 对应的风电机组输出的无功功率 $Q_{0.2}$、Q_{60}、和 Q_{600} 等指标进行测试。

有功功率的测量要求如下：

（1）仅采集连续运行状态下的三相电压和三相电流数据。

（2）测量风电机组输出端处的功率。

（3）检查测量数据，剔除不正确的数据。

（4）应通过分段平均将功率测量值转换为 0.2s 平均值、60s 平均值和 600s 的平均值。

无功功率的测量要求如下：

（1）仅采集连续运行状态下的三相电压和三相电流数据。

（2）在风电机组输出端测量有功功率和无功功率，获得测量周期内的平均值。

（3）分别求出额定功率的 0、10%、…、90%、100%所对应的无功功率。

4. 三相不平衡度的测量

在电力系统正常运行方式下，三相不平衡度是指系统频率为 50Hz 时由负序或零序分量引起的三相不平衡的程度。系统中一般用电压、电流负序或零序的基波分量和正序的基

波分量的方均根比值的百分比来表示电压、电流的三相不平衡度，电压、电流的负序和零序不平衡度可用 ε_{U2}、ε_{U0} 和 ε_{I0}、ε_{I0} 来表示，以电压不平衡度为例，即

$$\begin{cases}\varepsilon_{U2}=\dfrac{U_2}{U_1}\times 100\% \\ \varepsilon_{U0}=\dfrac{U_0}{U_i}\times 100\%\end{cases} \tag{5-16}$$

式中 U_1、U_2、U_0——电压正序、负序和零序分量的方均根值，V。

由式（5-16）可知，要计算三相系统的不平衡度，必须首先计算三相系统的正序、负序和零序分量。在三相电力系统中，已知三相电量 $\dot{F}_a$、$\dot{F}_b$、$\dot{F}_c$，可按对称分量法，分别求出正序分量 $\dot{F}_{a(1)}$、负序分量 $\dot{F}_{a(2)}$ 和零序分量 $\dot{F}_{a(0)}$，然后可计算出相应的三相不平衡度，即

$$\begin{pmatrix}\dot{F}_{a(1)} \\ \dot{F}_{a(2)} \\ \dot{F}_{a(0)}\end{pmatrix}=\frac{1}{3}\begin{pmatrix}1 & a & a^2 \\ 1 & a^2 & a \\ 1 & 1 & 1\end{pmatrix}\begin{pmatrix}\dot{F}_a \\ \dot{F}_b \\ \dot{F}_c\end{pmatrix} \tag{5-17}$$

其中

$$a=e^{j120^\circ}=-\frac{1}{2}+j\frac{\sqrt{3}}{2},a^2=e^{j240^\circ}=-\frac{1}{2}-j\frac{\sqrt{3}}{2}$$

式中 a——旋转因子。

本文所研究的风电机组三相不平衡度，就是指根据上文介绍的三相不平衡度原理，计算测量周期内电压、电流信号负序和零序的三相不平衡度。

GB/T 20320—2013 规定：在风电机组输出端处测量的 10min 平均电压不平衡度应小于 2%。如果电压不平衡度满足上述要求，就不需要再进行评测。否则测试时应测量电压不平衡度，而且要删去电压不平衡度不符合要求期间所采集的测试数据。

5. 谐波的测量

谐波的测量是进行风电机组电能质量测试和评估的一项重要内容。电力系统中的谐波一般用来表示不同频率和幅值的电压、电流所导致的畸变正弦波，谐波通常是指一个周期电量中存在的正弦波分量，其频率是该周期电量基波频率的整数倍。在电力系统中，为了定量表示一个正弦波形的畸变程度，通常用各次谐波的含有率及相应谐波的总量的大小作为该波形畸变的指标。

第 h 次谐波电压含有率 HRU_h 为

$$HRU_h=\frac{U_h}{U_1}\times 100\% \tag{5-18}$$

式中 U_h——第 h 次谐波电压的方均根值；

U_1——基波电压的方均根值。

第 h 次谐波电流含有率 HRI_h 为

$$HRI_{\mathrm{h}}=\frac{I_{\mathrm{h}}}{I_{1}}\times 100\% \tag{5-19}$$

式中　I_{h}——第 h 次谐波电流的方均根值；

I_1——基波电流的方均根值。

谐波电压含量 U_{H} 和谐波电流含量 I_{H} 可以分别表示为

$$U_{\mathrm{H}}=\sqrt{\sum_{h=2}^{\infty}U_{\mathrm{h}}^{2}} \tag{5-20}$$

$$I_{\mathrm{H}}=\sqrt{\sum_{h=2}^{\infty}I_{\mathrm{h}}^{2}} \tag{5-21}$$

电压总谐波畸变率 THD_{u} 和电流总谐波畸变率 THD_{i} 可以分别表示为

$$THD_{\mathrm{u}}=\frac{U_{\mathrm{H}}}{U_{1}}\times 100\% \tag{5-22}$$

$$THD_{i}=\frac{I_{\mathrm{H}}}{I_{1}}\times 100\% \tag{5-23}$$

除了以上所介绍的谐波外，实际电网中还存在着频率与基波频率不成整数倍关系的间谐波。频率低于基波频率的间谐波很可能会引起可察觉的电压闪变，只要间谐波频率接近谐波频率或基波频率，闪变就会发生。如果某一信号的间谐波频率为 f_1，则该信号波形的包络线就会以 f_{m} 的频率波动，即

$$f_{\mathrm{m}}=|f_{1}-f_{\mathrm{k}}| \tag{5-24}$$

式中　f_{k}——间谐波的频率；

f_1——与间谐波接近的基波频率或谐波频率。

风电机组的谐波测量就是指根据谐波分析原理，测取电压、电流信号中各次谐波分量的有效值，并计算各次谐波含有率和总谐波的畸变率。所采用的方法是傅里叶变换法，因为该方法原理简单，容易实现软件编程。傅里叶展开式如下

$$u(\omega t)=a_{0}+\sum_{k=1}^{\infty}(a_{n}\cos k\omega t+b_{n}\sin k\omega t) \tag{5-25}$$

$$a_{0}=\frac{1}{2\pi}\int_{0}^{2\pi}u(\omega t)\cos k\omega t\,\mathrm{d}(\omega t)$$

$$b_{n}=\frac{1}{\pi}\int_{0}^{2\pi}u(\omega t)\sin k\omega t\,\mathrm{d}(\omega t)\quad (k=1,2,\cdots)$$

当 $k=1$ 时称为基波分量，$k>1$ 时称为相应次数的谐波分量。

则基波及各次谐波的幅值 C_n 和相角 φ_n 为

$$C_{n}=\sqrt{a_{n}^{2}+b_{n}^{2}} \tag{5-26}$$

$$\varphi_{n}=\arctan\ (a_{n}/b_{n}) \tag{5-27}$$

对于离散的非正弦波形，则可以使用离散的傅里叶变换法（Discrete Fourier Transform，DFT）。假设一个周期内采样点数为 N，则 a_n、b_n 可用式（5－28）和式（5－29）

代替，即

$$a_n = \frac{2}{N}\sum_{i=1}^{N-1} x(i)\cos(2\pi ki/N) \tag{5-28}$$

$$b_n = \frac{2}{N}\sum_{i=0}^{N-1} x(i)\sin(2\pi ki/N) \tag{5-29}$$

然后可以利用式（5－26）和式（5－27）计算出基波和各次谐波的幅值和相角，这样只需把输入的电压或电流信号 $x(i)$ 和每一种正余弦信号相乘，则可以得到原始信号中各次谐波的幅值和相角，然后便可利用相应的公式计算各谐波指标。

风电机组谐波的评估主要依据 GB/T 20320—2013 的规定：对于带有电力电子变流装置的风电机组，应规定其在连续运行期间的谐波电流。频率在 50 倍电网基准频率以内的应指定其独立谐波电流和最大总谐波畸变率。各次谐波的独立谐波电流在输出功率产生最大谐波电流时取 10min 平均值，谐波电流低于额定电流 0.1%时，可不作要求。

6. 电压波动与闪变的测量

（1）电压波动的测量。电压波动为一系列电压变动或工频电压包络线的周期性变化。电压波动一般视为以工频电压为载波的幅度调制波，可以通过电压调幅波（电压幅值包络线的波形）中两个相邻电压方均根极值的差值相对额定电压的百分数来表示，即电压波动 d 的表达式为

$$d=\frac{\Delta U}{\Delta N}\times 100\%=\frac{U_{\max}-U_{\min}}{U_{\mathrm{N}}}\times 100\% \tag{5-30}$$

式中 $U_{\max}$、$U_{\min}$——两个相邻电压方均根值（有效值）的极值；

U_{N}——线路的额定电压。

GB/T 20320—2006 中规定：风电机组接入电网后，并网点电压的正、负偏差的绝对值之和不应超过额定电压的 10%，一般应在额定电压－3%～7%的范围内。风电场在并网点引起的电压波动 d 与电压波动频度 r 的关系应满足表 5－2 的要求。

表 5－2 电压波动限值

电压波动频度/(次·h^{-1})	电压波动/%	电压波动频度/(次·h^{-1})	电压波动/%
$r\leqslant 1$	3.0	$10<r\leqslant 100$	1.5
$1<r\leqslant 10$	2.5	$100<r<1000$	1.0

（2）闪变的测量。闪变是指公共供电点由电压波动而引起的灯光闪烁，对人眼造成不适的主观感觉。换言之，闪变反映了电压波动引起的灯光闪烁对人视感产生的影响，是一种表征电压波动严重程度的指标。

闪变的强弱与电压波动的幅值、频率、波形等有关。实验表明：人眼对白炽灯照度波动闪变的最大觉察范围不会超过 0.05～35Hz，敏感范围为 6～12Hz，其中 8.8Hz 为最大敏感频率。电力系统中，闪变可用短时闪变值和长时闪变值来反映闪变的严重程度。实际运用中采用 5 个概率分布的 P_{k} 测定值计算出短时（10min）闪变值 P_{st}。其近似计算公式为

$$P_{st}=\sqrt{0.0314P_{0.1}+0.0525P_1+0.0657P_3+0.28P_{10}+0.08P_{50}} \tag{5-31}$$

式（5－31）中 $P_{0.1}$、P_1、P_3、P_{10}、P_{50}分别为CPF曲线上对应0.1%、1%、3%、10%和50%时间的 $S(t)$ 值。

长时（2h）闪变值 P_{lt}可由测量时间段内包含的短时闪变值计算获得

$$P_{lt}=\sqrt[3]{\frac{1}{n}\sum_{j=1}^{n}P_{st}^3} \tag{5-32}$$

式中　n——长时间闪变值测量时间内所包含的短时间闪变值个数。

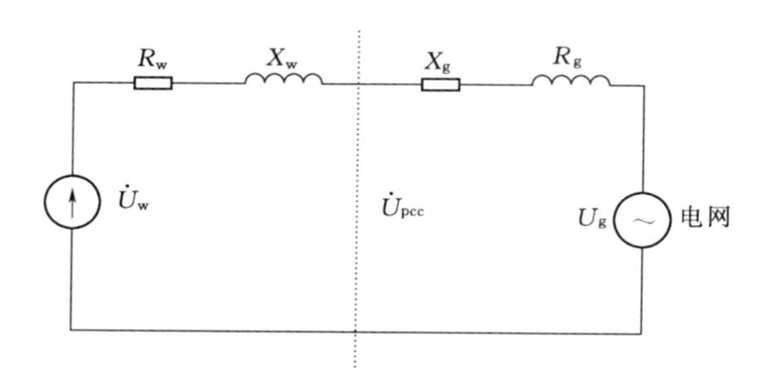

图5－1　风电机组并网等效电路图

对于风电机组来说，其引起电压波动和闪变的主要原因在于其波动的功率输出。风电机组并网等效电路图如图5－1所示，其中$\dot{U}_w$ 为风电机组出口电压相量；$\dot{U}_{pcc}$为风电场并网点电压相量；$\dot{U}_g$ 为电网电压相量；R_w 和 X_w 分别为风电场送出线路、变压器及风电场内集电线路的等效电阻和电抗；R_g 和 X_g 分别为电网的等效电阻和电抗；$\dot{I}$为线路上流动的电流相量。

如果风电机组输出的有功功率和无功功率分别为 P 和 Q，则

$$\dot{U}_g=\dot{U}_w-\frac{P(R_w+X_w)+Q(X_w+X_g)}{\dot{U}_w}-j\frac{P(X_w+X_g)-Q(R_w+R_g)}{\dot{U}_w} \tag{5-33}$$

由式（5－33）可以看出，电网电压$\dot{U}_g$ 一定，当风电机组输出功率波动时，将会引起风电机组输出端电压的波动，从而引起电网电压的波动。风电机组输出电压波动则有可能引起闪变现象。

风电机组的闪变评估主要根据《电磁兼容性　第4—15部分：试验和测量技术　闪烁计的功能和设计规范》（IEC 61000—4—15—2010）中提出的闪变算法，但该闪变测量方法过程复杂，在数字式检测装置中实现具有一定的难度，可以采用软件进行基于FFT的闪变测量，省略了IEC方法中较复杂的滤波器设计工作，从而简化计算过程。

5.1.5　电能质量检测设备

目前，国内外电能质量检测装置种类非常繁多，就其性能来说，可以分为高、中、低档，高档电能质量监测装置突出表现在功能丰富和精度高两个方面；就其检测的电能质量指标来说，可以分为专用型和通用型。专用电能质量检测装置只能检测某项电能质量指标，一般以所能检测的电能质量指标名称来命名，如电压检测仪、频率检测仪、负序检测仪、三相不平衡度检测仪、谐波检测仪、闪变检测仪等，它们分别用于专项检测电压偏差、频率偏差、负序、三相不平衡度、谐波、闪变等。通用电能质量检测装置简称电能质

量检测装置，是指可以用来检测两项以上电能质量指标的装置。电能质量检测装置就其检测方式来说，可以分为便携式电能质量分析仪和在线式电能质量监测仪，电能质量检测装置的类型见表5-3。

表5-3 电能质量检测装置的类型

类型	主要功能和特点	适用检测方式	举例（产品型号、名称）	生产商
便携式电能质量分析仪	1. 输入通道多，动态范围大，多种触发方式； 2. 可以记录分析电能质量全部指标，多种工作方式可选，内存量大； 3. 应用先进的数据信号处理方法； 4. 良好的软件平台，具备二次开发能力； 5. 丰富的软件功能和方便的操作界面	1. 干扰源设备接入电网（或容量变化）前后的监测； 2. 滤波装置调试及功能评估测试； 3. 科学研究测试； 4. 现场定时测试	PQ116便携式电能质量分析仪	上海宝钢安大电能质量有限公司
			TOPAS1000电能网络分析仪	瑞士莱姆（LEM）公司
			U900F便携式电能质量分析仪	瑞典联合电力（UNIPOWER）公司
			430系列电能质量分析仪	美国福禄克（Fluke）公司
			800系列电能质量分析仪	美国理想（IDEAL）公司
			FQA电能质量分析仪	深圳领步科技有限公司
			PS—3电能质量分析仪	安徽振兴科技有限公司
在线式电能质量监测仪	1. 连续监测公共供电点的电压偏差、频率偏差、三相电压不平衡度、电压谐波及用户注入电网的谐波电流和负序电流； 2. 电能质量指标超限报警及数据录波； 3. 完善的网络通信功能； 4. 实现对供用电双方的双向监督； 5. 电能质量故障分析与预报	公共供电点电能质量连续监测；多点监测组成区域电能质量监测网	PQ116系列电能质量分析仪	上海宝钢安大电能质量有限公司
			PQFIX电能质量远程监测仪	瑞士莱姆（LEM）公司
			UP-2210在线式电能质量分析仪	瑞典联合电力（UNIPOWER）公司
			PS电能质量监测记录仪	安徽振兴科技有限公司
			WPQ1000系列电能质量监测仪	长沙威胜仪表集团公司
			DZ-3A电能质量监测仪	保定三伊方长电力电子有限公司
			PQM系列电能质量监测仪	深圳领步科技有限公司

从目前的情况看，在线式电能质量监测仪用于长期监测，具有实时性好、功能强的优势，但成本偏高，便携式电能质量分析仪主要用于临时的故障诊断、排错和评估设备，但实时性指标不一定满足要求。

电能质量监测仪是近年来被迅速广泛用于电能质量检测的装置，功能不断强大，技术不断革新，种类不断增加，成本持续下降。但是，在线式电能质量监测仪不管如何发展，都应该满足如下一些基本的技术要求：

(1) 设备能满足实时性要求，具备对电网电能质量扰动的快速捕获能力。

(2) 在分析手段上能够对采样数据预处理，例如去噪。

(3) 能对稳态和暂态电能质量扰动进行跟踪和分类，这样可以降低对存储容量的要求，也为现场的监控人员提供更快速、更准确的评估和决策信息。

(4) 具备强大的通信能力，能方便集成到企业信息管理系统中和互联网上，便于对电能质量现象进行更深入的分析、统计、长期评估和预测。

(5) 在功能上具备配置的灵活性，以适应电力系统的不同应用场合。

(6) 方便大量安装到现场。

电能质量检测装置就其智能化水平来说，还可以分为普通型和智能型两种。

对于智能型在线式电能质量监测仪，除了满足以上基本技术要求和具备普通装置的功能外，在功能和技术上还要强调：

1) 各种信息的提取、收集、分类和管理。

2) 分析手段的智能化，例如小波变换技术、神经网络技术、模式识别技术和专家系统的综合应用。

3) 电网运行性能和条件的自动评估。

4) 为用户提供决策支持。

5) 对电能质量问题能够进行预测。

电能质量检测装置就其使用技术的先进性来说，可以分为传统型和现代型。传统型电能质量检测装置是指使用模拟技术或者分立式器件构成数字电路的设备；现代型电能质量检测装置是指使用大规模集成式数字电路或元器件的设备。现代型电能质量检测装置就其实现技术来说，又可以分为数字信号处理器（Digital Signal Processing，DSP）技术、微控制器（Micro Controller Unit，MCU）技术、DSP＋MCU 技术和虚拟仪器技术等。

5.2　电网适应性测试

5.2.1　定义

电网适应性是指风电机组在电网电压偏差、频率偏差、电网波动和闪变、谐波电压、三项电压不平衡等恶劣电网情况下的耐受能力和相应特性，是检验风电机组性能的重要指标之一。对于电网电压偏差、频率偏差、电网波动和闪变、谐波电压的适应性测试，国家标准要求机组在该种情况下保障不脱网即可，而对于三项电压不平衡适应性测试，国家标准则要求风电机组在电网电压不平衡度达到 2%、4%时，机组不但不能脱网，而且所发出电流不平衡度不得超过 5%。该项测试标准要求风电机组具有更高的稳定性。

5.2.2　内容

1. 电压适应性

电压适应性是测试风电机组对电网电压偏差的适应能力。利用测试装置在测试点产生要求的电压偏差，测试结果以图表形式表示。测试报告中应包含机舱处风速、有功功率和

被测风电机组实际运行时间等信息。

进行电压偏差适应性测试时，电压调整的精度至少应为额定电压的1%；在额定频率条件下，调节电网模拟装置从额定电压开始，以额定电压的1%为步长逐步升高电压，直至风电机组脱网。每个步长至少应持续20s；在额定频率条件下，调节电网模拟装置从额定电压开始，以额定电压的1%为步长逐步降低电压，直至风电机组脱网。每个步长至少应持续20s。

风电机组电压偏差适应性测试内容见表5-4。由于测试点电压可能受风电机组运行的影响，测试时电压设定值以空载测试时的电压值为准。

表5-4　风电机组电压偏差适应性测试内容

电压设定值/p.u.	持续时间/min	电压设定值/p.u.	持续时间/min
0.90	30	1.05	10
0.95	10	1.10	30
1.00	10		

2. 频率适应性

频率适应性是利用测试装置测试风电机组的频率适应能力，测试结果以图表形式表示。测试报告中应包含机舱处风速、有功功率和被测风电机组实际运行时间信息。

进行频率适应性测试时，频率调整的精度至少应为0.01Hz；在额定电压条件下，调节电网模拟装置从额定频率开始，以0.1Hz为步长逐步升高频率直至风电机组脱网。每步长至少应持续20s；在额定电压条件下，调节电网模拟装置从额定频率开始，以0.1Hz为步长逐步降低频率直至风电机组脱网。每个步长至少应持续20s。

风电机组频率适应性测试内容见表5-5。当电网频率高于50.2Hz时，在风电机组停机状态下发送并网指令，测试风电机组是否能够并网。由于测试点频率可能会受风电机组运行的影响，因此测试时频率设定值以空载测试时的频率值为准。

表5-5　风电机组频率适应性测试内容

频率范围/Hz	频率设定值/Hz	持续时间/min
低于48	机组允许运行的最低频率	10
48～49.5	48	30
49.5～50.2	49.5	30
	50.2	30
高于50.2	50.5	5

3. 三相电压不平衡适应性

测试点的三相电压不平衡度满足GB/T 15543—2008的规定时，风电机组应能正常运行。测试风电机组对电网三相电压不平衡的适应能力，利用测试装置在测试点产生要求的三相电压不平衡，测试结果以图表形式表示。测试报告中应包含机舱处风速、有功功率和被测风电机组实际运行时间信息。

风电机组三相电压不平衡适应性测试内容见表 5-6。由于测试点三相电压不平衡度可能受风电机组运行的影响，测试时三相电压不平衡度以空载测试时的不平衡度为准。

表 5-6　风电机组三相电压不平衡适应性测试内容

三相电压不平衡度设定值/%	持续时间/min	三相电压不平衡度设定值/%	持续时间/min
2.0	30	4.0	1

4. 闪变适应性

当测试点的闪变值满足 GB/T 12326—2008 的规定时，风电机组应能正常运行。测试风电机组对电网电压波动和闪变的适应能力，利用测试装置在测试点产生要求的电压波动和闪变，测试结果以表格形式表示。测试报告中应包含机舱处风速、有功功率和被测风电机组实际运行时间信息。风电机组闪变适应性测试点选择参照 GB/T 12326—2008 的规定，确保闪变值 P_{lt}不小于 1。由于测试点电压可能受风电机组运行的影响，测试时闪变值以空载测试时的闪变值为准

5. 谐波电压适应性

谐波电压适应性用于测试风电机组对电网谐波的适应能力。当测试点的谐波满足 GB/T 14549—1993 的规定时，风电机组应能正常运行。由于测试点的谐波电压可能受风电机组运行的影响，因此测试时电压谐波的设定值以空载测试时的电压谐波值为准，利用测试装置在测试点产生要求的谐波，测试结果以表格形式表示。由于测试点电压谐波可能受风电机组运行的影响，测试时谐波设定值以空载测试时的谐波值为准。

对 10kV 和 35kV 的电网，利用测试装置产生 2～25 次谐波，其他电压等级参考 GB/T 14549—1993 进行设置。

（1）以电压总谐波畸变率考核，利用测试装置设置奇、偶次谐波组合，设置电压总谐波畸变率（10kV 的为 4%，35kV 的为 3%），这种谐波组合下测试时间至少为 10min。

（2）以各次电压谐波含有率考核，利用测试装置设置奇次谐波含有率（设置单个奇次谐波含有率，其他奇次谐波为零，10kV 的为 3.2%，35kV 的为 2.4%），每种谐波组合下测试时间至少为 2min。

（3）以各次电压谐波含有率考核，利用测试装置设置偶次谐波含有率（单次谐波电压含有率，其他次谐波为零，10kV 的为 1.6%，35kV 的为 1.2%），每种谐波组合下测试时间至少为 2min。

注：（2）（3）中不含 $3k$ 次谐波，$k=1，2，3，\cdots$

在开展各项测试前，应确保风电机组处于正常运行状态。测试过程中应采集并记录风电机组连续运行状态下的数据，至少应包括以下内容：

（1）风电机组出口变压器高压侧三相电压、电流瞬时值。

（2）风电机组出口变压器低压侧三相电压、电流瞬时值。

（3）测试时间和测试时机舱处风速。

对应不同的测试项目，根据以上基础数据计算相应的参数指标：

（1）电压适应性测试，计算电压有效值。

(2) 频率适应性测试，计算频率值。

(3) 三相电压不平衡适应性测试，计算电压不平衡度、电流不平衡度。

(4) 闪变适应性测试，计算闪变值 P_{st}。

(5) 谐波电压适应性，计算电压总谐波畸变率和各次电压谐波畸变率。

5.2.3 设备

电网适应性测试设备有电网模拟装置、电流互感器、电压传感器、数据采集系统、风速计。电网适应性测试装置示意图如图 5-2 所示，主要由低频扰动装置和高频扰动装置组成，其中低频扰动装置可产生符合测试要求的电压、频率、三相电压不平衡、电压波动和闪变，高频扰动装置可产生符合测试要求的谐波电压。

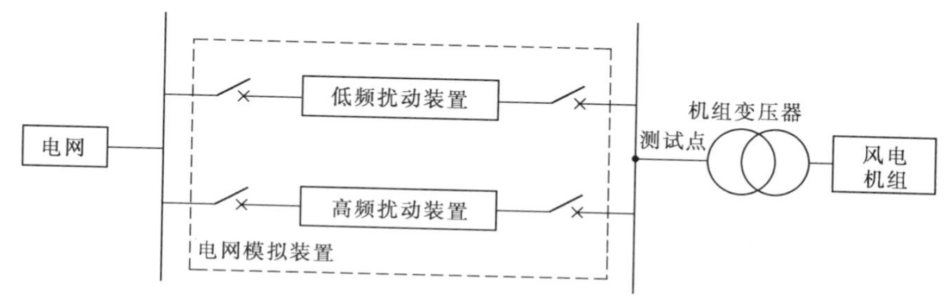

图 5-2 电网适应性测试装置示意图

测试装置的运行条件和主要技术指标应能满足：

(1) 额定容量不小于被测风电机组容量。

(2) 电压调节范围不小于 5.2.2 节规定的电压范围，步长为额定电压的 1%。

(3) 频率调节范围不小于 5.2.2 节规定的频率范围，步长为 0.1Hz。

(4) 三相电压不平衡度不小于 5.2.2 节规定的三相电压不平衡范围，且幅值或相位可调。

(5) 谐波电压输出能力应覆盖 5.2.2 节规定的测试内容。

(6) 试验期间，测试装置接入电网侧的电压、频率波动不大于 1%。

电网适应性测试设备如图 5-3 所示。

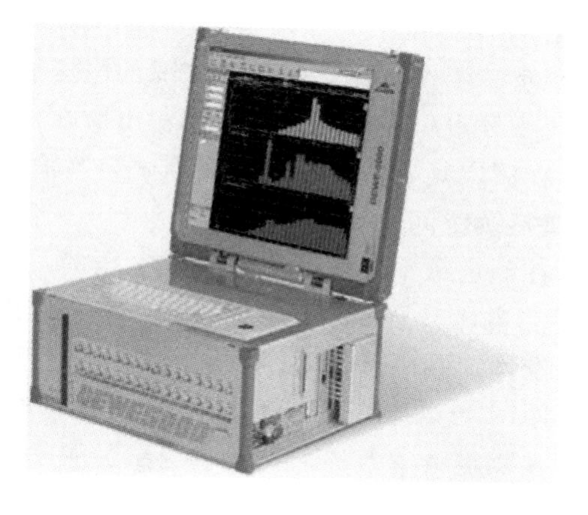

图 5-3 电网适应性测试设备

测试过程中风电机组应处于正常运行状态；测试过程中风电机组有功功率输出应在额定功率的 30%以上；仅采集风电机组连续运行状态下的数据；在风电机组输出端采集三相电压、电流数据；测试过程中应在测试点采集三相电压、电流数据；测试过程中还应记录时间、风速、并网开关状态信号。测量设备每个通道采样率最小为 6.4kHz，分辨率至少为 16bit，测量设备精度要求见表 5－7。

风速的测量采样频率不小于 1Hz。

表 5－7　风电机组电网适应性测试中测量设备精度要求

设　　备	准确度等级或最大允差	参　考　标　准
电压互感器	1 级	GB 1207—2006
电流互感器	1 级	GB 1208—2006
数据采集系统	0.2 级	《数字数据采集系统及相关软件的性能特征和校准方法》（IEC 62008—2005）

5.2.4　方法

1. 电压适应性

电压适应性为测试风电机组的电压偏差适应能力，电压适应性测试见表 5－8。

表 5－8　电压适应性测试

电压偏差/p.u.		时间/min	
设定值	实际测量值	设定时间	风电机组运行时间
0.90		30	
0.95		10	
1.00		10	
1.05		10	
1.10		30	

（1）空载测试。测试时电网电压在 0.9～1.1p.u. 范围内调节，电压调整的步长为额定电压的 1%，每个步长至少应持续 5s，记录每次调整时电压实测值与对应的调整参数。

（2）负载测试。测试时每种工况的电压设定值对应的调整参数应与空载时保持一致。测试过程中风电机组平均有功功率输出应在额定功率的 10%以上。测试时采用以下步骤：

1）在额定频率条件下，调节测试装置输出为额定电压，从发出测试指令信号开始计时，测试持续时间为 10min。

2）在额定频率条件下，以额定电压的 1%为步长逐步升高电压，每个步长至少应持续 20s，当电压升至 1.05p.u. 开始计时，测试持续时间为 10min。

3）在额定频率条件下，以额定电压的 1%为步长继续逐步升高电压，每个步长至少应持续 20s，当电压升至 1.10p.u. 时开始计时，测试持续时间为 30min。

4）在额定频率条件下，调节测试装置输出为额定电压，以额定电压的 1%为步长逐步降低电压，每个步长至少应持续 20s，当电压降至 0.95p.u. 时开始计时，测试持续时

间为 10min。

5）在额定频率条件下，以额定电压的 1%为步长继续逐步降低电压，每个步长至少应持续 20s，当电压升至 0.90p.u. 时开始计时，测试持续时间为 30min。

6）测试结果参照表 5－8 记录。

2. 频率适应性

频率适应性为测试风电机组的频率适应能力，频率适应性测试见表 5－9。

（1）空载测试。测试时电网频率在机组允许运行的最低频率至 50.5Hz 范围内调节，频率调整的步长为 0.1Hz，每个步长至少应持续 5s，记录每次调整时频率实测值与对应的调整参数。

（2）负载测试。测试时每种工况的频率设定值对应的调整参数应与空载时保持一致。测试过程中风电机组平均有功功率输出应在额定功率的 10%以上。测试时采用以下步骤：

1）在额定电压条件下，调节测试装置从额定频率开始以 0.1Hz 为步长逐步升高频率，每个步长至少应持续 20s，当频率升至 50.2Hz 时开始计时，测试持续时间为 30min。

2）在额定电压条件下，从 50.2Hz 开始以 0.1Hz 为步长继续逐步升高频率至 50.5Hz，每个步长至少应持续 20s。如果频率在升至 50.5Hz 前风电机组脱网，则测试时记录为从频率为 50.2Hz 到风电机组停机的时间；若频率升至 50.5Hz 时风电机组未脱网，则在频率为 50.5Hz 时维持 5min 后停止测试并停机。

3）在额定电压条件下，维持频率为 50.5Hz，在停机状态下发送并网指令，测试风电机组是否能够并网。

4）在额定电压条件下，调节测试装置从额定频率开始，以 0.1Hz 为步长逐步降低频率，每个步长至少应持续 20s，当频率降至 49.5Hz 时开始计时，测试持续时间为 30min。

5）在额定电压条件下，调节测试装置从 49.5Hz 开始以 0.1Hz 为步长继续逐步降低频率，每个步长至少应持续 20s，当频率降至 48Hz 时开始计时，测试持续时间为 30min。

6）在额定电压条件下，调节测试装置从 48Hz 开始以 0.1Hz 为步长继续逐步降低频率，每个步长至少应持续 20s，当频率降至风电机组允许运行的最低频率时开始计时，测试持续时间为 10min。

7）测试结果参照表 5－9 记录。

表 5－9 频率适应性测试

频率范围/Hz	频率/Hz		时间/min	
	设定值	实际测量值	设定时间	机组运行时间
<48	风电机组允许运行的最低频率		10	
48～49.5	48		30	
49.5～50.2	49.5		30	
	50.2		30	
>50.2	50.5		5	

3. 三相电压不平衡适应性

三相电压不平衡适应性为测试风电机组的三相电压不平衡适应能力，三相电压不平衡适应性测试见表5-10。

(1) 空载测试。通过降低一相或两相电压幅值或相位产生三相不平衡电压，分别记录当三相负序电压不平衡度为2.0%和4.0%时对应的调整参数。

(2) 负载测试。测试时每种工况的三相负序电压不平衡度设定值对应的调整参数应与空载时保持一致。测试过程中风电机组平均有功功率输出应在额定功率的50%以上。测试时采用以下步骤：

1) 在额定电压和额定频率条件下保持风电机组正常运行，设定调整参数为空载测试时负序电压不平衡度为2.0%所对应的调整参数并开始计时，若风电机组未脱网，则持续30min后停止测试；若风电机组脱网，记录测试持续时间和风电机组脱网时间。

2) 在额定电压和额定频率条件下保持风电机组正常运行，设定调整参数为空载测试时负序电压不平衡度为4.0%所对应的调整参数，并开始计时，若风电机组未脱网，则持续1min后停止测试；若风电机组脱网，记录测试持续时间和风电机组脱网时间。

3) 测试结果参照表5-10记录。

表5-10　三相电压不平衡适应性

三相电压不平衡度/%		三相电流不平衡度/%	时间/min	
设定值	实际测量值	实际测量值	设定时间	机组运行时间
2.0			30	
4.0			1	

4. 闪变适应性

闪变适应性为测试风电机组的电压波动和闪变适应能力，闪变适应性测试见表5-11。

(1) 空载测试。设定电压波动幅度和电压波动频度至闪变值大于等于1，记录实测闪变值和对应的调整参数。

(2) 负载测试。测试时电压波动幅度和电压波动频度设定值对应的调整参数应与空载时保持一致。测试过程中风电机组平均有功功率输出应在额定功率的30%以上。测试时采用以下步骤：

1) 在额定电压和额定频率条件下保持机组正常运行，设定与空载测试时相同的调整参数，并开始计时，持续10min后若风电机组未脱网则停止测试；若风电机组脱网，记录测试持续时间和风电机组脱网时间。

2) 测试结果参照表5-11记录。

表5-11　闪变适应性测试

电压波动幅度/%		电压波动频度/(次·min^{-1})		闪变值		时间/min	
设定值	实际测量值	设定值	实际测量值	设定值	实际测量值	设定时间	机组运行时间
≥1		≥1		≥1		10	

5. 谐波电压适应性

谐波电压适应性为测试风电机组的谐波适应能力。

（1）空载测试。设置电压总谐波畸变率为指定值，记录电压总谐波畸变率、各次谐波电压含有率和对应的调整参数；设置各次谐波电压含有率（2～25次，3k次除外）为指定值，记录电压总谐波畸变率、各次谐波电压含有率和对应的调整参数。

（2）负载测试。测试时电压总谐波畸变率和各次谐波电压含有率对应的调整参数应与空载时保持一致。测试过程中风电机组平均有功功率输出应在额定功率的50%以上。测试时采用以下步骤：

1）在额定电压和额定频率条件下保持机组正常运行。

2）设定调整参数为空载测试时电压总谐波畸变率指定值所对应的调整参数，并开始计时，持续10min后若风电机组未脱网则停止测试；若风电机组脱网，记录测试持续时间和风电机组脱网时间。

3）恢复电压和频率为额定条件并保持机组正常运行，设置调整参数为空载测试时第5次谐波含有率指定值所对应的调整参数，并开始计时，持续2min后若风电机组未脱网则停止测试；若风电机组脱网，记录测试持续时间和风电机组脱网时间。

4）各奇次电压谐波（7～25次，3k次除外）的谐波电压适应性测试方法与第3）步相同。

5）恢复电压和频率为额定条件并保持机组正常运行，设置调整参数为空载测试时第2次谐波含有率指定值所对应的调整参数，并开始计时，持续2min后若风电机组未脱网则停止测试；若风电机组脱网，记录测试持续时间和风电机组脱网时间。

6）各偶次电压谐波（4～22次，3k次除外）的谐波电压适应性测试方法与第5）步相同。

7）测试结果参照表5-12记录。

表5-12 以电压总谐波畸变率考核

电压总谐波畸变率 THD_u/%		时间/min	
设定值	实际测量值	测量持续时间	机组运行时间
		10	
各次（2～25次）谐波组合/%			
2		3	
4		5	
6		7	
8		9	
10		11	
12		13	
14		15	
16		17	
18		19	
20		21	
22		23	
24		25	

续表

以奇次电压谐波畸变率考核				
各次谐波电压含有率			时间/min	
谐波次数	设定值/%	实际测量值/%	测量持续时间	机组运行时间
5				
7				
11				
13				
17				
19				
23				
25				
以偶次电压谐波含有率考核				
各次谐波电压含有率			时间/min	
谐波次数	设定值/%	实际测量值/%	测量持续时间	机组运行时间
2				
4				
8				
10				
14				
16				
20				
22				

注： 进行此项测试时，分别设置各次谐波电压含有率（35kV的为1.2%，10kV的为1.6%），其他各次谐波电压含有率均设置为零。

第6章　风电机组功率特性测试

6.1　概　　述

风电机组的功率特性是风电机组最重要的系统特性之一，对风电机组来说，直接影响其发电量的多少。通过开展功率特性测试，可以对风电机组进行分类，对不同的风电机组进行比较，可以得出实际发电量与预计发电量的差别；可以了解风电机组的功率特性随时间变化的情况，验证风电机组制造商提出的风电机组功率曲线以及风电机组的可利用率。通过分析风电机组功率特性可以发现单台风电机组的参数设置及元件损坏、老化等问题，进而对风电机组的运行情况进行优化，从而更好地进行维护工作。

风电机组功率特性除了取决于风电机组性能特性、控制特性和运行方式控制特性外，还取决于气象和环境条件以及风电机组在风电场中的排布。研究这些情况对风电机组功率特性的影响，可以对风电机组的安装地点和环境的选择提供依据。风电机组功率特性测试，可以为解决风电机组故障提供技术支持。风电机组功率特性测试可以得到关于风电机组的第一手数据，可以从中看出风电机组的电气设备和机械结构的特性，便于分析故障原因。功率特性测试可以为风电机组优化控制策略提供帮助，保证风电机组在不同场地条件和不同风况条件下都保持良好的运行状态，提供最大可能的发电量。此外，进行功率特性测试还有助于新型风电机组的研制。功率特性测试也是风电机组型式认证的一个必不可少的环节，是每一种新型风电机组问世的必经之路。在国外，如德国、丹麦等，在新型风电机组的研制过程中，对风电机组的测试十分重视，没有试验机构的测试，新机型就无法投放市场。同时通过测试能够反映出新机组多方面的特性，并对其设计、制造的改进起到指导作用。

6.2　标　　准

对于风电机组功率特性测试，国内外科研工作者取得了很多成果，国际电工委员会也颁布了相应标准，它将提供统一的方法，保证测试结果的一致性和准确性。国际电工委员会于1998年颁布了IEC 61400—12标准第1版《风电机组系统第12部分：风电机组功率特性测试》；2005年，IEC委员会颁布了该标准的第2版《风电机组功率特性测试》（IEC 61400—12—1），它将取代第1版本。此外，我国的国家标准有《风力发电机组 功率特性试验》（GB/T 18451.2—2003）。

6.3　准备及设备安装

6.3.1　场地评估

在风电机组功率特性试验场地中，平面坡度（经过风电机组塔架基础的平面与以风电机组所在位置为顶点所成的扇面之间的夹角）和地平面上的地形变化须满足 IEC 61400—12—1 标准对试验场地地形的要求。测试场地地形变化要求见表 6-1。其中，L 是风电机组和气象测风杆之间的距离，D 是风电机组的风轮直径。对风电机组是垂直轴的情况下，D 应该选择风轮最大的水平风轮直径。IEC 61400—12—1 中规定：如果地形特征超出表 6-1 中限制的最大值的 50%，则需要利用气流模型判断是否需要进行场地标定。气流模型需要根据地形种类来确定，如果气流模型显示测量扇区内当风速为 10m/s 时风速计位置的风速与风电机组轮毂位置的风速差异小于 1%，则不需要进行场地标定。

表 6-1　测试场地地形变化要求

距离	扇形区域	最大坡度/%	地平面上最大的地形变化
$<2L$	360°	<3①	$<0.08D$
$\geqslant 2L$，$<4L$	测试扇区	<5①	$<0.05D$
$\geqslant 2L$，$<4L$	测试扇区外部	<10②	不适用
$\geqslant 4L$，$<8L$	测试扇区	<10①	$<0.05D$

①　提供最合适的扇形地带和通过塔架基础的平面最大斜度。

②　在扇区内连接塔架基础到地形中个别点的最陡峭斜坡的线。

评估区域图解（俯视图）如图 6-1 所示，允许地形的最大起伏如图 6-2 所示。以风电机组的位置为圆心，$2L$ 为半径的圆心区域内，场地评估的要求为此区域内地形的最大坡度要小于 $3\%\times 2L$，允许地形的最大起伏要小于 $0.08D$（如图 6-2 所示）。在 $2L$ 到 $4L$ 这个环形区域内，要求在测量扇区内地形的最大坡度要小于 $5\%\times 4L$，允许地形的最大起伏要小于 $0.15D$；要求在测量扇区外地形的最大坡度要小于 $10\%\times 4L$。在 $4L$ 到 $8L$ 这个环形区域内，要求在测量扇区内地形的最大坡度要小于 $10\%\times 8L$，允许地形的最大起伏要小于 $0.25D$。图 6-2 表示的是在 $2L$ 区域内，由于地形的高低不平，场地评估所允许地形最大起伏为 $0.08D$。允许地形的最大坡度如图 6-3 所示，图 6-3 反映出了在不同的区域内，场地评估所允许距风电机组塔架基础水平面最大的地势落差。

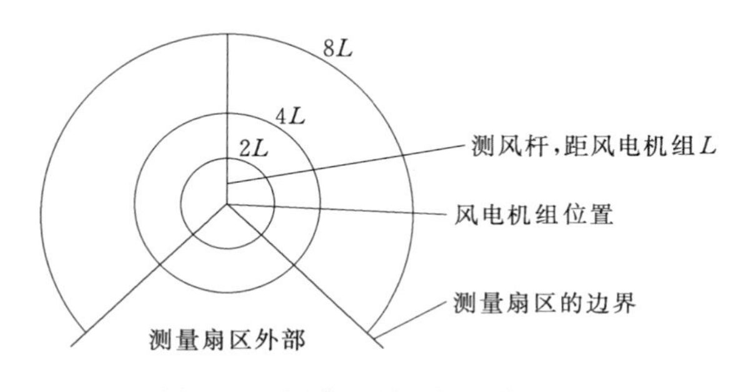

图 6-1　评估区域图解（俯视图）

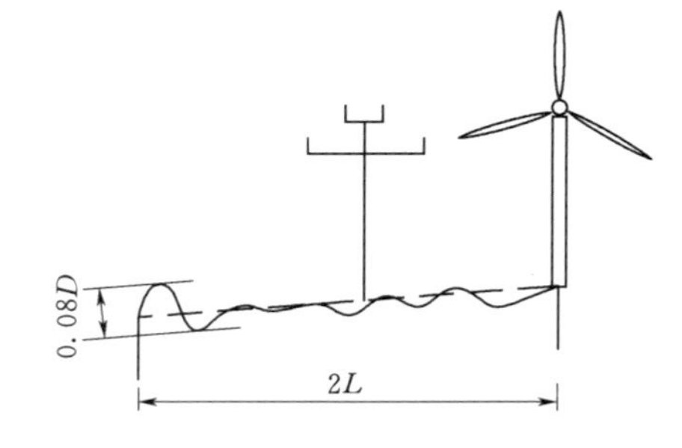

图 6-2　允许地形的最大起伏

根据场地评估的结果，可以把地形情况分为一般地形和复杂地形。

1. 一般地形

如果地形考察的结果符合表 6-1 的要求，这种场地情况就是一般地形，那么通过场地评估所确定的有效扇区就是 0°到 360°，并且还可确定由地形引起的气流畸变误差为 2%（对应的是测风杆安装在 $2.5D$，如果测风杆安装的位置大于 $2.5D$，那么误差值应

为 3%）。

2. 复杂地形

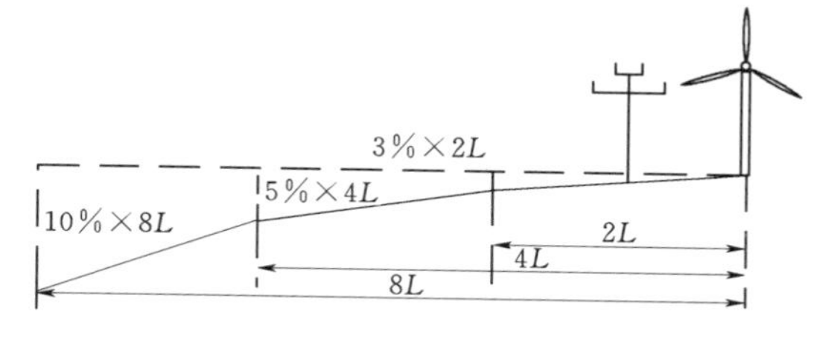

图 6-3 允许地形的最大坡度

在地形考察之后，如果地形的评估结果不满足表 6-1 的要求，就称为复杂地形。复杂地形测风塔安装示意图如图 6-4 所示，在安装风电机组之前先要安装两个测风塔，一个安装在预安装风电机组的位置，另外一个就是功率特性测试用的测风塔，如图 6-4（a）所示。计算出这两个测风塔风速仪的风速比值，就可得到散点图，场地标定结果如图 6-5 所示。这个图就反映了在 360°的风向内，这两个风速仪所测得风速的相关性。在正常情况下，也就是在一般地形情况下，由于地形比较平坦，地形引起的气流畸变小，两个风速仪测得的风速的比值应在 1 上下波动，但是波动不大。但是由于地形

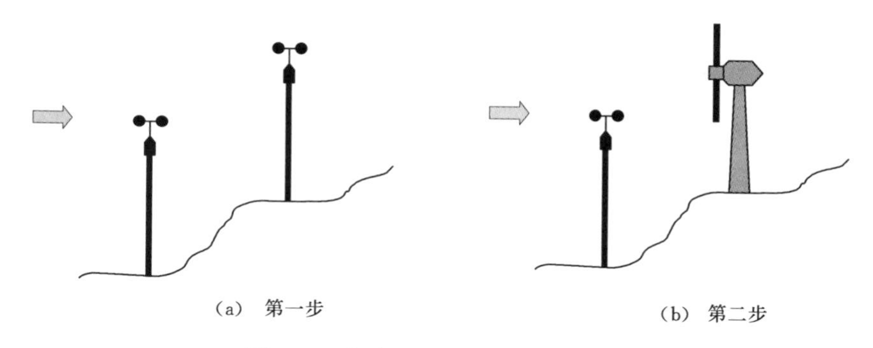

图 6-4 复杂地形测风塔安装示意图

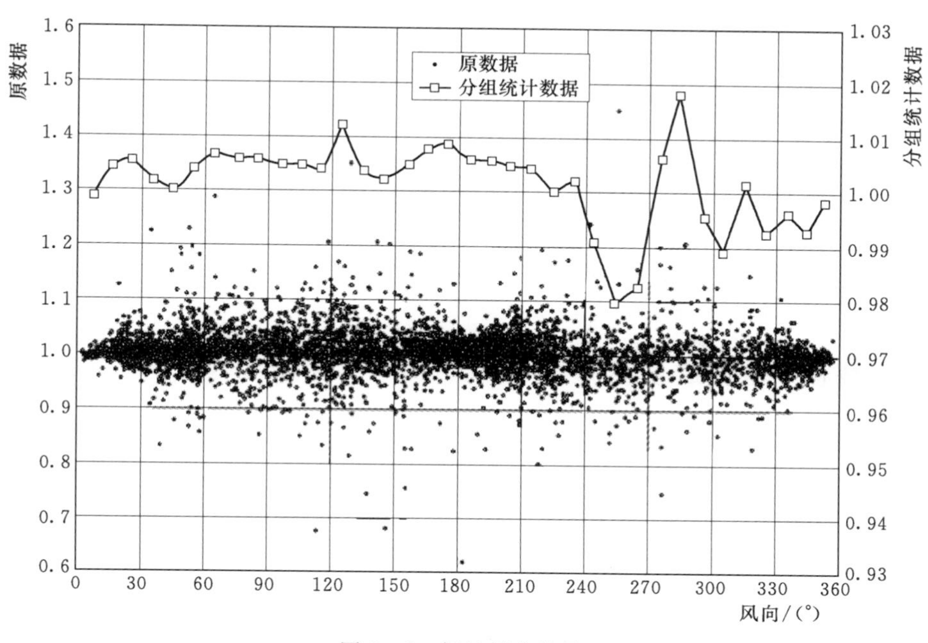

图 6-5 场地标定结果

情况的复杂，复杂地形会引起比较大的气流畸变，那么两个风速仪测得的风速会不一样，它们的比值就会明显地偏离1。

因此，我们应把地形引起气流畸变比较大的扇区剔除，以免对功率特性测试的结果造成影响。首先，需要按照每5°的风向区间把风速值归类，也就是在每个风向区间内有多少组风速数据，并且要把每个风向区间中两个风速仪的风速比值计算出来。要确定这个区间是在有效场地标定扇区内，则每个风向区间必须同时满足以下条件：

（1）要在测量扇区内。

（2）测量的时间大于24h。

（3）风速大于8m/s或小于8m/s的10min风速数据组的数量都要大于12个。

（4）相邻两个风向区间的风速比值之差要小于0.02（IEC标准对复杂地形的剔除数据要求）。

此外，复杂地形会使气流产生较大的畸变，从而引起风速测量的不准确，所以需要计算出复杂地形的气流畸变误差。复杂地形对气流畸变的影响为

$$u_{v4,i,j}=\sqrt{2u_{v1,i}^2+2u_{dv,i}^2+S_{a,j}^2v_i^2/N_j} \tag{6-1}$$

式中 $u_{v4,i,j}$——第i个风速bin、第j个风速bin的气流畸变误差；

$u_{v1,i}$——风速仪不确定度；

$u_{dv,i}$——测量通道误差；

$S_{a,j}$——风向第j个bin的风速比值的标准差；

v_i——第i个风速bin的风速平均值；

N_j——风向第j个bin的风速比值的数量。

bin为某量等间隔取值范围，例如将风速按照第0.5m/s划分为1个bin，即3～3.5m/s为一个风速bin。

$$u_{v4,i}=\frac{\sum_j u_{v4,i,j}N_{i,j}}{\sum_j N_{i,j}} \tag{6-2}$$

式中 $u_{v4,i}$——第i个风速气流畸变误差；

$N_{i,j}$——既在第i个风速内又在第j个风向内的数据组数据量。

在完成所有的场地标定之后就可以安装风电机组，如图6-4（b）所示。

6.3.2 气象桅杆的安装位置

气象桅杆的安装位置应与被测风电机组之间的距离为风轮直径D的2～4倍。不宜安装的离风电机组太近，以免风电机组对气象桅杆的测量造成较大的影响；也不宜安装的离风电机组太远，否则气象桅杆测量的风速与风电机组的功率之间就没有太大的关联性。一般建议气象桅杆安装在风轮直径的2.5倍距离为宜。并且建议安装在风电机组的上风向，也就是说要安装在出现有效风向最大概率的方向。气象测风杆的安装位置和最大允许测量扇形区域示意图如图6-6所示。

6.3.3 有效测量扇区的计算

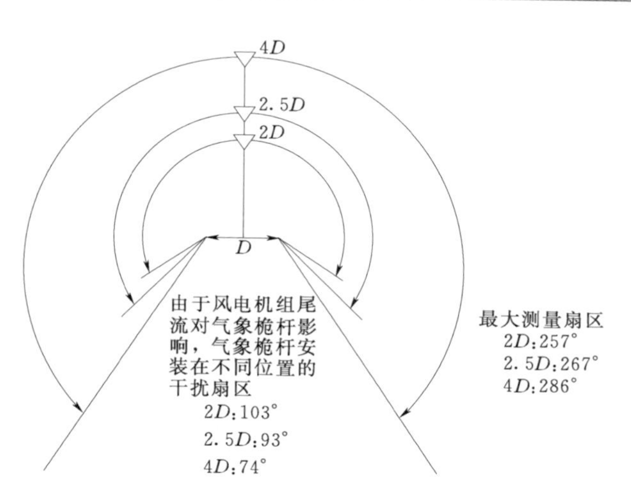

图 6-6　气象测风杆的安装位置和最大允许测量扇形区域示意图

由于试验场地上主要障碍物、地貌变化以及其他风电机组尾流的影响，导致试验场地周围气流畸变，使得测风杆测量的风速值与试验风电机组处的风速值有所不同。根据试验场地周围障碍物的情况，对试验场地的气流畸变情况进行评估，排除重要障碍物尾流产生影响的扇形区域，主要需考虑距被测风电机组和测风杆 20 倍风轮直径区域内的障碍物。对测风塔和被测风电机组造成影响的障碍物主要包括临近运行的风电机组和高大物体。如果临近的风电机组在功率特性测试期间一直处于停机状态，那么它也可以被等效为高大物体。并且功率特性测试要求临近运行的风电机组至少距被测风电机组和测风塔 2 倍的风轮直径（取临近运行的风电机组和被测风电机组最大的风轮直径）。参照图 6-6，对风电机组的干扰扇区进行计算。

1. 若障碍物是高大的物体

将障碍物的大小等效为风轮直径，则

$$D_e = \frac{2L_h L_w}{L_h + L_w} \tag{6-3}$$

式中　D_e——等效风轮直径；

L_h——障碍物的高度；

L_w——障碍物的宽度（取最大宽度）。

再求得影响风速测量的干扰扇区

$$\alpha = 1.3\arctan(2.5D_e/L_e + 0.15) + 10 \tag{6-4}$$

式中　α——干扰扇区；

D_e——等效风轮直径；

L_e——障碍物距风电机组或测风塔的距离。

2. 若障碍物是临近的风电机组

若障碍物是临近风电机组，直接可求得干扰扇区

$$\alpha = 1.3\arctan(2.5D_n/L_n + 0.15) + 10 \tag{6-5}$$

式中　α——干扰扇区；

D_n——临近风电机组的风轮直径；

L_n——临近风电机组距被测风电机组或测风塔的距离。

相对距离下扰动扇区计算如图 6－7 所示。

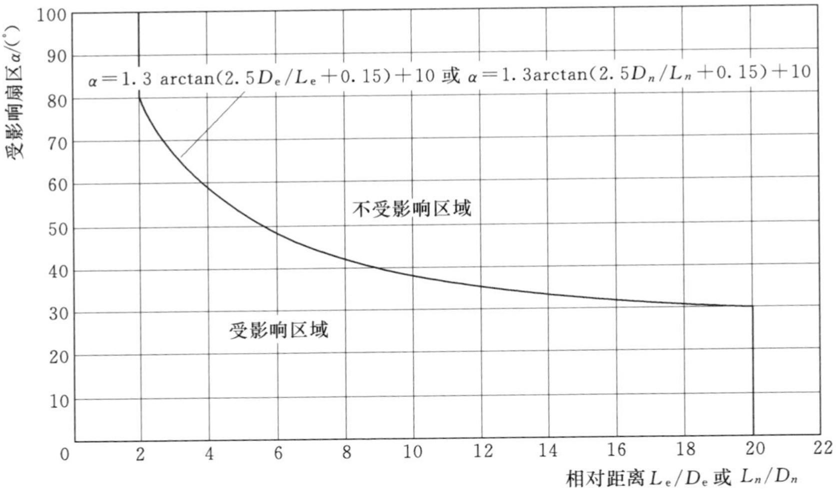

图 6－7　相对距离下扰动扇区计算

由于障碍物尾流导致试验场地气流畸变，需根据以下情况对试验场地气流畸变情况进行分析：

（1）测风杆处在被测风电机组的尾流中。

（2）测风杆处在邻近物或运行风电机组的尾流中。

（3）被测风电机组处在邻近物或运行风电机组的尾流中。

（4）测风杆在高大障碍物的尾流中。

（5）被测风电机组在高大障碍物的尾流中。

试验场地干扰扇区计算图示如图 6－8 所示，图 6－8（f）给出了确定有效扇区的方法：首先需确定 0°方位角，一般可取正北；其次，要计算出每个障碍物的干扰扇区，扇区的范围需参考 0°方位角；最后，在坐标系中标出所有干扰情况的组合发生，剩余的就是测量的有效扇区。

例如，如图 6－8（a）所示，对于测风塔来说，被测风电机组就是要考虑的障碍物，那么就需要把此干扰扇区排除。假设 L_n/D_n 为 2.5，那么通过式（6－5）就可得出干扰扇区的角度为 93°。以正北为 0°方位角，那么被测风电机组就在测风塔的 199°处，所以可以得出这种情况的干扰扇区为 152.5°～245.5°。

6.3.4　测风塔与测试系统的安装

1. 测风塔安装

在试验场地上被测风电机组的附近要安装测风塔，以确定吹向试验的风电机组的风速等值。标准要求测风塔的高度要和被测风电机组的轮毂中心高度相同，垂直安装角度偏差要小于 2°。测风塔安装实拍图如图 6－9 所示。安装前需要打基础地基，混凝土浇筑，如图 6－9（a）所示；在距地基 30m 的距离处打三个地锚，每个地锚的角度相差 120°，其中

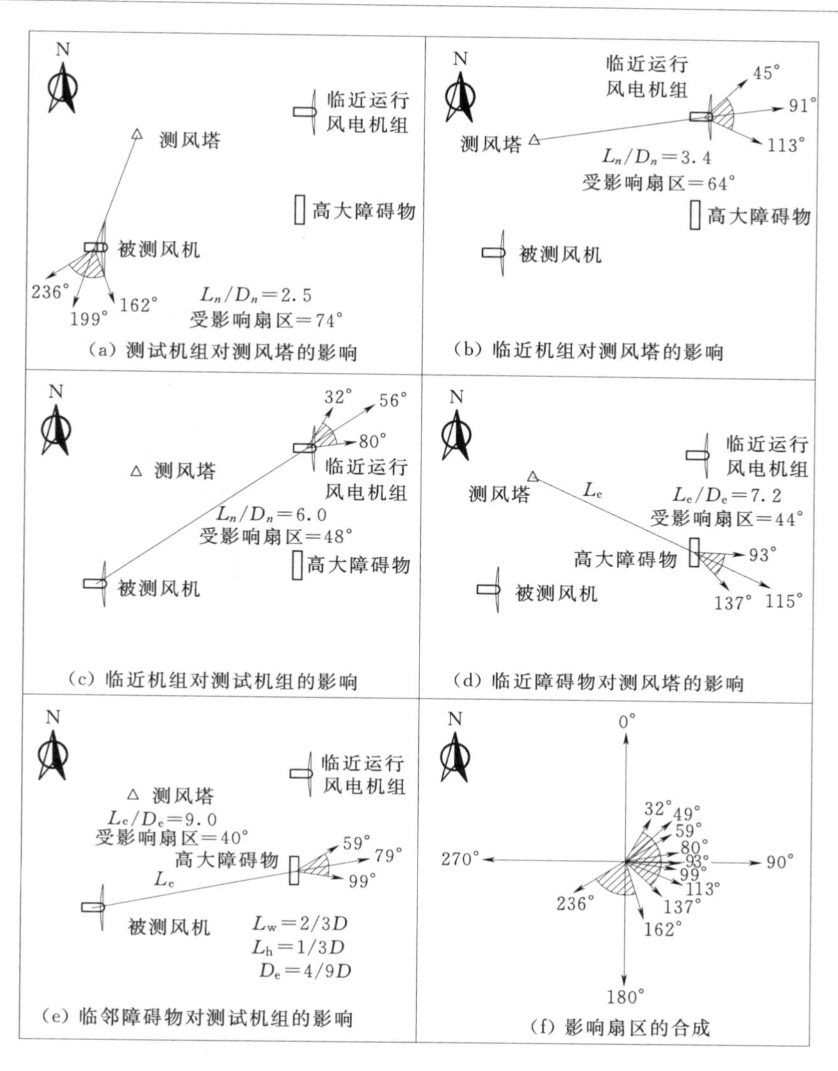

图 6-8 试验场地干扰扇区计算图示

(a) 地基图

(b) 地锚图

图 6-9 测风塔安装实拍图

有两个地锚上装一个地锚拉杆，另外一个地锚上装两个地锚拉杆，如图 6-9（b）所示；整个测风塔由 17 节塔架组成，除第一节为 4m 外，其余每节均为 3m，每 12m 设拉索一根，与地锚连接；逐节安装测风塔，每安装一节塔架，都要有工作人员使用铅垂监视塔架是否垂直，其他的工作人员使用地锚锁紧器来调节塔架的方向，安装测风塔所需基本装置如图 6-10 所示。

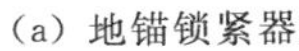

(a) 地锚锁紧器

(b) 吊塔装置

图 6-10　安装测风塔所需基本装置

测风塔可选用塔体边宽 500mm 的三方拉线桅杆塔，拉线角度 120°，结构形式采用圆钢焊接，法兰螺栓连接；塔体材质可采用 Q235 钢，E43 型的焊条，构件成型后均采用热镀锌防腐，镀锌厚度不小于 86μm，防腐年限要达到 30 年；测风塔的设计风速为 45m/s，抗震防护等级为 8 度，裹冰 6mm。测风塔如图 6-11 所示。

(a) 测风塔吊装

(b) 测风塔实物

图 6-11　测风塔

2. 测试系统安装

测风塔安装示意图如图 6-12 所示，从图 6-12 中可以看出传感器的安装位置标准要求如下（IEC 标准要求）：

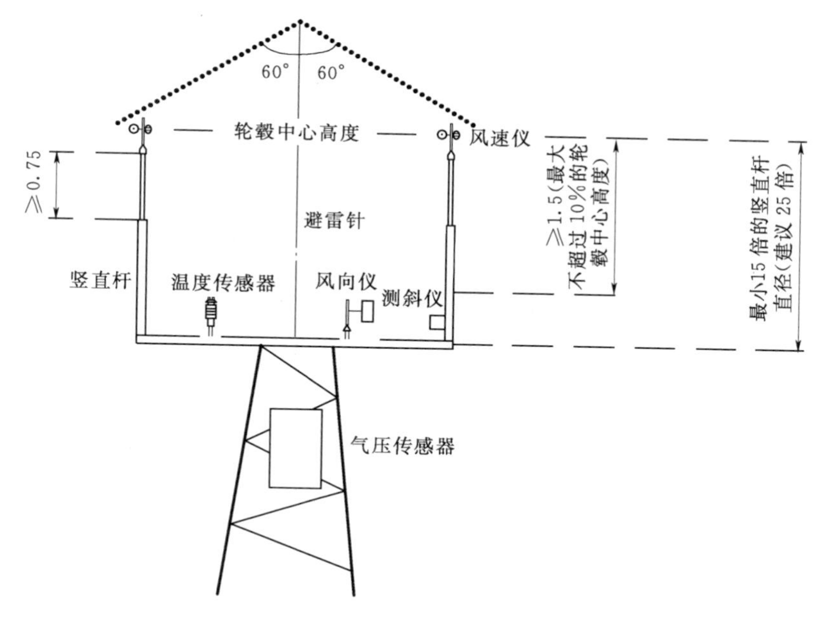

图 6-12　测风塔安装示意图（单位：m）

（1）风速仪安装在测风杆上，与风电机组轮毂中心的高度相同，安装在与轮毂高度相差小于±2.5%的位置，建议安装在测风杆竖直杆的顶部。

（2）标准要求两个风速仪之间的距离最小 1.5m，最大 2.5m，垂直安装角度偏差要小于 2°。

（3）在竖直杆安装风速仪的部分要保证其直径不能大于风速仪本身的直径，以免影响风速仪测量的准确度，此部分最小为 0.75m。

（4）标准要求安装风速仪的竖直杆长度最少是其本身直径的 15 倍，建议选用 25 倍。

（5）此外，为了保证竖直杆的垂直安装角度偏差小于 2°，建议在竖直杆的底部安装测斜仪。如图 6-13（a）所示，如果竖直杆的垂直安装角度为 0°，测斜仪处于水平的位置，那么测斜仪输出的电压是稳定的（2.5V）；如果竖直杆的垂直安装角度不为 0°，也就是竖直杆有或左或右的偏移，那么测斜仪输出的电压就不是 2.5V；此外，如果竖直杆里外有偏移的话，测斜仪的输出电压也不是 2.5V。所以，通过测斜仪的输出电压值，就可以判断竖直杆的安装是否垂直于水平面，然后调整竖直杆直到角度偏差小于 2°。

（6）标准要求风向测试仪应安装在与轮毂中心高度相差 10%的范围内，安装的位置应至少低于风速仪 1.5m，以避免与风速测量仪之间的相互干扰，建议安装在测风塔的横杆上，标准要求安装在横杆上的传感器位置最大不能超过轮毂中心高度的 10%，风向测试仪的绝对精度应高于 5°。

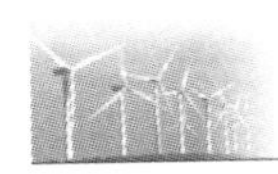

(a) 竖直杆的校正装置

(b) 风速仪的防雷措施

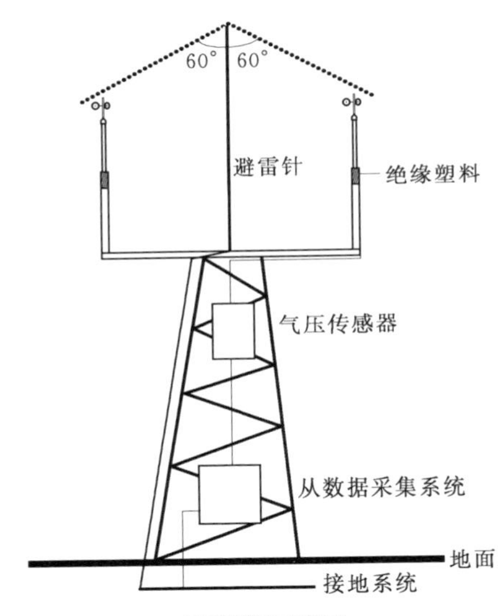

(c) 防雷措施示意图

图 6-13　测风仪安装实拍图

(7) 标准要求气温测量传感器应该安装在离地面 10m 以上的地方，但建议安装在气象测量杆上接近被测轮毂中心高度的地方，以更好地反映轮毂中心处的温度值。

(8) 气压传感器应该安装在气象测量杆接近被测轮毂中心高度的地方，以更好地反映轮毂中心处的气压值。标准要求气压传感器应安装在一个带有通风口的防雨盒子里。

(9) 为了区分在干燥和潮湿两种气候条件下测量的不同，在风电机组测试全过程中，必须监测天气的降水情况。雨量传感器安装在距离地面高度 5～6m 的位置即可。

此外，为了保护测风塔上的传感器，需要做防雷保护。如图 6-13 (b) 所示，IEC 标准要求避雷针的防护面积要使得其±60°范围内的设备都能得到保护。避雷线要经过塔的外侧接入大地，不可通过塔内部，并且测风塔从数据采集装置的外壳也要接入避雷线一起引入大地。避雷线的直径要大于 16mm²。所有传感器的屏蔽线都要接入到数据采集装置，采用单点接地的方式。此外，风速仪安装在竖直杆处的安装点要使用绝缘材料，如图 6-13（c）所示，风速仪如果被雷电击中，能量也不会通过塔身流通，从而可以很好地保护风速仪自身和其他传感器的安全。

数据采集系统安装在测风塔上距离地面 5～6m 的位置，数据通过信号传输线架空或地面敷设的方式传输到塔底主采集系统。

6.3.5 风速仪的选用、等级及评估

1. 风速仪的选用

测风塔上风速仪的选择依据是风速仪的本身形状不影响其测量的准确性，最好选择长杆型风速仪，如图 6-14 所示。

2. 风速仪的等级

依据风速仪使用时的场地情况是否符合表 6-1 的要求，可以把风速仪风为两个等级：A 级和 B 级。如果场地情况符合表 6-1 的要求，那么就可以选用 A 级风速仪；如果场地情况不符合表 6-1 的要求，那么就应选用 B 级风速仪。风速仪是测量风速的设备，在其工作时一些外部因素会干扰它的工作特性，例如湍流强度、气压、温度、空气密度、平均入流角等，各种环境因素影响 A 级和 B 级风速仪的取值范围见表 6-2。其中，v 是风速值。

图 6-14 长杆型风速仪

如果某些因素的取值范围超出了表 6-2 所示的范围，或者这些因素的影响范围在功率特性测试期间一直在变化，那么适合在这种情况下使用的风速仪定义为 S 级。风速仪的等级用级别系数 k 和等级类别定义，例如 kA、kB、kS。其中 A、B、S 代表风速仪的等级。一般情况下，要使用比 1.7A 更高等级的杯式风速仪。如果风速仪使用时的场地情况不符合表 6-2

表 6-2 各种环境因素影响 A 级和 B 级风速仪的取值范围

环境因素	A 级（地形符合表 6-1 要求）		B 级（地形不符合表 6-1 要求）	
	最小值	最大值	最小值	最大值
覆盖的风速范围/(m·s⁻¹)	4	16	4	16
湍流强度	0.03	0.12+0.48/v	0.03	0.12+0.96/v
湍流因子 $\sigma_U/\sigma_V/\sigma_W$	1/0.8/0.5		1/1/1	
空气温度/℃	0	40	−10	40
空气密度/(kg·m⁻³)	0.9	1.35	0.9	1.35
平均入流角/(°)	−3	3	−15	15

的要求，就应该选择比 2.5B 或 1.7S 更高等级的风速仪。级别系数 k 可推导出来：

$$w_i = 5\text{m/s} + 0.5v_i \tag{6-6}$$

$$k = 100\max|\varepsilon_i / w_i| \tag{6-7}$$

式中　w_i——加权系数；

ε_i——第 i 个风速 bin 的偏差；

k——等级系数；

v_i——第 i 个 bin 风速值。

3. 风速仪的评估

杯形风速仪的评估应该包括考察以下情况对杯形风速仪运行造成的影响：

（1）角度响应特性。

（2）风速仪转轴加速和减速动态转矩特性。

（3）转轴的摩擦力矩。

（4）湍流强度响应特性。

详细描述如下：

（1）在风洞中杯式风速仪的风速入流角响应特性的测量。风速仪的风速入流角响应特性可以在风洞中进行测量。对于三种风速（在 4～16m/s 的风速范围内选择，推荐 5m/s、8m/s 和 12m/s）的入流角应该至少在－30°～30°范围内变化，风洞模拟的风速入流角应该具有 2°的分辨率。一个测量风速仪入流角响应特性的例子（可以与理想的余弦曲线对比）如图 6－15 所示。从图 6－15 中可以看出，在不同的风速情况下，如果风速的入流角不一样，那么传感器实测的风速值会发生变化。例如，当风速为 5m/s 时，此时的风速入流角为－20°，传感器的实测风速值为 5×0.93＝4.65m/s（0.93 为根据图 6－15 查到的入流角影响因子）。由于入流角的影响，造成风速仪的测量误差为 0.35m/s。

因此，一个好的风速仪受风速入流角的影响范围应尽量小，否则会影响测量精度。

（2）风速仪转轴加速和减速动态转矩特性。这个特性的测量须保持风洞的风速恒定，在风速仪转轴的上部连接一个细的传动轴，使这个轴以与风速驱动风速仪的旋转速度相等的速度均衡旋转。那么测量所得轴的反力矩就是杯式风速仪转轴的力矩。风洞风速在 8m/s 时的转轴力矩随角速度的变化情况如图 6－16 所示，实际上风速仪转轴转速的大小是和外部风速成正比的。图 6－16 表明，风速仪在不同的风速下，转轴的转矩也不同，也就反映了风速仪的灵敏度：如果转矩太大，风速发生变化时，风速仪就不会即刻做出响应。

（3）轴承摩擦力矩的测量。测量摩擦力矩的时候要用飞轮代替风速仪的转轴，通过测量在 20m/s 风速下的旋转速度就可得到摩擦力矩。转轴上的力矩就是轴承摩擦力矩和飞轮的气动摩擦力矩的矢量和，气动摩擦力矩要减去测量力矩。杯式风速仪的摩擦力矩测量如图 6－17 所示。从图 6－17 中可以看出，当风速仪的轴承转速一定时，温度越低，轴承的摩擦力矩就越大。那么反映到风速仪的测量结果上，过大的摩擦力矩会

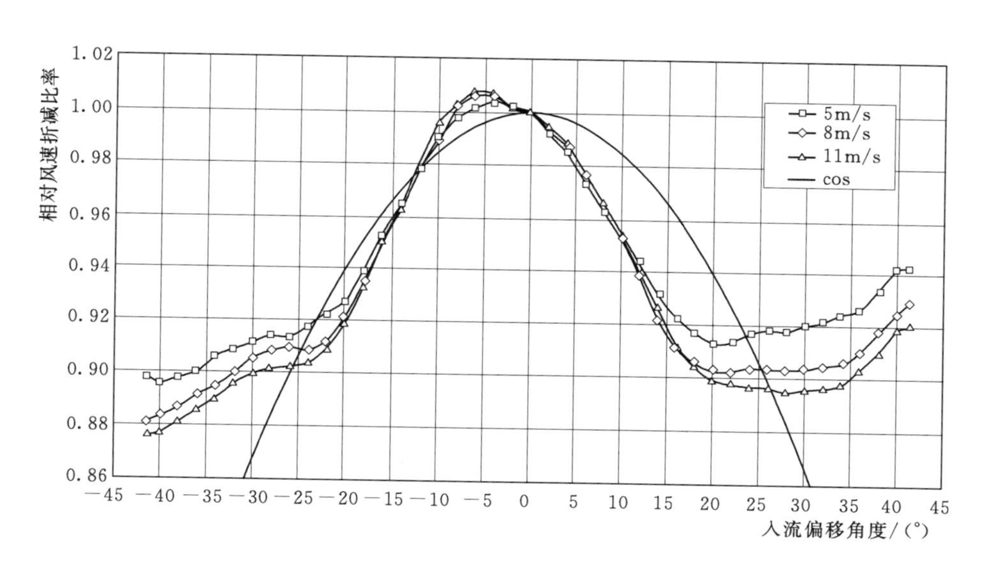

图 6-15 一个测量风速仪入流角特性响应的例子

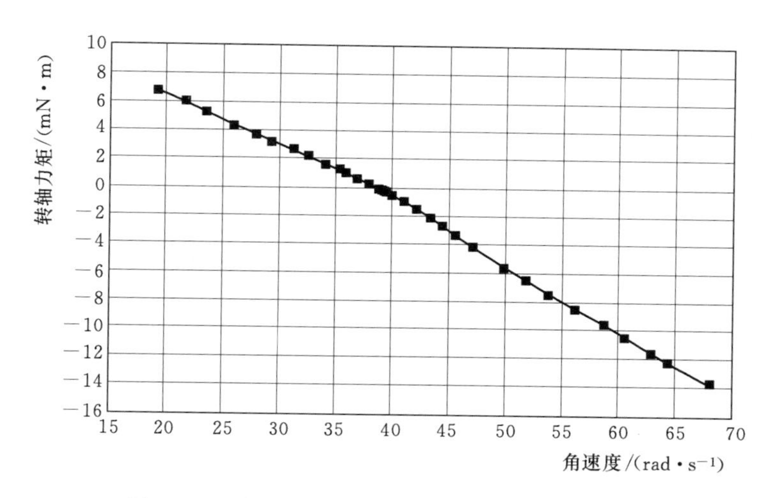

图 6-16 杯式风速仪的转矩测量(风速为 8m/s)

使测量精度降低。这说明,风速仪受温度的影响范围应尽可能地小。

(4)不同的湍流强度下风速仪的响应特性。不同的湍流强度下的风速仪响应特性如图 6-18 所示。在不同的湍流强度下,风速仪所测得的风速值和给定的风速值有一定的偏差。从图 6-18 中可以看出,不同的湍流强度,会造成风速仪测量出现偏差。

6.3.6 数据采集装置

整个数据采集装置应有两部分组成:一个为主数据采集系统,负责所有数据的采集和预处理;另一个为从数据采集系统,它安装在测风塔的底部,负责把测风塔的传感器数据传送到主数据采集系统。标准要求数据采集系统应具备每个测量通道的采样速率至少为

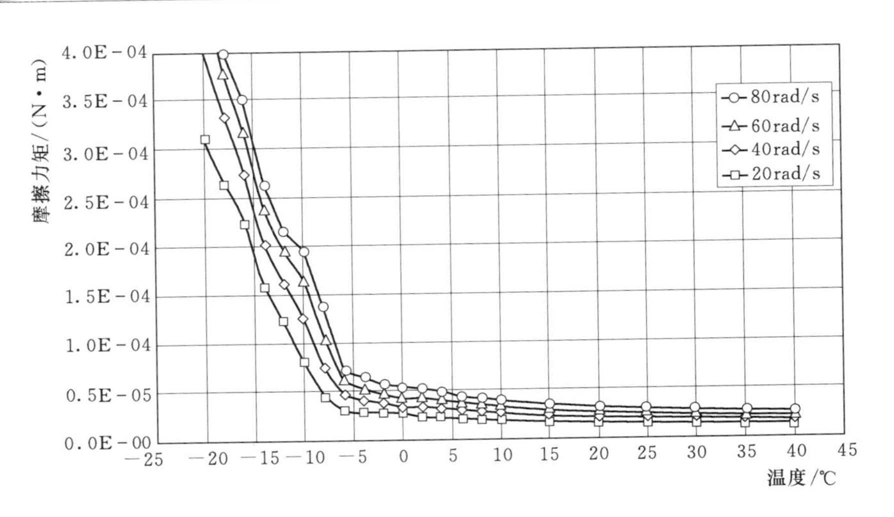

图 6-17　杯式风速仪的摩擦力矩测量

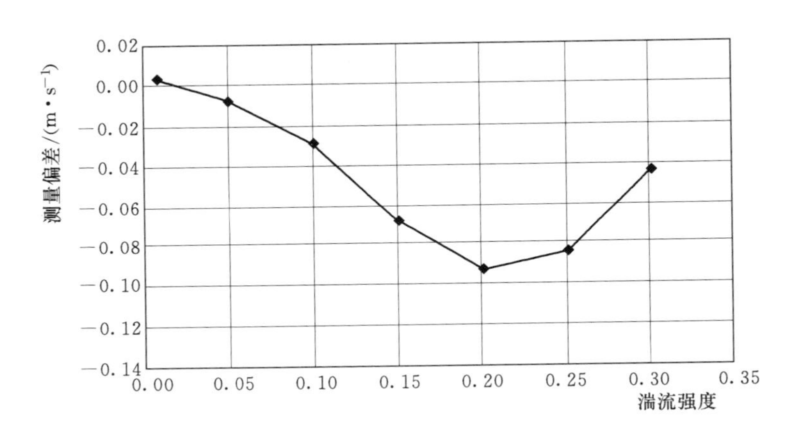

图 6-18　不同湍流强度下的风速仪响应特性

0.5Hz，以便进行测量数据的采集与预处理。

6.4　测试数据的处理与不确定度分析

6.4.1　测试数据的收集

测试过程应保证收集足够数量的高质量数据，以精确地确定风电机组的功率输出特性。选定的测试数据要根据 bin 方法进行排序，所选取的数据组应该从低于切入风速 1m/s 到风电机组 85%额定功率输出时风速的 1.5 倍风速范围内选取。换言之，风速范围应该覆盖从小于 1m/s 的切入风速到“测得的年发电量”大于或等于 95%的“外推出的年发电量”时的风速值。风速范围应连续分成 0.5m/s 连续 bin，中心值是 0.5m/s 的整数倍。

当被测数据组满足以下条件时，可以认为完整：

(1) 每个 bin 中至少含有 30min 的采样数据值，采样频率 0.5Hz。

(2) 全部测试周期中包括风电机组正常运行的小时数至少为 180h。

6.4.2 测试数据的预处理

对数据采集系统储存的采样数据进行预处理，得到的预处理数据应该包含平均值、标准差、最大值、最小值。这部分过程会在数据采集系统中自动完成。每组预处理数据组的总时间应该 30s～10min 之间，并且应为可以被 10min 整除的数据值。另外，如果数据组的时间值小于 10min，所测相邻数据组不能通过延迟时间达到要求。此时数据将持续采集直到满足要求时才可停止。

6.4.3 数据的筛选

筛选的数据是以 10min 为一个周期，由连续测量得到的数据产生。如果要从预处理的数据中产生，则需要根据标准计算出每 10min 时间的平均值和标准差。

$$X_{10\min} = \frac{1}{N_k} \sum_{i=1}^{N_k} X_k \tag{6-8}$$

$$\sigma_{10\min} = \sqrt{\frac{1}{N_k N_s - 1} \sum_{k=1}^{N_k} [N_s (X_{10\min} - X_k)^2 + \sigma_k^2 (N_s - 1)]} \tag{6-9}$$

式中 N_k——10min 预处理数据组数据量；

X_k——预处理数据时间内的平均数值；

$X_{10\min}$——10min 内的平均数值；

N_s——预处理数据组内取样数据的数量；

σ_k——预处理数据组数据的标准差；

$\sigma_{10\min}$——10min 平均预处理数据标准差。

在下列情况下数据组应该从数据库中删除：

(1) 某些外部情况不在风电机组正常运行范围内，但不包括风速情况。

(2) 风电机组由于故障停止运行。

(3) 风电机组被人工停机，或处于机组测试阶段和维修阶段。

(4) 测试系统发生故障。

(5) 风向不在测量区域内。

(6) 风向不在场地标定区域内。

风向要保证在测量扇区内和场地标定扇区内，假如有效测量扇区是 0°～172.3°和 277.8°～360°，场地标定有效扇区是 25°～60°、88°～119°、148°～160°、289°～320°、349°～356°，那么取这两个扇区的交集就是最后的有效扇区，所有的数据在这个范围内才有效。另外，如果风电机组处于停机或维修状态，那么在这种情况下的数据也是无效的，假如并网信号“1”代表脱网，“0”代表并网，那么就应当把脱网时的数据剔除。

此外，为了使全部数据有效，首先需要用程序按照剔除条件自动剔除一些不合格的数据，比如风电机组没有并网、风向不在测量扇区内、风向不在场地标定扇区内。但是，由于测试设备因各种故障而停止运行或产生的错误数据是没办法通过程序自动剔除的，这就需要数据处理人员仔细查看数据以进行手动剔除。

6.4.4　数据回归

从大量测试数据中所筛选出的数据组需要折算回归到两种参考空气密度下的数据：一种为在试验场所测得的空气密度平均值，其变化幅值接近 0.05kg/m³；另一种应为海平面的空气密度值，参考 ISO 标准的空气密度（1225kg/m³）。如果实测空气密度值在（1.225±0.05)kg/m³ 范围内，则没有必要进行空气密度折算。

空气密度可以根据所测得的大气温度和压力计算得到

$$\rho_{10\min}=\frac{1}{T_{10\min}\left[\frac{B_{10\min}}{R_0}-\varphi R_{\mathrm{w}}\left(\frac{1}{R_0}-\frac{1}{R_{\mathrm{w}}}\right)\right]} \tag{6-10}$$

式中　$\rho_{10\min}$——10min 空气密度；

$T_{10\min}$——实测 10min 平均绝对空气温度，K；

$B_{10\min}$——实测 10min 平均大气压强，Pa；

R_0——干燥大气常数，287.05，J/(kg·K)；

φ——湿度；

R_{w}——水蒸气常数，461.5，J/(kg·K)。

然后就可把风速折算到标准大气压下

$$v_n=v_{10\min}\left(\frac{\rho_{10\min}}{\rho_0}\right)^{1/3} \tag{6-11}$$

式中　v_n——折算后的风速值；

$v_{10\min}$——测得的 10min 平均风速值；

$\rho_{10\min}$——得到的 10min 平均空气密度；

ρ_0——标准空气密度，$\rho_0=1.225\mathrm{kg/m^3}$。

6.4.5　功率曲线的绘制

测量的功率曲线是对规格化的数据组采用 bin 方法（method of bins）进行处理的。采用 0.5m/s bin 宽度为一组，参考标准，利用规格化后的每个风速 bin 所对应的功率值计算得出

$$v_i=\frac{1}{N_i}\sum_{j=1}^{N_i}v_{n,i,j} \tag{6-12}$$

$$P_i=\frac{1}{N_i}\sum_{j=1}^{N_i}P_{n,i,j} \tag{6-13}$$

式中　v_i——折算后的第 i 个 bin 的平均风速值；

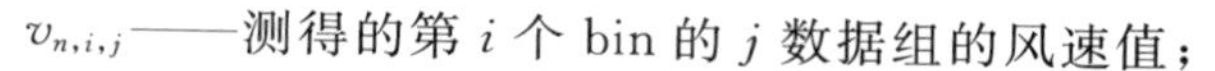

$v_{n,i,j}$——测得的第 i 个 bin 的 j 数据组的风速值；

N_i——第 i 个 bin 的 10min 数据组的数据数量；

P_i——折算后的第 i 个 bin 的平均功率值；

$P_{n,i,j}$——测得的第 i 个 bin 的 j 数据组的功率值。

6.4.6 年发电量的计算与外推

年发电量（Annual Energy Production，AEP）是利用功率曲线和在轮毂高度处不同风速频率分布估算得到的一台风电机组一年时间内生产的全部电能。假设利用率为 100%。

年发电量是利用测量所得到的功率曲线对于不同参考风速频率分布所计算出的估算值。而参考风速频率分布可以采用瑞利分布进行，该分布与形状系数为 2 时的 Weibull 分布等同。对于年平均风速为 4m/s、5m/s、6m/s、7m/s、8m/s、9m/s、10m/s、11m/s 时的 AEP 可以计算获得

$$AEP = N_{\mathrm{h}}\left[\sum_{i=1}^{N} F(v_i) - F(v_{i-1})\right]\left(\frac{P_{i-1}+P_i}{2}\right) \tag{6-14}$$

式中 AEP——年发电量；

N_{h}——一年内的小时数，约为 8760；

N——bin 数；

v_i——折算后的在第 i 个 bin 的平均风速值；

P_i——折算后的在第 i 个 bin 的平均功率值。

瑞利分布的函数为

$$F(v) = 1 - \exp\left[-\frac{\pi}{4}\left(\frac{v}{v_{\mathrm{ave}}}\right)^2\right] \tag{6-15}$$

式中 $F(v)$——风速的瑞利分布函数；

v_{ave}——在风电机组轮毂中心高度处的年平均风速值；

v——风速值。

设定在 $v_{i-1}=v_i-0.5\mathrm{m/s}$ 和 $P_{i-1}=0.0\mathrm{kW}$ 时开始叠加。如果测量没有包括到切出风速值，则需用外推法获得从所测得的最大风速值外推到切出风速的年发电量。年发电量外推部分的获得是假设所有低于测试功率曲线最低风速的所有风速的功率值为 0，所有高于所测功率曲线上最高风速到切出风速之间风速范围内的功率为恒定值。用于外推法的恒定功率值应该是所测得的功率曲线中最高风速 bin 的功率值。

年发电量外推的依据示意图如图 6-19 所示，在年平均风速为 4m/s 的瑞利分布下，由于风电机组的额定风速是 14m/s，它与瑞利分布曲线没有交集，如图 6-19（a）所示，也就是说明功率特性测试所测得的年发电量完整；而在年平均风速为 9m/s 的瑞利分布下，它与瑞利分布曲线有交集，如图 6-19（b）所示，也就是说明功率特性测试所测得的年发电量不完整，需要年发电量外推。

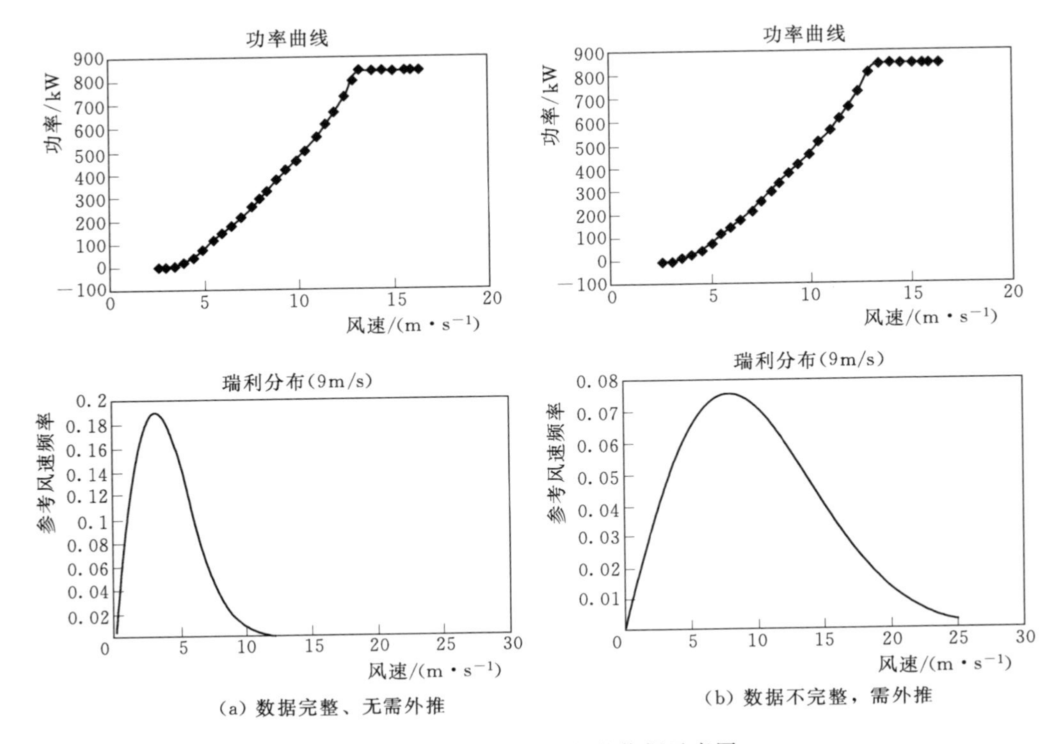

图 6-19 年发电量外推的依据示意图

6.4.7 功率系数的计算

功率系数（Power Coefficient）是净电功率输出与风轮扫掠面上从自由流得到的功率之比。根据要求，应该将风电机组的功率系数 C_P 加到测试报告的结论中。该功率系数可以根据所测得的功率曲线计算得到

$$C_{P,i}=\frac{P_i}{\frac{1}{2}\rho_0 A v_i^3} \tag{6-16}$$

式中 $C_{P,i}$——在 bin i 中的功率系数；

v_i——折算所得到的在 bin i 中的平均风速；

P_i——折算所得到的在 bin 中的功率输出；

A——风电机组风轮的扫掠面积；

ρ_0——标准空气密度。

6.4.8 测量误差估算方法——不确定度的计算

应以估算测试过程中存在的误差来补充修正测试所得的功率曲线。在误差类型中，A 类误差是由计算过程造成的，而 B 类误差是由测试设备造成的。在测量过程中，由误差引起变化的测量参数有电功率、风速、空气温度、压力等。不确定度分量表见表6-3。

表6-3 不确定度分量表

测量参数	误差组成	不确定度种类
电功率	电流互感器	B
	电压互感器	B
	功率变送器或功率测量设备	B
	数据采集系统	B
	电功率的变化	A
风速	风速仪的标定	B
	运转特性	B
	安装影响	B
	数据采集系统	B
	受地形影响的气流畸变	B
空气温度	温度传感器	B
	辐射屏蔽	B
	安装影响	B
	数据采集系统	B
空气压力	压力度传感器	B
	安装影响	B
	数据采集系统	B
数据采集系统	信号传输	B
	系统的精度	B
	信号调整	B

1. A类不确定度的计算

A类不确定度需要考虑每bin中测得的并折算后的电功率不确定度。每bin中折算后分布的功率数据标准不确定度计算公式为

$$\sigma_{P,i}=\sqrt{\frac{1}{N_i-1}\sum_{j=1}^{N_i}(P_i-P_{n,i,j})} \tag{6-17}$$

式中 $\sigma_{P,i}$——在bin i 内，折算后功率数据标准不确定度；

N_i——在bin i 内，10min数据组的数目；

P_i——在bin i 内，折算后的平均功率输出；

$P_{n,i,j}$——在bin i 内，数组 j 折算后功率输出。

每bin中折算后平均功率的标准不确定度计算公式为

$$S_{P,i}=\frac{\sigma_{P,i}}{\sqrt{N_i}} \tag{6-18}$$

式中 $S_{P,i}$——在bin i 内的A类不确定度。

2. B类不确定度的计算

在数据采集系统中，从信号传递、信号调理、模拟量转换为数字量和数据处理过程中

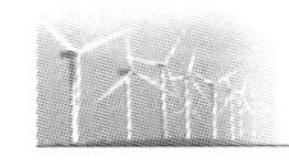

都可能出现误差。对每个测量通道，误差可能是不同的。在一个可靠测量通道的整个范围，数据采集系统的不确定度 U_d 可表示为

$$U_{d,i}=\sqrt{U_{d1,i}^2+U_{d2,i}^2+U_{d3,i}^2} \tag{6-19}$$

式中　$U_{d1,i}$——在 bin i 内，信号传递和调理方面的误差；

$U_{d2,i}$——在 bin i 内，数字化过程中的误差（如量化分辨率）；

$U_{d3,i}$——在 bin i 内，集成数据采集系统其他部分（软件、存储系统）方面的误差。

A 类和 B 类不确定度的分量表见表 6-4，还说明了所有参数的确定方法。

表 6-4　A 类和 B 类不确定度的分量表

B类：仪器	数据来源	不确定度	灵　敏　度
功率		$U_{P,i}$	$C_{P,i}=1$
电流变换器①	a	$U_{P1,i}$	
电压变换器①	a	$U_{P2,i}$	
功率变送器或①	a	$U_{P3,i}$	
功率测量装置①	c	$U_{P4,i}$	
风速		$U_{V,i}$	$C_{V,i}=\frac{P_i-P_{i-1}}{v_i-v_{i-1}}$
风速仪①	b	$U_{V1,i}$	
工作特性①	cd	$U_{V2,i}$	
安装影响①	c	$U_{V3,i}$	
空气密度			$C_{T,i}=\frac{P_i}{288.15K}$
温度	a	$U_{T,i}$	
温度传感器①	cd	$U_{T1,i}$	
辐射屏蔽①		$U_{T2,i}$	
安装影响①		$U_{T3,i}$	
气压		$U_{B,i}$	$C_{B,i}=\frac{P_i}{1013hPa}$
压力传感器①	a	$U_{B1,i}$	
安装影响①	c	$U_{B2,i}$	
数据采集系统		$U_{D,i}$	灵敏度系数取自实际的不确定度参数
信号传输①	b	$U_{D1,i}$	
系统精度①	cd	$U_{D2,i}$	
信号调整①		$U_{D3,i}$	
B类：地形			
地形对气流的影响①	bc	$U_{V4,i}$	$C_{V,i}=\frac{P_i-P_{i-1}}{v_i-v_{i-1}}$
A类：方法			
空气密度的修正	cd	$U_{m,i}$	
		$U_{m1,i}$	$C_{T,i}$和$C_{B,i}$
A类：统计			
电功率①	e	$S_{P,i}$	$C_{P,i}=1$
气候变化	e	S_W	—

① 不确定度分析所需的参数：a=参照标准；b=标定；c=其他“客观”的方法；d=粗略估计；e=统计。

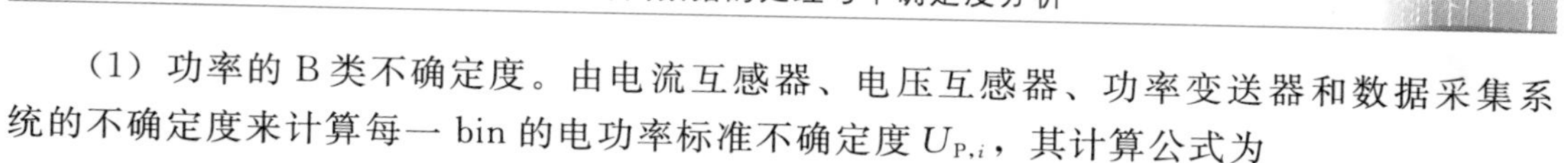

（1）功率的 B 类不确定度。由电流互感器、电压互感器、功率变送器和数据采集系统的不确定度来计算每一 bin 的电功率标准不确定度 $U_{\mathrm{P},i}$，其计算公式为

$$U_{\mathrm{P},i}=\sqrt{U_{\mathrm{P1},i}^{2}+U_{\mathrm{P2},i}^{2}+U_{\mathrm{P3},i}^{2}+U_{\mathrm{P}d,i}^{2}} \tag{6-20}$$

式中：$U_{\mathrm{P1},i}$——在 bin i 内，电流互感器不确定度；

$U_{\mathrm{P2},i}$——在 bin i 内，电压互感器不确定度；

$U_{\mathrm{P3},i}$——在 bin i 内，功率变送器不确定度；

$U_{\mathrm{P}d,i}$——在 bin i 内，功率通道数据采集系统的不确定度。

【例 6-1】 假设电流互感器、电压互感器和功率变送器都是 0.5 级；被测机组的功率为 1000kW；功率测量通道的测量范围是 2500kW，数据采集系统的不确定度是 0.1%，则

电流互感器的不确定度为

$$U_{\mathrm{P1},i}=\frac{0.75\%P_i}{\sqrt{3}}\times\frac{1}{3}\times3=0.43P_i$$

电压互感器的不确定度为

$$U_{\mathrm{P2},i}=\frac{0.5\%P_i}{\sqrt{3}}\times\frac{1}{3}\times3=0.29P_i$$

功率变送器的不确定度为

$$U_{\mathrm{P3},i}=\frac{1000\times2\times0.5\%}{\sqrt{3}}=5.8$$

功率通道数据采集系统的不确定度为

$$U_{\mathrm{P}d,i}=0.1\%\times2500=2.5$$

把以上各个量带入，得到功率的 B 类不确定度为

$$U_{\mathrm{P},i}=\sqrt{(20.2\%P_i)^2+(5.5\mathrm{kW})^2}$$

式中　P_i——在第 i 个 bin 的平均功率值。

（2）风速的 B 类不确定度。风速测量中的不确定度是几个分量的组合，通常最重要的是地形对气流的干扰、风速仪的安装影响和风速仪的标定误差。数据 bin i 组中风速的 B 类不确定度 $U_{\mathrm{v},i}$ 可表示为

$$U_{\mathrm{v},i}=\sqrt{U_{\mathrm{v1},i}^{2}+U_{\mathrm{v2},i}^{2}+U_{\mathrm{v3},i}^{2}+U_{\mathrm{v4},i}^{2}+U_{\mathrm{v}d,i}^{2}} \tag{6-21}$$

式中　$U_{\mathrm{v1},i}$——在 bin i 内，风速仪标定的不确定度；

$U_{\mathrm{v2},i}$——在 bin i 内，风速仪工作特性引起的不确定度；

$U_{\mathrm{v3},i}$——在 bin i 内，由安装影响引起的气流干扰不确定度；

$U_{\mathrm{v4},i}$——在 bin i 内，由地形引起的气流畸变不确定度；

$U_{\mathrm{v}d,i}$——在 bin i 内，数据采集系统中风速测量的不确定度。

【例 6-2】 假设风速仪的不确定度是 0.2m/s；风速仪的等级为 1.7A；安装影响引起的气流干扰不确定度为 1%；测风塔安装在 2.5D，场地标定结果符合要求；风速测量通道的测量范围是 30m/s，数据采集系统的不确定度是 0.1%，则：

风速仪工作特性引起的不确定度为

$$U_{\mathrm{v2},i}=(0.05+0.005v_i)k/\sqrt{3}$$

把以上各个量代入，得到风速的B类不确定度为

$$U_{v,i}=\sqrt{0.2^2+[(0.05+0.005v_i)\times 1.7/\sqrt{3}]^2+(1\%v_i)^2+(2\%v_i)^2+(0.1\%\times 30)^2}$$

式中　v_i——在 bin i 中的平均风速。

用测得的功率曲线局部斜率确定敏感系数 $C_{v,i}$ 为

$$C_{v,i}=\frac{P_i-P_{i-1}}{v_i-v_{i-1}} \tag{6-22}$$

式中　v_i——在 bin i 中的平均风速；

P_i——在第 i 个 bin 的平均功率值。

(3) 空气密度的B类不确定度。对每个 bin 测得的空气温度标准不确定度 $U_{T,i}$ 为

$$U_{T,i}=\sqrt{U_{T1,i}^2+U_{T2,i}^2+U_{T3,i}^2+U_{Td,i}^2} \tag{6-23}$$

式中　$U_{T1,i}$——在 bin i 内，温度传感器标定的不确定度；

$U_{T2,i}$——在 bin i 内，不良温度传感器辐射屏蔽引起的不确定度；

$U_{T3,i}$——在 bin i 内，温度传感器安装影响引起的不确定度；

$U_{Td,i}$——在 bin i 内，空气温度影响数据采集系统的不确定度。

【例 6-3】 假设温度传感器的不确定度为0.5℃；不良温度传感器辐射屏蔽引起的不确定度2℃；温度传感器安装在距轮毂10m的范围内，即温度传感器安装影响引起的不确定度为0.3℃；温度测量通道的测量范围是40℃，数据采集系统的不确定度是0.1%，则带入以上数据，可得到

$$U_{T,i}=\sqrt{(0.5\text{K})^2+(2\text{K})^2+(0.3\text{K})^2+(0.1\%\times 40\text{K})^2}=2.1\text{K}$$

对海平面情况，估算空气温度测量敏感系数 $C_{T,i}$ 为

$$C_{T,i}=\frac{P_i}{288.15}(\text{kW/K})$$

(4) 空气压力的B类不确定度。对每个 bin 测得的空气压力标准不确定度 $U_{B,i}$ 为

$$U_{B,i}=\sqrt{U_{B1,i}^2+U_{B2,i}^2+U_{Bd,i}^2} \tag{6-24}$$

式中　$U_{B1,i}$——在 bin i 内，空气压力传感器标定的不确定度；

$U_{B2,i}$——在 bin i 内，由于空气压力传感器安装影响引起的不确定度；

$U_{Bd,i}$——在 bin i 内，数据采集系统中空气压力测量的不确定度。

【例 6-4】 假设空气压力传感器标定不确定度为3.0hPa；气压传感器和轮毂高度差为28m，气压相差为3.4hPa，按照10%修正后得压力传感器安装影响引起的不确定度为0.34hPa；气压测量通道的测量范围是100hPa，数据采集系统的不确定度是0.1%，则带入以上数据，可得

$$U_{B,i}=\sqrt{3^2+0.34^2+(0.1\%\times 100)^2}=3.0(\text{hPa})$$

估算空气压力测量敏感系数 $C_{B,i}$ 为

$$C_{B,i}=\frac{P_i}{1013}(\text{kW/hPa})$$

最后得每 bin 的B类不确定度 U_i 为

$$U_i=\sqrt{U_{P,i}^2+C_{v,i}^2U_{v,i}^2+C_{T,i}^2U_{T,i}^2+C_{B,i}^2U_{B,i}^2} \tag{6-25}$$

式中 $U_{P,i}$——每 bin 的电功率不确定度；

$U_{v,i}$——每 bin 的风速不确定度；

$C_{v,i}$——每 bin 的风速敏感系数；

$U_{T,i}$——每 bin 的空气温度不确定度；

$C_{T,i}$——每 bin 的空气温度测量敏感系数；

$U_{B,i}$——每 bin 的空气压力不确定度；

$C_{B,i}$——每 bin 的空气压力测量敏感系数。

3. 综合不确定度的计算

通过叠加 A 类不确定度和所有 B 类不确定度可得出功率曲线中每 bin 中的综合不确定度 $U_{C,i}$ 为

$$U_{C,i}=\sqrt{S_i^2+U_i^2} \tag{6-26}$$

式中 S_i——每 bin 的 A 类不确定度；

U_i——每 bin 的 B 类不确定度。

功率曲线表（示例）见表 6-5，可以列出 A 类不确定度、B 类不确定度和综合不确定度。

表 6-5 功率曲线表（示例）

测量功率曲线							
标准空气密度：1.225kg/m³					A 类标准不确定度/kW	B 类标准不确定度/kW	综合不确定度/kW
编号	轮毂风速/(m·s⁻¹)	功率/kW	功率系数	数据集数目			
1	3.0	−6.84	−0.180	5	2.05	11.9	12.0
2	3.5	−0.285	−0.005	41	1.91	11.9	12.1
3	4.0	16.473	0.191	65	2.56	15.3	15.5
4	4.5	41.268	0.327	69	2.74	17.7	17.9
5	5.0	61.275	0.357	109	2.43	17.3	17.5
6	5.5	87.153	0.384	155	2.29	21.5	21.6
7	6.0	119.073	0.404	149	2.70	26.1	26.3
8	6.5	153.387	0.412	142	2.89	30.0	30.1
9	7.0	189.81	0.408	142	3.15	32.8	32.9
10	7.5	243.96	0.424	162	3.77	48.4	48.6
11	8.0	294.291	0.422	144	4.70	49.3	49.5
12	8.5	351.291	0.420	132	5.50	57.4	57.7
13	9.0	425.904	0.426	117	6.92	76.5	76.8
14	9.5	487.578	0.418	86	8.67	73.0	73.5
15	10.0	573.99	0.419	106	7.38	96.2	96.5
16	10.5	644.727	0.409	119	7.63	90.7	91.0
17	11.0	699.618	0.387	82	9.59	71.4	72.1
18	11.5	754.623	0.365	87	7.70	74.5	74.9

4. 年发电量不确定度的计算

通过叠加所有的 A 类不确定度和 B 类不确定度，可得到年发电量的综合不确定度 U_{AEP} 为

$$U_{AEP} = N_h \sqrt{\sum_{i=1}^{N} f_i^2 S_i^2 + (\sum_{i=1}^{N} f_i U_i)^2} \tag{6-27}$$

式中　U_{AEP}——年发电量的综合不确定度；

N——bin 数；

N_h——年内的小时数，约为 8760h；

S_i——每 bin 的 A 类不确定度；

U_i——每 bin 的 B 类不确定度；

f_i——风频，$f_i = [(F_{i+1} - F_i) + (F_i - F_{i-1})]/2$。

最后的年发电量的计算见表 6 - 6，其中 AEP 的相对不确定度为 AEP 的不确定度除以测量值。此外，在某个年平均风速下，如果 AEP 的测量值小于 AEP 外推值的 95%，那么就说明这部分的测试数据是不完整的。IEC 标准中说明，如果高风速情况出现的概率很小，也就是 85%额定功率所对应风速的 1.5 倍以上的风速数据很少，为了获得更多的高风速数据，就可以把测量扇区的数据剔除条件去掉。

表 6 - 6　最后的年发电量的计算

年发电量估算				
实际空气密度：1.225kg/m³		切出风速：25m/s		
轮毂高度处年平均风速/(m·s⁻¹)	AEP 测量/(MW·h⁻¹)	AEP 标准不确定度/(MW·h⁻¹)	AEP 相对不确定度/%	AEP 外推/(MW·h⁻¹)
4	346.3	54.7	15.8	346.3
5	982.7	114.1	11.6	982.7
6	1023.6	94.2	9.2	1023.8
7	2002.7	150.2	7.5	1936.3
8	1863.5	117.4	6.3	1896.5
9	3111.4	171.1	5.5	3208.6
10	2876.9	138.1	4.8	3012.9
11	3030.3	130.3	4.3	3386.6

第 7 章　风电机组低电压穿越测试

风力发电在电力能源中所占比例越来越大，风力发电系统对电网的影响已经不能忽略。常规的风力发电系统，当电网电压降低到一定值时，风电机组便会自动脱网，这种情况在风力发电所占比例不高的电网中是可以接受的；但对于风力发电容量较大的电力系统，风电机组的离网会造成电网电压和频率的崩溃，给工业生产带来巨大的损失，从而给大规模应用风力发电带来困难，使风力发电这种清洁能源的应用受到限制。因此，随着风力发电量的急剧增加，风电机组自动脱网的这种方法已经不再适合于国内的电网运行准则。为了使风电机组在电网电压瞬间跌落时仍能保持并网，电网安全运行准则要求风电机组具备一定的低电压运行能力。国家电网公司也明确要求并网的风电机组必须具备低电压穿越能力，因此对风电机组进行低电压穿越测试非常必要。

7.1　低电压穿越的概念及其测试

7.1.1　概念

风电机组低电压穿越（Low Voltage Ride Through，LVRT），指在风电机组并网点电压跌落的时候，风电机组能够保持并网，甚至向电网提供一定的无功功率，支持电网恢复，直到电网恢复正常，从而“穿越”这个低电压时间（区域）。LVRT 是对并网风电机组在电网出现电压跌落时仍保持并网的一种特定的运行功能要求。不同国家（和地区）所提出的 LVRT 要求不尽相同。目前在一些风力发电占主导地位的国家，如丹麦、德国等已经相继制定了新的电网运行准则，定量地给出了风电系统离网的条件（如最低电压跌落深度和跌落持续时间），只有当电网电压跌落低于规定曲线以后才允许风电机组脱网，当电压在凹陷部分时，发电机应提供无功功率。这就要求风力发电系统具有较强的 LVRT 能力，同时能方便地为电网提供无功功率支持，但目前的双馈型风力发电技术低电压穿越能力有待提高，而永磁直接驱动型变速恒频风力发电系统已被证实在这方面拥有出色的性能。

7.1.2　测试

根据国家电网公司规定，低电压穿越测试已成为检验风电机组接入电网安全稳定性的一项重要测试。低电压穿越测试分为低电压穿越能力认证测试与低电压穿越能力抽检测试。前者是对风电机组制造厂家生产出来的某种机型做的型式试验，为了验证风电机组制造厂家生产出来的风电机组是否具备低电压穿越能力。后者是在风电场的风电机组已经具

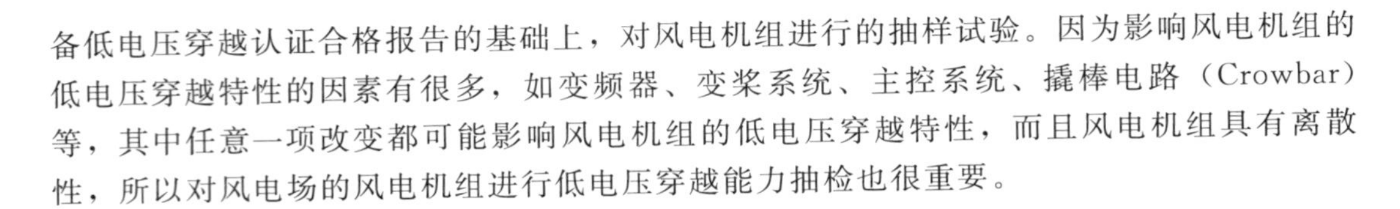

备低电压穿越认证合格报告的基础上，对风电机组进行的抽样试验。因为影响风电机组的低电压穿越特性的因素有很多，如变频器、变桨系统、主控系统、撬棒电路（Crowbar）等，其中任意一项改变都可能影响风电机组的低电压穿越特性，而且风电机组具有离散性，所以对风电场的风电机组进行低电压穿越能力抽检也很重要。

7.2　IEC 61400—21的相关要求及电网导则

7.2.1　IEC 61400—21关于低电压穿越测试的要求

IEC成立于1906年，是世界上成立最早的非政府性国际电工标准化机构，是联合国经社理事会（Economic and Social Council，ECOSOC）的甲级咨询组织。IEC的宗旨是促进电工标准的国际统一，电气、电子工程领域中标准化及有关方面的国际合作，增进国际间的相互了解。为实现这一目的，出版包括国际标准在内的各种出版物，并希望各国家委员会在其本国条件许可的情况下，使用这些国际标准。IEC的工作领域包括电力、电子、电信和原子能等方面的电工技术。

IEC 61400—21对低电压穿越测试要求如下：

（1）在风电机组小出力（$0.1P_n \sim 0.2P_n$）及大出力（大于$0.9P_n$）情况下分别进行低电压穿越试验。

（2）试验过程包括三相短路故障、两相短路故障。

（3）测试分别在风电机组机端电压的0.9p.u.、0.5p.u.、0.2p.u.情况下进行。故障类型及具体持续时间见表7-1。

表7-1　故障类型及具体持续时间

事　件	相电压幅值/p.u.	正序电压幅值/p.u.	持续时间/ms	波　形
VD1-对称三相电压跌落	0.90±0.05	0.90±0.05	0.50±0.02	
VD2-对称三相电压跌落	0.50±0.05	0.50±0.05	0.50±0.02	
VD3-对称三相电压跌落	0.20±0.05	0.20±0.05	0.20±0.02	
VD4-两相电压跌落	0.90±0.05	0.95±0.05	0.50±0.02	
VD5-两相电压跌落	0.50±0.05	0.75±0.05	0.50±0.02	

（4）测试需要在每个类型下连续进行两次测量，如果连续两次风电机组不切机则通过验证，连续两次切机则不能通过验证。测试过程中出现不能通过验证的情况，则整个试验

结束。

7.2.2 我国电网导则的相关规定

我国风电场接入电网导则是 2009 年制定的，主要对有功功率、无功功率、并网点电压、低电压穿越、风电场运行频率等几方面提出要求。

1. 有功功率

风电场应具备有功功率调节能力，能根据电网调度部门指令控制其有功功率输出。有功功率变化包括 1min 有功功率变化和 10min 有功功率变化，不同装机容量风电场允许的有功功率变化见表 7-2。

表 7-2 不同装机容量风电场允许的有功功率变化

风电场装机容量/MW	1min 最大变化量/MW	10min 最大变化量/MW
<30	6	20
30～150	装机容量/5	装机容量/1.5
>150	30	100

2. 无功功率

（1）风电场在任何运行方式下，应保证其无功功率有一定的调节容量，该容量为风电场额定运行时功率因数 0.98（超前）～0.9（滞后）所确定的无功功率容量范围，风电场的无功功率能实现动态连续调节，保证风电场具有在任何事故情况下能够调节并网点电压恢复至正常水平的足够无功容量。

（2）百万千瓦级以上的风电基地，单个风电场无功调节容量为风电场额定运行时功率因数 0.97（超前）～0.97（滞后）所确定的无功功率容量范围。

3. 并网点电压

（1）电压运行范围。当风电场并网点的电压偏差在其额定电压的－10%～10%之间时，风电场内的风电机组应能正常运行；当风电场并网点电压偏差超过 10%时，风电场的运行状态由风电场所选用风电机组的性能确定。

（2）电压控制要求。当公共电网电压处于正常范围内时，风电场应当能够控制风电场并网点电压在额定电压的 97%～107%范围内。

4. 低电压穿越

（1）风电场内的风电机组具有在并网点电压跌至 20%额定电压时能够保证不脱网连续运行 625ms 的能力。

（2）风电场并网点电压在发生跌落后 2s 内能够恢复到额定电压的 90%时，风电场内的风电机组能够保证不脱网连续运行。风电场低电压穿越要求如图 7-1 所示。

5. 风电场运行频率

风电场在不同电网频率偏差范围下的允许运行时间见表 7-3。

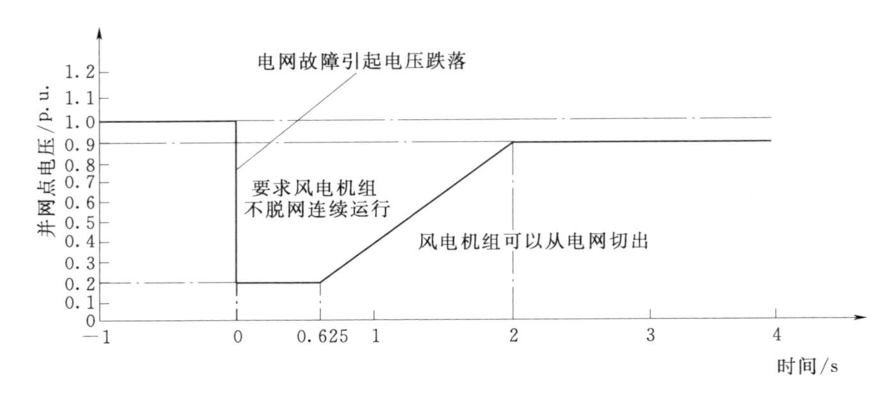

图 7-1 风电场低电压穿越要求

表 7-3 风电场在不同电网频率偏差范围下的允许运行时间

电网频率范围/Hz	要求
低于 48	根据风电场内风电机组允许运行的最低频率而定
48～49.5	每次频率低于 49.5Hz 时，要求风电场具有至少运行 30min 的能力
49.5～50.2	连续运行
高于 50.2	每次频率高于 50.2Hz 时，要求风电场具有至少运行 2min 的能力，并执行电网调度部门下达的高频切机策略，不允许停机状态的风电机组并网

7.2.3 国外电网导则对低电压穿越的要求

截止目前，在电网扰动情况下，当电网电压降低到一定值时，风电机组便会自动脱网。随着风力发电量的急剧增加，这种方法已经不再适合于电网运行准则了。新的电网准则以为必须对原有的机组控制系统进行改造，以满足未来电网对于发电系统的要求——电网电压跌落期间要求风力发电系统能够保持和电力系统之间的连接，并且根据电网跌落的幅度向电网提供不同的无功功率。因此，国外电网运营商制定了一系列标准对此进行规定，不同国家之间有着不同的要求：德国 E.ON 公司要求电网电压跌落到 15%时持续 300ms，澳大利亚要求跌落到 0 时持续 175ms，而丹麦要求跌落到 25%持续 100ms 左右。在这些标准中，德国 E.ON 公司的标准影响最大。

1. 德国风电并网导则对低电压穿越要求

首先对于德国来说，目前执行的风电并网导则是 2007 年制定。德国输电运营商（Transmission Operatora，TSO）和德国配电运营商（Distribution System Operators，SSO）分别针对接入本电压等级的发电厂制定了相应规范。德国对低电压穿越的要求如图 7-2 所示。

图 7-2 中实线以上的区域是风力发电系统需要保持同电力系统之间连接的部分。只有当电力系统出现界线 2 下方区域所示的故障时，才允许风力发电系统同电网系统脱离。电网故障清除后，风力发电系统需要立即恢复向电网输出有功功率，并且保证至少增加每

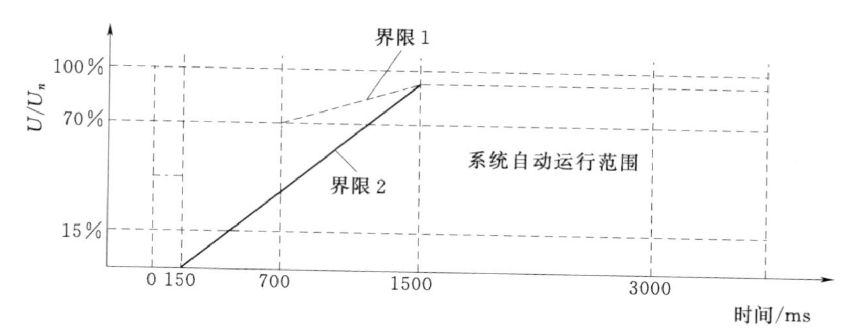

图 7-2 德国对低电压穿越的要求

秒额定输出功率的 20%。

同时电网出现故障时，系统无功功率不足，导致网侧电压下降。需要风电机组机侧提供无功电流。E.ON 标准中，不但规定了风力发电系统低电压运行能力范围，还对电网电压跌落时风力发电系统需要提供的无功电流进行规定。风电机组发电机侧的无功电流应满足图 7-3 的要求，从图 7-3 中可以看出当电压降低为额定电压的 50%时，风电机组提供的无功电流等于额定电流，并且要求电流调节时间应小于 20ms。

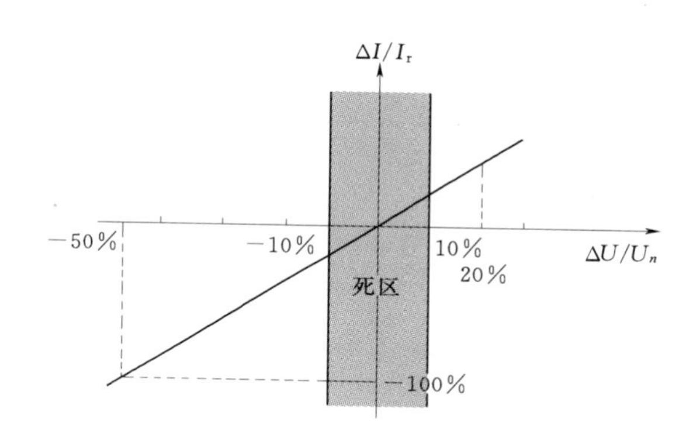

图 7-3 风电机组发电机侧的无功电流

2. 丹麦风电并网导则对低电压穿越的要求

丹麦风电场并网导则对低电压穿越的规定主要从三相对称故障和双重电压跌落两方面进行要求。

(1) 三相对称故障。三相对称故障对低电压穿越的要求如图 7-4 所示，这一要求类似德国电网导则，只是在跌落深度和恢复时间上略有不同，要求在电网电压跌落 10s 后，恢复有功出力。

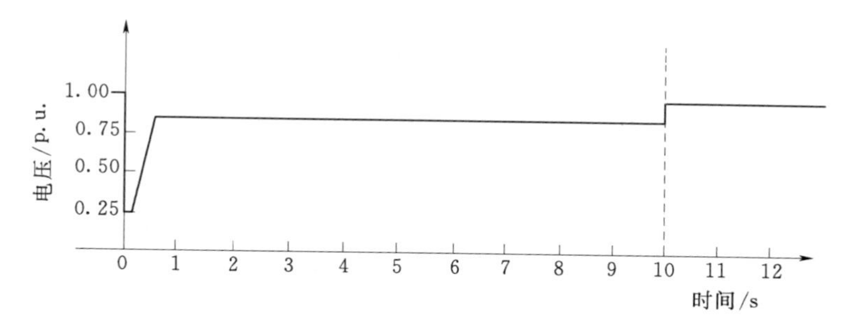

图 7-4 三相故障对低电压穿越的要求

(2) 双重电压降落。双重电压降落如图 7-5 所示，具体要求如下：

1) 两相短路 100ms 后间隔 300ms 再发生一次新的 100ms 短路时，不发生切机。

2）单相短路 100ms 后间隔 1s 再发生一次新的 100ms 电压降落时，要求也不发生切机。

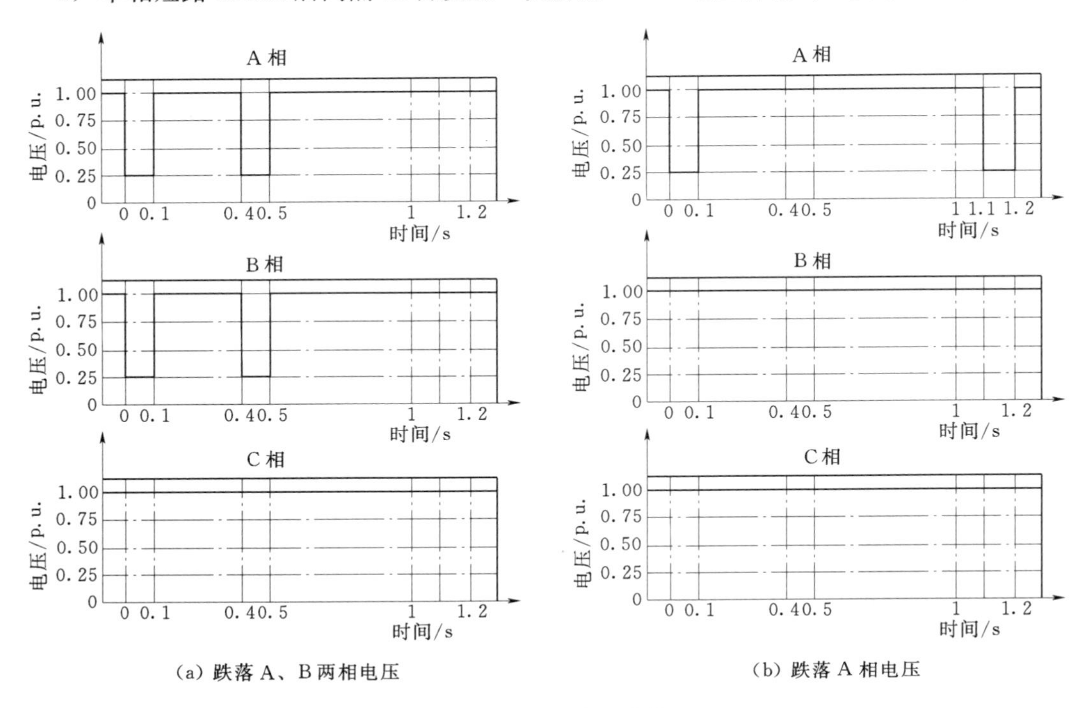

（a）跌落 A、B 两相电压　　（b）跌落 A 相电压

图 7-5　双重电压降落

7.3　风电机组低电压穿越测试原理及相关要求

7.3.1　原理

低电压穿越测试内容根据 GB/T 19963—2011 的要求，风电机组在风电场并网点电压发生跌落在低电压穿越要求曲线上方时，风电机组应保证不脱网连续运行，低压侧低电压穿越要求如图 7-6 所示。

根据 IEC 61400—21 要求，电压跌落应该由阻抗分压的形式产生。串联阻抗可以限制短路电流对电网的冲击影响，并且串联阻抗大小对风电机组没有很明显的暂态响应。在电压跌落之前和之后，串联阻抗可以连接一个旁路开关，电压跌落依靠并联阻抗连接的短路开关产生。

目前，世界上有两种低电压穿越测试设备：一种是中压侧低电压穿越测试设备，另一种是低压侧低电压穿越测试设备。这两种设备的基本原理相同，而且均在国外相关认证部门得到了认证，无论哪种设备都是对并网点电压跌落的等效，在测试效果上基本没有区别。

7.3.2　设备

现有风力发电系统用 LVRT 测试装置方案有以下三类：基于阻抗形式、基于变压器

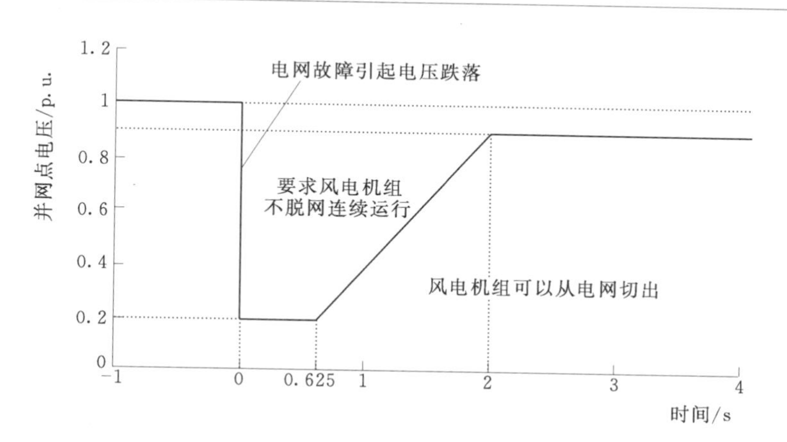

图 7－6　低压侧低电压穿越要求

形式和基于电力电子变换形式。目前国内有两家单位具有低电压穿越测试资质，分别是中国电力科学研究院（简称“中国电科院”）和东北电力科学研究院有限公司（简称“东北电科院”）。对于低电压穿越测试设备来说，中国电科院的试验设备由中国电科院新能源研究所和德国 FGH 公司合作开发，东北电科院采用 W2PS 公司的 DIPGEN。两套设备的相同点是都可以实现电压低落，模拟电网故障；测试原理相同；移动方便。不同点是中国电科院设备串联到箱变中压侧，东北电科院设备串联到箱变中压侧；中国电科院不做电网单项故障测试，东北电科院做电网单项故障测试。低电压穿越能力测试设备原理图如图 7－7 所示。

（a）中国电科院设备

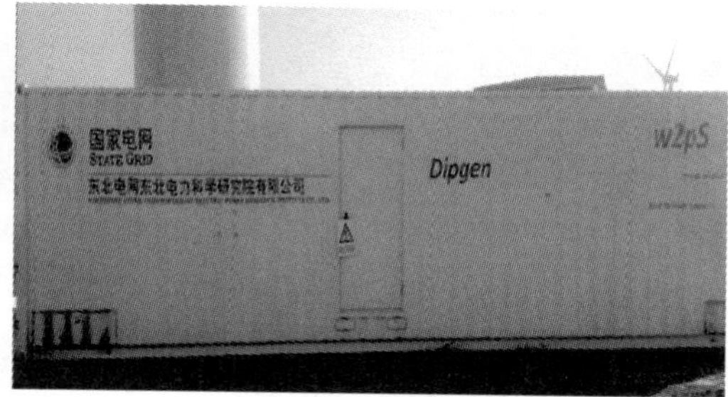

（b）东北电科院设备

图 7－7　低电压穿越能力测试设备原理图

LVTR 测试装置结构原理图如图 7－8 所示，该装置中的断路器包括：

（1）系统侧断路器 QF _ Grid，其与串联电抗器组相串联且位于电网一侧，用于控制装置的接入系统。

（2）旁路断路器 QF1，其与串联电抗器组相并联，作为风电机组正常发电过程中的通路。通过断开或闭合 QF1，可实现串联电抗器组投入或退出。

（3）风电侧断路器 QF _ WEC，其与串联电抗器组相串联且位于风电机组一侧，用于控制装置与被测风电机组的连接，串联电抗器组与风电侧断路器 QF _ WEC 之间连接有并联可调电抗器组。

（4）分压侧断路器 QF2，其与并联电抗器组相串联，用于控制并联电抗器组的投入

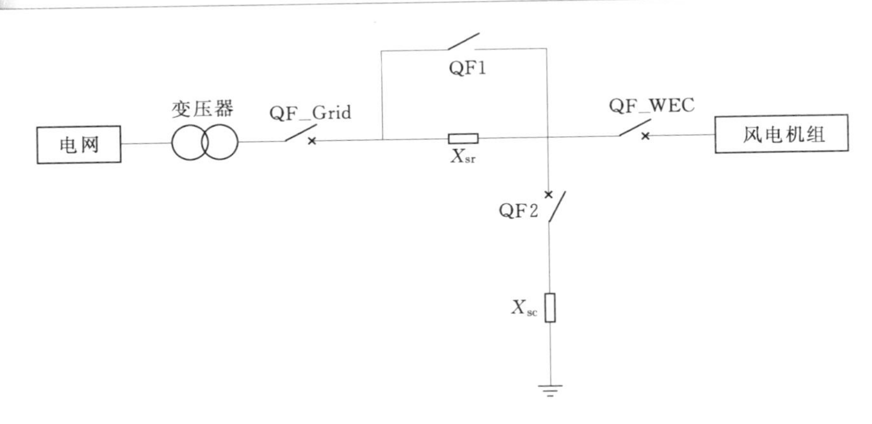

图7-8　LVTR测试装置结构原理图

X_{sr}—限流电坑；X_{sc}—可变短路阻抗；QF1—电抗断路器组；QF2—短路电流断路器

与推出，从而实现测试点电压的跌落。

LVRT测试装置主要是在测试点产生电压跌路，并且可以在恢复的过程中经过不同等级的电压后恢复。装置的电压跌落过程通过控制旁路断路器QF1、分压侧断路器QF2实现，电压恢复可根据需要采用一次恢复或阶梯恢复。

基于阻抗配比形式实现的电压跌落发生器，主要是通过主电路中两个阻抗X_{sr}、X_{sc}和风电机组阻抗的配比来实现的，通常X_{sc}的阻值较小，因而使机组上的电压发生跌落。此外，X_{sc}是可变阻抗，通过选择X_{sc}的不同的值，来实现机端电压跌落不同深度。

基于阻抗配比的电压跌落发生器的基本工作原理是：当断开断路器组QF1并闭合断路器组QF2时，机端电压正常，风电机组正常运行；当闭合断路器组QF1并断开断路器组QF2时，机端电压跌落，风电机组开始低电压穿越测试。其中，QF _ Grid为网侧保护断路器，QF _ WEC为机侧保护断路器。当机组或电压跌落发生器在低电压期间出现非预期故障时，需要同时断开QF _ Grid和QF _ WEC断路器，以保护设备。

一套完整的低电压穿越测试设备，不仅要包括两组配比阻抗的集装箱（图7-9）来

图7-9　阻抗集装箱

实现电压跌落发生器的功能，具体步骤如下：还需要开关集装箱（图 7－10）来实现设备的保护和电压跌落后机组性能的测试。

图 7－10 开关集装箱

（1）将设备串接到电网和风电机组里。低电压穿越测试的开关切换顺序如图 7－11 所示。注意以下问题：

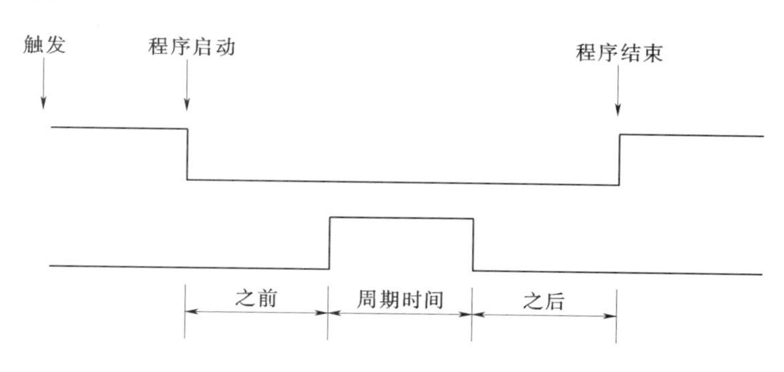

图 7－11 低电压穿越测试的开关切换顺序

1）短路切除。如果“QF2 断开”命令发出后没有收到“QF2 断开”的反馈信号，将向电网侧及风电机组侧断路器发送紧急停止信号。然后风电机组和测试设备从电网中切除。

2）限流电抗切除。如果“QF1 闭合”命令发出后没有收到“QF1 闭合”的反馈信号，将向电网侧及风电机组侧断路器发送紧急停止信号。

（2）风电机组和测试设备从电网中切除。

7.3.3 测试中相关参数的选择

1. 短路容量的选择

我国相关标准中均未给出短路容量限定值。国外风电发展较快的国家对低电压穿越测试时短路容量都有明确的要求，要求短路容量是风电机组容量的 3 倍或 3 倍以上，有的国外检测认证机构建议选到5～10倍。辽宁电科院曾对国内外的风电机组做过不同短路容量下的低电压穿越测试，测试结果显示在相同工况、相同电压跌落的情况下，短路容量越大，风电机组越容易实现低电压穿越。

根据IEC 61400—21中的规定，低电压穿越产生装置中的串联阻抗起限流作用，并且要求串联阻抗大小对风电机组没有很明显的暂态响应。短路容量与串联阻抗呈现反比例关系，短路容量越大，串联阻抗越小；反之亦然。当串联阻抗选择过大时，就会影响风电机组的暂态响应，从而导致低电压穿越失败。根据实际测试经验，当短路容量设定为2倍以下、电压跌落至50%以下时，风电机组的低电压穿越能力往往受串联阻抗影响比较大，出现切机的现象。在相同工况、相同电压跌落的情况下，将短路容量设定为3倍以上后，被测风电机组低电压穿越均可成功。

2. 抽检测试中跌落电压的选择

根据国家电网公司出台的低电压穿越能力抽检管理办法，每个并网的风电场要进行风电机组的低电压穿越抽检测试，每种机型抽选1台进行测试，只测试2种工况下电压跌落至20%时的低电压穿越情况。根据已有的测试经验，抽检只测电压跌落至20%不能全面反映风电机组的低电压穿越特性。

有的风电机组在电压跌落至20%通过而在测试电压跌落至90%时失败，原因是由于电压跌落至90%临界值时，风电机组的控制算法不够准确导致穿越失败；还有的风电机组在电压跌落至50%和35%，在低电压穿越结束后，由于风电机组本身原因再次产生低电压穿越。由于目前具备低电压穿越检测设备和检测能力的单位不多，低电压穿越测试的周期也不好确定（需要在有功功率大于90%时进行测试），故以现行的低电压穿越能力抽检管理办法完成我国低电压穿越测试工作将是一个长期的过程。风电机组具备低电压穿越能力是保证电网安全运行的必要前提，现行的低电压穿越能力抽检管理办法只是一个过渡，以后更规范的低电压穿越能力抽检管理办法将应用到风力发电管理中。

7.3.4　能力认证测试及具体测试要求

风电机组的低电压穿越能力认证测试必须由具备中国合格评定国家认可委员会（China National Accreditation Service for Conformity Assessment，CNAS）检测资质的单位进行测试，目前中国电科院和辽宁电科院先后获得了该CNAS资质。我国风电机组的低电压穿越能力认证测试内容如下：在大功率输出（$P>90\%$）和小功率输出（$10\%\leqslant P\leqslant 30\%$）2种工况下，对待测风电机组电压跌落到90%、75%、50%、35%、20%时进行低电压穿越能力验证，每种情况连续做2次。对于低电压穿越能力抽检测试，只测试2种工况下电压跌落到20%时风电机组的低电压穿越能力。不同电压跌落对应的跌落时间见表7-4，风电场低电压穿越考核电压见表7-5。

表7-4　不同电压跌落对应的跌落时间

序　号	剩余电压/%	跌落时间/ms
1	90	2000
2	75	1705
3	50	1214
4	35	920
5	20	625

1. 测试要求

在风电机组大功率（原则上大于

90% P_n）运行工况下，对三相电压跌落和两相电压跌落故障进行测试。

表 7-5　风电场低电压穿越考核电压

故障类型	考核电压	故障类型	考核电压
三相短路故障	风电场并网点线电压	单相接地短路故障	风电场并网点相电压
两相短路故障	风电场并网点线电压		

在风电机组小功率（$0.1P_n \sim 0.3P_n$）运行工况下，对三相电压跌落和两相电压跌落故障进行测试；相同电压跌落及相同功率输出范围下，风电机组连续两次通过测试视为合格。

2. 检测测试内容

在第一次测试及测试工况发生改变后再做测试，均需开展一次空载跌落试验。

在跌落深度为 0.2p.u. 时，分别测试风电机组在大功率输出（$P>0.9P_n$）和小功率输出（$0.1P_n<P<0.3P_n$）两种范围内时，对电网三相及两相电压跌落的响应特性（详见表 7-6），每项试验应重复进行两次测试。

表 7-6　三相及两相电压跌落的规定

事件	跌落至标准电压的百分数/%	持续时间/ms	波形
三相电压跌落	20	625	
三相电压跌落	35	920	
三相电压跌落	50	1214	
三相电压跌落	75	1705	
三相电压跌落	90	2000	
两相电压跌落	20	625	
两相电压跌落	35	920	
两相电压跌落	50	1214	
两相电压跌落	75	1705	
两相电压跌落	90	2000	

在电压跌落发生前 10s 至电网电压恢复正常后至少 20s 的时间范围内，采集测试点三相电压、三相电流数据。

7.4　风电机组低电压穿越现场测试程序

7.4.1　前期准备及其注意事项

（1）电网公司、风电场开发商、风电机组制造商和检测机构在测试前期需要进行足够的交流沟通。

(2) 尽可能在升压站附近测试，便于设备的运输安装。

(3) 测试设备接入点的短路容量要满足要求（35kV应大于200MVA，10kV应大于25MVA）。

(4) 设备运输。

(5) 场地平整、测试集装箱需要垫高约0.5m（用钢轨或者枕木垫）。

(6) 吊车载荷30t以上。

(7) 风电场线路及被测机组的保护配置。

(8) 测试设备接地系统。

(9) 测试集装箱及办公集装箱的供电电源；测试时需要独立电源（发电车）。

(10) 注意电压等级、电缆型号、导线截面积等。

(11) 购买柔性电缆的长度、电缆连接头类型。

(12) 需要叶轮转速和桨距角，机舱风速计，发电机转速等信号。

(13) 安全区域设定警示标志。

(14) 控制箱及测试设备口USB单独供电。

7.4.2　测试程序

现场测试流程图如图7-12所示。

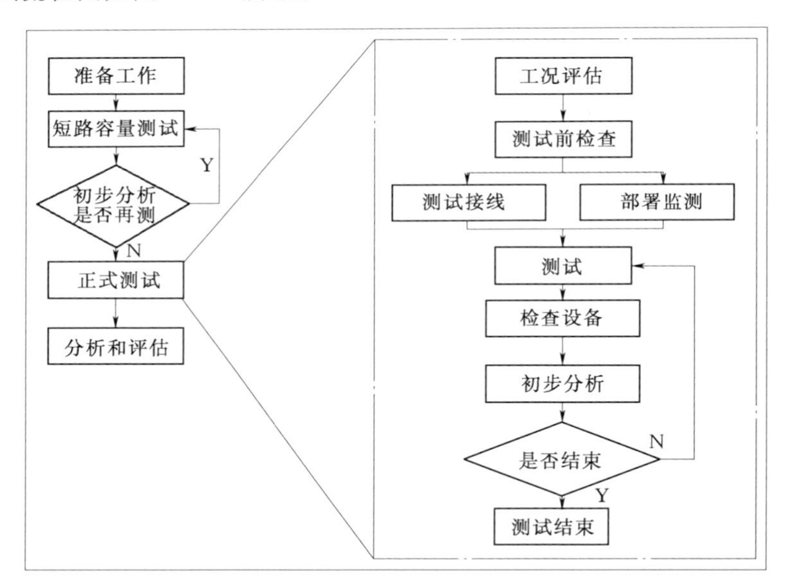

图7-12　现场测试流程图

1. 短路容量测试

目的：确定系统阻抗及接入点短路容量大小。

方法：风电机组停机，选择限流电抗及短路电抗，短路后根据实验结果确定系统阻抗。

对于低电压穿越测试点的电网容量要求须大于3倍的风电机组额定容量。进行低电压穿越测试的步骤如下：

首先需要进行短路容量测试，主要是为了确定系统阻抗及接入点的短路容量的大小。

$$S_{sc}=\frac{U_{system}^2}{X_{system}+X_{sr}}\geqslant 3S_r \tag{7-1}$$

$$X_{sr}\leqslant\frac{U_{system}^2}{3S_r}-X_{system} \tag{7-2}$$

式中 U_{system}——测试设备接入点的系统电压；

S_{sc}——测试设备接入点的系统短路容量；

X_{system}——测试设备接入点的系统阻抗；

S_r——风电机组的额定容量。

通过式（7-1）和式（7-2）可以确定 X_{sr}，根据数学关系式可以看出 X_{sr} 主要与系统短路容量、机组容量和系统电压有关，确定 X_{sr} 和 X_{sc} 阻抗值电路图如图7-13所示。

电压跌落幅值与持续时间的对应关系见表7-7。

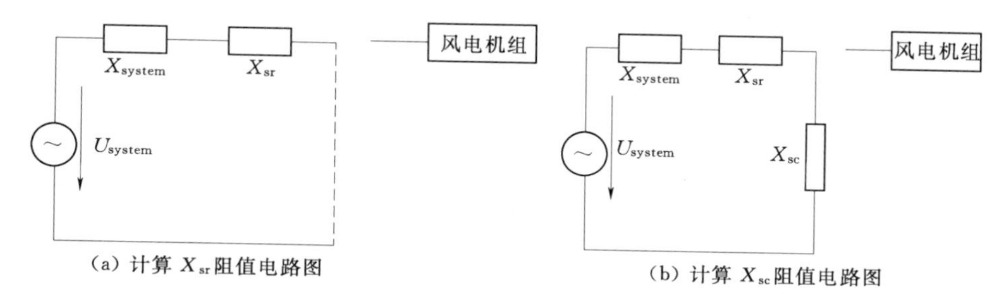

图7-13 确定 X_{sr} 和 X_{sc} 阻抗值电路图

2. 空载测试

目的：确定电压跌落幅值及时间满足测试要求。

方法：风电机组停机，在图7-8中，闭合 QF _ GRID，断开 QF _ WEC，选择跌落类型及幅值、时间，进行试验检查电压跌落是否满足要求。

每次正式测试前都需要进行空载测试

$$U_D=\frac{U_{system}X_{sc}}{X_{system}+X_{sr}+X_{sc}} \tag{7-3}$$

式中 U_D——风电机组选择的故障电压。

表7-7 电压跌落幅值与持续时间的对应关系

电压跌落幅值/p.u	跌落持续时间/ms	电压跌落幅值/p.u	跌落持续时间/ms
0.90±0.05	2000±20	0.35±0.05	920±20
0.75±0.05	1705±20	0.20±0.05	625±20
0.50±0.05	1214±20		

根据上述关系式，选择不同的电压跌落深度，就可以计算出 X_{sc}。

因此，经过短路容量测试和空载测试之后，就可以得到 X_{sr} 和 X_{sc} 的阻值，再根据测试设备运行原理就可以最终得到需要的机端跌落电压。

3. 正式检测

目的：检测风电机组是否具有低电压穿越能力。

方法：空载测试完成后，再次检查各项参数设置，检查完毕后按照顺序闭合断路器 QF _ Grid，QF _ WEC，断路器 QF1/QF2/QF3 的开断由程序控制实验完成后记录相关数据并下载测试数据。

4. 测试三相及两相电压跌落

三相及两相电压跌落的规定见表 7－6。

由国网吉林省电力公司和中国电力科学研究院联合开展的国内首次风电机组低电压穿越能力现场测试工作于 2012 年 5 月 17 日在吉林省长岭县国电双龙风电场顺利完成，标志着我国已具备国际级风电机组低电压穿越能力现场测试能力。作为清洁能源的风力发电在我国得到了迅猛发展，在风电装机规模跨越式增加的同时，电力系统对于开展并网风电机组的低电压穿越能力检测工作的要求日益紧迫。国网公司制定的风电机组低电压穿越能力测试方法可以对并网风电机组的低电压穿越能力进行有效的检测，从而充分保证接入电网的风电机组符合入网规定。通过全面开展风电机组的低电压穿越能力检测，可以在满足电网安全的前提下最大限度地增加风电接纳容量，推动我国新能源产业的发展。

第8章 风电机组载荷测试

风电机组零部件对于机组的运行安全性具有很大影响。在过去的十年间，风电行业的发展十分迅猛，装机量及单机容量均不断增加。风电机组尺寸的增加对于零部件材料的寿命要求越来越高，风电机组能否在设计寿命中安全运行是当前的热点问题。由于风电机组通常运行在恶劣的环境中，零部件承受来自各种复杂因素引起的载荷作用，其中最主要的破坏形式为疲劳损伤。因此，对机组零部件进行载荷测试及疲劳分析具有十分重要的意义，最终的目的则是对疲劳寿命进行准确的预测。

本章首先简要介绍了风电机组等级及其风况条件。并建立了正常风况和极端风况，在此基础上对风电机组载荷计算过程进行分析并对测试系统硬件和软件分别进行了介绍。依据测试相关标准制定了测试方案，说明了测试系统中各个单元的组成及功能，并介绍了采集单元之间的通信及采集问题的解决方法。在传感器标定过程中，提出了几种标定方法并指出了各方法的优势及如何选用，旨在减小此过程中所消耗的人力和财力。文中还利用雨流计数法及线性古德曼理论公式对载荷循环进行了统计及简化处理，讨论了载荷谱的编制过程及材料 $S-N$ 曲线，并分析了等效载荷在疲劳分析中的应用。

8.1 载荷分类及坐标轴系

8.1.1 载荷分类

1. *按载荷源分类*

风电机组运行时的载荷情况十分复杂，其载荷性质往往表现为周期性（重力载荷、塔影及风剪切等）和随机性（风湍流、电网故障及风电机组的起停等）。在设计计算时，风电机组主要考虑以下载荷：

(1) 气动力载荷。气动力为负载的主要来源，与功率产生有关，在风电机组结构设计中。空气动力使叶片承受弯曲和扭转力，考虑为大风和引起疲劳损坏的气动负载。可分解为垂直和平行来流方向的两个力——升力和阻力，大风时叶片静止，此时阻力是主要考虑因素。叶片旋转运行时，升力是主要考虑因素。

(2) 重力载荷。重力是施加在叶片上的一个重要力，尤其对于大型风电机组来说。机舱重量对于塔架设计和机组安装很重要。重力使叶片承受拉压、弯曲和扭转力。作用在叶片上的重力载荷对叶片产生摆振方向的弯矩，它随着叶片方位角的变化呈现周期的变化，是叶片的主要疲劳载荷。

(3) 惯性载荷（包括离心力和回转效应）。叶片上的惯性载荷包括离心力和陀螺力。

由于部件运动时产生的力，叶片旋转会产生离心力。叶片旋转时进行偏航会产生陀螺力，在偏航速率高时，陀螺力会很大。离心力使叶片承受拉伸、弯曲和扭转力。

（4）来自于控制系统的运动载荷。风电机组在运行时，由控制产生的载荷，如刹车、偏航、变桨距控制等都会引起机组结构和部件上的负载变化。

2. 按风电机组运行状态随时间的变化情况分类

根据风电机组运行状态随时间的变化情况，可以将风电机组载荷分为以下几类：

（1）静态载荷。静态载荷是指施加在不运动结构上的不变载荷。

（2）稳态载荷。稳态载荷是指不随时间变化的载荷，严格来说稳态载荷是不存在的。

（3）周期载荷。载荷的周期性成分来源于重力载荷，主要由于叶片旋转引起的负载。周期性载荷主要有风剪、塔影、侧风和偏航等引起的气动荷载和重力、陀螺力矩和惯性力等机械载荷。

（4）瞬态、动载荷或冲击载荷。瞬态载荷是指启动、停车、紧急刹车、变桨距等引起的功能载荷。对瞬时外界负载进行响应的时变负载，体现为瞬态响应振荡，最终衰减。

（5）脉动载荷。短时间的时变负载，可能会出现很大的尖峰值。

（6）随机载荷。随机载荷是由于风速、风向以及风湍流变化的随机性引起的载荷，具有明显随机特性的时变负载，平均值可能相对稳定，但振幅很大。湍流强度（Turbulence Intensity，TI）是反映10min内风速随机变化幅度的大小，是10min平均风速的标准偏差与同期平均风速的比率。在湍流风况下，风电机组运行产生的载荷是机组承受的正常疲劳载荷。湍流强度是IEC 61400—1风电机组安全等级分级的重要参数之一。湍流强度由地表粗糙度和高度决定的。

（7）谐振诱导载荷。谐振诱导载荷是来自风电机组部件固有频率动态谐振动响应的周期负载。不属于一个单独类别负载，单独列出是由于它可能会引起严重的后果。

3. 按受载位置分类

风电机组各部位承受载荷类型见表8-1。

表8-1 风电机组各部位承受载荷类型

位置	叶片	轮毂	主轴	机舱	偏航系统	塔架
载荷类型	气动载荷	转矩	转矩	机舱罩气动载荷	偏航力矩	塔架扭矩
	重力载荷	轴向力	水平方向弯矩	机舱底座的载荷	俯仰力矩	轴向弯矩
	惯性载荷	偏航力矩	垂直方向弯矩		轴/侧向力	侧向弯矩
		俯仰力	摩擦力/冲击载荷		运行载荷	

8.1.2 载荷坐标系

在计算过程中用到的坐标系有叶片坐标系、轮毂坐标系、风轮坐标系、塔架坐标系。载荷坐标系见表8-2。

表 8-2 载荷坐标系

部 位	坐 标 系
1. 叶片坐标	叶片坐标系： 原点：在叶片根部，并且与叶轮旋转，坐标系相对于轮毂是固定的。 XB、ZB、YB 分别为叶片坐标系的三个坐标轴，方向如下： XB：风轮旋转轴方向。 ZB：叶片轴线方向。 YB：垂直于 XB、ZB。 XB、YB、ZB 顺时针旋转
2. 轮毂坐标	轮毂坐标系： 原点：轮毂中心（或者其他位置的叶轮轴，如轮毂法兰或者主要支撑），并且不随着叶轮旋转。 XN、ZN、YN 分别为轮毂坐标系的三坐标轴，方向如下： XN：风轮旋转轴方向。 ZN：向上垂直于 XN。 YN：水平方向侧面。 XN、YN、ZN 顺时针旋转
3. 风轮坐标	风轮坐标系：坐标系和风轮一起旋转 原点：轮毂中心（或者其他位置的叶轮轴，如轮毂法兰或者主要支撑）。 XR、ZR、YR 分别为风轮坐标系的三坐标轴，方向如下： XR：风轮旋转轴方向。 ZR：风轮径向，定位在叶轮叶片 1，垂直于 XR。 YR：垂直于 XR。 XR、YR、ZR 顺时针旋转
4. 塔架坐标	塔架坐标系：它的原点在塔架和基础顶部的交叉部分，并且不与机舱旋转。另外，其他位置在塔架轴也是可能的。 XF、ZF、YF 分别为塔架坐标系的三坐标轴，方向如下： XF：水平顺风方向。 ZF：沿塔架轴线，垂直向上。 YF：水平的侧面。 XF、YF、ZF 顺时针旋转

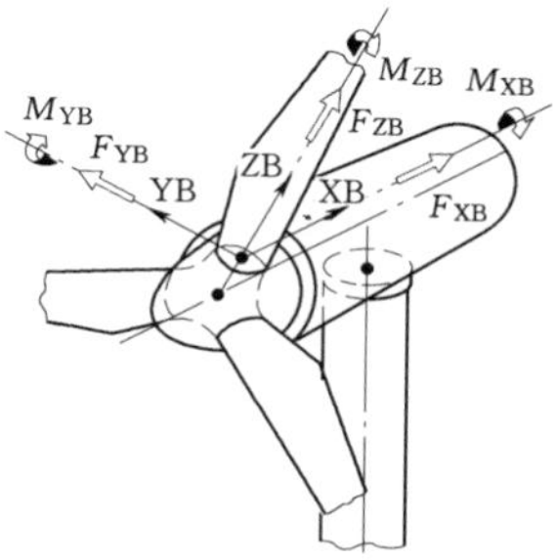

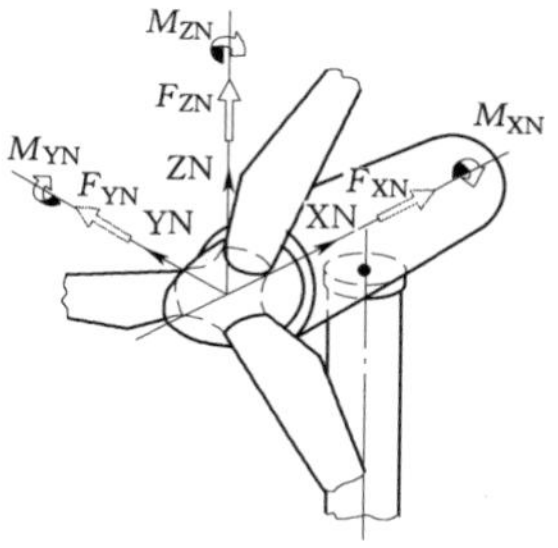

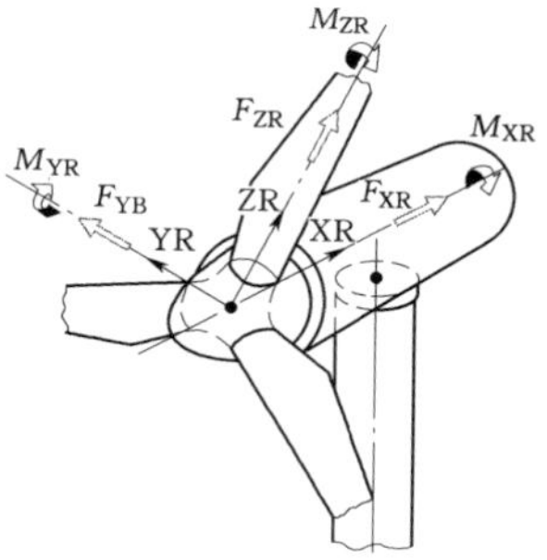

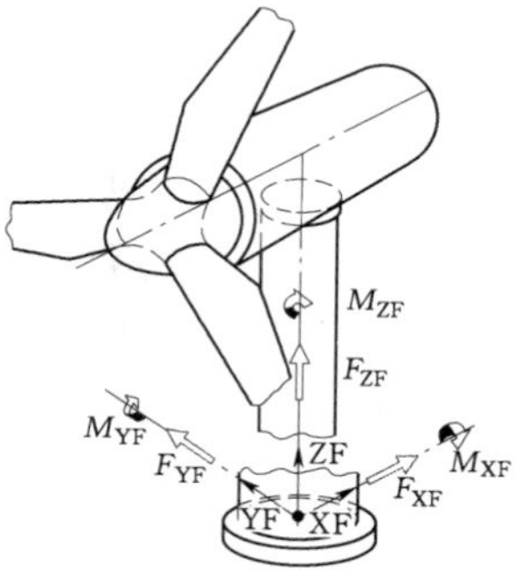

8.2 风电机组运行条件

8.2.1 风电机组等级

在风电机组设计中，需要重点考虑的外部工况条件是风电机组安装的预定场地和场地类型。这些是根据风速和湍流强度确立的，划分风电机组等级是为了覆盖最广泛的工况类型。根据《风机认证指南》(GL 2010) 规范要求，风电机组基本参数表见表8-3。

表8-3 风电机组基本参数表

风电机组等级		安全等级			
		Ⅰ	Ⅱ	Ⅲ	S
$V_{ref}/(m\cdot s^{-1})$		50	42.5	37.5	设计值由设计者规定
$V_{ave}/(m\cdot s^{-1})$		10	8.5	7.5	
A	I_{15} (—)	0.18	0.18	0.18	
	a (—)	2	2	2	
B	I_{15} (—)	0.16	0.16	0.16	
	a (—)	3	3	3	

针对一些特殊设计情况（特殊安全等级），特别规定了特殊等级S级，S级是由设计者根据实际情况选择的设计参数，并加以规定。对于这种特殊的安全等级设计，设计者应选取比预期使用风电机组更加恶劣的环境。

其中，在轮毂高度处各数值如下：I_{15}为风速为15m/s的湍流强度特性值；V_{ave}为年平均风速；V_{ref}为参考风速，循环周期为50年10min平均风速；a为斜度参数；A为较高湍流强度值级；B为较低湍流强度值级。

除了这些基本参数，还需要若干其他重要参数，用于定义完整的外部条件。对风电机组的ⅠA～ⅢB级，称为标准风电机组等级。陆上风电机组设计寿命至少为20年，海上的基础部分设计寿命至少为50年。

8.2.2 正常风条件

1. 风速分布

风速分布是风电机组设计中至关重要的一部分，并直接决定单个载荷部件的发生频率。在标准的风电机组设计过程中。一般采用Weibull分布函数［式(8-1)］和瑞利分布函数［式(8-2)］，年平均风速为8.5m/s的Weibull概率分布图如图8-1所示。

$$P_w(v_{hub})=1-\exp[-(v_{hub}/C)^k] \tag{8-1}$$

$$P_R(v_{hub})=1-\exp[-\pi(v_{hub}/2V_{ave})^2] \tag{8-2}$$

$$V_{ave}=\begin{cases}C\sqrt{\pi}/2, & k=2\\ C\Gamma\ (1+1/k)\end{cases}$$

式中 v_{hub}——在轮毂高度处10min的平均风速，m/s；

V_{ave}——在轮毂高度处年平均风速，m/s；

C——Weibull 分布函数尺度参数，m/s；

Γ——伽玛函数。

C 和 k 均由实际情况推算得出。若 $k=2$，且 C 和 V_{ave} 满足式（8-2）$k=2$ 的条件，则瑞利分布函数和 Weibull 分布函数相同。分布函数表示风速小于轮毂高度处某风速 v_0 的累积概率函数。如估算 v_1 到 v_2 之间的分布，则式 $[P(v_1)-P(v_2)]$ 给出了 v_1 与 v_2 间风速的时间分布。对分布函数求导就能得出相应的概率密度函数。

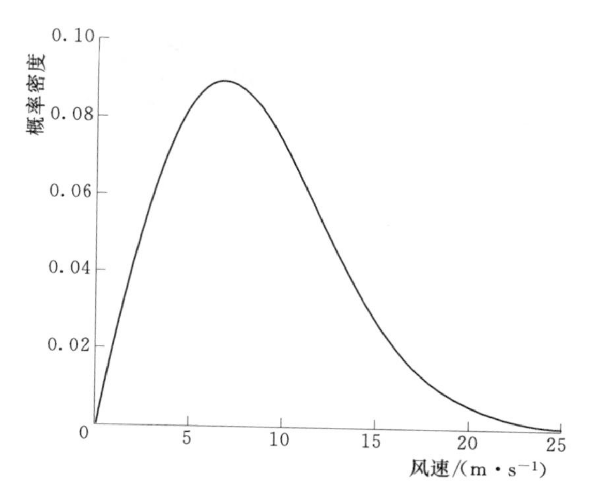

图 8-1　年平均风速为 8.5m/s 的 Weibull 概率分布图

2. 正常风廓线模型

风廓线 $v(z)$ 表示平均风速随高度 z 的变化的函数，在标准情况中，风廓线模型为

$$v(z)=v_{hub}(z/z_{hub})^{\alpha} \tag{8-3}$$

幂指数 α 假定为 0.2。假定的风廓线是用来定义风轮扫掠面内的平均垂直风切变。通常情况以轮毂中心高度为参考，故当 $z=z_{hub}$ 时，轮毂中心的风廓线风速 $v(z)=v_{hub}$。

风轮处未受扰动的来流速度分布为

$$v(r,\varphi)=v_{hub}\left(1+\frac{r\cos\varphi}{z_{hub}}\right)^{\alpha} \tag{8-4}$$

式中　r——风轮旋转平面内某点距轮毂中心的距离；

φ——该点在风轮旋转平面内的方位角；

v_{hub}——轮毂高度处的来流速度。

3. 正常湍流模型

湍流是指短时间内（一般是少于 10min）内的风速波动，平均风速 11.6m/s 的湍流风如图 8-2 所示。对于标准风电机组等级，其纵向风速分量标准差特性值为

$$\sigma_1=I_{15}(15\text{m/s}+av_{hub})/(a+1) \tag{8-5}$$

式中　I_{15}——风速为 15m/s 时的湍流度，可由表 8-3 查取；

a——斜度系数，由表 8-3 查取；

σ_1——轮毂高度处的风速纵向变化标准差；

v_{hub}——轮毂高度处风速。

8.2.3　极端风条件

极端风况是为了确定风电机组的极端载荷，风况主要包括因风速和风向剧烈变化而产

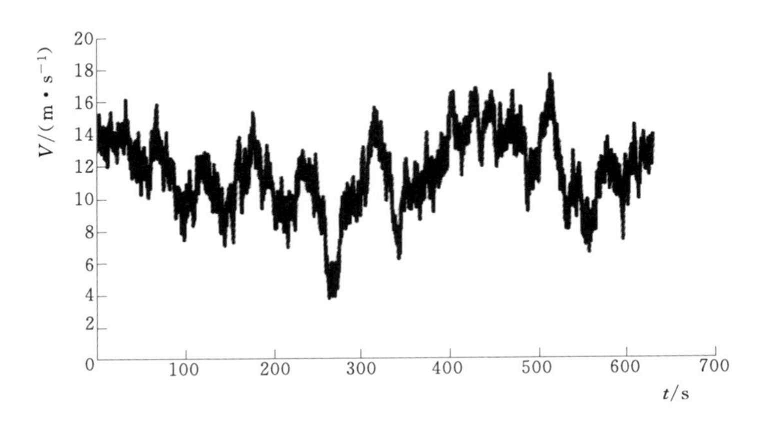

图 8-2 平均风速 11.6m/s 的湍流风

生的极端风速。因此，在标准设计时需要对其产生的影响加以考虑。

极端风况主要包括以下几种类型：

（1）极端运行阵风（EOG）。

（2）伴随风向变化的极端相干阵风（ECD）。

（3）极端风剪切（EWS）。

（4）极端风向变化（EDC）。

（5）极端相干阵风（ECG）。

（6）极端风速模型（EWM）。

1. 极端运行阵风

极端运行阵风是指在轮毂高度处 N 年一遇的极大幅值阵风（EOG_N），轮毂中心处极端运行阵风如图 8-3 所示，其波形为 IEC-2，在仿真时，阵风周期为 10.5s，阵风开始时间可设为仿真时间的第 15s，其风向设为半波。其阵风幅值的计算公式为

$$v_{\mathrm{gustN}}=\beta\sigma_1 B \tag{8-6}$$

式中 v_{gustN}——循环周期为 N 年的极端运行风速的最大值；当 $N=1$ 时，$\beta=4.8$；当 $N=50$ 时，$\beta=6.4$；

B——尺寸折减因子。

为了考虑结构尺寸和风速的显著影响，一个尺寸折减因子 B 定义为

$$B=\frac{1}{1+0.2\left(\frac{D}{\Lambda_1}\right)} \tag{8-7}$$

$$\Lambda_1=\begin{cases}0.7z_{\mathrm{hub}}, & z_{\mathrm{hub}}<60\mathrm{m}\\ 42\mathrm{m}, & z_{\mathrm{hub}}\geqslant 60\mathrm{m}\end{cases} \tag{8-8}$$

式中 D——风轮直径。

N 年一遇的风速定义为

$$v(z,t)=\begin{cases}v(z)-0.37v_{\mathrm{gustN}}\sin(3\pi t/T)[1-\cos(2\pi t/T)] & ,0\leqslant t\leqslant T\\ v(z) & ,t<0,t>T\end{cases} \tag{8-9}$$

当 $N=1$ 时，$T=10.5\mathrm{s}$；当 $N=50$，$T=14\mathrm{s}$。

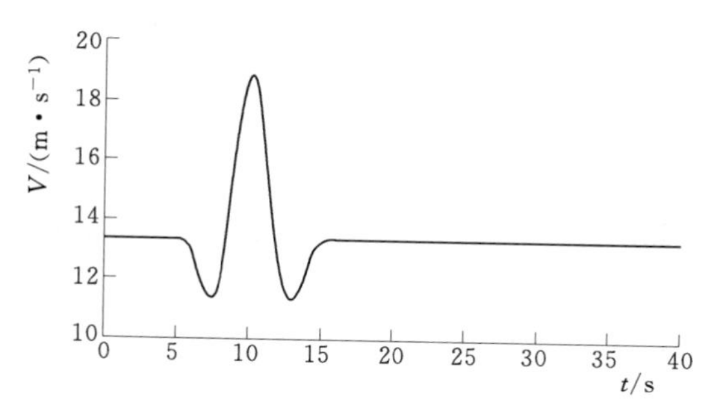

图 8-3　轮毂中心处极端运行阵风

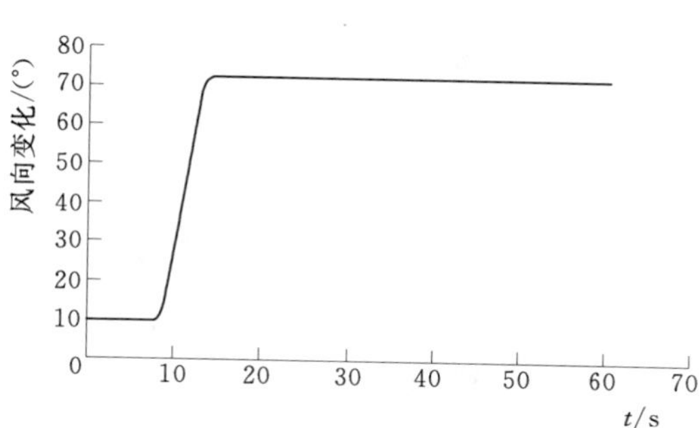

图 8-4　伴随风向变化的极端相干阵风的方向变化

2. 伴随风向变化的极端相干阵风

仿真情况下，方向变化的极端相干阵风的风速和风向均设为半波，周期均设为 10s，假设风速的上升和风向变化是同步的，阵风开始时间可设为仿真时间的第 15s，阵风风速变化幅值为 15m/s，伴随风向变化的极端相干阵风的方向变化如图 8-4 所示。风向 θ 从 0°变化到 θ_{cg}，θ_{cg} 定义为

$$\theta_{\mathrm{cg}}(v_{\mathrm{hub}})=\begin{cases}180^\circ & ,v_{\mathrm{hub}}<4\mathrm{m/s}\\ \dfrac{720^\circ\mathrm{m/s}}{v_{\mathrm{hub}}} & ,4\mathrm{m/s}<v_{\mathrm{hub}}<v_{\mathrm{ref}}\end{cases} \tag{8-10}$$

同步的风向变化为

$$\theta(t)=\begin{cases}0^\circ & ,t<0\\ \pm0.5\theta_{\mathrm{cg}}[1-\cos(\pi t/T)] & ,0\leqslant t\leqslant T\\ \pm\theta_{\mathrm{cg}} & ,t>T\end{cases} \tag{8-11}$$

3. 极端风剪切

极端风剪切分别运用瞬时风速来计算。瞬时垂直切变为

$$v(z,t)=\begin{cases}v_{\mathrm{hub}}\left(\dfrac{z}{z_{\mathrm{hub}}}\right)^{\alpha}\pm\left(\dfrac{z-z_{\mathrm{hub}}}{D}\right)\left[2.5+0.2\beta\sigma_1\left(\dfrac{D}{\Lambda_1}\right)^{1/4}\right]\left[1-\cos\left(\dfrac{2\pi t}{T}\right)\right] & ,0\leqslant t\leqslant T\\ v_{\mathrm{hub}}\left(\dfrac{z}{z_{\mathrm{hub}}}\right)^{\alpha} & ,t<0,t>T\end{cases} \tag{8-12}$$

瞬时水平切变为

$$v(z,t)=\begin{cases} v_{\text{hub}}\left(\dfrac{z}{z_{\text{hub}}}\right)^{\alpha}\pm\left(\dfrac{y}{D}\right)\left[2.5+0.2\beta\sigma_1\left(\dfrac{D}{\Lambda_1}\right)^{1/4}\right]\left[1-\cos\left(\dfrac{2\pi t}{T}\right)\right] & ,0\leqslant t\leqslant T \\ v_{\text{hub}}\left(\dfrac{z}{z_{\text{hub}}}\right)^{\alpha} & ,t<0,t>T \end{cases} \tag{8-13}$$

阵风周期 T 设为 12s，水平风剪切和垂直风切变为全波，其参数含义均在 EOG 风况中提到。

4. 极端风向变化

当开始风速为额定风速或停机风速时，计算重现期为 1 年的极端风向变化情况下的正常功率输出。一般情况，重现期为 1 年的风向变化 θ_{e1} 在 $\pm180°$ 范围内，阵风周期 $T=6$s，仿真时阵风设为半波，如图 8－5 所示。

θ_{eN} 可表示为

$$\theta_{eN}=\pm\beta\arctan\left(\frac{\sigma_1}{V_{\text{hub}}}B\right) \tag{8-14}$$

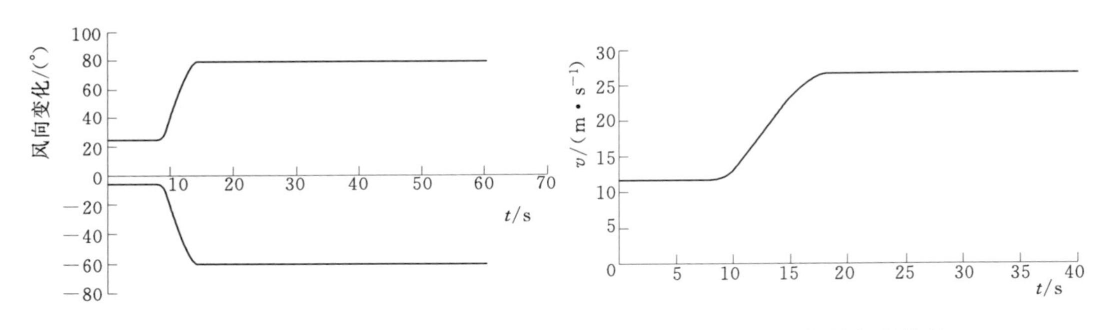

图 8－5　方向变化的极端相干阵风

图 8－6　极端相干阵风

当重复周期为 N 年时，由下列方程式确定风向

$$\theta_N(t)=\begin{cases} 0 & ,t<0 \\ 0.5\theta_{eN}[1-\cos(\pi t/T)] & ,0<t<T \\ \theta_{eN} & ,t>0 \end{cases} \tag{8-15}$$

5. 极端相干阵风

极端相干阵风的风速为 $v_{cg}=15$m/s，且阵风周期 $T=10$s，极端相干阵风如图 8－6 所示，确定风速为

$$v(z,t)=\begin{cases}v(z) & ,t<0\\ v(z)+0.5v_{cg}[1-\cos(\pi t/T)] & ,0\leqslant t\leqslant T\\ v(z)+v_{cg} & ,t>T\end{cases} \tag{8-16}$$

6. 极端风速模型

极端风速模型是一个稳态或者湍流模型，并基于参考风速 v_{ref} 和确定的湍流标准偏差 σ1。对于稳定的极端风速模型，50 年极端风速 v_{e50} 和 1 年极端风速 v_{e1} 计算公式为

$$\begin{cases}v_{e50}(z)=1.4v_{ref}(z/z_{hub})^{0.11}\\ v_{e1}(z)=0.8v_{e50}(z)\end{cases} \tag{8-17}$$

通常情况阵风为 3s 平均值，风剪切因子为 0.11。偏航角误差在±15°。对于极端风速的湍流模型，计算公式为

$$\begin{cases}v_{50}(z)=v_{ref}(z/z_{hub})^{0.11}\\ v_1(z)=0.8v_{50}(z)\end{cases} \tag{8-18}$$

纵向湍流标准差为

$$\sigma_1=0.11v_{hub} \tag{8-19}$$

8.3 风电机组载荷计算过程

在进行风电机组的载荷计算时，应按相应风电机组标准，例如《风电机组设计要求》(IEC 61400—1) 标准，首先确定风电场的类型及相关参数和机组的安全等级。接着分析机组的运行状态，并与机组的外部情况相组合，按 IEC 61400—1 标准编制载荷工况表。然后建立模型，开始载荷计算。在载荷计算完成后，按要求进行数据后处理工作。

8.3.1 载荷计算

以 GH－Bladed 软件计算为例，在已建好的设计机型计算模型上，利用三维风模型计算出风速文件（*.wnd)，按照 IEC 61400—1 载荷工况编制多种载荷状态，充分考虑风电机组在各种不同工况下的载荷情况，选取最大、最恶劣工况的计算结果作为部件设计的载荷。以 DLC1.3 工况为例，载荷工况见表 8－4。

建立输入方向变化的极端相干阵风模型后，风向按照偏航误差设置。参照 IEC 61400—1 的载荷工况编制方法，将所有需要计算的工况都编制完成后，可试着计算几个简单的工况，如 DLC1.4、DLC1.5 等，进一步验证计算模型的正确性。最后进行疲劳、极限、频谱分析等后处理。

现以计算叶片 1 的载荷极限为例：

(1) 定义需处理的变量，界面如图 8－7 所示。

(2) 定义需处理的载荷工况，界面如图 8－8 所示。

表8-4　载　荷　工　况

设计载荷状态：1.3
机组状态：发电
风况：伴随方向变化的极端相干阵风（ECD），$v_{in} \leqslant v_{hub} \leqslant v_r$
分析方法：最大（极限）
局部安全系数：正常的和极端的
仿真描述：

	初始风速/(m·s^{-1})	最终风速/(m·s^{-1})	方向变化量偏航误差/(°)
DLC1.3	3.5	18.5	+180
			−180
	5.5	20.5	+130.91
			−130.91
	7.5	22.5	+96
			−96
	9.5	24.5	75.79
			−75.79
	11.6	26.6	62.07
			−62.07

注： 1. 阵风变化幅值：15m/s。
2. 阵风变化周期：10s。
3. 偏航误差：−8°、0°、−8°。
4. 风轮起始方位角：0°、30°、60°和90°。
5. 仿真时间：60s。
6. 阵风开始时间：第15s。
7. 半波阵风。
8. 仿真命名格式为：DLC1.3—风速—方向变化量—偏航角度—风轮方位角。

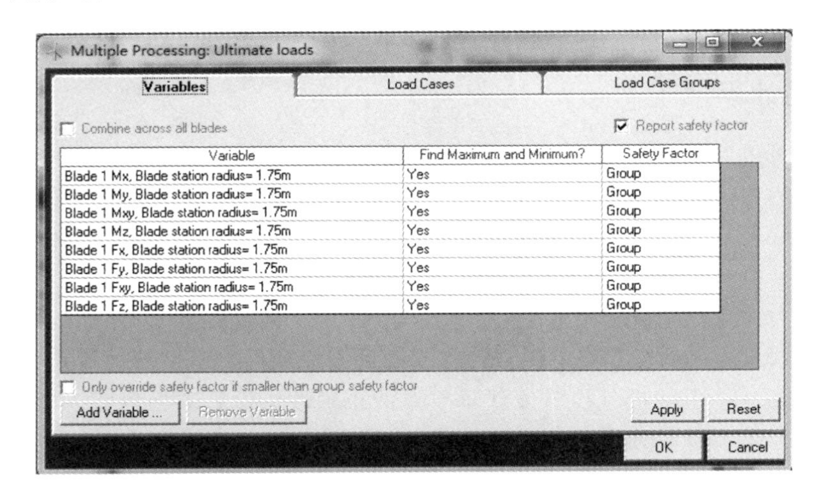

图8-7　定义需处理的变量

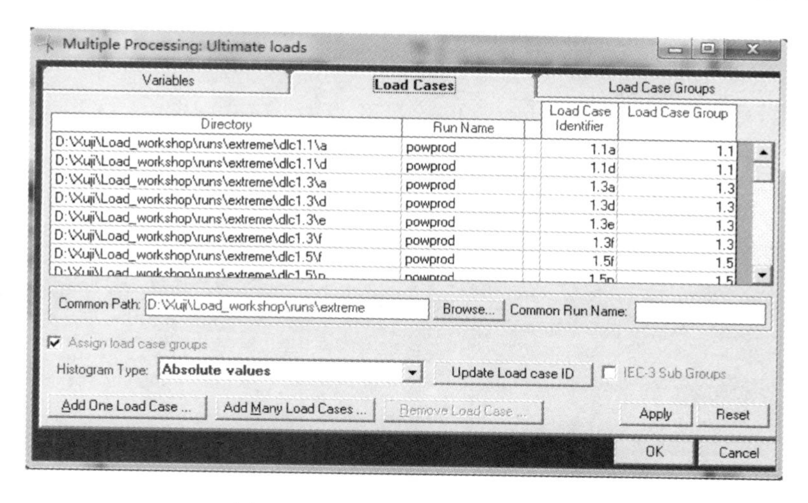

图 8-8　定义需处理的载荷工况

（3）定义载荷工况组的安全系数，按照 IEC 61400—1 标准，设置极限载荷的安全系数为 1.35，安全系数表见表 8-5，设置安全系数界面如图 8-9 所示。

表 8-5　安 全 系 数 表

载荷源	关键部位载荷			非关键部位载荷
	正常情况	非正常情况	安装与运输	所有情况
空气动力载荷	1.35	1.1	1.5	0.9
运行载荷	1.35	1.1	1.5	0.9
重力载荷	1.1	1.1	1.25	0.9
其他惯性载荷	1.35	1.1	1.3	0.9

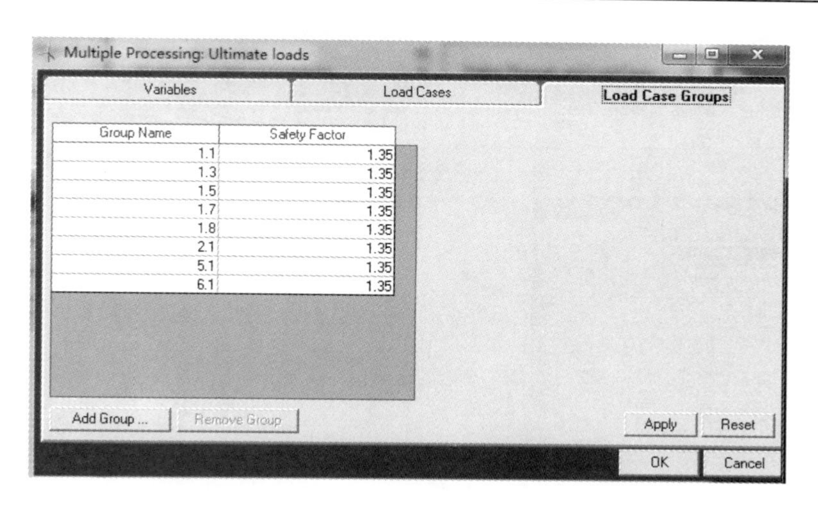

图 8-9　设置安全系数界面

（4）Bladed 自动处理后得出结果，见表 8-6～表 8-9。

8.3.2 Bladed 软件载荷的输出

风电机组的参数输入通过 Bladed 软件的打开界面，选择 Blades、Aerofoil、Rotor 以及 Tower 前面四个设置选项键入模型机组参数，如图 8-10 所示。

风电机组运行工况设置（以 DLC1.5 工况为例）界面如图 8-11 所示。

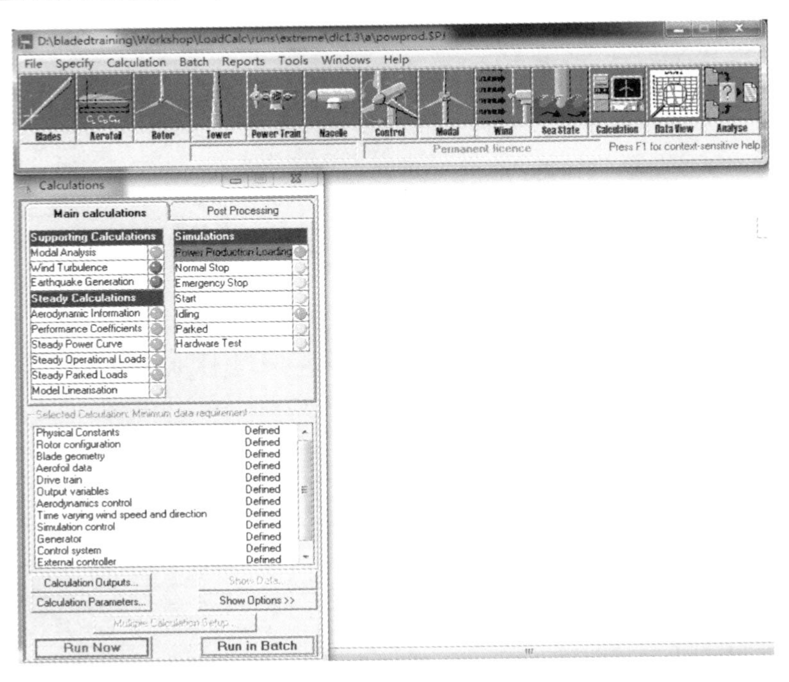

图 8-10 风电机组参数设计界面

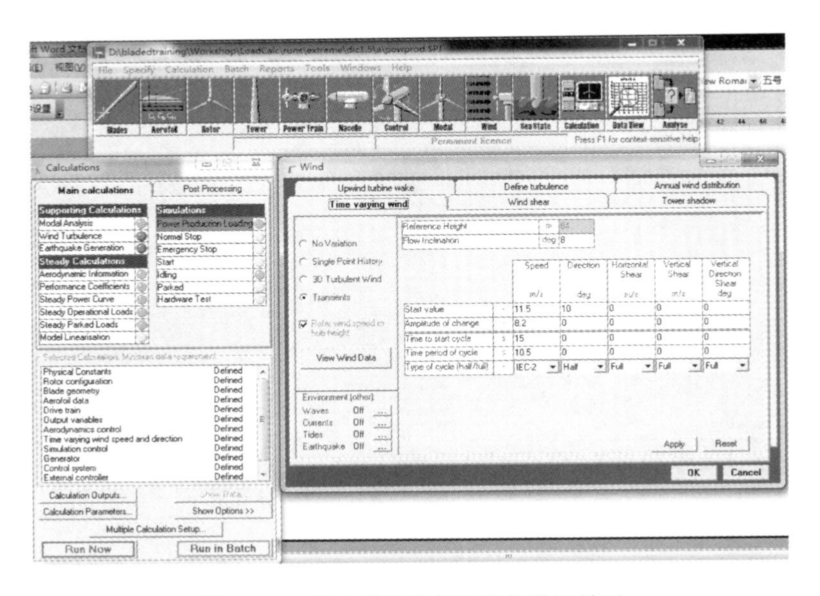

图 8-11 风电机组运行工况的设置界面

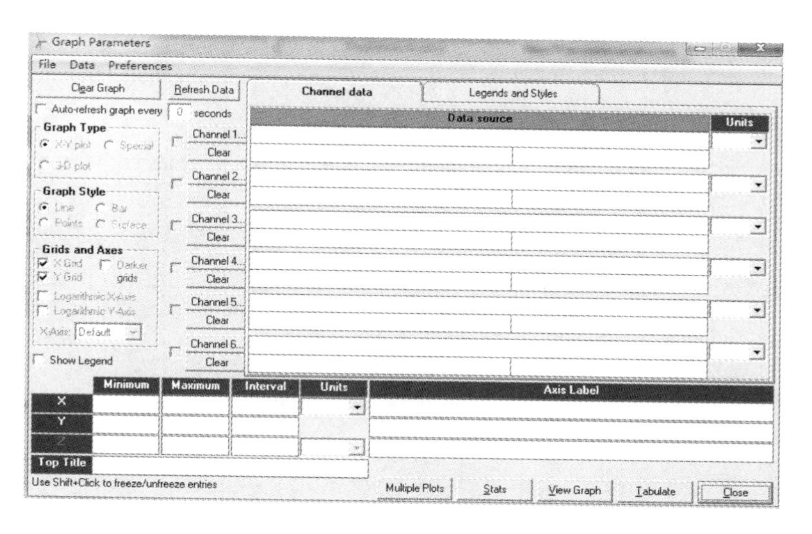

图 8-12 结果输出界面

风电机组模型参数输入及相应的载荷工况参数设置完成后，用 Bladed 软件进行计算，计算完成后，进入 bladed 软件的主界面，点击 Data View 进行结果输出，结果输出界面如图 8-12 所示。

3MW 风电机组叶片 1 的极限载荷见表 8-6。

3MW 风电机组的轮毂载荷见表 8-7，轮毂的极限载荷见表 8-8。

3MW 风电机组的塔架极限载荷见表 8-9。

8.3.3 载荷分析

1. 3MW 风电机组叶片载荷分析

针对叶片载荷，需要重点考虑的是叶片所受弯矩，故通过表 8-6 比较得知，相应需要注意的工况为 DLC1.3—11.6。

在以上工况下应采取相应措施，以减少叶片所受的载荷，通过仿真分析数据，该工况下载荷过大主要是由于风速和风向变化幅值很大，引起风轮加速，使变桨速度加大，同时，可能有偏航动作发生，这些机组外部条件和机组本身动作因素引起的载荷极值，可以通过改变变桨速度或其他相关控制参数来减小载荷。

2. 3MW 风电机组轮毂载荷分析

针对风电机组轮毂载荷，重点着眼于轮毂载荷中弯矩部分，故通过表 8-7 和表 8-8 比较可知：

风轮坐标系下载荷需要注意的工况为 DLC1.3—11.6；轮毂坐标系下载荷需要注意的工况为 DLC1.3—11.6。

故在工况 DLC1.3—11.6 的条件出现时，风电机组应该采取相应动作，启动偏航系统，使轮毂对风角度减小；由于叶片的旋转力矩对轮毂所受转矩也有影响，从而可以从叶片方面着手，如减小叶片长度等。

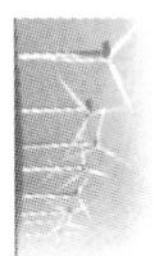

表 8-6 极限载荷:叶片1(叶片坐标系)

载荷分量	状态	载荷工况	M_x /(kN·m)	M_y /(kN·m)	M_{xy} /(kN·m)	M_z /(kN·m)	F_x/kN	F_y/kN	F_{xy}/kN	F_z/kN	安全系数
M_x	Max	DLC6.1—120—8	7193.4	−15.8	7193.4	−57.6	18.4	−368.7	369.2	−19.9	1.35
M_x	Min	DLC6.1—240—8	−7068.3	514.9	7087	152.5	17.4	350.6	351.1	−99.7	1.35
M_y	Max	DLC1.3—11.6	1588.1	13347	13441	−144.9	513.9	−54.6	516.8	1100.3	1.35
M_y	Min	DLC1.3—11.6	−2113.8	−14715	14866	139.5	−531.5	84.9	538.3	1123	1.35
M_{xy}	Max	DLC1.3—11.6	−2113.8	−14715	14866	139.5	−531.5	84.9	538.3	1123	1.35
M_{xy}	Min	DLC1.1—11.6	0.94	0.14	0.95	−4.37	0.38	−2.78	2.8	−172.8	1.35
M_z	Max	DLC1.3—11.6	−3137.9	−11798	12208	160.9	−432.2	163.7	462.1	446.2	1.35
M_z	Min	DLC6.3—30	5674.4	−154.7	5676.5	−195.6	−31.4	−289.2	290.9	−152.7	1.35
F_x	Max	DLC1.3—11.6	1796	13237	13358	−124.7	514.8	−99	524.3	1111	1.35
F_x	Min	DLC1.3—11.6	−2113.8	−14715	14866	139.5	−531.5	84.9	538.3	1123	1.35
F_y	Max	DLC6.1—8	−7009	1675.9	7206.6	97.4	61.8	356	361.3	−95.5	1.35
F_y	Min	DLC6.3—30	7066.2	−35.1	7066.3	−138.8	2.5	−374.6	374.6	−80	1.35
F_{xy}	Max	DLC1.3—11.6	−2113.8	−14715	14866	139.5	−531.5	84.9	538.3	1123	1.35
F_{xy}	Min	DLC1.3—11.6	545.4	−184	575.6	−15.5	−0.022	−0.088	0.091	154.6	1.35
F_z	Max	DLC1.5—11.6	−407.5	628.2	748.8	−56.3	53.7	44.8	69.9	1365.2	1.35
F_z	Min	DLC4.2—25.5	410.3	−1916.6	1960	−12	−83.9	−27.3	88.2	−182.6	1.35

表 8-7 载荷:轮毂(轮毂坐标系)

载荷分量	状态	载荷工况	M_x /(kN·m)	M_y /(kN·m)	M_z /(kN·m)	M_{yz} /(kN·m)	F_x/kN	F_y/kN	F_z/kN	F_{yz}/kN	安全系数
M_x	Max	DLC8.1B补充	6756.6	317.1	−124.1	340.5	237.2	−56.3	−919.8	921.6	1.35
M_x	Min	DLC4.2—25.5	−3339.6	−5126.8	−2936.2	5908.1	−726.5	38	−923.2	924	1.35
M_y	Max	DLC8.1—补充	−690.8	13426	−1247.4	13484	−55.1	−70.8	−900.6	903.4	1.35
M_y	Min	DLC1.3—11.6	−2708.4	−15861	−951.8	15889	−821.9	179	−968.4	984.8	1.35
M_z	Max	DLC8.1B补充	−92.3	1628	11655	11768	252.9	−58	−1002	1003.7	1.35
M_z	Min	DLC8.1B—30	−457.9	−1014	−12753	12793	−528.2	63.6	−881.2	883.5	1.35
M_{yz}	Max	DLC1.3—11.6	261.2	−15839	−2086.9	15976	−782.4	166.3	−971.6	985.8	1.35
M_{yz}	Min	DLC1.5—3.5	85.4	−0.012	−0.057	0.058	175.7	3.76	−937.2	937.2	1.35
Fx	M_{ax}	DLC4.2—11.6	24.5	742.4	2406	2517.9	1061.2	−25.7	−942.6	943	1.35
F_x	Min	DLC4.2—15.5	−2885.1	−2633	−3326.9	4242.8	−969.1	43.9	−944.4	945.4	1.35
F_y	Max	DLC6.1—8	170.5	−1364.2	−1079.3	1739.6	167.4	513.5	−1019.5	1141.5	1.35
F_y	Min	DLC6.1—8	−98.9	−428.4	346.3	550.8	−40.9	−545.8	−972.3	1115.1	1.35
F_z	Max	DLC6.2	−75.4	863.1	321.9	921.1	117.3	74.4	−440	446.2	1.1
F_z	Min	DLC6.3—30	−38.8	−1068	−393.1	1138	59	29.4	−1263.8	1264.2	1.35
F_{yz}	Max	DLC6.3—30	−38.8	−1068	−393.1	1138	59	29.4	−1263.8	1264.2	1.35
F_{yz}	Min	DLC6.2	−75.4	863.1	321.9	921.1	117.3	74.4	−440	446.2	1.1

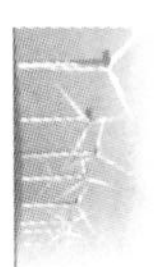

表 8-8 极限载荷:轮毂(风轮坐标系)

载荷分量	状态	载荷工况	M_x /(kN·m)	M_y /(kN·m)	M_z /(kN·m)	M_{yz} /(kN·m)	F_x/kN	F_y/kN	F_z/kN	F_{yz}/kN	风轮方位角/(°)	安全系数
M_x	Max	DLC8.1B补充	6756.6	−301.6	−158.1	340.5	237.2	−657.8	645.5	921.6	113.31	1.35
M_x	Min	DLC4.2−25.5	−3339.6	2884.8	−5155.9	5908.1	−726.5	923.5	28.7	924	184.14	1.35
M_y	Max	DLC1.3−11.6	−600.6	12642	4730.1	13498	−895.8	−145.7	962.3	973.3	242.47	1.35
M_y	Min	DLC8.1B补充	−970.4	−13655	−876	13683	−38.8	−408.8	−791.8	891.1	246.64	1.35
M_z	Max	DLC1.3−11.6	−1223.7	6228.1	11007	12647	−767.3	861.5	−138.3	872.5	250.80	1.35
M_z	Min	DLC1.3−11.6	−1133.4	3918	−15287	15781	−866.8	953	188.9	971.5	317.48	1.35
M_{yz}	Max	DLC1.3−11.6	261.2	5093.4	−15142	15976	−782.4	921.6	350	985.8	321.64	1.35
M_{yz}	Min	DLC1.5−3.5	85.4	−0.058	−0.007	0.058	175.7	−887	−302.5	937.2	325.81	1.35
F_x	Max	DLC4.2−11.6	24.5	2434.7	−642	2517.9	1061.2	−942.9	−13.4	943	329.98	1.35
F_x	Min	DLC4.2−15.5	−2885.1	440.1	−4219.9	4242.8	−969.1	691.1	−645.1	945.4	350.81	1.35
F_y	Max	DLC6.1−8	76.7	894.9	−1716.4	1935.6	156.5	1127.5	−278.5	1161.4	354.98	1.35
F_y	Min	DLC6.1−8	29.9	−96.6	401.1	412.6	134.5	−1238.3	−103.5	1242.6	359.14	1.35
F_z	Max	DLC6.1−8	−158.9	965.4	−38	966.2	24.5	−33.6	1147.8	1148.3	3.31	1.35
F_z	Min	DLC6.3−30	−130	−172.2	−122.6	211.4	−2.51	−126.2	−1170.5	1177.3	7.48	1.35
F_{yz}	Max	DLC6.3−30	−38.8	−606.3	963	1138	59	−1230.2	−291.3	1264.2	11.64	1.35
F_{yz}	Min	DLC6.2	−75.4	−102	−915.5	921.1	117.3	−426.2	132	446.2	15.81	1.1

表 8-9 极限载荷:塔架(塔架坐标系)

载荷分量	状态	载荷工况	M_x /(kN·m)	M_y /(kN·m)	M_{xy} /(kN·m)	M_z /(kN·m)	F_x/kN	F_y/kN	F_{xy}/kN	F_z/kN	安全系数
M_x	Max	DLC6.1+8	89301	−9100.3	89764	2607.4	−18.8	−1202.1	1202.2	−5194.5	1.35
M_x	Min	DLC6.1−8	−79002	−470.3	79003	−2449.2	3.66	1034.2	1034.2	−5370.6	1.35
M_y	Max	DLC8.1B 补充	67393	133293	149361	3453.7	1565.3	−831.2	1772.3	−5347.7	1.35
M_y	Min	DLC1.5−15.5	−15318	−161248	161973	−1222.4	−1836	220.7	1849.2	−5234.2	1.35
M_{xy}	Max	DLC1.5−15.5	−15318	−161248	161973	−1222.4	−1836	220.7	1849.2	−5234.2	1.35
M_{xy}	Min	DLC1.1−17.5	2.85	−3.62	4.6	171.1	51.1	−6.46	51.5	−5266.2	1.35
M_z	Max	DLC8.1B 补充	8843.4	30014	31290	11799	386.3	−109.2	401.4	−5361.4	1.35
M_z	Min	DLC8.1B−30	−12202	−101192	101925	−12801	−1170.7	142.3	1179.3	−5162.8	1.35
F_x	Max	DLC8.1B 补充	67393	133293	149361	3453.7	1565.3	−831.2	1772.3	−5347.7	1.35
F_x	Min	DLC1.5−15.5	−14504	−160967	161619	−1483.5	−1837.2	189.2	1846.9	−5230.7	1.35
F_y	Max	DLC6.1−8	−77876	1624.7	77893	−3505.9	22.2	1038	1038.2	−5244.8	1.35
F_y	Min	DLC6.1−8	89301	−9100.3	89764	2607.4	−18.8	−1202.1	1202.2	−5194.5	1.35
F_{xy}	Max	DLC1.5−15.5	−15318	−161248	161973	−1222.4	−1836	220.7	1849.2	−5234.2	1.35
F_{xy}	Min	DLC3.2−3.5	−173.7	−3043.8	3048.7	−9.41	0.006	−0.004	0.008	−5281.1	1.35
F_z	Max	DLC6.2	−10379	27796	29671	19.3	429.6	143.7	453	−3987.2	1.1
F_z	Min	DLC6.3−30	−17374	8064.2	19154	−997.7	233.5	226.8	325.5	−5603.9	1.35

3. 3MW 风电机组塔架载荷分析

针对风电机组塔架载荷，通过表 8-9 比较可知，工况 DLC1.5—15.5 的塔架载荷较大，通过计算分析，在该工况下关注重点为塔架所受的力特点以及可能引起塔架产生共振的条件。

塔架处于工况 DLC1.5—15.5 时，应该通过优化控制系统，包括变桨距系统以及偏航，以减少叶片、轮毂还有机舱对塔架的载荷冲击，除此之外，还应考虑机舱内各个部件的布置是否合理。

通过分析以上机组运行工况的载荷，可知风电机组所受载荷较大，故应该优化风电机组运行尽量减小这些工况下的运行载荷，这样对于风电机组的寿命延长是有利的。

8.4 载荷测试标准

为了保证机组设计水平，很多机构都制定了设计的技术要求和规范，如 IEC 61400、GL 2010、DNV 2004 等标准。叶片最重要的部位是叶根，叶片的全部载荷都要通过叶根传递到轮毂，其承受的载荷最大。按 IEC 61400—13 的要求，所有新设计的叶片必须进行检测，其主要目的是保证叶片的结构性能达到要求；主轴是能量传递的主要部件，它的尺寸结构、刚度强度都能影响自身的功效，根据标准进行载荷测试可以很好地反映出主轴性能；塔筒不仅承受整个机组的重量，同时还受到机组频繁动作的影响，因此它的坚固程度是十分重要的，根据标准进行大量测量可以比较出塔架制造工艺中的优劣，改进结构设计和强度。按规范要求进行分析，不仅能保证机组的安全可靠稳定运行，还可以保证风电机组能够承受极限载荷和疲劳载荷，提升机组的寿命，从而提高机组的性能并降低成本。

风电机组的机械载荷测试按照《Measurement of Mechanical loads》（IEC 61400—13）、IEC 61400—1、《Full-scale Structural Testing of Rotor Blades》（IEC 61400—23）进行，同时可以参考《风力发电机组 机械载荷测量》（GB/Z 25426—2010）、《风力发电机组 设计要求》（GB/T 18451.1—2012）。此外，德国 GL、DEWI 以及丹麦 Risoe、DNV 公司和各国科研部门及院校也发表了一些相关的标准，这些都是可供参考的。

8.5 载荷测试目的

测量风电机组的机械载荷是为了确定作用在风电机组上的主要载荷。这些载荷是风电机组结构关键部位上的基本载荷，根据这些载荷可以推导出作用在风电机组所有相关部件上的载荷。从而达到增加风电机组尺寸和满足更轻薄的设计要求的目的。不仅为了认证，更重要的是优化部件和控制器软件；满足认证（GL 和 IEC）要求；确定平均风速和湍流下主要部件应力等级。

运行环境对风电机组的要求如下：各主要机械部件能够常年在野外环境下工作，可以经受住外界的天气变化；主要机械部件（如叶片、主轴、轮毂、塔架等）寿命能够达到20年。进行风电机组疲劳载荷测试的主要目的如下：

(1) 能够为风电机组的相关部件制造部门提供建议和数据参考以确保产品质量。

(2) 提高风电机组相关设备的适应性，在根据安装环境设计相应设备方面积累经验，为产品的多样化和个性化提供服务。

(3) 在风电机组的故障检测方面提出建议和预警信息，还可以扩展到远程网络服务。

(4) 为国内风电机组设备制造行业技术标准的建立提供数据支持，积累载荷测试相关数据分析方法方面的经验，探讨提高分析过程效率的方法，为国内建立相关测试规程提供实践依据。

(5) 为建立国内风电机组测试中心做准备，加大和国际相关行业的交流力度，争取通过国际认证，为产品参与国际竞争奠定基础。

8.6 风电机组基本载荷测量方法

8.6.1 所需测量的物理量

进行风电机组载荷测试时，需要对各种所需的物理量进行测量并进行数据记录。根据测量要求规定，需要对各个主要部件关键位置上具有代表性的载荷量进行测量，将这些数据作为疲劳分析的依据。

为了表征风电机组载荷特性，所需测量的载荷量包括叶片、主轴及塔筒的载荷，这些载荷对于风电机组安全性来说至关重要。其中，叶片载荷包括叶根挥舞方向和摆振方向的弯矩；主轴载荷包括主轴（两个垂直方向）弯矩和扭矩；塔筒载荷包括塔顶（两个垂直方向）弯矩、扭矩以及塔底（两个垂直方向）弯矩，风电机组基本载荷分量见表 8-10。

表 8-10 风电机组基本载荷分量

载荷分量	规格	注释
叶片根部载荷	挥舞弯矩（M_{bf}） 摆振弯矩（M_{bll}）	选定叶片：必需测量 其他叶片：建议测量
风轮载荷	偏航弯矩（M_{yaw}） 俯仰弯矩（M_{tilt}） 主轴扭矩（M_{Rotor}）	偏航、俯仰弯矩可以在参考旋转坐标系上或固定系统（如塔筒）上测量
塔筒载荷	塔底倾覆弯矩（M_{tl}） 塔底俯仰弯矩（M_{tn}） 塔顶倾覆弯矩（M_{ttl}） 塔顶俯仰弯矩（M_{ttn}） 塔顶扭矩（M_{ttt}）	

所需测量的气象量包括风速、风向、风切变、空气温度、大气压力、湿度等。这些外部条件是需要在测量过程中进行量化处理的，也可以根据传感器的标定手册确定大小，气象分量见表 8-11。

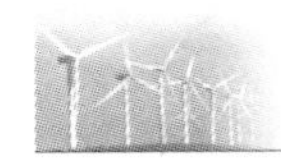

表 8-11　气　象　分　量

气象分量	重要等级	注　释	气象分量	重要等级	注　释
风速	必需	轮毂高度	空气密度	必需	根据温度和气压推导出
风切变	建议	计算得到	湿度	建议	根据测风杆要求
风向	必需	轮毂高度	测斜仪	建议	根据测风杆要求
温度	必需	影响材料特性	降雨量	建议	根据测风杆要求
温度梯度	建议	计算得到	气压	必需	根据测风杆要求

所需测量的运行状态量包括电功率、风轮转速、叶片桨距角、偏航位置、风轮方位角、风电机组状态（稳态运行和瞬态运行）等。其中稳定运行状态包括正常发电状态、带故障发电状态、停机和空转等。瞬态运行状态包括启动、正常停机、紧急停机、过速保护和电网故障。通过运行状态量辨认风电机组处于哪种运行模式，独立分析不同运行状态下机组零部件的疲劳问题。风电机组运行状态分量见表 8-12，风电机组塔底、塔顶、风轮和叶片载荷如图 8-13 所示。

表 8-12　风电机组运行状态分量

运行状态分量	重要等级	注　释
发电情况	必需	
风轮转速	必需	
桨距角	必需	
偏航位置	必需	
风轮方位角	必需	如果在主轴上测量偏航和俯仰弯矩
并网情况	建议	
刹车状态	建议	
风电机组状态	有效	相关参数可以从风电机组控制系统上得到

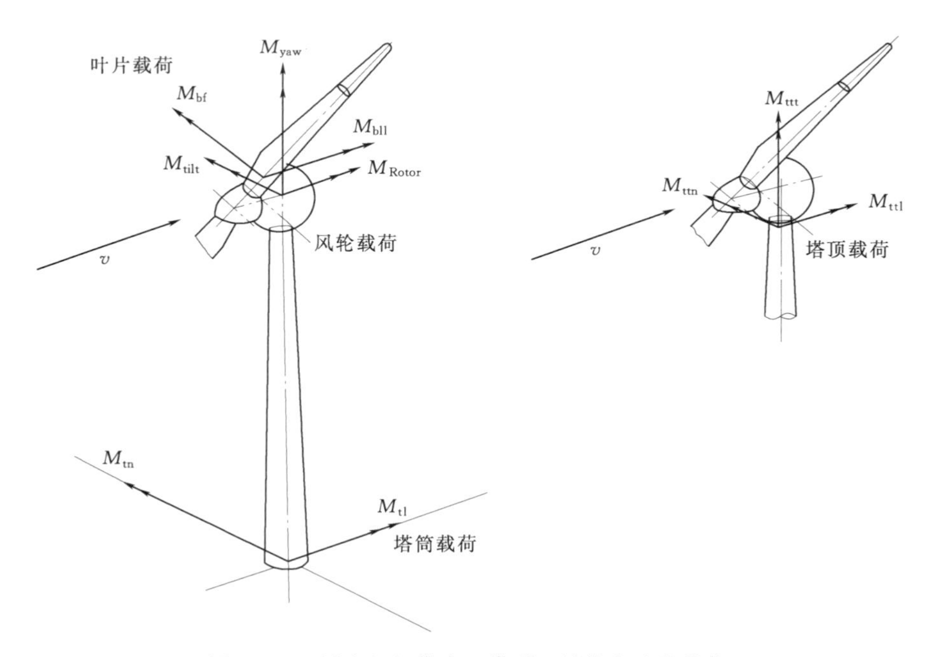

图 8-13　风电机组塔底、塔顶、风轮和叶片载荷

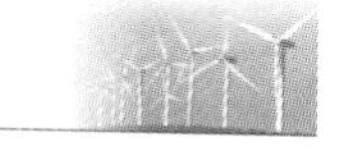

8.6.2 测量方法研究

1. 传感器安装位置的确定

为了测量风电机组各个主要部件关键位置上具有代表性的载荷，必须严格按照测量要求进行传感器的位置选择及安装，才能为后续的疲劳载荷分析提供可靠的数据，并应用到国内外质量认证体系中，为制造商提供可以信赖的依据。根据 IEC 标准规定，需要对叶片根部、主轴、塔筒载荷分别进行测量。要求安装在以上几个主要部件中应变片，应选择能够产生较大应变等级的位置进行测量。测量应变与载荷之间应具有良好的线性关系，且避开载荷传入线路。测量区域内应力应分布均匀，不能受到较大的应力或应变梯度影响，还应避免局部应力过高或集中，有足够的空间安装传感器，能够进行温度补偿。结构制造用的材料应具有均匀特性；应变片应与被测材料特性匹配；材料表面适合粘贴应变片等。

（1）叶片传感器位置确定。叶片是进行风能捕获的关键部件，可以将获取的风能传递给轮毂从而带动轮毂进行旋转。叶片的载荷信号测量主要针对叶根弯矩进行测量，其中包括摆振弯矩和挥舞弯矩。通常选择其中一个叶片进行测量，本书建议在三个叶片都进行传感器的安装并测量。

对于大型风电机组而言，根据叶片几何形状确定测量位置，选择叶片根部距离法兰盘一定距离 L（避免螺栓局部应力的影响）的圆柱形位置进行传感器的安装，保证安装在一个截面上，安装在叶片内壁，达到防雷和保护的目的。分别在叶片方位角 0°～180°、90°～270°位置上进行安装。建立全电桥桥路对摆振和挥舞弯矩分别进行测量。在制造过程中由于两片叶片间有连接缝隙而导致局部应力十分不稳定，使得测量结果中掺杂了其他影响因素，需要对摆振信号偏转一个角度（例如 15°）进行测量。建议将传感器安装在叶片内部正交敏感度最小的位置上。叶根传感器安装位置截面图如图 8-14 所示。叶根传感器安装位置侧视图如图 8-15 所示。在叶片内部实际安装的传感器如图 8-16 所示。

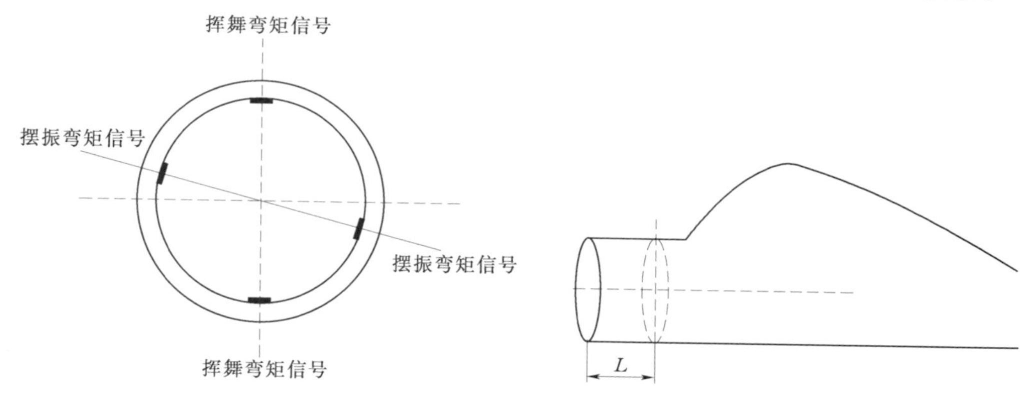

图 8-14 叶根传感器安装位置截面图

图 8-15 叶根传感器安装位置侧视图

（2）主轴传感器位置确定。主轴扭转力矩主要是由风轮和齿轮箱（发电机）之间旋转而产生的力矩，是传递能量的主要因素。其作用是将风轮产生的力矩传递给发电机，从而将能量转换成电能进行发电。因此，主轴在风电机组中的作用十分重要，在主轴载荷测量

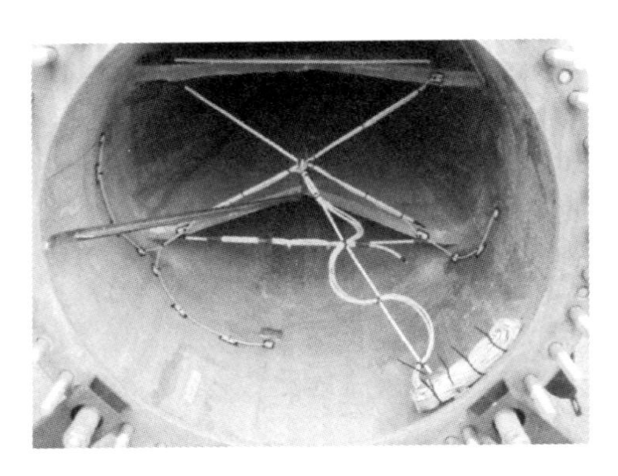

图 8-16 在叶片内部实际安装的传感器

及寿命分析方面能够很大程度地提高风电机组的性能。

主轴承受的载荷包括风轮扭矩、俯仰弯矩和偏航弯矩，传感器安装在主轴法兰盘后面。应变片应该安装在一个平面上，建立完整的全桥电路进行测量。在主轴上定义的方位角为0°～180°和90°～270°，分别进行俯仰弯矩信号和偏航弯矩信号的测量。扭矩传感器和0°位置弯矩传感器安装在同一平面的相邻位置上。其中，0°位置弯矩传感器建议与风轮方位角0°位置一致。通过应变信号和方位角的测量，可以计算出俯仰力矩和偏航力矩

$$M_{yaw}=M_0\sin\varphi+M_{90}\cos\varphi \tag{8-20}$$

$$M_{tilt}=M_0\cos\varphi+M_{90}\sin\varphi \tag{8-21}$$

式中 M_{yaw}——偏航弯矩；

M_{tilt}——俯仰弯矩；

M_0——0°位置的测量信号；

M_{90}——90°位置的测量信号；

φ——风轮方位角大小。

根据两个方向的传感器信号及风轮方位角，通过式（8-20）和式（8-21）就可以求出风轮偏航和俯仰弯矩的大小。主轴传感器安装位置如图8-17所示，在主轴上实际安装的传感器如图8-18所示。

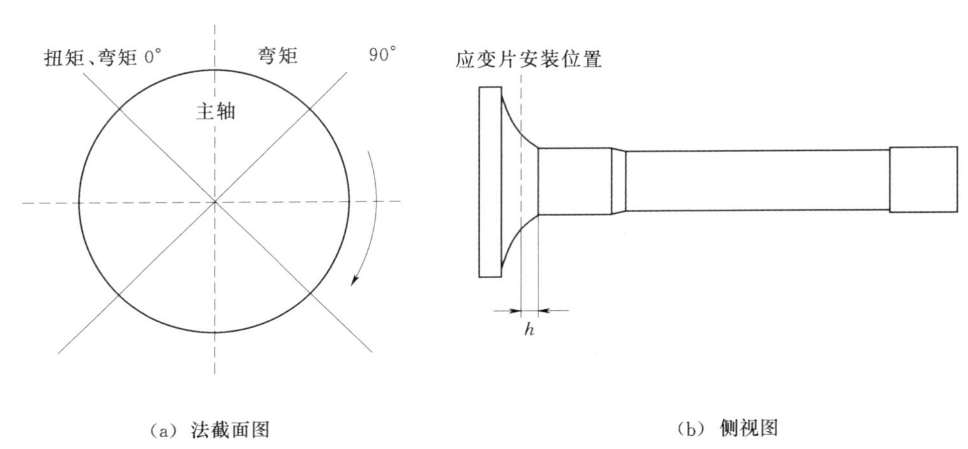

图 8-17 主轴传感器安装位置

（3）塔筒传感器位置确定。塔筒是支撑风轮和机舱的主要部件，承载着整台机组的重量。塔筒载荷包括塔顶（倾覆弯矩、俯仰弯矩和偏航扭矩）和塔底（倾覆弯矩和俯仰弯

矩）两部分。需要在塔筒圆柱形截面的0°～180°和90°～270°方位上进行位置的确定及安装。建立全电桥桥路对倾覆和俯仰方向应变信号进行测量。塔顶和塔底弯矩测量的位置要保持一致（分别在塔顶和塔底的对应位置上）。塔顶扭矩应变片需要安装在同一平面上，并保证在同一高度处。此外应避免任何来自塔筒门、塔筒边缘、焊接接缝、螺栓、塔筒平台和法兰盘的影响。为了防雷和避免环境影响，建议将传感器安装在塔筒内部正交敏感度最小的位置上。建议采用偏航扭矩与0°～180°方向上弯矩测量方位相差5°的方案，避免正交敏感。

图 8-18 在主轴上实际安装的传感器

风轮的倾覆和俯仰弯矩可以通过塔顶弯矩信号和偏航角计算得出

$$M_{tilt}=M_0\cos\varphi+M_{90}\sin\varphi \quad (8-22)$$

$$M_{roll}=M_0\sin\varphi+M_{90}\cos\varphi \quad (8-23)$$

式中 M_{tilt}——俯仰弯矩；

M_{roll}——倾覆弯矩；

M_0——0°位置的测量信号；

M_{90}——90°位置的测量信号；

φ——偏航位置。

根据两个方向的传感器信号及偏航位置，通过式（8-22）和式（8-23）就可以求出塔筒俯仰弯矩和倾覆弯矩的大小。

此外需要注意的是，由于材料厚度低而造成的信号强度较高的塔顶扭矩信号是值得重视的，应定期检查信号的真实性，从而保证应变片的测量质量。塔筒传感器安装位置如图8-19所示，在塔筒中实际安装的传感器如图8-20所示。

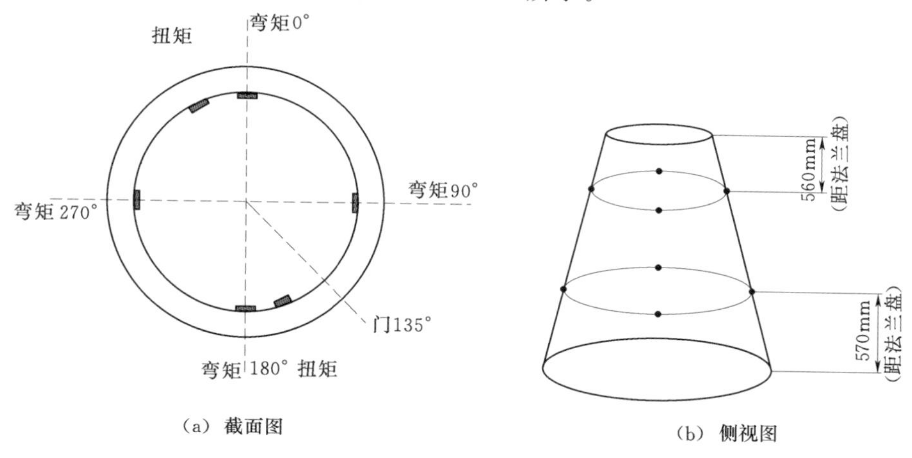

图 8-19 塔筒传感器安装位置

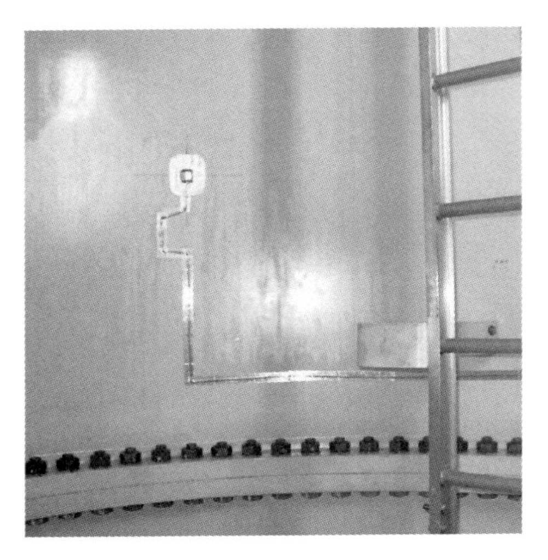

图 8-20 在塔筒中实际安装的传感器

(4) 其他传感器的安装。除了载荷传感器的安装，还需要对气象物理量和运行状态物理量分别进行测量。本章将对此做简单介绍。测风杆传感器安装如图 6-12 所示。

角度传感器确定偏航位置，当测量系统断电时，即使风电机组在偏航过程中，角度传感器配备一个机械齿轮也能进行正确测量，角度传感器如图 8-21 所示。风轮转速和风轮方位角测试利用感应接触器开关进行测量，一个安装在高速轴上，另一个安装在主轴上，接近开关如图 8-22 所示。

此外，根据 IEC 61400—13 要求必须测量的载荷量、气象量和状态量以外，建议对加速度传感器、位移传感器、液压刹车传感器等物理量进行测量，通过附加测量和传感器的安装，可以更详尽地分析风电机组和零部件的状况是否良好。这些测量数据还可以保留下来，以便为今后国内外标准的改善提供帮助。

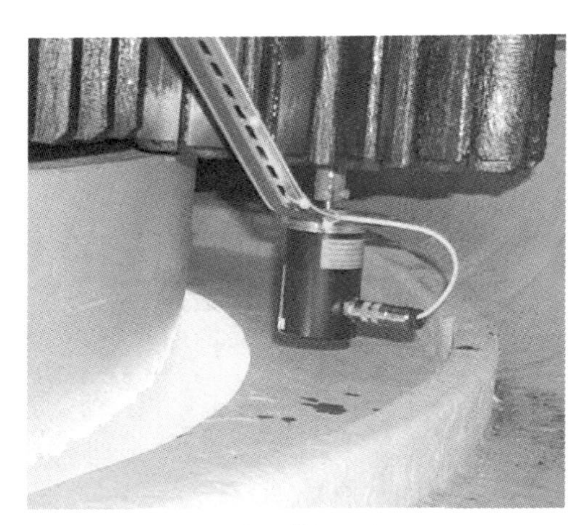

(a) 安装在偏航驱动上

(b) 安装在风塔齿轮圈中

图 8-21 角度传感器

2. 全电桥电测法及温度补偿

由于风电机组叶片、塔筒材料在环境温度改变及光照影响下会产生微小形变，从而引起应变片阻抗的变化。因此，应变片的阻抗变化不仅受到机械形变的影响，还与温度变化有关。为了准确测量叶片，塔筒只由外加载荷引起的应变，就要消除温度效应。惠斯通电桥法具有灵敏度高、准确度高、稳定性好等特点，可以用于精密测量。把完全相同的应变片安装在叶片接近测点的位置上，选择不参与机械变形的测量方向，将温度补偿片和测量

(a) 在主轴上感应近似开关

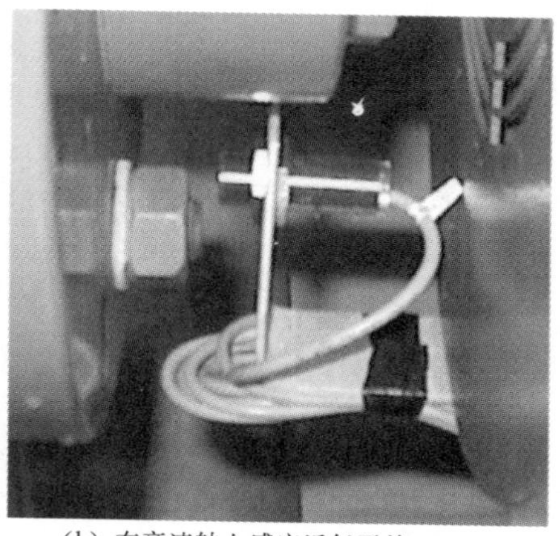
(b) 在高速轴上感应近似开关

图 8-22 接近开关

片在同一温度条件下组桥就可以消除温度给应力测量带来的影响。

惠斯通电桥可以认为是一个分压器电路，如图 8-23 所示，作为一个分压器，电路的每个支桥都承受相同的激励电压 E_{ex}。

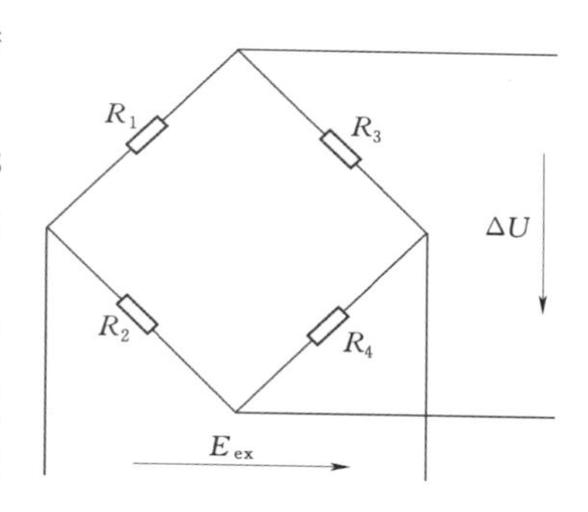

图 8-23 惠斯通电桥

图 8-23 中 ΔU 为电桥输出电压信号，R_1（R_3）为测量正（负）应变方向上的测量应变片，R_2 和 R_4 为温度补偿片。在保证 4 个应变片阻值相等的前提下，当被测点不受外力时，输出信号为 0。当被测点在载荷作用下引起形变时，R_1 和 R_3 阻抗变化导致电桥不平衡现象发生，使得输出电压信号发生改变。根据标定过程即可以将这种信号变化转换为对应的载荷量，完成数据的采集工作。

由于被测材料都有自己的热膨胀系数，所以会随着温度的变化膨胀或收缩。因此如果温度发生变化，即使不施加外力，测量应变片也会发生阻值的变化。为了避免温度对测量结果的影响，需要对测量电路进行温度补偿，从而减小环境的影响，提高测量的真实性。因此在温度环境下进行测量，应变片的电阻变化由两部分组成，即

$$\Delta R=\Delta R_S+\Delta R_T \tag{8-24}$$

式中 ΔR_S——由被测材料机械形变引起的电阻变化量；

ΔR_T——由温度变化引起的电阻变化量。

要准确地测量被测位置因形变引起的应变，就要排除温度对电阻变化的影响。为了减小环境温度对测量结果的影响，需要对测量电路进行温度补偿。常用的温度补偿方法包括电路补偿法、自补偿法和温度修正法。电路补偿法即把普通应变片 D（保证使用同一温度补偿片的一组应变片阻值相差不超过 0.1Ω）贴在材质与被测材料相同、但不参与机械变

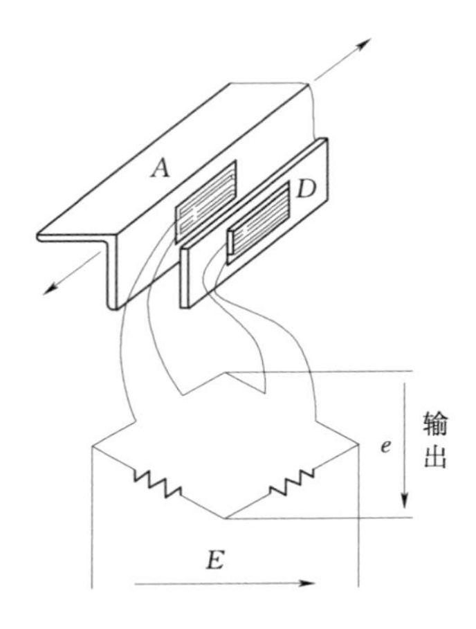

图 8-24 电桥补偿法

形的材料上，然后和工作片 A 在同一温度条件下组桥。电阻变化只与温度有关的电阻片称作温度补偿片。利用电桥原理，让补偿片和工作片一起合理组桥，就可以消除温度给应力测量带来的影响。电桥补偿法如图 8-24 所示。

3. 应变电桥的应用及线路连接

(1) 叶根应变电桥及线路图。由于风电机组叶片长期受到光照及环境温度梯度的影响，叶片根部应力受热输出影响较大，因此载荷传感器电桥中需要带有温度补偿功能。

叶片载荷传感器安装及接线如图 8-25 所示，SG1 和 SG4 是一组测量应变片，SG3 和 SG2 分别对桥路进行温度补偿。BS+和 BS-作为桥路激励，IP+和 IP-作为信号测量端，由此组成了一组完整的全电桥桥路，从而对叶根处的挥舞/摆振弯矩信号进行测量。

(2) 主轴应变电桥及线路图。由于主轴各个位置上的温度不受光照强度不均的影响，故差异不大，并不涉及到温度影响因素。因此在测量主轴弯矩和扭矩时，不采用温度补偿电路进行测量。为了保证测量结果的准确性，依然建议采用全电桥电路。主轴弯矩和扭矩载荷传感器安装及接线如图 8-26 所示，在测量主轴弯矩、扭矩时，全电桥电路中的载荷传感器全部参与到测量应变的工作中。当主轴受到外加载荷发生形变时，桥路中的传感器阻值都发生变化，导致桥路不平衡性更加严重，从而起到放大输出信号的作用。因此，采集的电压信号对载荷变化的响应更加明显，测量结果能够更好地反映载荷变化情况。

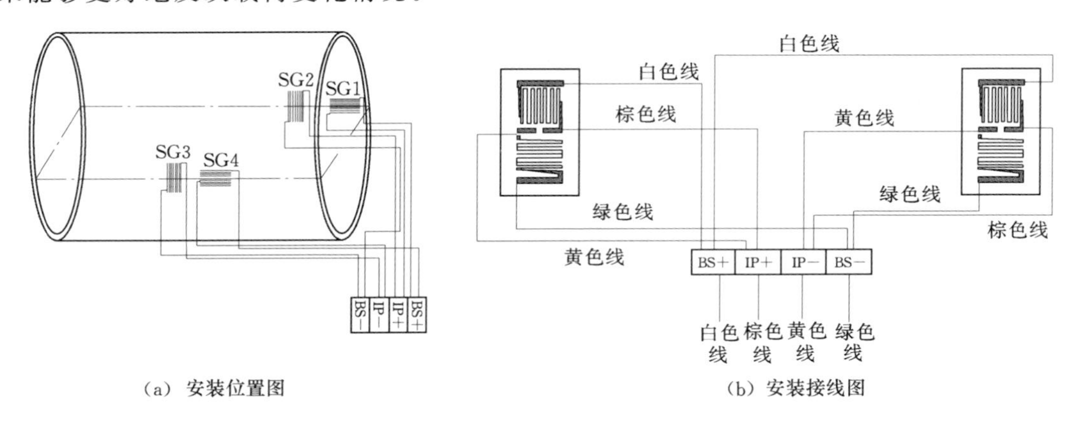

(a) 安装位置图 (b) 安装接线图

图 8-25 叶片载荷传感器安装及接线

(3) 塔筒应变电桥及线路图。由于风电机组塔筒长期受到光照及环境温度梯度的影响，塔筒应力受热输出影响较大，因此载荷传感器电桥中需要带有温度补偿功能。

塔筒载荷传感器安装及接线如图 8-27 所示，SG1 和 SG4 是一组测量应变片，SG3

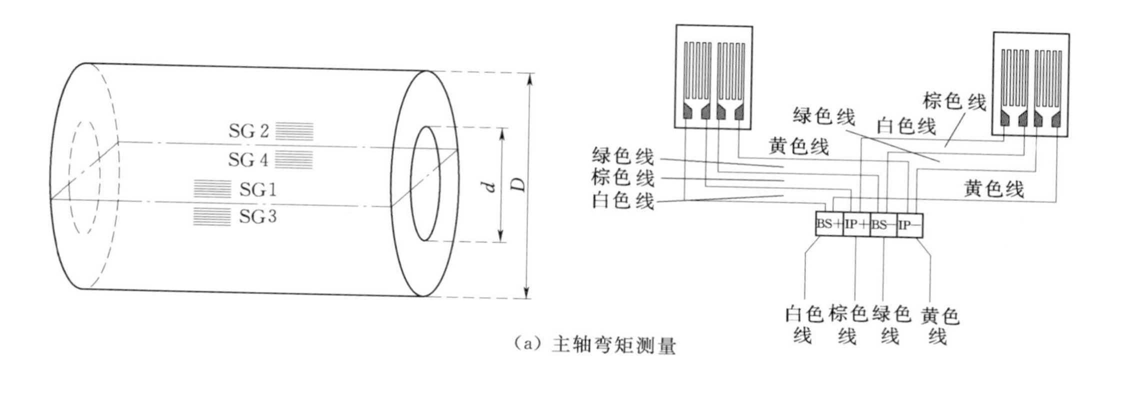

(a) 主轴弯矩测量

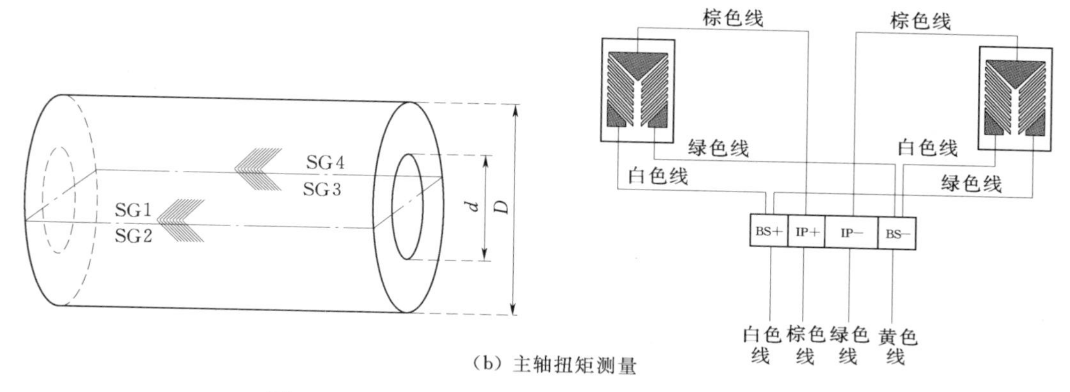

(b) 主轴扭矩测量

图 8-26　主轴弯矩和扭矩载荷传感器安装及接线

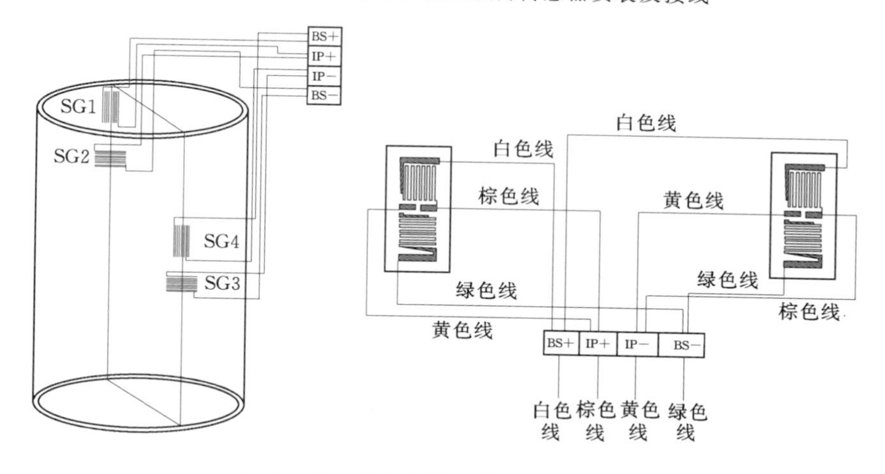

图 8-27　塔筒载荷传感器安装及接线

和 SG2 分别对桥路进行温度补偿。BS＋和 BS－作为桥路激励，IP＋和 IP－作为信号测量端，由此组成了一组完整的全电桥桥路从而对塔顶/塔底处的俯仰、倾覆弯矩信号进行测量。对于塔顶的偏航扭矩则不采用温度补偿电路，测量桥路建立与主轴扭矩类似。

在风电机组基本部件主要载荷的测量过程中，需要根据测量的载荷类型选择相应的传感器类型，才能达到测量结果的质量，传感器参数见表 8-13。

表8-13　传感器参数

传感器类型	图片	安装位置	描　　述	数量	备　　注
HBM 6-350 XY31		叶根	T型传感器，测量叶片的摆振和挥舞力矩	4×3	有温度补偿
HBM-DY11-6/350		主轴	P型传感器，测量主轴的偏航和俯仰力矩	4	无温度补偿传感器的0°最好和叶片1位置一致
HBM-XY-41-6/350		主轴	V型传感器，测量主轴的风轮扭矩	2	无温度补偿位置无特殊要求
HBM 6-350 XY31		塔顶	T型传感器，测量塔顶的偏航和俯仰力矩	4	有温度补偿
HBM-XY-41-6/350		塔顶	V型传感器，测量塔顶的扭矩	2	无温度补偿位置无特殊要求
HBM 6-350 XY31		塔底	T型传感器，测量塔底的侧向和法向扭矩	4	有温度补偿，与塔顶的传感器相对位置一致

8.7　硬件系统设计

8.7.1　机械载荷测试方案概述

依据机械载荷测试规程，制定风电机组机械载荷测试系统方案，主要包括硬件系统和软件系统。硬件系统是一个分散性比较强的系统，采集硬件部分包括传感器、过电流/电压保护、信号调理/转换设备、数据采集器、光电耦合器、总线及PC机。软件系统由多种软件组成，在国际认证机构中，通常采用CopyCRONOS、S2M、Reddata、Famos等

协同完成工作对数据进行初步处理，在编写相应的数据处理算法程序后共同完成数据存储、分析的功能。

8.7.2 机械载荷测试硬件系统结构设计

风电机组的机械载荷测试硬件系统可以分为数据采集部分和数据处理部分，这两部分又各自可分成硬件系统和软件系统。数据采集部分包括载荷信号采集部分和非载荷信号采集部分。对于非载荷信号来说，大多数信号属于公用信号，包括风速、风向、温度、气压等风况数据，同时还包括风轮转速、有功功率、桨距角等风电机组运行参数。对于载荷信号来说，主要就是叶片、塔筒和主轴信号。数据处理部分包括数据存储、非载荷信号处理和载荷信号处理。

采集系统硬件包括桥式应变片传感器、杯式风速仪、温度湿度传感器、电流/电压互感器、信号放大器、模拟/数字信号输入、数据采集器、防雷保护等主要设备；信号处理系统硬件主要指内置的PC机、控制器、显示器及一系列接口等，测试硬件系统结构图如图8-28所示。

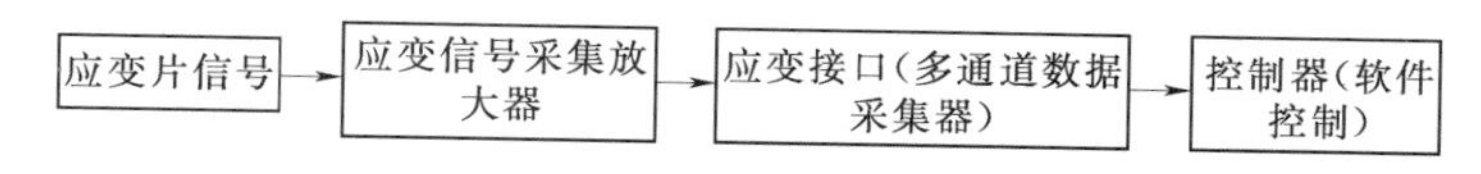

图8-28 测试硬件系统结构图

1. 硬件系统的组成

载荷测试系统主要包括的组成部分有：①PC机；②塔底主数据采集单元；③轮毂子数据采集单元；④机舱子数据采集单元；⑤测风塔子数据采集单元。

PC机的主要功能包括系统初始化、运行监控、将采集数据存储到内部的硬盘中、测试数据的处理、远程接入功能、测试数据的备份。

载荷测试系统中严格按照标准中要求的传感器功能进行数据采集：

(1) 塔底测试单元（包含了8个模拟信号输入通道，8个数字信号输入通道，4个增量信号输入通道）：

1) 2个应变传感器的信号放大调理模块。

2) 1个有功功率变送器。

3) 1个无功功率变送器。

4) 4个针对于风电机组运行参数或应变测量参数的备用模拟信号输入通道。

5) 8个风电机组运行参数的数字信号输入通道。

6) 4个风电机组运行参数增量编码信号输入通道。

(2) 机舱测试单元（包含了16个模拟信号输入通道）：

1) 3个应变传感器的信号放大调理模块。

2) 1个偏航位置传感器。

3) 2个加速度传感器。

4) 10个针对于风电机组运行参数或其他应变信号的预留模拟信号输入通道。

(3) 轮毂测试单元（包含了16个模拟信号输入通道）：

1) 9个应变传感器的信号放大调理模块。

2）7个针对于风电机组运行参数或其他应变信号的预留模拟信号输入通道。

（4）测风杆测试单元（包含了16个模拟信号输入通道，16个数字信号输入通道）：

1）2个风速仪。

2）1个风向变送器。

3）1个用于测量测风杆顶端风速仪倾斜度的倾斜仪。

4）1个温度和湿度传感器。

5）1个降雨量传感器。

2. 设备的安装与通信

硬件采集系统中参数较为分散，需要对采集装置进行合理布置并进行最优化通信，才能够高效率地完成复杂的测试任务。载荷传感器、测试单元与PC之间通信如图8-29所示。其中，PC机、塔底主测试单元和轮毂子测试单元的供电电压均采用230V交流电源供电方案，较为安全的方式是利用UPS电源对设备进行供电。同时，塔底主测试单元通过电缆为测风杆子测试单元供电。如果提供交流230V电源较为困难，也可以采用直流24V电源对设备进行供电；所有子测试设备通过CAN总线方式与主数据采集设备之间进行通信。

载荷测试系统中装有复位模块，对设备进行操作时可以通过PC机软件实现载荷测试系统中相关子测试单元的复位操作。如果测试系统中增加了远程控制功能，可以实现操作人员不在测试现场对相关子测试单元进行远程复位操作。如果复位模块能够按照指令进行，则需要利用USB电缆将塔底主测试单元与PC机相连接，与机舱和轮毂相连接的复位信号线安装在塔筒内。

在应变测量中，应变信号放大器输出的模拟信号电压变化范围大致为－10～10V。塔底主测试单元预留的模拟信号输入通道用于采集风电机组的状态数据、有功功率和无功功率。有功功率变送器的输出信号范围是－20～20mA。利用塔底数据采集装置模拟信号的输入通道作为风电机组有功功率的信号采集通道。同时，设置信号分离器，使－20～20mA的输入信号经过信号分离器的转换后得到－10～10V的输出信号。

3. 信号调理及数据采集

信号调理模块和采集模块是整个信号采集系统的核心组成部分，主要由各个单元中的采集器及嵌入软件共同完成处理任务。

数据采集采用的是等时间间隔采样。等间隔采样是一个离散化的过程，即将连续随机载荷变化的模拟量离散成一系列的数字量，即对载荷—时间历程以某一个时间间隔进行采样，采样后的载荷—时间历程用数字序列来表示。

根据标准中的要求，在采样程序执行的过程中需要考虑以下问题：

（1）采样频率至少比相关信号中任何有效频率大8倍。

（2）任何测量通道中的数据转换范围应该有足够的宽度，以免通路饱和。

（3）所有测量的关键信号数字分量的分辨率至少为12bit或更高。

（4）简要统计数据的平均值、标准偏差、最大值和最小值，可以在预先处理过程中自动计算出来。

（5）应能连续进行数据自动采集并存储时间序列和统计数据。

（6）具有智能化储存能力，如能自动生成俘获矩阵。

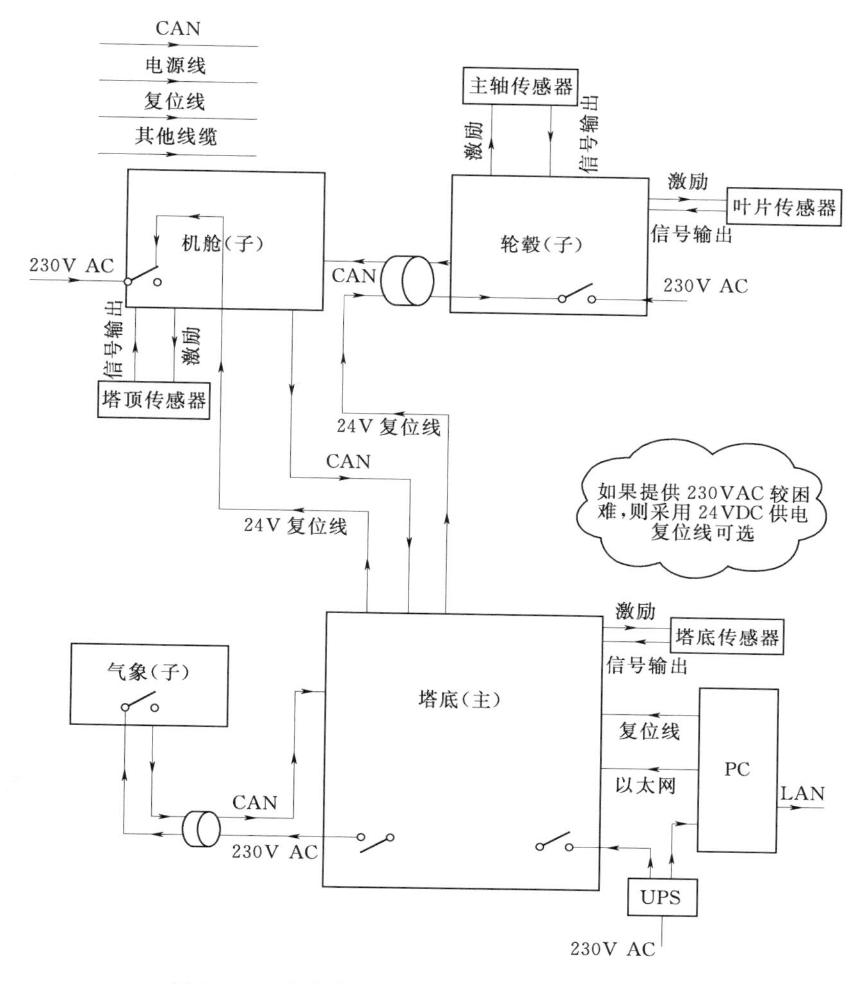

图 8-29 载荷传感器、测试单元与 PC 之间通信

(7) 能够显示所选检测通路的实时数据。

(8) 离散化必然带来误差，因此采样频率不能低于10倍的激励频率。

8.8 软件系统功能

8.8.1 测试系统介绍

测试系统设备是由PC机、采集器及相应的软件组成，是计算机技术与采集处理器技术相结合的产物。在处理器设计中，通常利用专用虚拟仪器开发平台，组建图形化虚拟仪器面板，完成数据的采集、数据分析和显示等功能。在虚拟仪器中，仪器硬件仅起着信号的调理、输入和输出功能，软件才是整个仪器的核心。

通常测试系统硬件组成包括传感器、信号调理电路及信号采集部分和PC机。系统软件部分通常用专用的虚拟仪器开发语言或硬件中配备的功能软件。

8.8.2　测试系统功能及应用

1. 测试系统程序开发语言介绍

载荷测试系统的开发语言有C、Visual C++、Visual Basic等通用程序，但利用这些语言直接开发测试系统是十分困难的。除了需要花费大量时间进行测试系统面板的设计以外，同时还要编制大量的设备驱动程序和底层控制程序。除了通用程序开发语言以外，还有一些专用的虚拟仪器开发语言和软件，其中有影响的开发软件包括NI公司的LabVIEW，IMC公司的FAMOS，GL公司的Windtest，SAS研究所的SAS等。FAMOS采用图形化程序方案，具有图形视窗、波形编辑器、程序编辑器等，拥有超过300多种数学运算、信号处理及统计分析等功能，是非常实用的开发软件。FAMOS是基于Windows环境下开发并应用的软件，方便工程人员的使用。它能够读取多种格式的数据，并具有曲线视窗、波形编辑器等多种显示方式，同时能够制作报告文本。除此以外还有美国Tektronix公司的Ez-Test，Tek-TNS平台软件，这些都是国际上公认的优秀虚拟仪器开发软件平台。

2. 系统的信号采集原理

风电机组载荷测试系统原理图如图8-30所示。该系统包含轮廓测试部分、塔顶和机舱测试部分、气象测试部分和塔底主测试部分以及风电机组载荷、测试评估部分，采用WINDTEST软件。

(1) 轮廓测试部分。轮廓测试部分主要是将风电机组叶片的摆振和挥舞方向载荷信号以及主轴的扭矩及弯矩信号进行实时采集。所测物理量均为机械量，敏感元件采用应变片。应变片由于受力发生形变从而输出电阻变化值，通过桥式电路把改变的电阻值转化为毫伏级电压值，再将此信号进行放大，并通过一定的对应关系得到载荷的大小。所有测量值通过总线方式传输到主采集部分的数据处理模块，进行集中处理和分

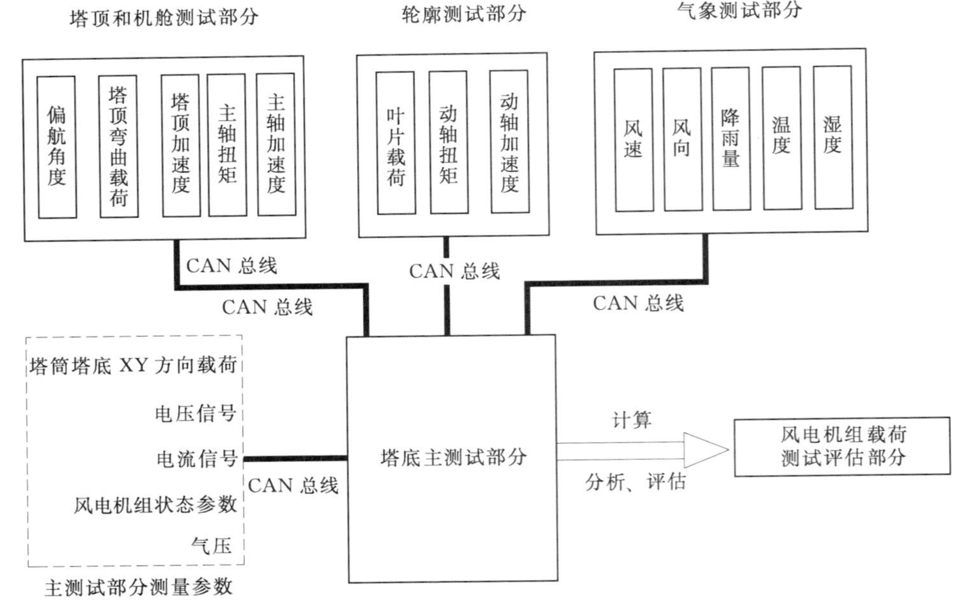

图8-30　风电机组载荷测试系统原理图

析。机械载荷测试原理图如图 8-31 所示。

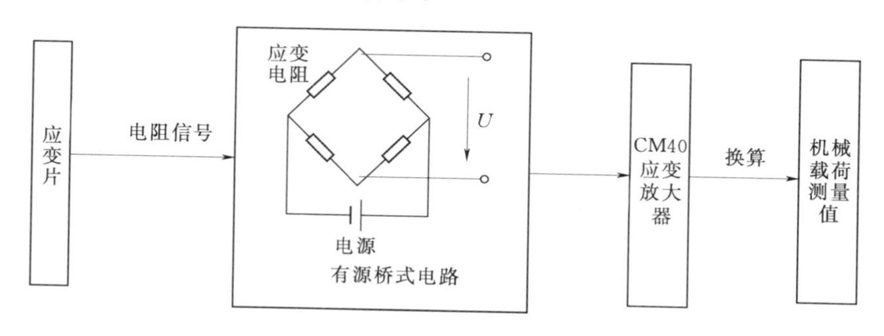

图 8-31 机械载荷测试原理图

(2) 塔顶和机舱测试部分。塔顶和机舱测试部分的主要功能是采集风电机组塔顶扭矩、塔顶弯矩以及偏航位置。扭矩与弯矩也是通过应变片和应变放大器进行测量的，偏航位置用偏航传感器进行测量。本部分的所有测量值也是通过总线方式传输到主采集部分的数据处理模块，进行集中处理和分析。

(3) 气象测试部分。测风杆测试部分主要测试风电机组轮毂高度的风速、风向、气压、温湿度以及降雨量。风速由风速仪进行测量，风速仪把风速转化为电压信号，对应关系为风速 0m/s 对应电压 0V，风速 50m/s 对应电压 10V，电压信号传入主测试部分通过换算得到风速的大小。风向通过风向标进行测量，风向标也是把风的方向转化为电压信号进行测量，传到主测试部分后再换算回风向值。温、湿度及降雨量分别通过气象用温、湿度传感器和降雨量传感器，也都是把测量值转化为电压信号进行测量。测风杆测试部分的所有测量值均通过总线传到主测试部分的数据处理模块进行集中处理和计算。

(4) 塔底主测试部分。安装在风电机组塔筒底部的测试部分是本套测试系统的核心。主测试系统具有 8 个模拟和 8 个数字输入通道，可采集风电机组在运行时的电压、电流、有功功率、无功功率，电网频率及发电机转速等电气参数的数据，电流信号通过电流互感器获得，电压、电网频率及发电机转速等电气参数由风电机组的控制系统提供，电压电流分别输入有功功率和无功功率变送器得到有功功率和无功功率大小。主测试部分还要测量塔筒底部的受力等载荷的机械参数，也是由应变片和应变放大器测量得到的。

所有这些测量值与其他三个部分采集的数据通过总线接口都传到主测试部分的 CS-7008 模块（主采集器）中，进行集中处理。主测试部分数据处理原理图如图 8-32 所示。

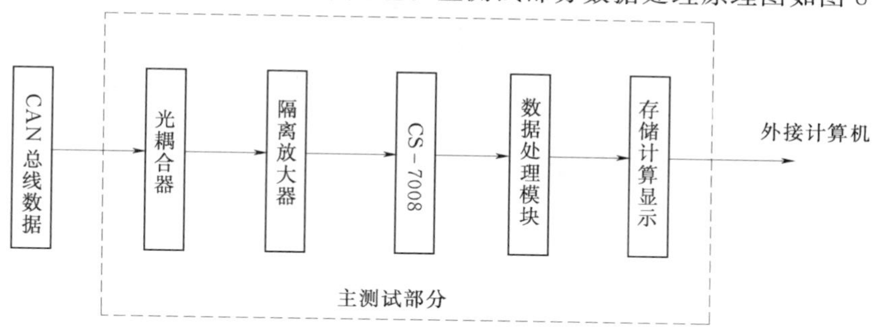

图 8-32 主测试部分数据处理原理图

Windtest 软件在进行数据采集时的工作界面和人机界面如图 8－33 和图 8－34 所示。

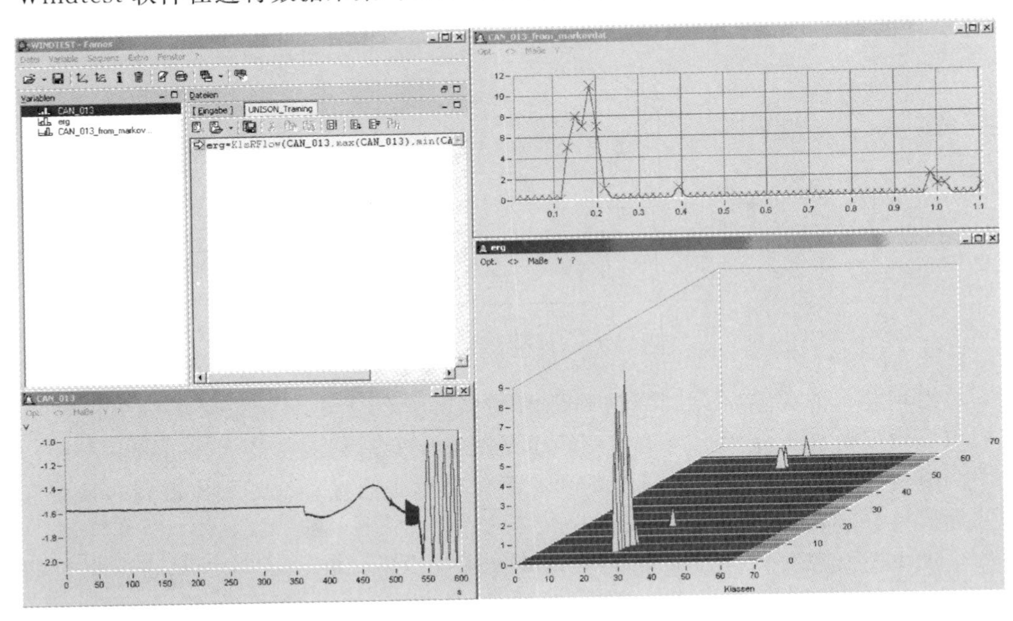

图 8－33　Windtest 软件的工作界面

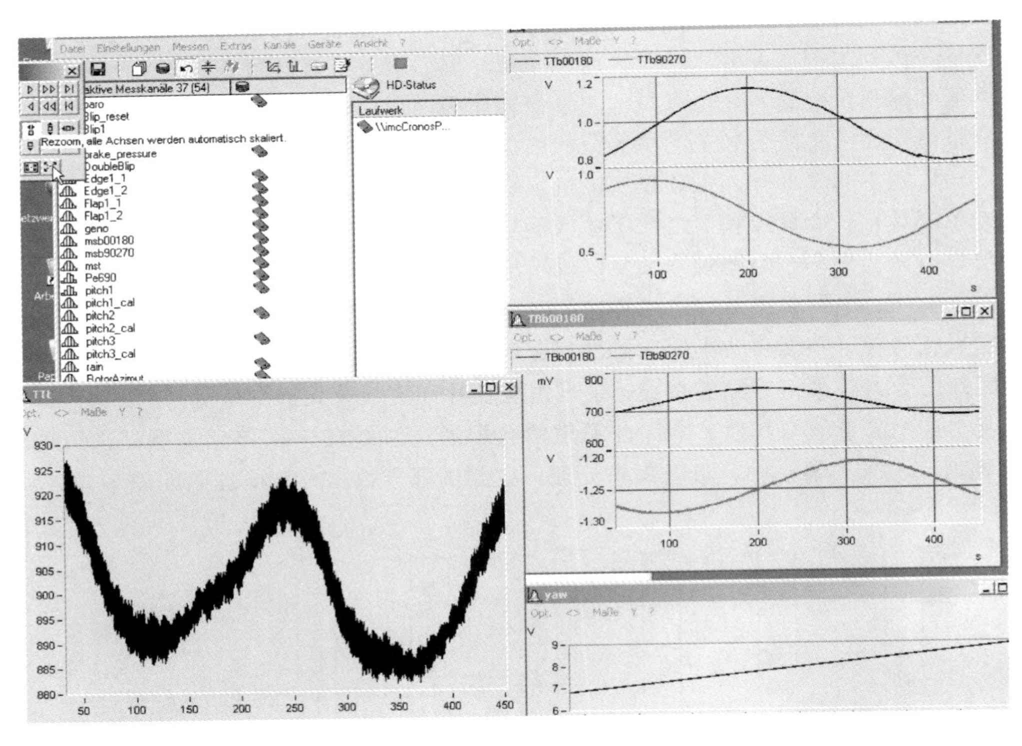

图 8－34　Windtest 软件的人机界面

8.9 载荷标定方法及数据验证

所谓应变电桥的标定，是指通过试验建立电桥输出与输入之间的关系并确定不同使用条件下误差的一个过程。根据传感器及应变电桥的性质可知，应变量与载荷之间具有某种线性关系：输出=输入×斜率+偏移量。在本章中，通过标定过程即能够确定输入载荷量和电桥输出电压信号之间的关系。

8.9.1 叶片载荷标定方法

对于叶片载荷的标定方法种类很多，这些方法在工程中所耗费的时间、成本以及测量精度都大不相同。因此，需要根据载荷测试过程确定最合适的方法进行。

1. 外加载荷标定

此方法中利用了标定后的载荷发生器对叶片进行外部加载作用，通过寻找输出电压信号与加载量之间的对应位置，从而确定两者之间的线性关系。

(a) 叶片摆振载荷标定

(b) 叶片挥舞载荷标定

图 8-35 叶片载荷现场标定过程

叶片摆振载荷标定如图 8-35 (a) 所示，当叶片桨距角为 90°时，对叶尖施加载荷，根据加载量及信号输出大小，可以确定叶片摆振信号的标定公式。叶片挥舞载荷标定如图 8-35 (b) 所示，当叶片桨距角为 0°时，对叶尖施加载荷，根据加载量及信号输出大小，可以确定叶片挥舞信号的标定公式。输入的载荷信号及输出的电压信号如图 8-36 所示。

通过以上信号以及输入量与输出量的线性关系，即可以确定两者之间的转换关系式，从而确定各电压信号对应的载荷量大小。利用此方法测量结果的精度相对较高，但是标定周期长、成本高，对于载荷测量来说经济性不够好。

2. 静态载荷标定

在进行标定过程中，同样需要施加已知的载荷量才能够对输出信号进行确定并计算。此方法就是利用叶片由重力产生的载荷，对叶片根部进行加载试验，从而确定载荷量与输出电信号之间的线性关系。

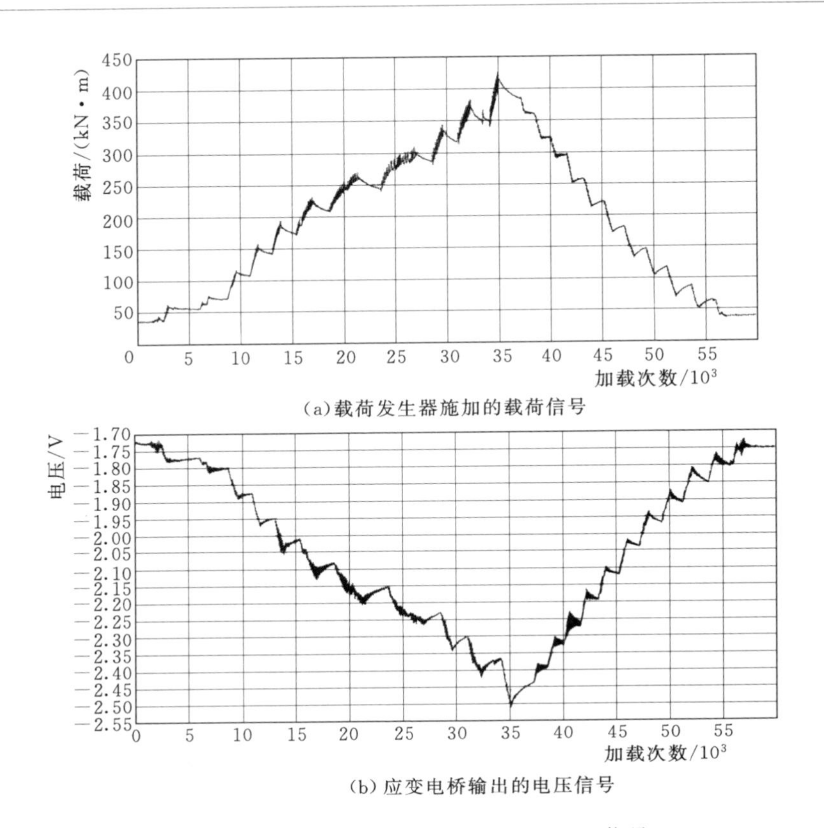

(a)载荷发生器施加的载荷信号

(b)应变电桥输出的电压信号

图 8-36 输入的载荷信号及输出的电压信号

首先，根据叶片生产厂商参数确定叶片的质心和由重力产生的弯矩大小。随后，当风速低于切入风速且十分平稳时，叶片桨距角为 0°，风电机组保持低速旋转 360°；再将叶片桨距角调整到 90°，再使风电机组慢慢旋转 360°。最后根据测量的电压信号进行静态载荷标定计算。

在输出信号中，确定挥舞和摆振方向电压信号的最大值和最小值，其计算公式为

$$k_{\text{flap}}=\frac{2M_{\text{g}}}{U_{\text{Maxflap}}-U_{\text{Minflap}}} \tag{8-25}$$

$$k_{\text{edge}}=\frac{2M_{\text{g}}}{U_{\text{Maxedge}}-U_{\text{Minedge}}} \tag{8-26}$$

$$b_{\text{flap}}=\frac{U_{\text{Maxflap}}+U_{\text{Minflap}}}{2}\ (-k_{\text{flap}}) \tag{8-27}$$

$$b_{\text{edge}}=\frac{U_{\text{Maxedge}}+U_{\text{Minedge}}}{2}\ (-k_{\text{edge}}) \tag{8-28}$$

式中 k_{flap}、b_{flap}——挥舞信号中标定公式的斜率和偏移量；

k_{edge}、b_{edge}——摆振信号中标定公式的斜率和偏移量；

U_{Maxflap}、U_{Minflap}——测量挥舞信号中的最大值和最小值；

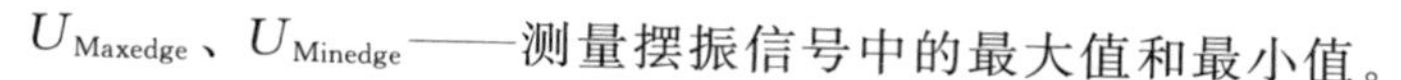

U_{Maxedge}、U_{Minedge}——测量摆振信号中的最大值和最小值。

最后根据上述参数即可以确定各个载荷方向的标定公式为

$$M_{\mathrm{flap}}=U_{\mathrm{flap}}k_{\mathrm{flap}}+b_{\mathrm{flap}} \tag{8-29}$$

$$M_{\mathrm{edge}}=U_{\mathrm{edge}}k_{\mathrm{edge}}+b_{\mathrm{edge}} \tag{8-30}$$

式中 M_{flap}、M_{edge}——挥舞和摆振方向的载荷，kN·m；

U_{flap}、U_{edge}——挥舞和摆振电压信号，V。

由于此方法的周期小，测量结果的精度高，因此在叶片标定中应用十分广泛。

3. 正交敏感度确定

由于施加摆振信号时挥舞信号会受到影响，同时由于施加挥舞信号时摆振信号也会受到影响，这是由于传感器安装位置与预期不同所导致的，主要是指摆振方向的信号变化。因此需要确定两者之间的正交敏感关系式来进行校正。在风电机组型式认证中，IEC 61400—13 机械载荷测量中建议利用一个标定矩阵校正正交敏感度。利用静态载荷标定方法中测量的叶片内表面应变与预期理论的弯矩进行比较，得到标定系数为

$$U_{\mathrm{flap}}c_{\mathrm{flap}}=A_1M_{\mathrm{flap}}+A_2M_{\mathrm{edge}} \tag{8-31}$$

$$U_{\mathrm{edge}}c_{\mathrm{edge}}=A_3M_{\mathrm{flap}}+A_4M_{\mathrm{edge}} \tag{8-32}$$

式中 c_{flap}、c_{edge}——挥舞和摆振信号的标定系数；

A_1、A_2、A_3、A_4——矩阵系数。

$$\begin{pmatrix} U_{\mathrm{flap}}\cdot c_{\mathrm{flap}} \\ U_{\mathrm{edge}}\cdot c_{\mathrm{edge}} \end{pmatrix}=\begin{pmatrix} A_1 & A_2 \\ A_3 & A_4 \end{pmatrix}\cdot\begin{pmatrix} M_{\mathrm{flap}} \\ M_{\mathrm{edge}} \end{pmatrix} \tag{8-33}$$

$$M_{\mathrm{flap}}=\frac{A_4}{A_1A_4-A_2A_3}U_{\mathrm{flap}}c_{\mathrm{flap}}-\frac{A_2}{A_1A_4-A_2A_3}U_{\mathrm{edge}}c_{\mathrm{edge}} \tag{8-34}$$

$$M_{\mathrm{edge}}=\frac{A_1}{A_1A_4-A_2A_3}U_{\mathrm{edge}}c_{\mathrm{edge}}-\frac{A_3}{A_1A_4-A_2A_3}U_{\mathrm{flap}}c_{\mathrm{flap}} \tag{8-35}$$

在此计算过程中，将摆振和挥舞弯矩的最小值和最大值进行比较，确定桨距角的低风轮转速下记录的相关信号与风轮平面一致（通常桨距角为 0°和 90°）。由此可以看出，标定系数 c_{flap}和 c_{edge}假设没有正交敏感存在，两个系数之间不存在相互影响，各自独立。

然后，利用几个完整的风轮旋转次数并通过回归分析估算得到对角线矩阵系数 A1 和 A4。最后，根据 45°桨距角下的标定试验推导出正交弯矩，从而确定系数 A2 和 A3。

正交敏感校正曲线如图 8-37 所示。

8.9.2 主轴载荷标定方法

1. 外加载荷标定

外加载荷标定根据叶片外加载荷标定过程进行。主轴传感器在标定中的安装方位如图

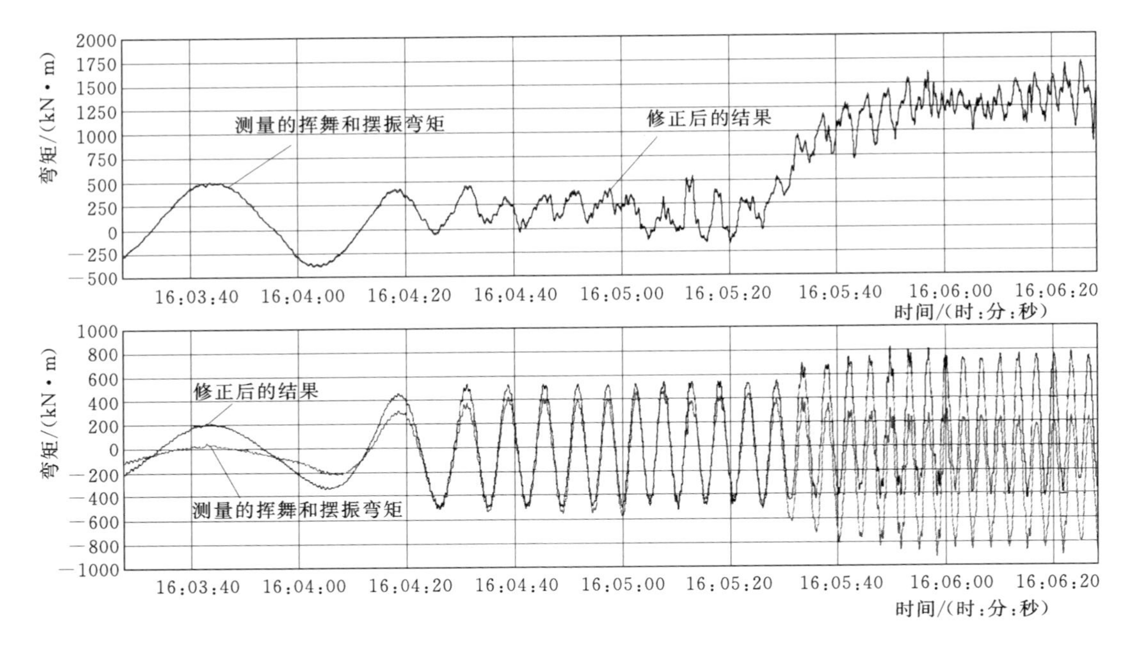

图 8-37　正交敏感度校正曲线

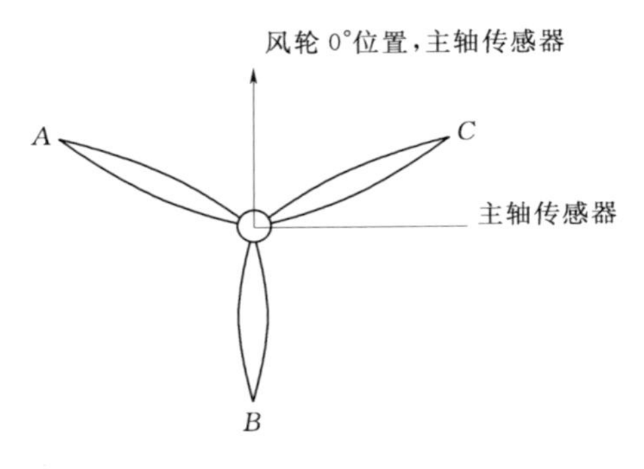

图 8-38　主轴传感器在标定中的安装方位

8-38 所示，需要将主轴弯矩传感器根据风轮方位角进行安装，以便标定过程的简化。类似于叶片标定过程，主轴传感器也通过载荷发生器进行信号的输出响应。主轴俯仰载荷标定如图 8-39（a）所示，通过对叶尖施加载荷，可以确定主轴俯仰方向输出电压信号与载荷量之间的关系；主轴偏航载荷标定如图 8-39（b）所示，通过对叶尖施加载荷，可以确定主轴偏航方向输出电压信号与载荷量之间的关系。

2. 解析法标定

对于主轴应变电桥标定来说，解析法标定的周期小、精度较高、耗费成本和人力相对较低，非常适用于载荷测试过程。主轴弯矩、扭矩计算公式见表 8-14。

表 8-14　主轴弯矩、扭矩计算公式

弯　矩	扭　矩	弯　矩	扭　矩
$\sigma=\varepsilon E$	$G=\dfrac{E}{2(1+v)}$	$M_b=\sigma W_b$	$M_t=2\varepsilon G W_t$

其中，σ 表示拉应力，ε 表示应变，E 表示弹性模量，G 表示剪应力，v 表示横向应变系数，M_b 表示弯矩，M_t 表示扭矩，W_b、W_t 表示截面系数。对于 T 型传感器 $B=1+v$，B 表示电桥系数，其中对于钢材来说 $v=0.3$。

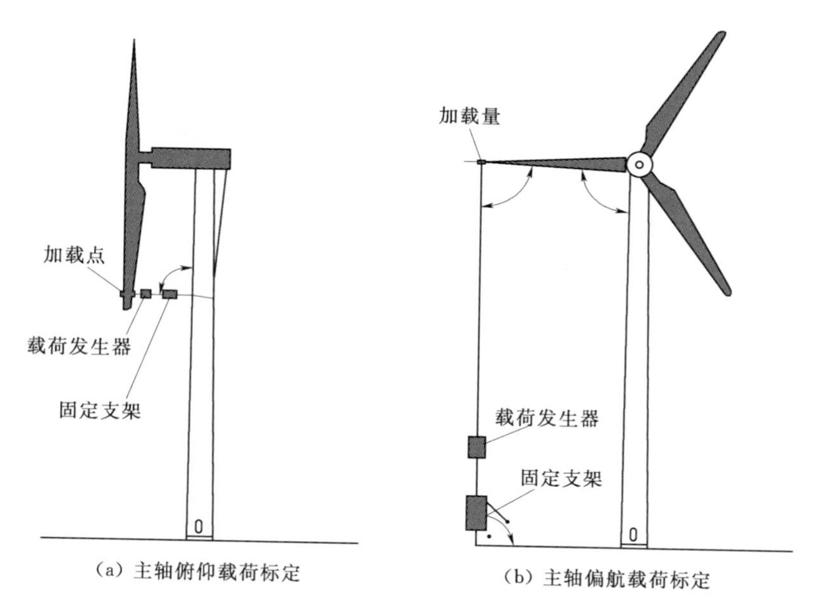

(a) 主轴俯仰载荷标定　　(b) 主轴偏航载荷标定

图 8-39　主轴载荷标定过程

此方法中利用分流电阻进行应变仿真。通过在测量应变片桥路上并联高精度高阻值的分流电阻 R_S，对电桥进行应变仿真过程。通过利用应变片阻值 R_1 并测量激励信号和输出信号 U_A 计算应变载荷为

$$\frac{\Delta R_1}{R_1}=\frac{R_1-\dfrac{R_1 R_S}{R_1+R_S}}{R_1} \tag{8-36}$$

$$\frac{U_A}{U_B}=\frac{1}{4}\frac{\Delta R_1}{R_1} \tag{8-37}$$

$$\varepsilon=\frac{4}{B}\frac{U_A/U_B}{k} \tag{8-38}$$

通过以上公式计算即可以快速地确定应变载荷与电压信号之间的关系。解析法标定如图 8-40 所示。

8.9.3　塔筒标定方法

同主轴弯矩的解析法标定过程类似，需要在风电机组平稳运行过程中进行信号的采集并采用分流电阻仿真。塔顶载荷信号的标定也可以采用外加载荷的方法确定。

其他传感器的标定试验在出厂时已经生成了报告，因此不必再进行现场的标定过程。通

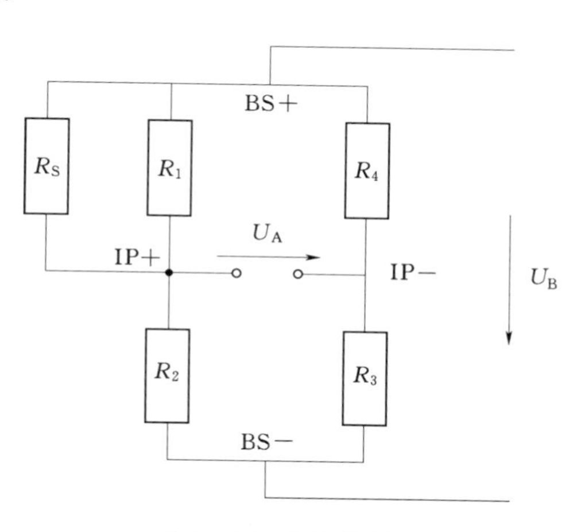

图 8-40　解析法标定

过完整的标定过程，即可以对风电机组关键位置的载荷以及其他信号进行正确、有效的测量。

8.10　载荷数据的分析及处理

在日益激烈的市场竞争中，产品寿命和可靠性成为人们越来越关注的焦点。每年因零部件结构疲劳，导致大量产品在其有效寿命期内报废。由于疲劳破坏而造成的恶性事故也时有出现，因此许多企业将耐久性定为产品质量控制的重要指标。在传统的设计过程中，机械产品的疲劳寿命通常通过物理样机的耐久性试验得到，不但耗资巨大，而且许多与失效相关的参数也不可能在实验中得出，试验结论往往受许多偶然因素的影响。产品投放市场后，耐久性问题的出现使许多新产品失去竞争力，给企业带来极大的经济损失，同时又使企业蒙受巨大的负面影响。产品的耐久性与可靠性问题是普遍存在的，是提高产品竞争力的最重要因素之一，为了再设计、再创新，有必要进行疲劳分析。

8.10.1　疲劳分析主要研究内容

一个完整的疲劳分析原理应该包括疲劳应力分析、应力的等效变换、载荷谱的生成以及预测疲劳寿命等理论。疲劳是指结构在低于静态极限强度载荷的重复载荷作用下，出现断裂破坏的现象。疲劳载荷是指造成疲劳破坏的交变载荷，分为确定性和随机性两种。

对材料和部件进行疲劳分析及寿命预测有几种可能的方法，包括应力—寿命、应变—寿命、裂纹扩展和点焊接头等方法。而应变—寿命方法是最行之有效的方法，该方法在设计中被广泛应用。基于应变—寿命模型的疲劳分析过程如图 8-41 所示。

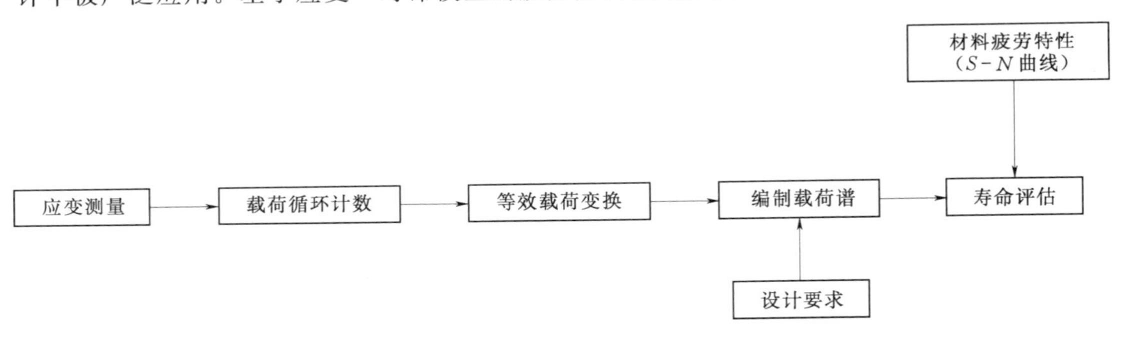

图 8-41　基于应力—寿命模型的疲劳分析过程

8.10.2　疲劳分析的一些基本概念

在对风电机组零部件进行疲劳分析时，通常使用电阻应变片来测量部件关键位置上的交变载荷。加载点所承受的应力或载荷实际上是一个连续性随机变化的过程。把载荷循环中峰值和谷值随时间变化的过程，简称“应力—时间历程”或“载荷—时间历程”。

应力—时间历程示意图如图 8-42 所示，其显示了一小段时间下的载荷历程，其中，

S_{max} 和 S_{min} 分别表示最大、最小应力值，S_m 表示平均应力，S_a 表示应力幅，通过以上参数就可以对一段时间内的载荷变化情况做出基本描述。可以进行参数的计算

$$S_a=(S_{max}-S_{min})/2 \quad (8-39)$$

$$S_m=(S_{max}+S_{min})/2 \quad (8-40)$$

$$R=S_{min}/S_{max} \quad (8-41)$$

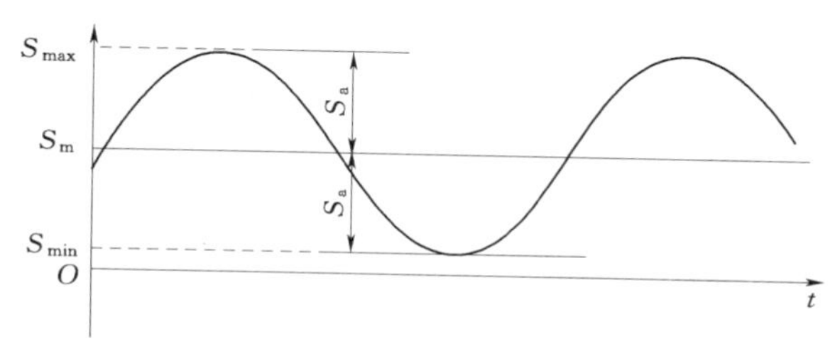

图 8-42 应力—时间历程示意图

式中 R——应力比。当施加的是大小相等且方向相反的载荷时，发生的是对称循环载荷。这就是 $S_m=0$，$R=-1$ 的情况；当施加载荷后又撤销该载荷，将发生脉动循环载荷。这就是 $S_m=S_{max}/2$、$R=0$ 的情况。

8.10.3 雨流计数法

在疲劳分析设计理论和试验研究中，疲劳载荷谱编制过程十分重要。载荷谱的准确性很大程度影响了分析结果的可信度。为了得到疲劳载荷谱，需要对这种随机应力—时间历程进行统计处理。统计处理方法包括各种计数法和功率谱法。由于功率谱法使用条件比较苛刻，因此选择合适的计数法成为了编制疲劳载荷谱的主要方法。

计数法有十几种之多，用不同的计数法对同一段载荷—时间历程进行统计处理将会得到不同的结果，导致疲劳寿命预测的差异。现在国内外对疲劳载荷分析更倾向于双参数计数法，本章主要对其中一种常用方法进行阐述。

雨流计数法是由英国的两位工程师提出来的。雨流计数法在工程应用中十分广泛，特别是在疲劳载荷分析和载荷谱计算中应用。由于风电机组处在随机风的风电场中，其机械零部件的疲劳主要是由其内部关键位置产生的应力所造成的。而载荷—时间历程是复杂随机变化的，因此为了简化描述这种复杂的载荷—时间历程，需要用到雨流计数法，将历程简化为一系列等效的全循环载荷力矩，并对其进行计数，才能够进行损伤计算，完成寿命预测。

雨流计数法记录载荷循环是通过以下步骤进行的：

（1）把应力—时间历程数据记录转过 90°，时间坐标轴竖直向下。

（2）在试验记录峰谷值的起点并依此在每一个峰值或谷值的内边开始。

（3）雨流在流到峰值处（即屋檐）竖直下滴，一直流到对面有一个比开始时最大值（或最小值）更正的最大值（或更负的最小值）为止。

（4）当雨流遇到来自上面屋顶流下的雨时，就停止流动，并构成了一个循环。

（5）根据雨滴流动的起点和终点，画出各个循环，将所有循环逐一取出来，并记录其峰谷值。

（6）每一雨流的水平长度可以作为该循环的幅值，这样即可以记录每一个循环的平均应力和应力幅值。雨流计数过程示意图如图 8-43 所示，举例说明雨流计数法记录的一个简单应力—时间历程。

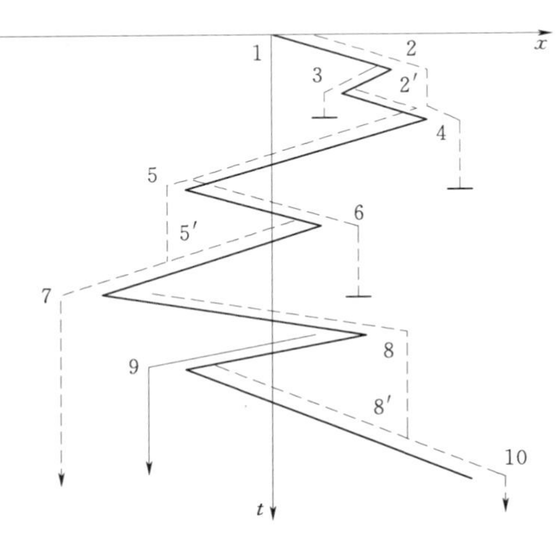

图 8-43 雨流计数过程示意图

8.10.4 非零平均应力的等效转换

目前国内应用较多的程序载荷谱仅保留了幅值和频次的关系，但是我们得到的实际应力循环中平均应力并不为零。研究表明平均应力对累积损伤也有较大的影响。因此，必须按等损伤的原则将非零平均应力的应力循环等效转换为零平均应力的应力循环。等效寿命曲线图就是用来描述 $S-N$ 数据的。曲线图中的等效寿命曲线与相同的估算寿命建立联系，作为一个平均应力和应力幅值的函数。线性古德曼图是最常用的等效寿命曲线图，主要由于它的应用十分简单，线性古德曼图如图 8-44 所示。

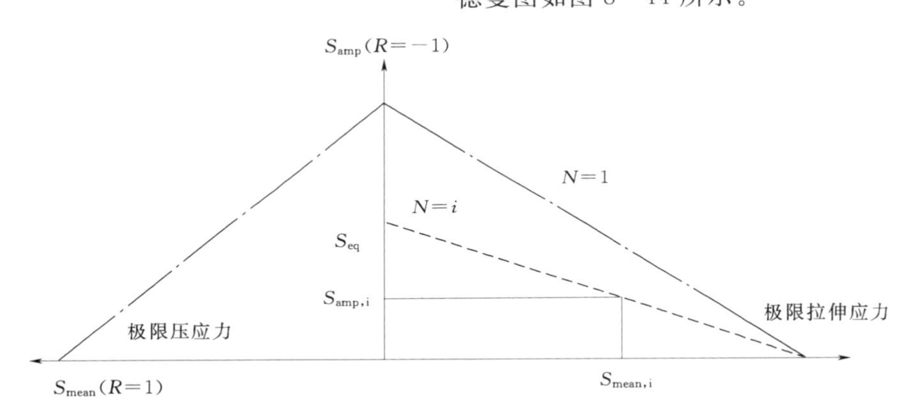

图 8-44 线性古德曼图

设 S_i 为等效零均值应力，S_{ai} 为第 i 个应力幅值，S_{mi} 为第 i 个应力均值，为拉伸强度极限。根据 Goodman 疲劳经验公式进行转换

$$S_i=\frac{\sigma_b S_{ai}}{\sigma_b-|S_{mi}|} \tag{8-42}$$

经过转换，将所有的二维矩阵压缩处理成简单的一维矩阵，矩阵元素仅是关于应力幅值的，即可以进行载荷谱的编制过程。

8.10.5 疲劳载荷谱的编制

表示测量随机载荷与出现次数关系的表格、图形、矩阵等称为载荷谱。疲劳寿命预测结果在很大程度上取决于载荷谱的准确性。风电机组载荷—时间历程在经雨流计数法处理后，就会得到一系列载荷循环次数。根据风速分布情况和风电机组设计寿命，就可以得到各个载荷工况在风电机组寿命期间的总循环次数，从而绘制风电机组疲劳载荷谱。用横坐标来表示载荷循环次数，用纵坐标表示疲劳载荷大小，即能完整生成疲劳载荷谱。

编制疲劳载荷谱是风电机组零部件的机械结构设计以及疲劳寿命预测的基础。由于疲劳载荷通常具有时变性、周期性与随机性，使得这一问题变得极其复杂，因此准确计算、分析随机疲劳载荷是机械全寿命设计的关键步骤。

将各个工况下实测的载荷数据简化为典型载荷谱的过程称为载荷谱的编制。编制载荷谱时必须满足以下要求：

（1）编制的疲劳载荷谱应能够真实地反映机组部件在风电场中所承受的循环载荷分布，以完成疲劳试验和寿命计算的评价。

（2）根据短期的测量结果，预测出完整生命周期下的循环载荷，以便生成具有代表性的载荷谱。

（3）在同样的工况下，采集的循环载荷数据也不会完全相同，具有一定的离散性。因此需要通过足够多的采用结果统计分析才能较为真实地反映情况。

（4）在编制载荷谱时，应先将幅值和均值二维随机变量做简化处理。

（5）由于风电机组各基本零部件的载荷—时间历程的类型不同，所以在编制载荷谱时应具有一定的针对性，需要严格按照标准中的要求进行。

叶片挥舞弯矩的实测载荷谱如图 8-45 所示，显示了利用 Famos 软件对叶片挥舞弯矩的实测载荷谱。

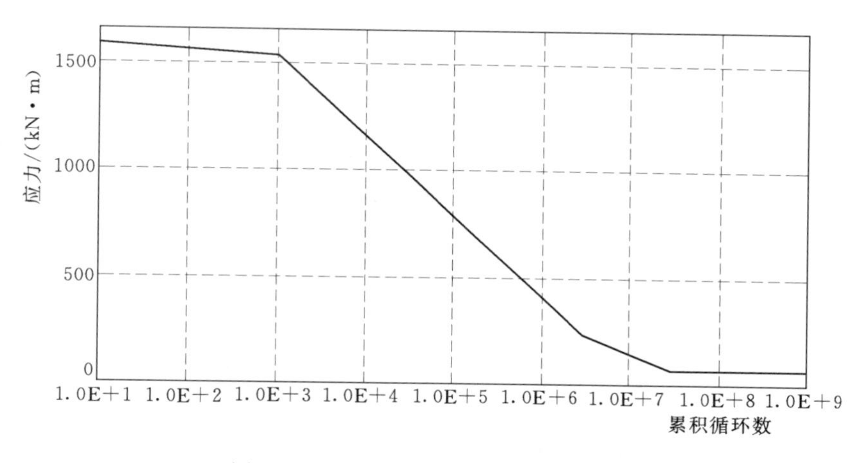

图 8-45　叶片挥舞弯矩的实测载荷谱

8.10.6　利用载荷谱进行疲劳分析和寿命预测

通过对有效的 10min 疲劳载荷时间序列的数据进行统计处理，得到风电机组测试零部件在某一工况下的疲劳循环次数，从而得到疲劳载荷谱，完成疲劳损伤寿命的估计。完整的疲劳分析过程如图 8-46 所示。

首先确定风电机组所在风电场中的风速分布模型，并预测风电机组在其整个寿命期间内可能出现的各种具体事件（如起动与停机、故障等）的数量信息；其次，从数据库中提取相关的原始数据，对存储下来的每个 10min 雨流数确定最大的俘获周期幅值，一般最多定为 64 个数据包；之后对每个 10min 时间内的雨流计数进行存储，将雨流计

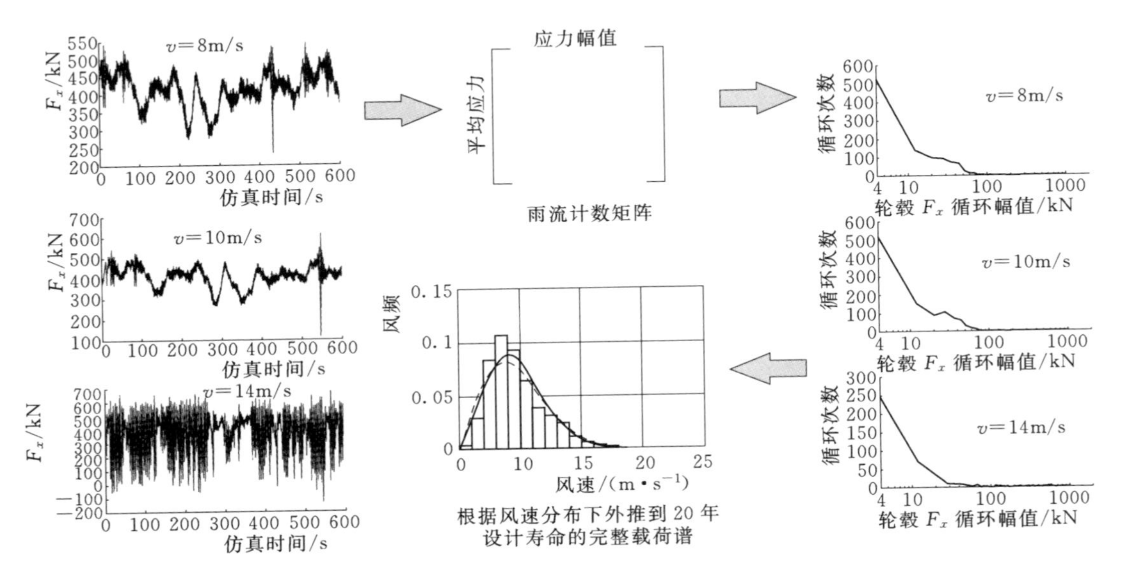

图 8-46 完整的疲劳分析过程

数平均分成步长为1m/s风速下的10min的数据包；最后，将每个数据包的计数乘以相应的风速分布（外推到20年），用来计算累积频率以及估算寿命是否满足设计要求。

8.10.7 材料的 $S-N$ 曲线

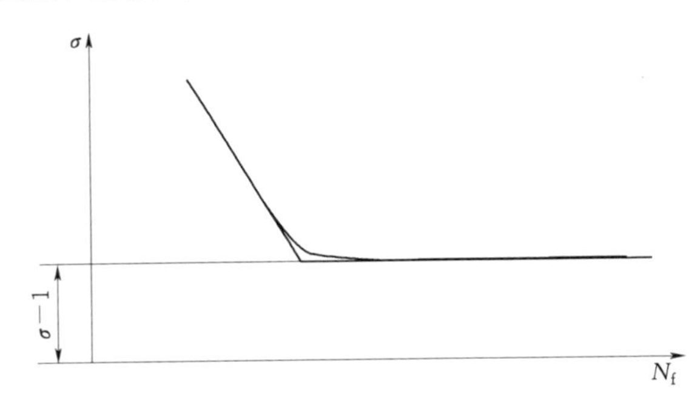

图 8-47 材料 $S-N$ 曲线

一般情况下，材料或零部件所承受载荷循环的应力幅值越小，到发生疲劳破坏时所经历的应力循环次数越大。$S-N$ 曲线描述了材料疲劳特性，该曲线表示材料疲劳损伤之前，在给定的应力水平下，该材料可以经受的循环载荷次数，即描述了载荷与疲劳失效之间的关系。$S-N$ 曲线一般是利用样机或标准部件进行疲劳试验获得的，也可以通过在实验室里对零部件材料进行交变的弯曲测试获得。材料 $S-N$ 曲线如图 8-47 所示，纵坐标表示零部件承受的应力幅值，用 σ 表示；横坐标表示应力循环次数，用 N_f 表示。为了使用方便，在双对数坐标系下 $S-N$ 曲线被近似简化成两条直线，但也有很多情况只对横坐标取对数，此时也常把 $S-N$ 曲线近似简化成两条直线。

$S-N$ 曲线中的水平直线部分对应的应力水平就是材料的疲劳极限，表示材料经受无数次应力循环都不发生破坏的应力极限。疲劳极限又称持久极限，常用 σ_{-1} 来表示。疲劳极限是材料抗疲劳能力的重要性能指标，也是进行疲劳强度的无限寿命设计的主要依据。

斜线部分给出了零部件承受的应力幅值水平与发生疲劳破断时所经历的应力循环次数之间的关系，多用如幂函数的形式表示，即

$$\sigma^m N = C \quad (8-43)$$

式中 σ——应力幅或最大应力；

N——达到疲劳破断时的应力循环次数；

m、C——材料常数。

如果给定一个应力循环次数，便可由式（8-43）求出或由斜线量求出材料在该条件下所能承受的最大应力幅值水平。反之，也可以由一定的工作应力幅值求出对应的疲劳寿命。因为此时零部件或材料所能承受的应力幅值水平是与给定的应力循环次数相关联的，所以称之为条件疲劳极限，或称为疲劳强度。斜线部分是零部件疲劳寿命计算的主要依据。

8.10.8 疲劳累积损伤估算

材料或零部件在复杂的环境作用下将会受到不同程度的损伤，影响损伤的因素具有随机性。当载荷是循环往复应力时，引起的材料力学性能劣化过程称为疲劳损伤。疲劳累积损伤理论是疲劳分析和寿命估算的主要原理之一，也是估算变应力幅值下安全疲劳寿命的关键理论。疲劳分析的最终目的就是确定零部件的疲劳寿命。风电机组的疲劳安全寿命设计要求风电机组主要零部件在一定的使用期限内不发生疲劳破坏。在实际情况中，作用在风电机组上的风速是变化的，风电机组承受随机载荷，其最大和最小应力值经常在变化，也就是说风电机组主要零部件是在多个应力等级下循环加载。为了估算其疲劳寿命，除了 $S-N$ 曲线以外，还必须借助于疲劳累积损伤准则。风电机组部件承受的是随机载荷，其最大和最小应力值也随之变化。为了估算疲劳寿命，除了 $S-N$ 曲线，还必须借助于疲劳累积损伤准则。

风电机组零部件所受循环载荷的幅值都是随机变化的。变幅载荷下的疲劳破坏，是不同频率和幅值载荷所造成的损伤逐渐累积的结果。因此，疲劳累积损伤是有限寿命估算的核心问题。疲劳累积损伤理论目前已提出的有几十个，但可以概括为三种类型，即线性累积损伤理论、修正线性理论和其他理论。在工程中最常用的仍为线性累积损伤准则。

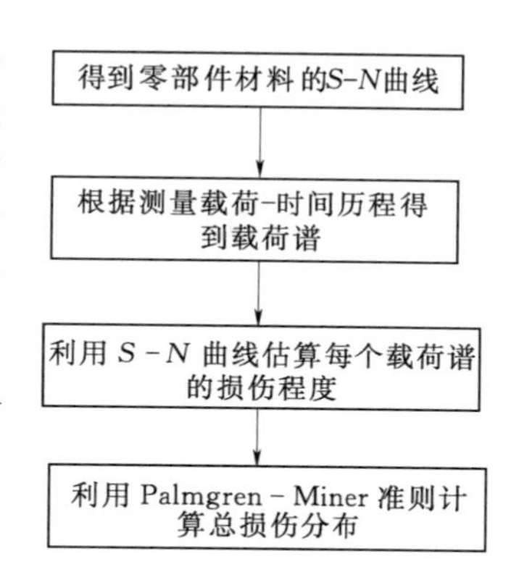

图 8-48 基于应力—寿命的损伤估计过程

线性疲劳累积损伤理论中最具有代表性的是 Palmgren-Miner 理论，简称 Miner 法则。本章使用了该理论估算零部件的损伤。这种方法必须假定零部件的应力变化小于材料的弹性极限，并且达到失效的载荷循环次数非常大，由于此法则形式简单，使用方便，因此在工程中得到了广泛应用。

基于应力—寿命的损伤估计过程如图 8-48 所示。

线性累积损伤理论认为每个应力循环下的疲劳损伤是独立的，总损伤等于每个循环下的损伤之和，当总损伤达到某一数值时，零部件即发生破坏。当材料承受高于疲劳极限的应力时，每一个循环都使材料产生一定的损伤，如果部件承受幅值为 S_{a1} 的载荷，重复 N_1 次破坏，则在整个过程中材料所受的损伤线性分配给各个循环，也就是每一循环材料的损

伤为 $D_1=1/N_1$。显然，若 S_{a1} 载荷作用 n_1 次，则材料损伤 $D_{n1}=n_1/N_1$。同样，在 S_{a2}，S_{a3} 下，各损伤分别为 $D_{n2}=n_2/N_2$，$D_{n3}=n_3/N_3$，…。变幅载荷的损伤 D 等于其循环比之和，即

$$D=\sum_{i=1}^{l} n_i/N_i \tag{8-44}$$

式中　l——变幅载荷的应力水平等级；

n_i——第 i 级载荷的循环次数；

N_i——第 i 级载荷下的疲劳寿命。

当损伤积累到了临界值 D_f 时，即 $D=\sum_{i=1}^{l} n_i/N_i=D_f$ 时，就发生疲劳破坏。D_f 为临界损伤和，简称损伤和。

在标准载荷作用下发生疲劳破坏时的总循环次数 N 为

$$N=1/\left(\sum\frac{\gamma_i}{N_i}\right) \tag{8-45}$$

式中　γ_i——第 i 级应力 S_{ai} 循环的百分数。各级应力 S_{ai} 对应下的破坏循环数 N_i 可计算得到。

风电机组零部件的疲劳寿命 Y 估算为

$$Y=\frac{N}{N'} \tag{8-46}$$

式中　N'——一年中疲劳载荷的循环次数。

8.10.9　等效载荷

等效载荷是加权的平均雨流幅值，作为一个单独的概念提出。它采用材料的 $S-N$ 曲线的斜率 m 作为加权指数，利用等效载荷对风电机组零部件的疲劳载荷情况进行描述，利用材料疲劳特性的指数公式和等效载荷计算公式进行计算，从而提高疲劳载荷分析能力和疲劳寿命预测能力。

等效载荷是给定载荷测量时间序列对材料疲劳影响的简单描述。它具有单一的载荷幅值，当给定时间历程、给定频率（如1Hz）满足循环总数，等效载荷与测量载荷谱所有不同的雨流计数载荷幅值具有同样的疲劳破坏。在给定的时间历程中，提供了特殊载荷疲劳破坏潜力的简单描述。因此，在不同的运行条件下（如自由风、尾流、高湍流等）允许疲劳损坏的直接比较，同时允许模拟和测量疲劳载荷的直接比较，并可以比较仿真和测量疲劳载荷。确定等效载荷时，需选择一个对应的等效循环次数。等效循环次数应能代表给定载荷类型的典型频率。

$$R_{eq}=\left(\frac{\sum R_i^m n_i}{n_{eq}}\right)^{1/m} \tag{8-47}$$

式中　R_{eq}——等效载荷幅值；

R_i——等级 i 的载荷幅值；

n_i——等级 i 的循环数；

n_{eq}——循环的等效数；

m——相关材料 $S-N$ 曲线的斜率。

叶片挥舞弯矩等效载荷如图 8-49 所示。

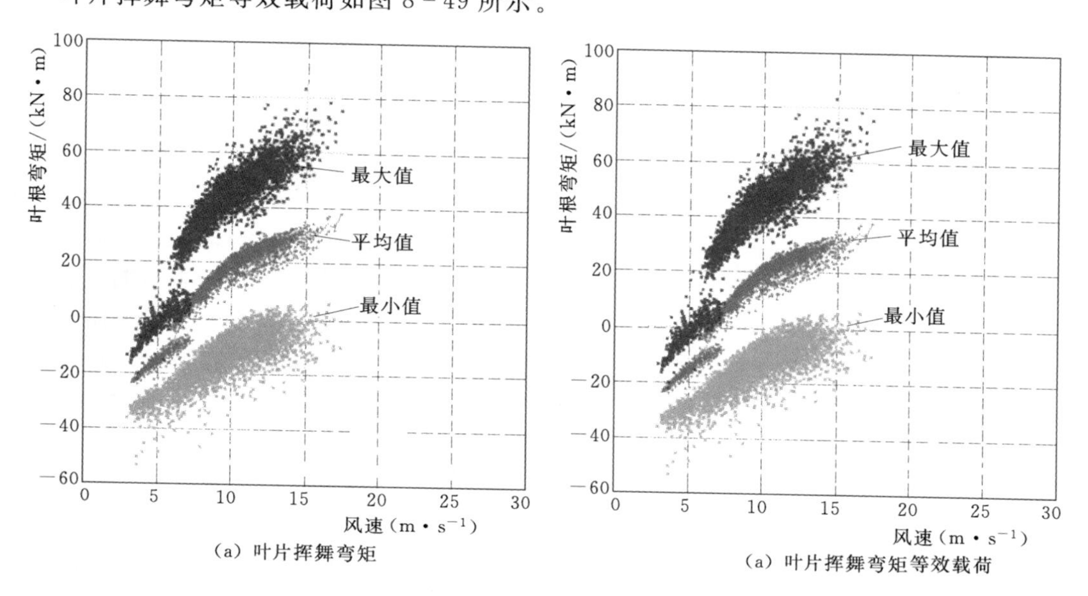

图 8-49 叶片挥舞弯矩等效载荷

第9章　风电机组噪声和振动测试

从物理学观点讲，噪声就是各种不同频率和声强的声音无规律的杂乱组合，它的波形图是没有规则的非周期性曲线。从生理学观点讲，凡是使人烦躁的、讨厌的、不需要的声音都叫噪声。风电机组产生的噪声通常被认为是很重要的环境问题之一。在早期发展风力发电的时候，即20世纪80年代，有些风电机组会产生很大的噪声，并且引发了附近居民的抱怨。有关风电机组的最高声量100dB及无音调特性要求会写入招标规格，而风电机组的制造商将提供声量测量报告确保机组的最高声级，并在调试阶段根据《风力发电机组　第11部分　噪声测量技术》(IEC 61400—11）的标准测量验证。

风电机组振动信号是风电机组设备异常和故障信息的载体。振动测试技术是当前在国内外发展迅速、用途广泛、效果良好的一项重要的设备工程新技术，它可在设备运行中或基本不拆卸全部设备的情况下，通过测量其振动的方式来掌握其设备运行的状态，并预测预报未来状态的技术。因此，它是防止事故的有效措施之一，也是设备维修的重要依据。

9.1　噪　声　测　试

9.1.1　噪声产生机理及特性分析

1. 噪声

所谓声音，是指受力作用的空气发生的振动，当振动频率在20～20000Hz时，作用于人耳的鼓膜而产生的感觉。风电机组噪声则是风电机组产生的为人们生活和工作所不需要的声音。风力发电能减轻空气污染和水污染，但如果处理不当，则会增加噪声污染。超标的噪声是感觉公害，具有局限性和分散性，会损伤听力，造成噪声性耳聋；干扰睡眠和语言通信；影响人的心理变化，并能诱发多种疾病。

为了保证人们有一个合理的生活、工作环境，各国都制定了法规和标准来限制噪声的污染。对于风力发电行业，欧美国家及我国都制定了风电场或风电机组噪声限值的标准，来限制风电机组产生的噪声。为了把噪声控制在标准要求的范围内，首先需对风电机组的噪声进行测试，然后依据测试，对噪声发生原因实施治理和控制，以期达到标准要求，并尽量减少噪声污染。

2. 风电机组噪声来源

风电机组运行过程中，在风及运动部件的激励下，叶片及机组部件产生了较大的噪声。

(1）机械噪声及结构噪声。

1）齿轮噪声。风电机组内的齿轮主要有增速箱内的行星齿轮系和平行齿轮系，偏航、变桨齿轮等。啮合的齿轮对或齿轮组，由于互相碰撞和摩擦，激起齿轮体的啮合振动甚至冲击，进而通过固体结构向空气辐射，成为齿轮噪声。

2）轴承噪声。风电机组内的轴承部件用得很多，如发电机两端轴承、主轴轴承、增速箱内的轴承，偏航、变桨、通风等电机轴承，由轴承内相对运动零件之间的摩擦、振动或者转动部件的不平衡及相对运动零件之间的撞击引起振动辐射产生噪声。

3）周期作用力激发的噪声。由转动轴等旋转机械部件产生周期作用力激发的噪声，如电机的冷却风扇、联轴器转子扰动空气产生的噪声。还有非周期作用激发的噪声，如偏航调节时出现的阵发性噪声等。

4）电机噪声。不平衡的电磁力使电机产生电磁振动，并通过固体结构辐射电磁振动噪声，如双馈发电机转子励磁系统产生的电磁振动等。

机械噪声和结构噪声是风电机组的主要噪声源，并且随着机械和结构部件故障扩展而增大，对人的烦扰度也最大。这部分噪声是能够控制的，其主要途径是避免或减少撞击力、周期力和摩擦力，如提高加工工艺和安装精度，使齿轮和轴承保持良好的润滑条件等。为减小机械部件的振动，可在接近力源的地方切断振动传递的途径，如以弹性连接代替刚性连接；或者采取高阻尼材料吸收机械部件的振动能，以降低振动噪声。

(2) 空气动力噪声。空气动力噪声由叶片与空气之间相互作用产生，它的大小与风速有关，随风速增大而增强。处理空气动力噪声的困难在于其声源处在传播媒质中，因而不容易分离出声源区。几乎所有转动部件的非圆表面与空气的摩擦都会产生噪声。暴露在机器外部的轴系的非圆表面，如柔性联轴器的叠片支架、连杆、法兰盘的螺钉，在回转时产生的噪声直接向周围辐射。在机器内部的非圆表面与空气、润滑油的摩擦噪声也可通过机器外壳向空气中辐射。

(3) 其他噪声。加热器、通风电机组、散热风扇等辅助设备产生的噪声。

3. 风电机组噪声的频谱

风电机组噪声的频谱横坐标用声波的频率，纵坐标用反映声波特性的其他参数，如振幅值、相位等，来表示其相互关系。对于噪声信号，有周期的噪声，也有非周期的噪声，对于周期噪声，在谱域中呈现线状谱，对于非周期噪声信号，在频域中呈现连续谱。对于风电机组，由于其产生噪声的噪声源很多，有线性的噪声源，也有非线性的噪声源，其噪声频谱是线状谱和连续谱的综合。3 种典型噪声频谱如图 9-1 所示。

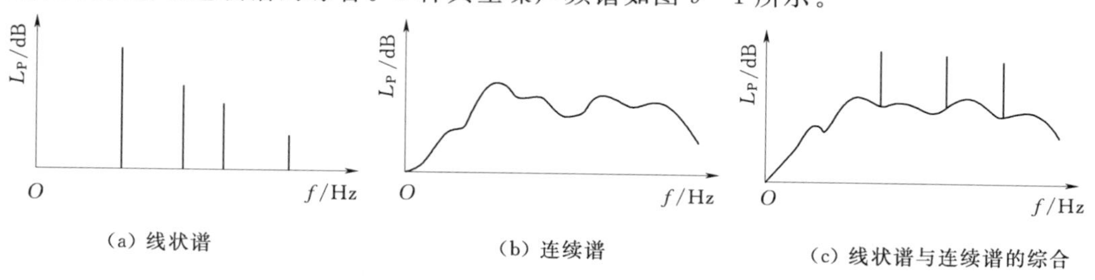

图 9-1　3 种典型噪声频谱

4. 风电机组噪声的评价

通过频率计权网络测得的声压级称为计权声压级或声级。

用A计权网络测得的风电机组的噪声声压级用L_A表示，其模拟等响曲线为40phom，dB（A）。另外还有B声压级L_B，其模拟等响曲线为70phom，dB（B）；C声压级L_C，其模拟等响曲线为70phom，dB（C）；D声压级L_D，L_D主要用于航空噪声测试。

对风电机组噪声评价时，需同时考虑噪声在每个倍频带内的强度和频率两个因素。并以其倍频噪声频谱最高点所靠近的曲线值作为它的噪声评价数（Noise Rating Number，*NR*）。*NR*可以通过查*NR*噪声评价曲线得到，*NR*噪声评价曲线参见国际标准化组织相关噪声评价标准。声压级L_A与噪声评价数*NR*的转换关系为

当$L_A<75$dB（A）时　　$L_A \approx 0.8NR+18$

当$L_A>75$dB（A）时　　$L_A \approx NR+5$

9.1.2　噪声及其基本测量方法

1. 噪声的物理量度

（1）声功率、声强和声压。

1）声功率（*W*）。声功率是指单位时间内，声波通过垂直于传播方向某指定面积的声能量。在噪声监测中，声功率是指声源在单位时间内发出的总声能，单位为W。

2）声强（*I*）。声强是指单位时间内，声波通过垂直于声波传播方向单位面积的声能量。单位为W/m^2。通过点声源影响半径*r*的球面声强$I_r=\dfrac{W}{4\pi r^2}$。

3）声压（*P*）。声波在空气中传播时，使空气时而变密，时而变稀，空气变密时压力增加，空气变稀时压力降低。引起大气的变化量称为声压，用*P*表示，单位为Pa。声波在空气中传播时形成密集和稀疏交替变化，所以压力增值是正负交替的。但通常讲的声压取均方根值，称为有效声压，故实际上总是正值。对于球面波和平面波，声压与声强的关系为

$$I=P^2/\rho c \tag{9-1}$$

式中　ρ——空气密度；

　　　c——声速。

（2）分贝、声功率级、声强级和声压级。

1）分贝。人们日常生活中听到的声音，若以声压值表示，由于变化范围非常大，可以达6个数量级以上，同时由于人体听觉对声信号强弱刺激反应不是线性的，而是成对数比例关系。所以采用分贝来表达声学量值。所谓分贝是指两个相同的物理量（如A_1和A_0）之比取以10为底的对数并乘以10（或20），分贝符号为“dB”，它是无量纲的，即

$$N=10\lg(A_1/A_0) \tag{9-2}$$

式中　A_0——基准量（或参考量）；

　　　A_1——被量度量。

被量度量与基准量之比取对数，这个对数值称为被量度量的“级”。

2）声功率级。声功率级可表示为

$$L_w = 10\lg (W/W_0) \tag{9-3}$$

式中 L_w——声功率级，dB；

W——声功率，W；

W_0——基准声功率，10^{-12}W。

3）声强级。声强级可表示为

$$L_I = 10\lg (I/I_0) \tag{9-4}$$

式中 L_I——声强级，dB；

I——声强，W/m^2；

I_0——基准声强，10^{-12}W/m^2。

4）声压级。声压级可表示为

$$L_P = 20\lg(P/P_0) \tag{9-5}$$

式中 L_P——声压级，dB；

P——声压，Pa；

P_0——基准声压，2×10^{-5}Pa，该值是1000Hz的声音，是人耳刚能听到的最低声压，也称为听阈声压。

（3）响度和响度级。

响度（N）：响度是人耳判别声音由轻到响的强度等级概念，它不仅取决于声音的强度（如声压级），还与它的频率及波形有关。响度的单位为“宋”，1宋定义为声压级为40dB，频率为1000Hz，且来自听者正前方平面波形的强度。如果另一个声音听起来比1宋的声音大n倍，即该声音的响度为n宋。

响度级（L_N）：响度级是建立在两个声音主观比较基础上的。定义1000Hz纯音声压级的分贝值为响度级的数值，任何其他频率的声音，当调节1000Hz纯音的强度使之与这声音一样响时，则这1000Hz纯音的声压级分贝值就定为这一声音的响度级值。响度级用L_N表示，单位是“方”。如果某噪声听起来与声压级为120dB，频率为1000Hz的纯音一样响，则该噪声的响度级就是120方响度与响度级的关系。根据大量的实验得到，响度级每改变10方，响度加倍或减半。它们的数学关系式为

$$N = 2^{(L_N - 40)/10} \text{或} L_N = 40 + 33\lg N \tag{9-6}$$

（4）计权网络。为了能用仪器直接反映人主观响度感觉，在噪声测量仪器——声级计中设计了一种特殊滤波器，称为计权网络。通过计权网络测得的声压级，已不再是客观物理量的声压级，而称为计权声压级或计权声级，简称声级。通用的有A、B、C、D四种计权声级。

（5）等效连续声级。A计权声级能够较好地反映人耳对噪声的强度与频率的主观感觉，因此对于一个连续的稳态噪声，它是一种较好的评价方法，但对于一个起伏的或不连续的噪声，A计权声级就显得不合适了。例如，交通噪声随车流量和种类而变化，或者，一台机器工作时其声级是稳定的，但由于它是间歇工作，与另一台声级相同但连续工作的机器对人的影响就不一样。因此提出了一个用噪声能量按时间平均方法来评价噪声对人影响的问题，即等效连续声级L_{eq}。它是用一段相同时间内声能与之相等的连续稳定的A声

级来表示该段时间内噪声的大小。例如，有两台声级为 85dB 的机器，第 1 台连续工作 8h，第 2 台间歇工作，其有效工作时间之和为 4h。显然作用于操作工人的平均能量前者比后者大一倍。因此，等效连续声级反映在声级不稳定的情况下，人实际所接受噪声能量的大小，它是一个用于表达随时间变化的噪声的等效量，即

$$L_{eq} = 10\lg[l/T\int_0^T 10^{0.1L_A}\mathrm{d}t] \tag{9-7}$$

式中　L_A——某时刻 t 的瞬时 A 声级，dB；

r——规定的测量时间，s。

如果数据符合正态分布，则可用近似为

$$L_{eq} \approx L_{50} + d^2/60 \tag{9-8}$$

$$d = L_{10} - L_{90}$$

式中　L_{10}——测量时间内，10%的时间超过的噪声级，相当于噪声的平均峰值；

L_{50}——测量时间内，50%的时间超过的噪声级，相当于噪声的平均值；

L_{90}——测量时间内，90%的时间超过的噪声级，相当于噪声的背景值；

d——噪声的起伏程度。

累积百分声级 L_{10}、L_{50} 和 L_{90} 的计算方法有两种：一种是在正态概率纸上画出累积分布曲线，然后从图中求得；另一种简便方法是将测定的一组数据（如 100 个），从小到大排列，第 10 个数据即为 L_{90}，第 50 个数据即为 L_{50}，第 90 个数据即为 L_{10}。

2. 噪声的叠加和相减

（1）噪声的叠加。两个以上独立声源作用于某一点，将产生噪声的叠加。声能量是可以代数相加的。设两个声源的声功率分别为 W_1 和 W_2，那么总声功率 $W_{总} = W_1 + W_2$。而两个声源在某点的声强为 I_1 和 I_2 时，叠加后的总声强 $I_{总} = I_1 + I_2$。但声压不能直接相加。两个声源作用于某点的声压级与该点总声压级的关系为

$$L_P = 10\lg[10^{L_{P1}/10} + 10^{L_{P2}/10}] \tag{9-9}$$

式中　L_P——总声压级，dB；

L_{P1}——声源 1 的声压级，dB；

L_{P2}——声源 2 的声压级，dB。

如果 $L_{P1} = L_{P2}$，即两个声源的声压级相等，则总声压级为

$$L_P = L_{P1} + 10\lg 2 \approx L_{P1} + 3\ (\mathrm{dB}) \tag{9-10}$$

也就是说，作用于某一点的两个声源声压级相等，其合成的总声压级比一个声源的声压级增加 3dB。当声压级不相等时，按式（9-9）计算较麻烦。两噪声声源叠加曲线图如图 9-2 所示，分贝和的增值表见表 9-1。此时可以利用图 9-2 或表 9-1 查值来计算。方法是：设 $L_{P1} > L_{P2}$，以 $L_{P1} - L_{P2}$ 值按表或图查得 ΔL_P，则总声压级：$L_{P总} = L_{P1} + \Delta L_P$。

表 9-1　分贝和的增值表

$L_{P1} - L_{P2}$	0	1	2	3	4	5	6	7	8	9	10
增值 ΔL_P	3.0	2.5	2.1	1.8	1.5	1.2	1.0	0.8	0.6	0.5	0.4

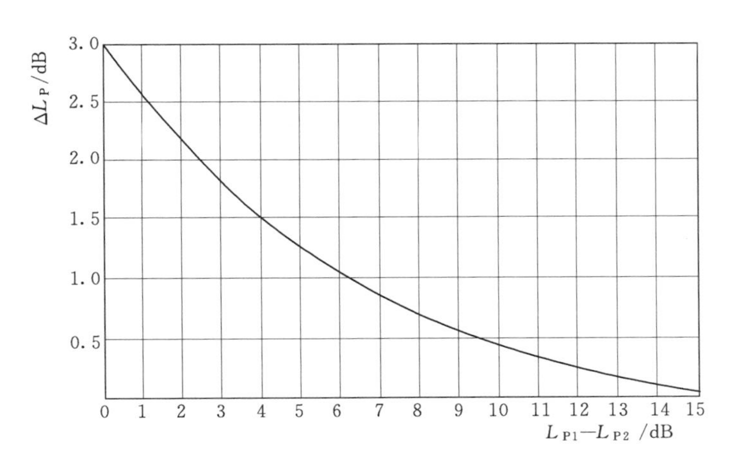

图 9-2 两噪声声源叠加曲线图

（2）噪声的相减。噪声测量中经常遇到如何扣除背景噪声问题，这就是噪声相减问题，通常是指噪声源的声级比背景噪声高，但由于后者的存在使测量读数增高，需要减去背景噪声。背景噪声修正曲线如图 9-3 所示，方法是：以 L_P-L_{P1} 值为横坐标，按图 9-3 查得 ΔL_P，则 $L_{P2}=L_P-\Delta L_P$。

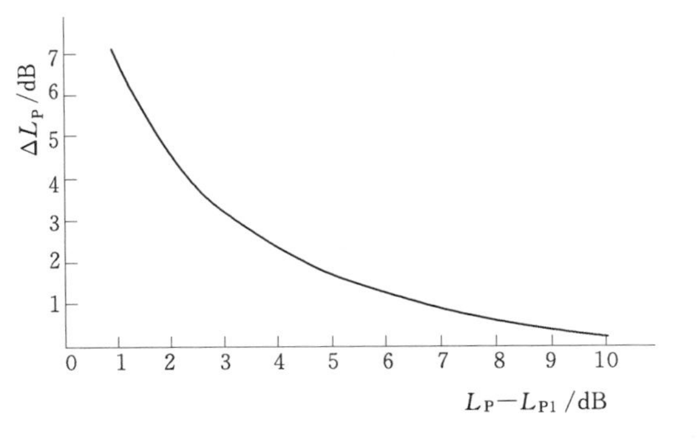

图 9-3 背景噪声修正曲线

3. 风电机组噪声测量仪器

了解噪声测量仪器的基本结构和工作原理，掌握仪器的功能和适用场合，学会仪器的正确使用方法，并能判别和排除仪器的常见故障，是噪声测试人员必须具备的最基本技能。噪声测量仪器的测量内容有噪声的强度，主要是声场中的声压，至于声强、声功率的直接测量较麻烦，故较少直接测量；其次是测量噪声的特征，即声压的各种频率组成成分。风电机组噪声测试常用的声学仪器有等效连续 A 计权声级计、频谱测试仪、声音校准仪、带有底板和防护罩的传声器、自动记录仪、录音机和实时分析仪等。另外，还需要一些辅助的非声学设备，如风速仪、电功率传感器、风向传感器、温度计、气压计、照相机及测量距离用的设备等。

（1）等效连续 A 计权声级计的工作原理。声压大小经传声器转换成电压信号，此信号经前置放大器放大后，从显示仪上指示出声压级的分贝数值。A 计权声级计工作原理框图如图 9-4 所示。数字式 A 计权声级计如图 9-5 所示。

风电机组噪声测试等效连续 A 计权声级计应能满足《平均噪声剂量计》（IEC 60804—2000）中 1 类声级计的要求，传声器直径应不大于 13mm。

（2）其他噪声测量仪器。

1）频谱测试仪：频谱测试仪是测量噪声频谱的仪器，它的基本组成大致与声级计相似，只是设置了完整的计权网络（滤波器）。借助于滤波器的作用，可以将声频范围内的

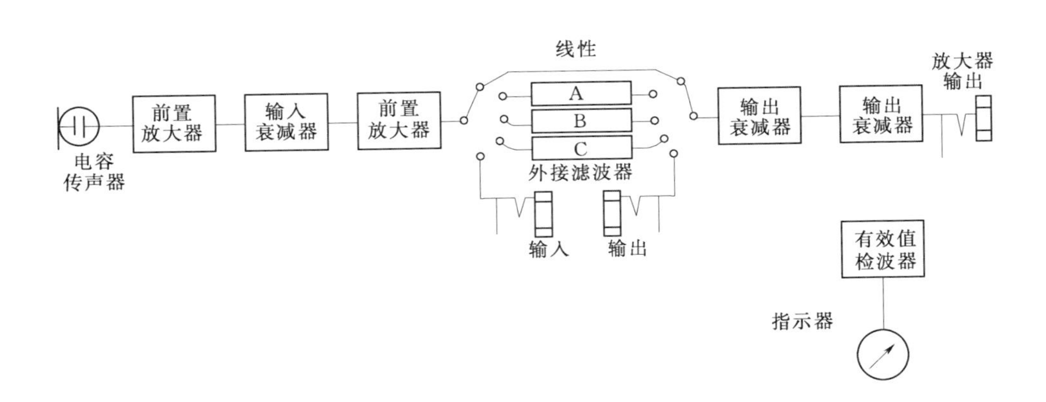

图 9-4　A 计权声级计工作原理框图

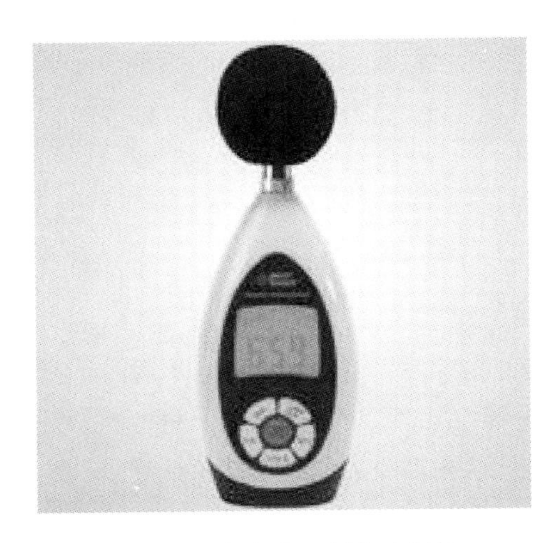

图 9-5　数字式 A 计权声级计

频率分成不同的频带进行测量。一般情况下，都采用倍频程划分频带。

在风电机组噪声测试中，《风力发电机组　噪声测量方法》（GB/T 22516—2008）规定，频谱测试仪使用 1/3 倍频程带频谱测试仪，该仪器除了Ⅰ类声级计要求外，该仪器还至少应有45～11200Hz 的频率范围，滤波器应满足《电声学　倍频程和分数倍频程滤波器》（GB/T 3241—2010）中 1 级滤波器的要求。如果对噪声要进行更详细的频谱分析，可用 1/3 频程划分频带。在没有专用的频谱分析仪时，也可以把适当的滤波器接在声级计上进行频谱分析。1/3 倍频程带中的等效连续声压级同 50Hz～10kHz 中心频率同步确定。它可能与风电机组低频噪声辐射测量有关，此时需要宽的频率范围，其频率范围参见 GB/T 22516—2008 附录 A。

2）自动记录仪：在现场噪声测量中，为了迅速、准确、详细地分析噪声源的特性，常把声级频谱仪与自动记录仪连用。自动记录仪与声级计或频谱分析仪联合使用时，可以连续测量、记录声级与频谱，并能将噪声随时间的变化情况记录下来。风电机组噪声测试使用的自动记录仪应满足《声级计》（IEC 60651—1979）中的 1 类仪器的要求。

3）录音机：在噪声测量中，用声级计或频谱分析仪往往不能把噪声的全部情况（如瞬时噪声）测试出来。为获得噪声的全部情况，可先用磁带录音机将噪声录制下来，然后在实验室中进行测定和研究。风电机组噪声测试使用的录音机应满足 IEC 60651—1979 中的 1 类仪器的要求。

4）实时分析仪：实时分析仪是一种数字式谱线显示仪，能把测量范围内的输入信号在极短时间内同时反应在一系列信号通道显示屏上，通常用于较高要求的研究、测量。风电机组噪声测试使用的实时分析仪应满足 IEC 60651—1979 中的 1 类仪器的要求。

5）声音校准仪：完整的声学测量系统包括录音、数据记录或计算系统，能够用传声器上的声学校准仪在测量之前和之后立即进行一次或多次校准。该校准仪应满足《电声学 音响校准器》（IEC 60942—2003）中 1 类仪器的要求，而且还可用于特定环境中。

9.1.3 噪声检测的标准

风电机组噪声检测方法标准主要是 GB/T 22516—2008，该标准基本等同于 IEC 61400—11—2002。该标准规定了风电机组噪声的测量方法、测量仪器、测量和测量程序、数据处理程序和报告内容，适用于所有风电机组的噪声测量与比对。

在风电机组噪声测量方法中，该标准规定了风电机组噪声的测量、分析和记录的方法，说明了仪器配置和标定的要求，以确保声音和非声音测量的精确性和一致性，同时也说明了与声音辐射有关的大气条件定义所需的非声音测量。阐述了所有需要测量和记录的参数，以及获得这些参数所需的数据简化方法。

该标准规定的方法可测量单台风电机组从 6～10m/s 整数风速时的视在 A 计权声功率级、频谱和音值。此外还可以确定指向性。

另外，对于风电场运行噪声测试，可参照的标准是《风电场噪声限值及测量方法》（DL/T 1084—2008）。该标准规定了风电场运行时的噪声限值和测量方法，适用于风电场项目规划、设计和运行管理的噪声评价、竣工验收、日常监督的噪声监测。

在该标准中，根据风电场所在的不同位置划分了不同的区域，不同区域给出了不同的噪声限值标准。

（1）0 类区域。0 类区域指位于城市或乡村的康复疗养区、高级住宅区，以及各级人民政府划定的野生动物保护区（指核心区和缓冲区）等特别需要安静的区域。

（2）1 类区域。1 类区域指城市或乡村中以居民住宅、医疗卫生、文化教育、科研设计、行政办公为主等需要保持安静的地区，也包括自然或人文遗迹、野生动物保护区的实验区、非野生动物类型的自然保护区、风景名胜区、宗教活动场所等具有特殊社会福利价值的需要保持安静的区域。

（3）2 类区域。2 类区域指城市或乡村中以商业物流、集市贸易为主，或者工业、商业、居住混杂，需要维护住宅安静的区域。

（4）3 类区域。3 类区域指城市或乡村中的工业、仓储集中区等，需要防止工业噪声对周围环境产生严重影响的区域。

（5）4 类区域。4 类区域指交通干线两侧的区域、远离居民区的空旷区域、戈壁滩等对噪声不敏感的区域。

标准 DL/T 1084—2008 规定了不同区域类别的噪声应不超过的限值风电场噪声限制见表 9-2。该标准的噪声测试方法与 GB/T 22516—2008 中的方法大同小异，只是在仪器要求上没有那么严格，具体参见 DL/T 1084—2008 中测量方法部分。

表 9-2 风电场噪声限制

声环境功能区	噪声限制/dB		声环境功能区	噪声限制/dB	
	昼 间	夜 间		昼 间	夜 间
0 类区域	50	40	3 类、4 类区域	65	55
1 类区域	55	45	其他区域	65	65
2 类区域	60	50			

9.1.4 噪声测试方案的设计

依据 GB/T 22516—2008 和 DL/T 1084—2008 试验的技术要求和指标，针对我国目前引进的和国产化的风电机组，以及我国风电场气候特征、地形地貌和风场管理模式等特殊环境要求，选用满足标准要求的噪声测试系统，进行风电机组噪声测试方案的设计。

一个完整的风电机组噪声测试方案设计可参照 GB/T 22516—2008 进行设计，下面简要介绍测试方案包括的内容。

1. 试验场地

试验场地包括风电机组场地及其附近和测量位置的下列自然环境资料：

（1）场地详细情况，包括场地位置、场地地图和其他相关资料。

（2）周围地带（最近 1km）的地形（崎岖的、平坦的、悬崖、山等）。

（3）地表特征（如草地、砂地、树木、灌木丛、水面）。

（4）附近反射物体，如建筑物或其他物体、山崖、树木、水面。

（5）附近可能影响背景噪声级的其他声源，如其他风电机组、公路、工业区、机场等。

（6）还需要两张照片：一张从基准传声器沿风电机组方向，另一张从测风杆朝向风电机组方向。

2. 被测风电机组

在测试方案中，需要明确是测整个风电场噪声还是测单台风电机组噪声，风电机组的制造厂家、型号、编写和主要技术参数。

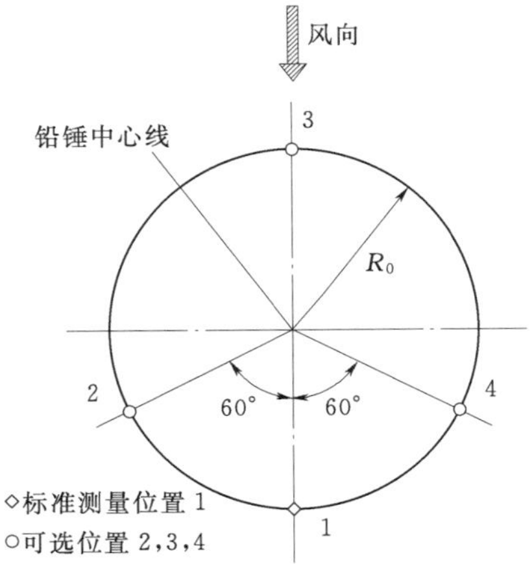

3. 测试仪器

在测试方案中，要求根据试验场地并能根据 GB/T 22516—2008 仪器要求选择测试仪器。在方案中，要求有仪器的制造厂商；仪器名称和型号；编号；其他相关资料（如最近标定日期）；测量时风速仪的位置和高度；次级防风罩（如果有）的影响。

4. 测试仪器位置

（1）声音测量位置：传声器放在 1 个基准位置和 3 个可选位置进行测量，这 4 个位置应围绕风电机组塔架垂直中心分布，传声器测量位置标准布局如图 9-6 所示。定义下风向测量位置为基准位置。在测量时，各位置相对于风向的偏差应在 ±15°以

图 9-6 传声器测量位置标准布局（俯视图）

内，以风电机组塔架垂直中心到各传声器位置的水平距离为 R_0，允许偏差为20%，测量精度为±2%。

水平轴风电机组基准距离 R_0 计算公式为

$$R_0 = H + \frac{D}{2} \tag{9-11}$$

垂直轴风电机组基准距离 R_0 计算公式为

$$R_0 = H + D \tag{9-12}$$

式中　H——从地面到风轮赤道平面的垂直距离，m；

D——风轮赤道直径，m。

(2) 风速风向的测量位置：检测用的风速仪和风向标应该安装在风电机组的上风向，高度在10m到风轮中心之间。风向传感器应放在风轮中心 $2D$～$4D$ 距离之间。安装角度 β 计算公式为

$$\beta = \frac{z - z_{\text{ref}}}{H - z_{\text{ref}}}(\beta_{\max} - \beta_{\min}) + \beta_{\min} \tag{9-13}$$

5. 测试方法

测试方案依据GB/T 22516—2008标准制定，在此不再赘述。

9.2 振动、冲击测试

9.2.1 振动与冲击

1. 振动与冲击的联系与区别

许多文献对振动作了多种多样的描述。在此仅针对风电机组振动冲击检测所要讨论的内容，明确一些命题，以便作为讨论的统一基础。

(1) 振动。振动是指物体相对于其当前平衡位置的交变运动。也许当前平衡位置正在慢速变化着，将其相对于该平衡位置的、变化更快的往复运动叫做振动。振动是指交变运动，单向运动则是平动。

(2) 相对振动和绝对振动。相对振动是指物体相对其参照点的交变运动。将包括参照点振动在内的物体总振动称为绝对振动。但所谓绝对振动也存在相对性，“总的运动”虽然局部定义为绝对振动，但它也是相对地球而言的。在风力发电领域，将所有相对地球的振动和运动简称为绝对振动和绝对运动。

在风电机组上，有时需要讨论绝对振动，有时候需要讨论相对振动。例如，机器机闸的振动、塔架和底座的振动通常是指绝对振动和运动。而柔性轴的振动，通常是指它相对底座的或相对机器的振动。

(3) 振动和冲击。振动常指柔和的、连续的、变化速度较慢的交变运动。而冲击则是指突变的、阶跃式的，或者变化特别快而短暂的运动。冲击可以是非常短暂的瞬时振动。

2. 振动与共振

物体均具有其自身固有的不为人的意志为转移的规律。机械或其组合结构的固有规律

之一是具有其“固有频率”，其特征是，当外部作用于它的振动频率等于它的固有频率时，就发生比外部振动更大的振动（响应），这就是物体的共振。

外部作用于机械的振动，是通过力传递的。

不仅同频率的振动能够激起机械的共振，而且冲击也能激发机械的共振，称为广义共振。其共同点是，共振与广义共振的频率是相同的。

风电机组振动的特征之一是传动链的传动比很大（约为 100），而转速最高的发电机端的最高转速一般不超过 1800r/min，发电机运行的最低转速不低于 900r/min，这就决定了高转速部件经常使用的转速频率范围为 15～30Hz，而低转速部件（如叶轮）的转速频率范围则为 0.15～0.3Hz。对于高速部件的振动需要检测到转频的 6 阶，最高检测频率达到 180Hz；由于机器的齿轮啮合振动频率至少达到高速转的转速频率与高速齿轮齿数的乘积，如齿数为 30，则啮合频率达到 180×29＝5220Hz；轴承运转振动的频率也能达到约 10 倍转速频率；于是，振动检测的高频范围便扩展到约 5000Hz。而对于最低转速部件的振动，也需要检测到其转速频率的 1 阶，则最低检测频率需要达到 0.15Hz。上述频率范围的振动称为“常规振动”。

风电机组振动检测通常检测绝对振动，只有少数部件需要检测相对振动。

所谓绝对振动，是指以地球为参照的振动；通常采用惯性传感器（如压电加速度传感器、惯性摆式电容传感器等）实现检测。主要用于在不旋转的部件上检测旋转部件的各种因素（如不平衡、不对中、共振、安装基础松弛、齿轮啮合不良等）所引起的振动。

所谓相对振动，是指以风电机组的某一个部件（如底座）为参照，检测另一个部件（如柔性联轴器的轴）相对于参照部件的振动，通常采用相对位移传感器实现检测，如电涡流式位移振幅传感器、相对电容式传感器等。主要用于以不旋转的部件为参照检测旋转部件（被测体）的暴露轴系因各种因素导致的相对振动特征（如轴的某一截面的轴心相对振动幅度、轴心运动轨迹，以及两个截面的相对振动相位等）。

3. 振动的 4 个基本物理量及其数学关系

振动是运动的形式之一。

运动学定义了 3 个基本的物理量，即加速度 a，m/s^2；速度 v，m/s：位移 x，m。

振动是指相对于一个平衡位置的交变运动。为了描述交变运动的需要，引进了一个新的物理量，即频率 f。对于规则的交变（如正弦、脉冲方式等），其每秒交变的次数就是频率 f。

运动学对于上述 3 个物理量的函数关系定义如下：

设运动加速度为 a，则有运动的速度 v 和位移 x 为

$$v=\int a\mathrm{d}t$$

$$x=\int v\mathrm{d}t=\iint a\mathrm{d}t\mathrm{d}t \tag{9-14}$$

为了使振动 3 个基本物理量的表述有别于运动学的相应物理量，体现交变的含义，它们的表达标号分别是：

加速度 $a=A\times F(f)$，单位为 m/s^2。

速度 $v=V\times F(f)$，单位为 m/s。

位移 $x=X\times F(f)$，单位为 m。

为了区分直线位移与振动交变的位移，常将振动位移称为“振幅”。

基于运动学定义的 3 个物理量的函数关系，对于正弦振动，进一步得到这 3 个基本物理量经由交变描述物理量“频率 f”联系的量值关系表达式，即设正弦振动的峰值加速度为 A，则按正弦规律以交变频率 f 振动的加速度 a、速度 v 和位移 x 为

$$\begin{cases} a=A\sin(2\pi ft) \\ v=\int a\mathrm{d}t=\dfrac{A}{2\pi f}\cos(2\pi ft) \\ x=\int v\mathrm{d}t=\iint a\mathrm{d}t\mathrm{d}t=-\dfrac{A}{(2\pi f)^2}\sin(2\pi ft) \end{cases} \tag{9-15}$$

在评估振动检测传感器的动态范围、测量仪器的动态范围和确定输出的物理量时，经常需要以正弦振动的频率与各物理量的量值来讨论。于是常将上述函数表达式中的正弦、余弦函数表达的“旋转因子”略去，而只用其量值关系。当正弦振动的峰值加速度为 a 时，振动的峰值速度 V 和峰值位移（振幅）X 为

$$A=A,V=\frac{A}{2\pi f},X=\frac{A}{(2\pi f)^2} \tag{9-16}$$

例如，塔架的广义共振频率为 $f=0.5\text{Hz}$，最大振幅峰值 $X=0.5\text{m}$，则检测该振动的惯性摆式电容传感器的加速度测量范围至少应达到

$$A=X(2\pi f)^2=0.5\times(2\pi\times0.5)^2=4.9348\text{m/s}^2=0.503g$$

这就是选择塔架振动传感器量程范围的根据。例如，选择量程为 ±1.7g 传感器即可满足使用要求。

9.2.2 振动测试与分析

9.2.2.1 振动测量的一般要求

1. 传感器位置选择原则

在确定传感器位置前，必须确定应监测的以下参数：

（1）机器座的绝对振动。

（2）机器相对于机器座的振动。

（3）机器运行时，轴相对于机器座的位置。

（4）轴的绝对运动。

传感器通常安装在轴承或靠近轴承座的地方。但若其他传感器安装位置可以实现检测目标，也可以安装在其他位置，例如：①在最可能提供振动最大值的位置上；②在固定部件和旋转部件之间间隙小，可能发生碰撞、摩擦的位置上。

无论选用什么平面进行振动测量，传感器应位于最可能提供磨损和失效早期征兆的角度位置上。

2. 传感器安装

机器振动的准确测量主要取决于将运动准确地传递至传感器。安装固定传感器较好的方法是刚性的机械紧固，通常在传感器和机器上钻孔攻丝，用螺栓把两者连接起来。螺栓安装能传递高频信号，信号损失小或没有损失。安装传感器的机器表面应光滑、平整和清

洁，还可以在所有的配合面上涂一层薄薄的硅油脂或等效物，以改善响应信号特别是高频信号的传递能力。

如果不能或不方便使用螺栓安装，一种方法可用黏结剂将传感器固定到机器表面。应使用固化时刚度大的黏结剂，而不用弹性黏结剂，因为后者会降低信号传递的保真度。另一种普遍使用的非侵入式传感器固定方法是使用磁座。安装表面的平整度是使用本方法的关键，所以在安装前必须对安装表面进行打磨。为了进一步增加传感器与安装平面的接触，减小信号传递过程中的损失，也可以在安装平面上加涂刚度大的黏结剂。

使用黏结剂或磁座的方法仅能承受有限的频率、温度和幅值。因此，在状态监测时应视被测对象的实际情况使用。

在旋转机械中，机组能否正常运行主要取决于转子能否正常运转。因此，对于大型旋转设备来说，可以从监测转轴的振动来发现故障。当发生故障时，转轴振动的变化比轴承座要敏感，因为油膜轴承具有较大的轴承间隙，油膜的阻尼起到了抑制振动的作用，尤其是当支承系统的刚度较大时，转轴的振动有时甚至比轴承座的振动大几倍到十几倍。由此可见，监测转轴比测试轴承座或机壳的振动信息更为直接和有效。因此，对于大型旋转设备来讲，振动测试的主要对象应是转动部件，即转轴。

（1）转轴的振动测量：测量转轴的振动时，一般是测量转轴的径向振动。通常是在一个平面内相互垂直的两个方向上分别安装一个非接触式电涡流传感器，传感器最常见的分布方式为水平方向（X探头）和垂直方向（Y探头）。探头的安装应尽量靠近轴承，否则由于轴的挠度影响，得到的测量值将包含误差。

实际应用中，监测转轴的振动要比测量轴承座或外壳的振动更为困难，因为非接触式电涡流传感器在安装时需要在设备外壳上开孔，并且传感器与转轴之间不能有其他部件。所以在振动检测时，虽然测量转轴的振动是首选，但在不具备条件的情况下也可以测量外壳或轴承座的振动情况。

（2）外壳（轴承座）的振动测量：测量外壳的振动时，一般需要在3个方向测量，即水平方向（X）、垂直方向（Y）和轴向方向（Z），这是因为不同的故障在不同的方向上有不同的反映。例如，不平衡故障在水平方向上的振动明显，而不对中故障则在轴向方向上的振动明显。

一般情况下，测点数量及方向的确定应考虑以下原则：能对设备振动状态做出全面描述，尽可能选择机器振动的敏感点；测量位置应尽量靠近轴承的承载区，与被监测的转动部分最好只有一个界面，尽可能避免多层相隔，使振动信号在传递过程中减少中间环节和衰减量；测量点必须有足够的刚度，轴承座底部和侧面往往是较好的测量点。

9.2.2.2　振动监测参数及标准

1. 振动监测的参数类型

振动可以很方便地用直线或角度的振幅、速度或加速度的形式量化，所以在振动测试中，习惯用振幅、速度、加速度3种类型的参数来描述振动。为了区分转轴振动检测中同时存在的交变振动与平动位移，本书将交变运动的长度量值称为“振幅”，而将直线平动的长度量值称为“位移”。一般情况下，在低频区（10Hz以下）以振幅作为振动标准，

中频区（10Hz～1kHz）以速度作为振动标准，高频区（1kHz 以上）以加速度作为振动标准。另外，根据测量位置来分，监测机器固定部件的振动状态，一般以速度作为振动标准。监测旋转部件的相对位置和运动，一般以振幅作为振动标准。滚动轴承和齿轮箱的状态监测中可能存在高频故障，所以一般以加速度作为振动标准。

对于许多机械来说，最佳监测参量是速度。因为振动部件的疲劳与振动速度成正比，而振动所产生的能量与振动速度的平方成正比，由于能量传递的结果造成了磨损和其他缺陷，因此在振动诊断判定标准中，以速度为准是比较适宜的，这也是许多振动标准都用速度来规定的原因之一。有的标准也用相对振幅来衡量，其重点放在不平衡和不对中信号，而舍去了很大一部分其他成分的频谱。

2. 判定标准的分类

判断旋转机械设备振动是否正常的标准通常可分为 3 类，即绝对判定标准、相对判定标准和类比判定标准。对具体设备选用哪种判定标准必须充分探讨。

（1）绝对判定标准。同一部位的检测值与绝对标准比较，判定设备是处于良好、注意或不良状态。绝对标准是经过大量振动试验、现场振动测试及一定的理论研究而总结出来的标准，并且在规定了正确的测定方法后制定的，在使用时必须掌握标准的适用范围和测定方法。

（2）相对判定标准。同一部位定期检测。当机器设备运行在稳定、可接受状态时，测量和观察得到的数据和数据组作为基准振动数据，所有随后的测量将与基准值相比较以检测振动的变化。基准数据准确地表示了机器在正常运行模式下运行的初始稳定振动状态。对于具有多个运行状态的机器，有必要对其每种状态建立基准。新机器和大修后机器有一个磨合期，在运行的最初几天或几星期内一般会有变化。因此，应当在磨合期后再采集基准数据。已经运行相当长时间但首次监测的机器，仍要建立基准，并以此次监测作为趋势参考点。一般振动值为原始基准 2 倍时，需加强监测，低频振动增大到原始基准 4 倍时需检修，高频振动增大到原始基准 6 倍时需检修。

（3）类比判定标准。类比判定标准是指对若干同种设备在相同条件下，同一部位进行振动检测，并将振动值相互比较进行判断的标准。

绝对判定标准是在标准和规范规定的检测方法基础上制定的标准，因此必须注意其适用频率范围，并且必须按规定的方法进行振动检测。适用于所有部件的绝对判定标准是不存在的，因此一般都是兼用绝对判定标准、相对判定标准和类比判定标准，这样才能获得准确、可靠的诊断结果。

3. 振动诊断标准

通常情况下，只要振动不影响机器的正常运转和工作寿命，不产生过大的噪声，或者没有对周围环境产生太大影响，这些振动是被允许的。因此，为了衡量机器的运行质量就需要制定一个标准来确定允许的振动烈度，即确定振动烈度的界限。

振动烈度的定义为在机器表面的重要位置上所测得的振动速度的最大有效值。对于振动速度 $V(t)=V_p\cos\omega t$ 的简谐振动，其振动速度有效值为

$$V_{rms}=\sqrt{\frac{1}{T}\int_0^T V^2(t)\mathrm{d}t} \tag{9-17}$$

式中　T——简谐振动周期，$T=\frac{2\pi}{\omega}$。

如果机器的振动系由 N 个不同频率的简谐振动复合而成，则振动烈度为

$$V_{rms}=\sqrt{V_{1rms}^2+V_{2rms}^2+\cdots+V_{Nrms}^2} \tag{9-18}$$

式中　V_{1rms}，V_{2rms}，…，V_{Nrms}——N 个简谐分量的烈度。

ISO 2372 设备振动国际标准见表 9-3，规定了转速为 600～1200r/s 的机器在 10～1000Hz 的频率范围内机械振动烈度的范围，它将振动速度有效值在 0.11～71mm/s 的范围内分为 15 个量级，相邻两个量级相差 4dB。这是由于对大多数机器的振动来说，4dB 之差意味着振动响应有了较大的变化。有振动烈度量级的划分就可以用它表示机器的运行质量。为便于实用，将机器运行质量分成 4 个等级，具体如下：

（1）A 级。机械设备正常运转时的振级，此时称机器的运行状态“良好”。

（2）B 级。已超过正常运转时的振级，但对机器的工作尚无显著的影响，此种运行状态是“容许”。

（3）C 级。机器的振动已经到了相当剧烈的程度，机器只能勉强维持工作，此时机器的运行状态称为“可容忍”。

（4）D 级。机器的振动已经使得机器不能正常工作，此种机器的振级是“不允许”。

显然，不同的机械设备由于工作要求、结构特点、功率容量、尺寸大小及安装条件等方面的区别，其对应于各等级运行状态的振动烈度范围必然各不相同，对各种机械设备不能用同一标准来衡量，所以在实际运用中可根据实际情况进行适当调整。

以上四个运行状态级是常用的绝对判定方法，通常还需要兼用相对判定方法。

表 9-3　ISO 2372 振动质量评级标

<table>
<tr><th>振动烈度
/(mm·s⁻¹)</th><th>Ⅰ类</th><th>Ⅱ类</th><th>Ⅲ类</th><th>Ⅳ类</th></tr>
<tr><td>0.28</td><td rowspan="3">好</td><td rowspan="4">好</td><td rowspan="5">好</td><td rowspan="6">好</td></tr>
<tr><td>0.45</td></tr>
<tr><td>0.71</td></tr>
<tr><td>1.12</td><td rowspan="2">满意</td></tr>
<tr><td>1.8</td><td rowspan="2">满意</td></tr>
<tr><td>2.8</td><td rowspan="2">不满意</td><td rowspan="2">满意</td></tr>
<tr><td>4.5</td><td rowspan="2">不满意</td><td rowspan="2">满意</td></tr>
<tr><td>7.1</td><td rowspan="5">不允许</td><td rowspan="2">不满意</td></tr>
<tr><td>11.2</td><td rowspan="4">不允许</td><td rowspan="2">不满意</td></tr>
<tr><td>18</td><td rowspan="3">不允许</td></tr>
<tr><td>28</td><td rowspan="2">不允许</td></tr>
<tr><td>45</td></tr>
</table>

注： 1. Ⅰ类为小型电机（小于 15kW 的电动机）；Ⅱ类为中型机器（15～75kW 的电动机）；Ⅲ类为大型原动机（硬基础）；Ⅳ类为大型原动机（弹性基础）。

2. 测量速度有效值（RMS）应在轴承壳的三个正交方向上。

相对判定方法大致如下所述：

1）设备正常且处于稳定状态时，进行 N 次振动测量，测量值为 A_1，A_2，…，A_N。

2）计算它的平均值 μ 和标准偏差 σ，即

$$\mu=\frac{A_1+A_2+\cdots+A_N}{N} \tag{9-19}$$

$$\sigma=\sqrt{\sum_{i=1}^{N}\frac{(A_i-\mu)^2}{N}} \tag{9-20}$$

3）计算判定门限

$$A_e=\mu+3\sigma \tag{9-21}$$

以统计方法估计出的 A_e 为设备的注意量级。在一般情况下，危险量级约为注意量级的 3 倍

在低频领域（1kHz 以下）的危险量级：$A_d=3\mu+9\sigma$

在高频领域（10kHz 以上）的危险量级：$A_d=6\mu+18\sigma$

9.2.2.3 常见故障的常规振动分析

经过多年的现场故障诊断实践，研究者在机组振动故障特征方面积累了丰富的知识，对机械振动数据的故障诊断提出了很多经典的分析方法。

1. 不对中故障

（1）频域。包括：

1）轴向和径向在 1、2、3 倍频处有稳定的高峰，特别是 2 倍频分量。

2）径向振动信号以 1 倍频和 2 倍频分量为主，轴系不对中越严重，其 2 倍频分量就越大，多数情况下会超过 1 倍频。

3）轴向振动以 1 倍频分量幅值较大，幅值和相位稳定。

4）联轴节两侧相邻轴承的油膜压力反相关，一个油膜压力变大，另一个则变小。相位相差约 180°

5）4～10 倍频分量较小。

（2）时域。振动信号的原始波形是畸变的正弦波，以稳定的周期波形为主，每转出现 1 个、2 个或 3 个峰，没有大的加速度冲击现象。如果轴向振动和径向振动一样大或比径向大，则说明情况非常严重。

（3）轴心轨迹。呈香蕉形或 8 字形，正进动。

（4）振动对负荷变化较为敏感，一般振动幅值随负荷的增大而升高。

2. 不平衡故障

（1）频域：基频有稳定的高峰，谐波能最集中于基频，其他倍频振幅较小。

（2）时域：振动信号的原始波形为正弦波，其频率为转子工作频率，径向振动大。

（3）轴心轨迹：椭圆，正进动。

（4）振动强烈程度对工作转速的变化很敏感。

3. 滚动轴承故障

轴承的故障诊断与状态监测是风电机组故障诊断技术的重要内容。滚动轴承结构如图 9-7 所示。旋转机械的故障中轴承的损坏故障约占 30%。轴承的运行质量除包括轴承元

件本身的加工质量外，安装及装配对质量的影响也很大。滚动轴承故障表现为：

(1) 疲劳点蚀：因受滚动压应力。

(2) 磨损：因受压力又有与内外座圈的相对滑动。

(3) 腐蚀：润滑油中的水分与其他化学物质产生锈蚀。

(4) 裂纹：由于磨削或淬火作用而产生。

(5) 磨粒磨损：由于磨屑作用而磨损。

滚动轴承的故障的特征频率如下：

外环故障频率

$$f=\frac{z}{2}\left(1-\frac{d}{D}\cos\beta\right)R \tag{9-22}$$

内环故障频率

$$f=\frac{z}{2}\left(1+\frac{d}{D}\cos\beta\right)R \tag{9-23}$$

滚珠故障频率

$$f=\frac{D}{d}\left[1-\left(\frac{d}{D}\right)^2\cos^2\beta\right]R \tag{9-24}$$

保持架碰外环

$$f=\frac{1}{2}\left(1-\frac{d}{D}\cos\beta\right)R \tag{9-25}$$

保持架碰内环

$$f=\frac{1}{2}\left(1+\frac{d}{D}\cos\beta\right)R \tag{9-26}$$

式中　z——滚珠数；

R——轴的转速频率。

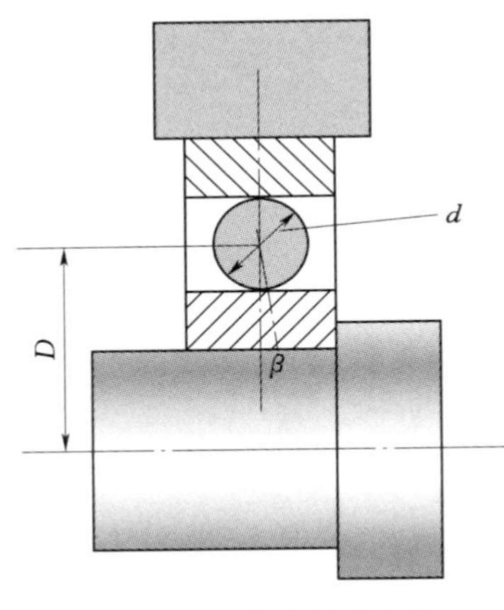

图 9-7　滚动轴承结构

D—节圆直径；d—滚珠直径；β—接触角

利用滚动轴承的振动信号分析诊断故障的方法可分为简易诊断法和精密诊断法两种。简易诊断的目的是为了初步判断被列为诊断对象的滚动轴承是否出现了异常；精密诊断的目的是进一步确认在简易诊断中被认为异常的轴承是否真的存在故障，并判断故障类别及原因。滚动轴承简易诊断法有振幅值诊断法、波形因数诊断法、波峰因数诊断法、概率密度诊断法、峭度系数诊断法等。

1) 振幅值诊断法。这里所说的振幅值是指峰值 X_p、均值 $\overline{X}$（对于简谐振动为半个周期内的平均值，对于轴承冲击振动为经绝对值处理后的平均值）及方均根值（有效值）X_{rms}。

这是一种最简单、最常用的诊断法，它是通过将实测的振幅值与判定标准中给定的值进行比较来诊断的。

峰值反映的是某时刻振幅的最大值，因而它适用于表面点蚀损伤类的具有瞬时冲击的故障诊断。另外，对于转速较低的情况（如 300r/min 以下），也常采用峰值进行诊断。

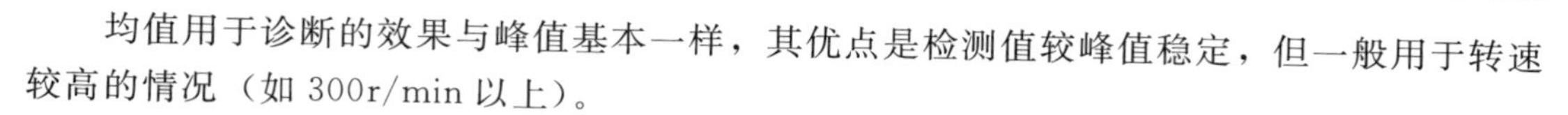

均值用于诊断的效果与峰值基本一样，其优点是检测值较峰值稳定，但一般用于转速较高的情况（如 300r/min 以上）。

方均根值是对时间平均的，因而它适用于磨损类的振幅值随时间缓慢变化的故障诊断。

2）波形因数诊断法。波形因数定义为峰值与方均根值之比（$X_p/\overline{X}$）。该值也是用于滚动轴承简易诊断的有效指标之一。当 $X_p/\overline{X}$ 值过大时，表明滚动轴承可能有点蚀；而 $X_p/\overline{X}$ 值较小时，则有可能发生了磨损。

3）波峰因数诊断法。波峰因数定义为峰值与方均根值之比（X_p/X_{rms}）。该值用于滚动轴承简易诊断的优点在于它不受轴承尺寸、转速及载荷的影响，也不受传感器、放大器等一次、二次仪表灵敏度变化的影响。该值适用于点蚀类故障的诊断。通过对 X_p/X_{rms} 值随时间变化趋势的监测，可以有效地对滚动轴承故障进行早期预报，并能反映故障的发展变化趋势。当滚动轴承无故障时，X_p/X_{rms} 为一较小的稳定值；一旦轴承出现了损伤，则会产生冲击信号，振动峰值明显增大，但此时方均根值尚无明显增大，X_p/X_{rms} 增大；当故障不断扩展，峰值逐步达到极限值后，方均根值则开始增大，X_p/X_{rms} 逐步减小，直至恢复到无故障时的大小。

4）概率密度诊断法。无故障滚动轴承振幅的概率密度曲线是典型的正态分布曲线；而一旦出现故障，概率密度曲线可能出现偏斜或分散的现象。

5）峭度系数诊断法。峭度（Kurtosis）β 定义为归一化的 4 阶中心矩，即

$$\beta = \frac{\int_{-\infty}^{+\infty} (x-\overline{x})^4 p(x)\mathrm{d}x}{\sigma^4} \tag{9-27}$$

式中 x——瞬时振幅；

$\overline{x}$——振幅均值；

$p(x)$——概率密度；

σ——标准差。

振幅满足正态分布规律的无故障轴承其峭度值约为 3。随着故障的出现和发展，峭度值具有与波峰因数类似的变化趋势。此方法的优点在于轴承的转速尺寸和载荷无关，主要适用于点蚀类故障的诊断。

滚动轴承的精密诊断主要采用频谱分析法。由于滚动轴承的振动频率成分十分丰富，既含有低频成分，又含有高频成分，而且每一种特定的故障都对应特定的频率成分。进行频谱分析之前，需要通过适当的信号处理方法将特定的频率成分分离出来，然后对其进行绝时值处理，最后进行频率分析，以找出信号的特征频率，确定故障的部位和类别。

4. 齿轮故障

齿轮故障形式多样，针对不同的齿轮故障具有以下特征：

（1）齿形误差。包括：①频谱，啮合频率及其倍频附近产生幅值小且稀疏的边频带；②解调谱，转频阶数较少，一般以一阶为主，振动能量有一定程度增大，包络能量有一定程度增大。

（2）齿轮均匀磨损。齿轮均匀磨损无明显调制现象，振动能量有较大幅度地增加，频谱、啮合频率及其各阶谐波幅值明显增大，且阶数越高，谐波增大的幅度越大。

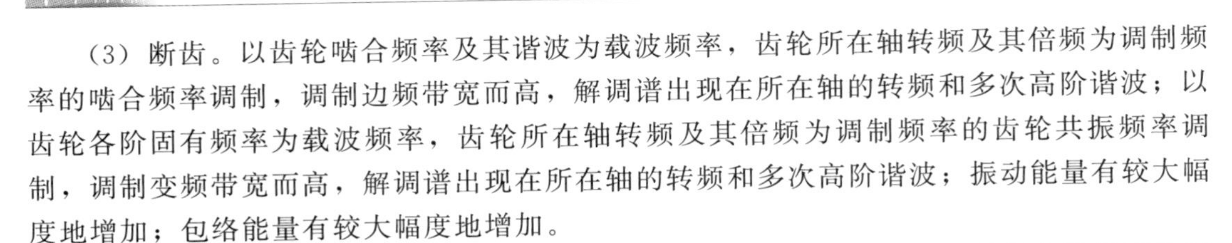

(3) 断齿。以齿轮啮合频率及其谐波为载波频率，齿轮所在轴转频及其倍频为调制频率的啮合频率调制，调制边频带宽而高，解调谱出现在所在轴的转频和多次高阶谐波；以齿轮各阶固有频率为载波频率，齿轮所在轴转频及其倍频为调制频率的齿轮共振频率调制，调制变频带宽而高，解调谱出现在所在轴的转频和多次高阶谐波；振动能量有较大幅度地增加；包络能量有较大幅度地增加。

齿轮的故障诊断一般先采用简易诊断，进行简易诊断的目的是迅速判断齿轮是否处于正常工作状态，对处于异常工作状态的齿轮进一步进行精密诊断分析或采取其他措施。最常用的齿轮简易诊断方法是振平诊断法和判定参数法。

1）振平诊断法。振平诊断法是利用齿轮的振动强度来判别齿轮是否处于正常工作状态的诊断方法。根据判定指标和标准不同，可分为两种方法，即绝对值判定法和相对值判定法。

绝对值判定法利用在齿轮箱同一点测得的振幅值直接作为评价运行状态的指标。用绝对值判定法进行齿轮状态识别，必须制定相应的绝对值判定标准，以使不同的振动强度对应不同的工作状态。

相对值判定标准要求，将在齿轮箱同一测点不同时刻测得的振幅与正常状态下的振幅相比较，当测量值和正常值相比达到一定程度时，判定为某一状态。例如，当相对值判定标准规定实际值达到正常值的 2 倍时要引起注意，达到 4 倍时则表示危险等。

2）判定参数法。判定参数是利用齿轮振动的速度信号或加速度信号来计算出某一特征量，根据其大小来判定齿轮所处工作状态的方法。

衡量设备振平值最直接的方法是计算信号的方均根值（也称为有效值），它能反映出一个设备的振动水平。类似的有量纲参数还有方根幅值、平均幅值、斜度及峭度等。不过这些有量纲参数值虽然会随故障的发展而上升，但也极易受工作条件如转速、载荷等的影响，有时很难加以区分。

为了便于诊断，常用无量纲参数作为诊断指标。它们的特点是对故障信息敏感，对信号的绝对大小和频率变化不敏感。这些无量纲参数有波形指标、峰值指标、脉冲指标、裕度指标、峭度指标等。这些指标各适用于不同的情况，没有绝对的优劣之分。

简易诊断只能给出齿轮工作异常的可能性。在实际工作中，为了进一步甄别齿轮的故障，还需要对齿轮进行精密诊断。精密诊断主要是根据齿轮故障特征对振动信号进行频谱分析，包括带傅里叶分析、倒频谱分析等，最终得出精密诊断结果。

以上的分析方法都是振动诊断领域内较为经典和常用的，它们对故障诊断非常有效。但是，其中的很多过程需要人工参与才能确定，而故障诊断技术的最终目标应该是由诊断设备实现全智能故障报警，但从轴承齿轮的精密诊断过程来看，FFT 频谱中的无关谱线太多，很容易掩盖故障特征谱，不利于软件自动报警的实现，这是振动信号自身局限性造成的。另外，随着转速的改变，各类故障特征谱的位置也会随之改变，这种不固定性同样会对智能诊断带来困难。因此，利用常规的振动分析方法来实现故障诊断技术的最终目标还需要相当长的时间。采用振动监测诊断方法监测某风电机组齿轮箱轴承振动频率情况如图 9-8 所示，振动监测系统显示轴承特征频率的某个频率以及这个频率的倍数频率幅值异常，说明产生该频率的零件处于故障状态。图 9-8 中显示风电机组齿轮箱轴承内圈频率（Ball Pass

Frequency on Inner race，BPFI）以及 BPFI 的倍数频率幅值超过正常值，接近上限，说明齿轮箱轴承内圈故障。右侧显示拆开齿轮箱，打开轴承观察到的内圈实际情况，显示轴承内圈有明显磨损和裂纹。

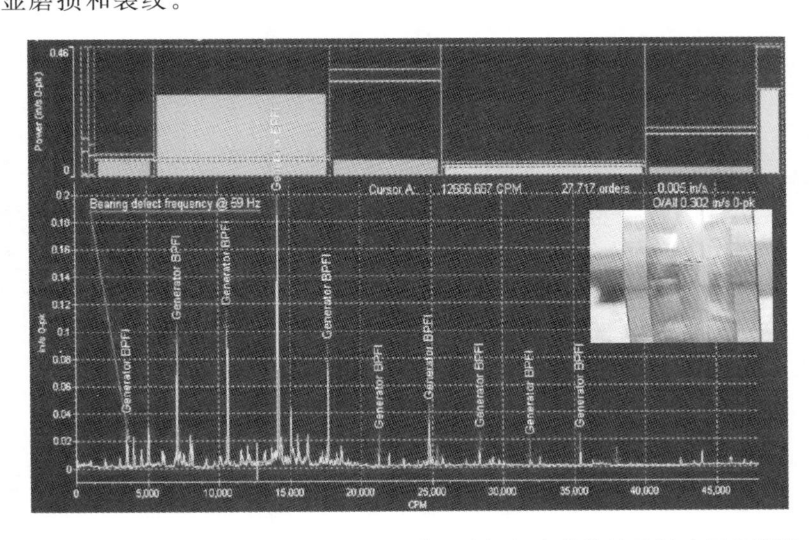

图 9-8 采用振动监测诊断方法监测某风电机组齿轮箱轴承振动频率情况

利用状态诊断软件采集信号，根据数据分析的结果，显示风电机组各个关键部件的运行状态是否正常，对有故障的部件给出显示，给出可能的故障原因和故障位置，诊断软件界面如图 9-9 所示。从数据分析可以得出，该状态监测与故障诊断系统可以直接应用于实际兆瓦级风电机组中，对运行中的风电机组进行实时和可靠的状态监测与故障分析，为风电机组的正常运行提供合理和可靠的保障机制。

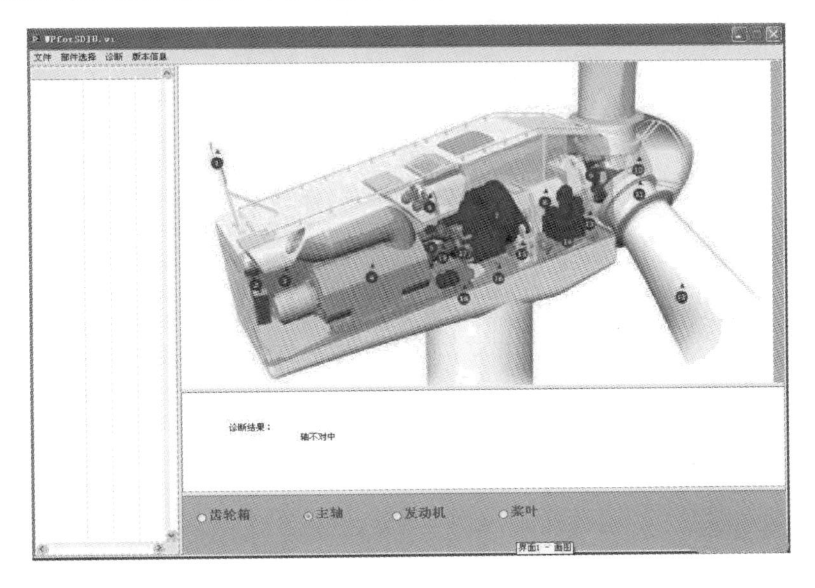

图 9-9 诊断软件界面

附表A 热电偶分度表

附表 A-1 铂铑 10-铂热电偶（S型）分度表（ITS-90）

温度/℃	0	10	20	30	40	50	60	70	80	90
	热电动势/mV									
0	0.000	0.055	0.113	0.173	0.235	0.299	0.365	0.432	0.502	0.573
100	0.645	0.719	0.795	0.872	0.950	1.029	1.109	1.190	1.273	1.356
200	1.440	1.525	1.611	1.698	1.785	1.873	1.962	2.051	2.141	2.232
300	2.323	2.414	2.506	2.599	2.692	2.786	2.880	2.974	3.069	3.164
400	3.260	3.356	3.452	3.549	3.645	3.743	3.840	3.938	4.036	4.135
500	4.234	4.333	4.432	4.532	4.632	4.732	4.832	4.933	5.034	5.136
600	5.237	5.339	5.442	5.544	5.648	5.751	5.855	5.960	6.065	6.169
700	6.274	6.380	6.486	6.592	6.699	6.805	6.913	7.020	7.128	7.236
800	7.345	7.454	7.563	7.672	7.782	7.892	8.003	8.114	8.255	8.336
900	8.448	8.560	8.673	8.786	8.899	9.012	9.126	9.240	9.355	9.470
1000	9.585	9.700	9.816	9.932	10.048	10.165	10.282	10.400	10.517	10.635
1100	10.754	10.872	10.991	11.110	11.229	11.348	11.467	11.587	11.707	11.827
1200	11.947	12.067	12.188	12.308	12.429	12.550	12.671	12.792	12.912	13.034
1300	13.155	13.397	13.397	13.519	13.640	13.761	13.883	14.004	14.125	14.247
1400	14.368	14.610	14.610	14.731	14.852	14.973	15.094	15.215	15.336	15.456
1500	15.576	15.697	15.817	15.937	16.057	16.176	16.296	16.415	16.534	16.653
1600	16.771	16.890	17.008	17.125	17.243	17.360	17.477	17.594	17.711	17.826
1700	17.942	18.056	18.170	18.282	18.394	18.504	18.612	—	—	—

附表 A-2 镍铬-镍硅热电偶（K型）分度表

温度/℃	0	10	20	30	40	50	60	70	80	90
	热电动势/mV									
0	0.000	0.397	0.798	1.203	1.611	2.022	2.436	2.850	3.266	3.681
100	4.095	4.508	4.919	5.327	5.733	6.137	6.539	6.939	7.338	7.737
200	8.137	8.537	8.938	9.341	9.745	10.151	10.560	10.969	11.381	11.793
300	12.207	12.623	13.039	13.456	13.874	14.292	14.712	15.132	15.552	15.974
400	16.395	16.818	17.241	17.664	18.088	18.513	18.938	19.363	19.788	20.214
500	20.640	21.066	21.493	21.919	22.346	22.772	23.198	23.624	24.050	24.476
600	24.902	25.327	25.751	26.176	26.599	27.022	27.445	27.867	28.288	28.709
700	29.128	29.547	29.965	30.383	30.799	31.214	31.214	32.042	32.455	32.866
800	33.277	33.686	34.095	34.502	34.909	35.314	35.718	36.121	36.524	36.925

续表

温度/℃	0	10	20	30	40	50	60	70	80	90
	热电动势/mV									
900	37.325	37.724	38.122	38.915	38.915	39.310	39.703	40.096	40.488	40.879
1000	41.269	41.657	42.045	42.432	42.817	43.202	43.585	43.968	44.349	44.729
1100	45.108	45.486	45.863	46.238	46.612	46.985	47.356	47.726	48.095	48.462
1200	48.828	49.192	49.555	49.916	50.276	50.633	50.990	51.344	51.697	52.049
1300	52.398	52.747	53.093	53.439	53.782	54.125	54.466	54.807	—	—

附表A-3 铂铑30-铂铑6热电偶（B型）分度表

温度/℃	0	10	20	30	40	50	60	70	80	90
	热电动势/mV									
0	−0.000	−0.002	−0.003	0.002	0.000	0.002	0.006	0.11	0.017	0.025
100	0.033	0.043	0.053	0.065	0.078	0.092	0.107	0.123	0.140	0.159
200	0.178	0.199	0.220	0.243	0.266	0.291	0.317	0.344	0.372	0.401
300	0.431	0.462	0.494	0.527	0.516	0.596	0.632	0.669	0.707	0.746
400	0.786	0.827	0.870	0.913	0.957	1.002	1.048	1.095	1.143	1.192
500	1.241	1.292	1.344	1.397	1.450	1.505	1.560	1.617	1.674	1.732
600	1.791	1.851	1.912	1.974	2.036	2.100	2.164	2.230	2.296	2.363
700	2.430	2.499	2.569	2.639	2.710	2.782	2.855	2.928	3.003	3.078
800	3.154	3.231	3.308	3.387	3.466	3.546	2.626	3.708	3.790	3.873
900	3.957	4.041	4.126	4.212	4.298	4.386	4.474	4.562	4.652	4.742
1000	4.833	4.924	5.016	5.109	5.202	5.2997	5.391	5.487	5.583	5.680
1100	5.777	5.875	5.973	6.073	6.172	6.273	6.374	6.475	6.577	6.680
1200	6.783	6.887	6.991	7.096	7.202	7.038	7.414	7.521	7.628	7.736
1300	7.845	7.953	8.063	8.172	8.283	8，393	8.504	8.616	8.727	8.839
1400	8.952	9.065	9.178	9.291	9.405	9.519	9.634	9.748	9.863	9.979
1500	10.094	10.210	10.325	10.441	10.588	10.674	10.790	10.907	11.024	11.141
1600	11.257	11.374	11.491	11.608	11.725	11.842	11.959	12.076	12.193	12.310
1700	12.426	12.543	12.659	12.776	12.892	13.008	13.124	13.239	13.354	13.470
1800	13.585	13.699	13.814	—	—	—	—	—	—	—

附表A-4 镍铬-铜镍（康铜）热电偶（E型）分度表

温度/℃	0	10	20	30	40	50	60	70	80	90
	热电动势/mV									
0	0.000	0.591	1.192	1.801	2.419	3.047	3.683	4.329	4.983	5.646
100	6.317	6.996	7.683	8.377	9.078	9.787	10.501	11.222	11.949	12.681
200	13.419	14.161	14.909	15.661	16.417	17.178	17.942	18.710	19.481	20.256

续表

温度/℃	0	10	20	30	40	50	60	70	80	90
	热电动势/mV									
300	21.033	21.814	22.597	23.383	24.171	24.961	25.754	26.549	27.345	28.143
400	28.943	29.744	30.546	31.350	32.155	32.960	33.767	34.574	35.382	36.190
500	36.999	37.808	38.617	39.426	40.236	41.045	41.853	42.662	43.470	44.278
600	45.085	45.891	46.697	47.502	48.306	49.109	49.911	50.713	51.513	52.312
700	53.110	53.907	54.703	55.498	56.291	57.083	57.873	58.663	59.451	60.237
800	61.022	61.806	62.588	63.368	64.147	64.924	65.700	66.473	67.245	68.015
900	68.783	69.549	70.313	71.075	71.835	72.593	73.350	74.104	74.857	75.608
1000	76.358	—	—	—	—	—	—	—	—	—

附表A-5 铁-铜镍（康铜）热电偶（J型）分度表

温度/℃	0	10	20	30	40	50	60	70	80	90
	热电动势/mV									
0	0.000	0.507	1.019	1.536	2.058	2.585	3.115	3.649	4.186	4.725
100	5.268	5.812	6.359	6.907	7.457	8.008	8.560	9.113	9667	10.222
200	10.777	11.332	11.887	12.442	12.998	13.553	14.108	14.663	15.217	15.771
300	16.325	16.879	17.432	17.984	18.537	19.089	19.640	20.192	20.743	21.295
400	21.846	22.397	22.949	23.501	24.054	24.607	25.161	25.716	26.272	26.829
500	27.388	27.949	28.511	29.075	29.642	30.210	30.782	31.356	31.933	32.513
600	33.096	33.683	34.273	34.867	35.464	36.066	36.671	37.280	37.893	38.510
700	39.130	39.754	40.382	41.013	41.647	42.288	42.922	43.563	44.207	44.852
800	45.498	46.144	46.790	47.434	48.076	48.716	49.354	49.989	50.621	51.249
900	51.875	52.496	53.115	53.729	54.341	54.948	55.553	56.155	56.753	57.349
1000	57.942	58.533	59.121	59.708	60.293	60.876	61.459	62.039	62.619	63.199
1100	63.777	64.355	64.933	65.510	66.087	66.664	67.240	67.815	68.390	68.964
1200	69.536	—	—	—	—	—	—	—	—	—

附表A-6 铜-铜镍（康铜）热电偶（T型）分度表

温度/℃	0	10	20	30	40	50	60	70	80	90
	热电动势/mV									
−200	−5.603	—	—	—	—	—	—	—	—	—
−100	−3.378	−3.378	−3.923	−4.177	−4.419	−4.648	−4.865	−5.069	−5.261	−5.439
0	0.000	0.383	−0.757	−1.121	−1.475	−1.819	−2.152	−2.475	−2.788	−3.089
0	0.000	0.391	0.789	1.196	1.611	2.035	2.467	2.980	3.357	3.813
100	4.277	4.749	5.227	5.712	6.204	6.702	7.207	7.718	8.235	8.757
200	9.268	9.820	10.360	10.905	11.456	12.011	12.572	13.137	13.707	14.281
300	14.860	15.443	16.030	16.621	17.217	17.816	18.420	19.027	19.638	20.252
400	20.869	—	—	—	—	—	—	—	—	—

附录B 报告格式样本

附表B-1 测试项目基本信息

测试机构名称	
报告编号	
风电机组产品型号	
风电机组制造商	
被测风电机组序列号	
被测风电机组的主要数据	
风电机组类型（水平轴/垂直轴）	
叶片数目	
风轮直径/m	
轮毂高度/m	
叶片控制（变桨/失速）	
速度控制（定速/变速）	
发电机类型和额定功率/kW	
变频器类型和额定容量/kVA	
额定功率/kW	
额定风速/$(m \cdot s^{-1})$	
额定视在功率/kVA	
额定电流/A	
额定电压/V	
额定频率/Hz	
风电机组输出端标识	

附表B-2 频率适应性

频率范围	频率		时间/min	
	设定值	实际测量值	设定时间	机组运行时间
＜48Hz	机组允许运行的最低频率		10	
48～49.5Hz	48Hz		30	
49.5～50.2Hz	49.5Hz	60		
	50.2Hz	60		
＞50.2Hz	50.5Hz		10	
	机组允许运行的最高频率		10	

附表B-3 电压偏差适应性

电压偏差/p. u.		时间/min	
设定值	实际测量值	设定时间	机组运行时间
0.90		10	
0.95		10	
1.00		10	
1.05		10	
1.10		10	

附表B-4 三相电压不平衡适应性

三相电压不平衡度/%		时间/min	
设定值	实际测量值	设定时间	机组运行时间
2.0		10	
4.0		1	

附表B-5 以电压总谐波畸变率考核谐波适应性

电压总谐波畸变率/%		时间/min	
设定值	实际测量值	测量持续时间	机组运行时间
3		10	
各次（2～25次）谐波组合/%			
2	3		
4	5		
6	7		
8	9		
10	11		
12	13		
14	15		
16	17		
18	19		
20	21		
22	23		
24	25		

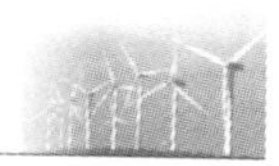

附表 B-6 以奇次谐波考核谐波适应性

各次电压谐波畸变率			时间/min	
谐波次数	设定值/%	实际测量值/%	测量持续时间	机组运行时间
3	2.1			
5	2.1			
7	2.1			
9	2.1			
11	2.1			
13	2.1			
15	2.1			
17	2.1			
19	2.1			
21	2.1			
23	2.1			
25	2.1			

进行此项测试时，分别设置各次电压谐波畸变率为2.1%，其他各次谐波电压畸变率均设置为零。

附表 B-7 以偶次考核谐波适应性

各次电压谐波畸变率			时间/min	
谐波次数	设定值/%	实际测量值/%	测量持续时间	机组运行时间
2	1.2			
4	1.2			
6	1.2			
8	1.2			
10	1.2			
12	1.2			
14	1.2			
16	1.2			
18	1.2			
20	1.2			
22	1.2			
24	1.2			

进行此项测试时，分别设置各次电压谐波畸变率为1.2%，其他各次谐波电压畸变率均设置为零。

附录 C　风电机组测试相关实验

附录 C-1　金属箔式应变片应用—电桥实验

实验目的：

1. 了解金属箔式应变片的应变效应
2. 了解金属箔式应变片粘贴到弹性元件使用的方法
3. 了解单臂电桥测量电路的工作原理和性能
4. 了解全桥测量电路的优点

实验仪器：

应变传感器实验模板，应变式传感器，砝码，数显表，±15V 电源，±4V 电源，万用表

实验原理：

电阻丝在外力作用下发生机械变形时，其电阻值发生变化，这就是电阻的应变效应，描述电阻应变效应的关系式为

$$\frac{\Delta R}{R}=K\varepsilon$$

式中　$\frac{\Delta R}{R}$——电阻丝电阻相对变化；

K——应变灵敏系数；

$\varepsilon=\frac{\Delta l}{l}$——电阻丝长度相对变化。

金属箔式应变片就是通过光刻、腐蚀等工艺制成的应变敏感元件，通过它转换被测部位受力状态变化，电桥的作用是完成电阻到电压的比例变化，电桥的输出电压反映了相应的受力状态。对于单臂电桥，输出电压 $U_{01}=\frac{EK\varepsilon}{4}$。全桥测量电路中，将受力性质相同的两应变片接入电桥对边，不同的接入邻边，当应变片初始阻值 $R_1=R_2=R_3=R_4$，其变化值 $\Delta R_1=\Delta R_2=\Delta R_3=\Delta R_4$ 时，其桥路输出电压 $U_{03}=EK\varepsilon$。其输出灵敏度比半桥又提高了一倍，非线性误差和温度误差均得到改善。

实验步骤：

1. 单臂电桥性能实验

（1）模板传感器中各应变片已接入模板左上方的 R_1、R_2、R_3、R_4 处。加热丝也接于模板的加热器处。应变式传感器安装示意图如附图 1 所示。用万用表进行测量判别，$R_1=R_2=R_3=R_4=350\Omega$，加热丝阻值为 50Ω 左右。

（2）接入模板电源±15V（从主控箱引入），检查无误后，合上主控箱电源开关，将

实验模板调节增益电位器 R_{w3} 顺时针调节大致到中间位置（2.5 圈），再进行差动放大器调零，方法为将差放的正、负输入端与地短接，输出端与主控箱面板上数显表电压输入端 Vi 相连，调节实验模板上调零电位器 R_{w4}，使数显表显示为零（数显表的切换开关打到 2V 档）。关闭主控箱电源。拆除差放的正、负输入端与地的短接线。

（3）把托盘放到悬臂梁上。

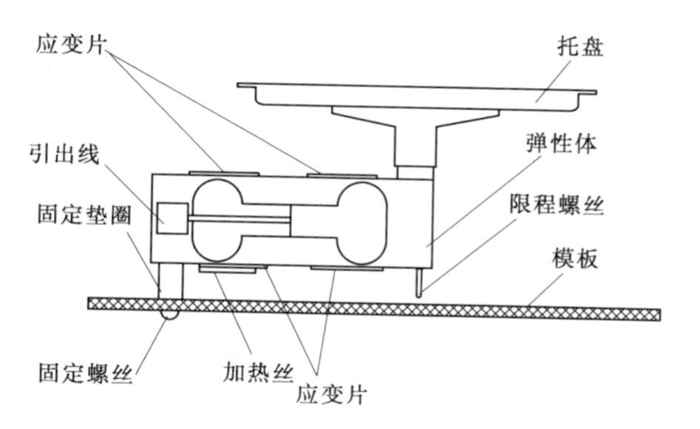

附图 1 应变式传感器安装示意图

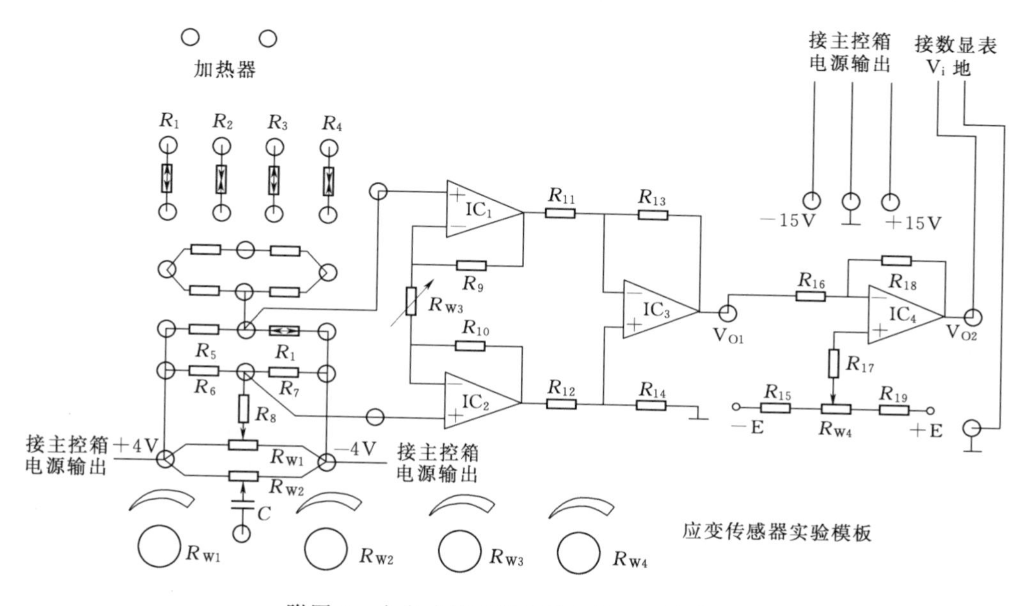

附图 2 应变式传感器单臂电桥实验接线图

（4）将应变式传感器的一个应变片 R_1（即模板左上方的 R_1）接入电桥作为一个桥臂，与 R_5、R_6、R_7 接成直流电桥（R_5、R_6、R_7 模块内已连接好），接好电桥调零电位器 R_{w1}，接上桥路电源±4V（从主控箱引入）。应变式传感器单臂电桥实验接线图如附图 2 所示。检查接线无误后，合上主控箱电源开关。调节 R_{w1}，使数显表显示为零。

（5）在托盘上放置一只砝码，读取数显表显示的输出电压数值，依次增加砝码和读取相应的数显表值，直到 200g 砝码加完。再依次减少砝码，读取相应数据，砝码质量与单臂电桥输出电压关系测量见附表 1。记下实验结果填入附表 1，关闭电源。

（6）根据附表 1，绘出 $\Delta u=f(\Delta W)$ 曲线。计算系统灵敏度

$$S=\Delta u/\Delta W$$

式中 Δu——输出电压变化量；

ΔW——重量变化量。

计算线性误差

$$\delta_{f1}=\Delta m/y_{FS}\times 100\%$$

式中　Δm——输出值（多次测量时为平均值）与拟合直线的最大偏差；

y_{FS}——满量程输出平均值，此处为200g。

附表1　砝码质量与单臂电桥输出电压关系测量

重量/g										
电压/mV										

2. 全桥性能实验

（1）传感器安装与单臂电桥性能实验相同。

（2）金属箔式应变片全桥实验接线示意图如附图3所示，根据附图3连接电路。

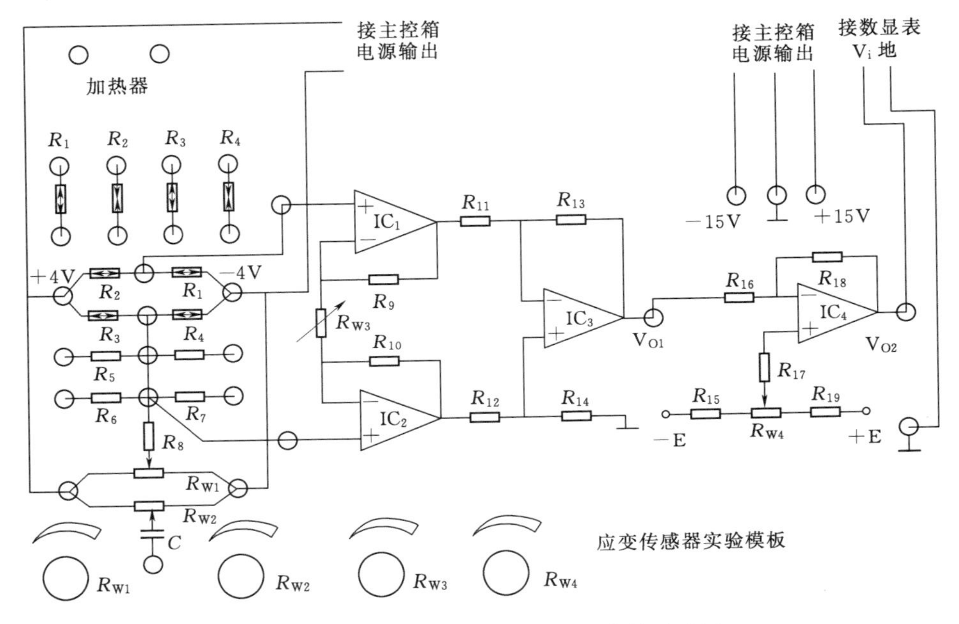

附图3　金属箔式应变片全桥实验接线示意图

（3）实验方法与单臂电桥性能实验相同。砝码质量与全桥输出电压关系测量见附表2。将实验结果填入附表2。

附表2　砝码质量与全桥输出电压关系测量

重量/g										
电压/mV										

（4）根据附表2，绘出 $\Delta u=f(\Delta W)$ 曲线进行灵敏度和非线性误差计算。

附录C-2　风资源评估（功率曲线预测）实验

风电机组的功率曲线不仅是风电机组设计过程中进行控制系统设计时的重要依据，更是考核风电机组性能、评估风电机组发电能力的一项重要指标。机组制造商在向用户提供

设备时，首先要提交机组的标准功率曲线；机组运行过程中测试得到的功率曲线如果超过设计依据的标准功率曲线，将使风电机组处于过负荷状态，影响机组寿命；而实际测试功率曲线低于制造商的标准功率曲线时，影响机组发电量。因此针对具体风电场条件，正确进行功率曲线计算、测试、修正及外推具有重要意义。

实验目的：

掌握功率特性测试中数据预处理、数据筛选及数据回归方法；

练习在Matlab环境下，采用最小二乘法进行风功率曲线拟合。

实验步骤：

1. 数据采集

以1Hz的采样频率采集风电机组的风速、风向、输出功率；气温、气压、降雨量及风电机组状态，可以用较低采样速率采集，但至少每分钟一次。所选数组应至少覆盖扩展的风速范围，即从切入风速以下1m/s到“AEP测量值”大于或等于“AEP外推值(4m/s、5m/s、6m/s、7m/s、8m/s、9m/s、10m/s和11m/s)”95%时对应的风速。风速范围应连续分成0.5m/s连续bin，中心值是0.5m/s的整数倍。

将采集数据导入Matlab，并按照以下统计值存储数据：

平均值

标准偏差

最大值

最小值

将上述四项存储数据以散点图形式绘制图像。

2. 数据筛选

按照应确保只有在风电机组正常运行下采集的数据用于分析，且数据没有被破坏的原则，下列情况下的数据组应从数据库中剔除：

（1）除风速以外的其他外部条件超出风电机组的运行范围。

（2）风电机组故障引起风电机组停机。

（3）在测试中或维护运行中人工停机。

（4）测量仪器故障或降级。

（5）风向在规定的测量扇区之外。

（6）风向在场地标定有效扇区之外。

以10min为一个周期，由连续测量所得到的数据，据标准计算出每10min时间的平均值和标准差，详见式（6-8）和式（6-9）。

3. 数据回归

根据式（6-10）计算数据采集时在大气温度和压力下的空气密度，通过式（6-11）将当下风速折算成标准大气压下风速。

4. 绘制功率曲线

回归后风速、功率数据组采用bin方法（method of bins）进行处理，0.5m/s bin宽度为一组，利用标准化后的每个风速bin所对应的功率值计算得出

$$V_i = \frac{1}{N_i}\sum_{j=1}^{N_i} V_{n,i,j} \tag{1}$$

$$P_i = \frac{1}{N_i}\sum_{j=1}^{N_i} P_{n,i,j} \tag{2}$$

式中　V_i——折算后的第 i 个 bin 的平均风速值；

$V_{n,i,j}$——测得的第 i 个 bin 的 j 数据组的风速值；

N_i——第 i 个 bin 的 10min 数据组的数据数量；

P_i——折算后的第 i 个 bin 的平均功率值；

$P_{n,i,j}$——测得的第 i 个 bin 的 j 数据组的功率值。

5. 曲线拟合

在 Matlab 环境下编程，采用最小二乘法进行风功率曲线拟合。

采用 Matlab 中最小二乘法曲线拟合工具包进行风功率曲线拟合。

附录 C-3　实验室风力发电实验台电能质量测试实验

实验目的：

掌握各种电流、电压、多功能数显表、电能质量测量仪 PAC3200 使用方法；

掌握并网型风电机组电能质量的评价标准和测试方法。

实验仪器：

SUT-DFGC-10k W；电能质量测量仪 PAC3200；示波器。

实验步骤：

在机组断电的情况下：

将电能质量测试仪根据测量要求在相应的测量点进行正确接线。用示波器录取定子电压 U_{sa} 和电网电压 U_{na} 波形观察并网效果：将探头 CH1 和探头 CH2 分别连接“并网开关”两侧的接线端子，接地端子相互短接后连接到 N 线端子。通过示波器观察电压 U_{sa}、U_{na} 在并网前后的变化。

待接线完成后，设备上电观察到面板上“电源指示”和“停机指示”灯亮。

打开“操作锁”，检查“安全链”是否闭合，按下“安全链复位”按钮实现硬件复位，再按下“故障复位”按钮实现软件复位。

“自动/手动”选择开关调节至“手动”状态。

“转速模拟/风模拟”选择开关调节至“风速模拟”状态，“功率因数”设定为“1.00”；按下“启动”按钮，观察到系统“运行指示”灯点亮。观察发电机轴转速数码管的显示在 800r/m 左右并稳定一段时间后，按下“自动并网”按钮进行并网合闸。

调节“风速调节”旋钮，使得风速稳定于平均风速 8.0m/s、10.0m/s、12.0m/s，以及调节“风强度”和“风类型”选择开关改变风况。

在不同风况下观察示波器监测的并网波形变化，并记录 PAC3200 电能质量检测仪和数码管显示输出的电压 U/V/W 相谐波畸变率、电流 U/V/W 相谐波畸变率、三相电压不平衡度、三相电流不平衡度等数据。电能质量测试表参见附表 3。

利用电能质量测试仪观察机组运行于不同风速和风况下，输出电压和电流的波形以及

电能质量的相关评价指标。

附表3　电能质量测试表

序号	平均风速/(m·s^{-1})	风强度	风类型	电压U/V/W相谐波畸变率/%	电流U/V/W相谐波畸变率/%	三相电压不平衡度/%	三相电流不平衡度/%
	8.0	无					
	10.0						
	12.0						
		弱	叠加				
		弱	瞬变				
		弱	阵风				
		强	叠加				
		强	瞬变				
		强	阵风				

实验测试项目完成后，按下“停机”按钮。

参 考 文 献

[1] 谢志萍．传感器与检测技术［M］．2版．北京：电子工业出版社，2009.

[2] 肖创英．欧美风电发展的经验与启示［M］．北京：中国电力出版社，2010.

[3] 周祥才，朱兆武．检测技术及应用［M］．北京：中国计量出版社，2009.

[4] 薛扬．重视开发风电机组检测技术［J］．中国科技投资，2008（4）：38－39.

[5] 王惠文．分贝及分贝误差［M］．计测技术，1990（4）：18－20.

[6] 郑华耀．检测技术［M］．2版．北京：机械工业出版社，2010.

[7] 周渭．测试与计量技术基础［M］．西安：西安电子科技大学出版社，2004.

[8] 曹才开．检测技术基础［M］．北京：清华大学出版社，2009.

[9] 张重雄．现代测试技术与系统［M］．北京：电子工业出版社，2010.

[10] 古天祥．电子测量原理与应用［M］．北京：机械工业出版社，2014.

[11] 周润景．传感器与检测技术［M］．北京：电子工业出版社，2014.

[12] 肖湘宁．电能质量分析与控制［M］．北京：中国电力出版社，2004.

[13] 栗时平，刘桂英．现代电能质量检测技术［M］．北京：中国电力出版社，2008.

[14] 张桂斌，徐政，王广柱．基于空间矢量的基波正序、负序分量及谐波分量的实时检溯方法［J］．中国电机工程学报，2001，21（10）：1－5.

[15] 栗时平，郑小平，金维宇．电力系统谐波检测方法及其实现技术的发展［J］．电气技术，2004，42（1）：33－38.

[16] 赵学东，孙树勤．闪变仪中调制波的几种检波方法［J］．电网技术．1996，20（4）：52－54.

[17] IEC 61400－12. Wind Turbines Generator Systems Part 12：Wind Turbine Power Performance Testing［S］，2005.

[18] 许昌．风电场规划与设计［M］．北京：中国水利水电出版社，2013.

[19] GB/T 18451.2—2003 风力发电机组 功率特性试验［S］．2003.

[20] GB/T 18451.2—2012 风力发电机组 功率特性试验［S］．2012.

[21] 刘万琨，张志英，李银凤，等．风能与电力发电技术［M］．北京：化学工业出版社，2007.

[22] ［美］Tony Burton，等．风能技术［M］．武鑫，等，译．北京：科学出版社，2007.

[23] 郭新生．风能利用技术［M］．北京：化学工业出版社，2007.

[24] 高凯，李胜辉，黄旭，等．风电机组低电压穿越测试相关技术研究［J］．东北电力技术，2013，34（1）：5－8.

[25] 曹瑞发，朱武，涂祥存，等．双馈式风力发电系统低电压穿越技术分析［J］．电网技术，2009，33（9）：72－77.

[26] 李建林，许洪华．风力发电系统低电压运行技术［M］．北京：机械工业出版社，2009.

[27] 曹可劲，崔国恒，朱银兵．超声波风速仪的理论建模及分析［J］．声学技术，2010，29（4）：388－391.

[28] 李冬梅，郑永起，潘静岩，等．相干多普勒激光测风雷达系统研究［J］．光学技术，2010，36（6）：880－884.

[29] 徐新宇．基于边缘技术多普勒测风激光雷达鉴频系统研究［D］．哈尔滨：哈尔滨工业大学，2008.

[30] 王刚．非相干激光雷达测量大气风速的研究［D］．成都：电子科技大学，2004.

[31] GL 2010，Guideline for the Certification of Wind Turbines. Germanischer Lloyd [S]. 2010.

[32] IEC 61400 - 1. Wind Turbines—Part 1：Design Requirements. International Electrotechnical Commission [S]. 2005.

[33] 邓英．风力发电机组设计理论与技术 [M]．北京：化学工业出版社，2011.

[34] Kurt S. Hansen，Knud Ole Helgesen Pedersen & Uwe Schmidt Paulsen. Online wind turbine measurement laboratory. EWEC Conference 2006，2006：3 - 6.

[35] 郭亮，王维庆，应昕，等．基于虚拟仪器的风电机组疲劳载荷测试系统 [J]．太阳能学报，2008，29 (3)：1 - 3.

[36] 张小牛，侯国屏，赵伟．虚拟仪器技术回顾与展望 [J]．测控技术，2000，19 (9)：22 - 24.

[37] 李士波，郭创，董新民．一种基于虚拟仪器技术的故障检测系统设计 [J]．电测与仪表，2009，40 (452)：32 - 34.

[38] 秦世耀，李庆，王伟，等．基于 PC 测量仪器的风电机组电能质量测试系统 [J]．电网与清洁能源，2009，25 (1)；36 - 39.

[39] Garcia Marquez F P，Tobias A M，pinar perez J M，et al. Condition monitoring of wind turbines：Techniques and methods [J]. Renewable Energy，2012，46 (1)：169 - 178.

[40] 康伟．电能质量检测方法及应用研究 [D]．保定：华北电力大学（河北），2008.

[41] Vural B. Wind turbine generator system power quality test plan [R]. NREL，2001.

[42] Santjer Fritz. Power quality measurement and wind turtine operating improvement at the CEMIG Morro do Camelinho wind farm in Brail [J]. DEWI Magazine，1998，18 (2)：16 - 18.

[43] Joselin Herbert G M，Iniyan S，Sreevalsan E，et al. A review of wind energy technologies [J]. Renewable and Sustainable Energy Reviews，2007，11 (6)：1117 - 1145.

[44] Thiringer T. Power quality measurements performed on a low - voltage gird equipped with two wind turbines [J]. Energy Conversion，IEEE Transaction on，1996，11 (3)：601 - 606.

[45] Hansen A D，Sorensen P，Janosi L，et al. Wind farm modelling for power quality [C]. In：Industrial Electronics Society，2001. The 27th Annual Conference of the IEEE，2001：1959 - 1964.

[46] 胡铭，陈珩．电能质量及其分析方法综述 [J]．电网技术，2000 (2)：36 - 38.

[47] Vilar C，Amaris H，Usaola J. Assessment of flicker limits compliance for wind energy conversion system in the frequency domain [J]. Renewable Energy ，2006，31 (8)：1089 - 1106.

[48] Vilar Moreno C，Amaris Duarte H，Usaola Garcia J. Propagation of flicker in electric power networks due to wind energy conversions system [J]. Energy Conversion，IEEE Transaction on ，2002，17 (2)：267 - 272.

[49] Papadopoulos M P，Papathanassiou S A，Tentzerakis S T，et al. Investigation of the flicker emission by grid connected wind turbines [C]. The 8th International Conference On Harmonics and Quality of Power Proceedings，1998 (2)：1152 - 1157.

[50] Gherasim C，Crose T，Van den Keybus J，et al. Development of a flickermeter for grid - connected wind turbines using a DSP - based prototyping system [J]. Instrumentation and Measurement，IEEE Transactions on，2006，55 (2)：550 - 556.

[51] Xiaobing X U，Wei LI，Jianping W，et al. Detection of Voltage Flicker Caused by Intergrated Wind Power Based on Adaptive Lifting Wavelet Transform [J]. Procedia Engineer，2011，12 (2)：5105 - 5110.

[52] 池安详，康鸿飞，徐奉英．基于人工神经网络 BP 算法在电能质量检测分析监控新技术应用研究 [J]．中国高新技术企业，2010 (30)：43 - 45.

[53] Wang M H，Tseng Y F. A novel analytic method of power quality using extension genetic algorithm and wavelet transform [J]. Expert Systems，2009，31 (6)：258 - 268.

[54] 李世林，刘军武，等．电能质量国家标准应用手册 [M]. 北京：中国电力出版社，2007：10－50.

[55] 姚兴佳．风力发电检测技术 [M]. 北京：电子工业出版社，2011：12－60.

[56] 蒋佳良，晁勤，陈建伟．不同风电机组的频率相应特性仿真分析 [J]. 可再生能源，2011 (3)：24－28.

[57] Yingcheng X，Nengling T. Review of contribution to frequency control through variable speed wind turbine [J]. Renewable Energy，2011，36 (6)：1671－1677.

[58] Aghazadeh R，Lesanri H，Sanaye－Pasand M，et al. New technique for frequency and amplitiude estimation of power system signals [J]. Generation，Transmission and Distribution，IEEE Proceedings，2005，152 (3)：435－440.

[59] 牟龙华，邢锦磊．基于傅里叶变换的精确频率测量算法 [J]. 电力系统自动化，2008，32 (23)：70－94.

[60] Drapela J. A time domain based flickermeter with response to high frequency interharmonics [C]. In：Harmonics and Quanlity of Power，2008. 13th International Conference on，2008.

[61] 肖湘宁．电能质量分析与控制 [M]. 北京：中国电力出版社，2010.

[62] 刘桂龙，艾尼瓦尔·阿扎提，王维庆，等．风力发电并网引起的电压闪变及应对策略 [J]. 电器与能效管理技术，2011 (15)：17－22.

[63] Xiao H，Liu H. Comparison of Two Calculation Methods of Flicker Caused by Wind Power [C]. In:Power and Energy Engineering Conference (APPEEC). 2011 Asis－Pacific，2011.

[64] Fadeeinedjad R，Moallem M，Moschopoulos G et al. Flicker Contribution of a wind Power Plant with Single and Multiple Turbin Representations [C]. In：Electrical Power Conference. 2007.

[65] 史三省，周勇，秦晓军，等．基于 FFT 的电压波动与闪变测量算法 [J]. 电力系统及其自动化学报，2010，22 (6)：109－112.

[66] Cheng fu，Libo Chen，Chunling Meng. Wind turbine blade fatigue test design method [C]. 2012 International Conference on Materials for Renewable Energy and Environment，2012.

[67] Rainer Klosse，Holger Soker. Investigations on cross talk analysis for rotor blade bending measurements [J]. DEWI GmbH，Germany，2008：1－4.

[68] Yung－Li Lee，Jwo Pan，R. B. Hathaway，et al. Fatigue Testing and Analysis Theory and Practice [M]. Elsevier Butterworth－Heinemann. 2005.

[69] Rayner M Mayer. Design of composite structures against fatigue—applications to wind turbine blades [M]，UK：Mechanical Engineering Publication，1996.

[70] Erich Hau. Wind turbines－fundamentals，technologies，application，economics [J]. IEEE Electrical Insulation Magazine，2013，19 (2)：48.

[71] A. Heege，G. Adolphs，P. Lucas，et al. Fatigue damage computation of a composite material blade using a "Mixed non－linear FEM and Super Element Approach" [C]. European Wind Energy Conference & Exhibition 2011，Berlin，2011.

[72] Nijssen RPL. Fatigue Life Prediction and Strength Degradation of Wind Turbine Rotor Blade Composites [R]. Knowledge Centre Wmc & Dpcs Group of Aerospace Engineering，2006.

[73] 郝晋峰，石全，史宪铭，等．机械零件疲劳载荷谱的编制方法研究 [J]. 机械与电子，2009 (1)：76－78.

[74] 周家泽，管昌生．机械零件随机疲劳载荷的统计分析方法 [J]. 襄樊职业技术学院学报，2003，2 (4) :4－7.

[75] 张峥，陈欣．风力机疲劳问题分析 [J]. 华北水利水电学院学报，2008，29 (3)：2－4.

[76] V. A. Passipoularidis，T. P. Philippidis. Non－linear damage accumulation and load s equence effects

in life prediction of GL/EP composites [C]. 27th Riseo international symposium on materials science, Roskilde, 2006.

[77] 赵少汴．常用累积损伤理论疲劳寿命估算精度的试验研究 [J]. 机械强度，2000，22 (3)：206 - 209.

[78] 刘建伟．疲劳累积损伤理论理论发展概述 [J]. 山西建筑，2008，34 (23)：2 - 5.

[79] V. A. Passipoularidis, P. Brondsted. Fatigue evaluation algorithms: Review [M]. Danmarks Tekniske Universitet, Risϕ Nationallaboratoriet for Baeredygtig Energi, 2010.

[80] 蔡安民，张大同，代海涛．风力机疲劳分析 [C]. 2009年清洁高效燃煤发电技术协作网年会，2009.

[81] 姚兴佳．风力发电测试技术 [M]. 北京：电子工业出版社，2011.

[82] 董礼，廖明夫，Martin Kuehn，等．风力机等效载荷的评估 [J]. 太阳能学报，2008，29 (12)：1456 - 1459.

[83] GB/T 20319—2006 风力发电机组 验收规范 [S]．2006.

[84] 杨威，刘永前．风电场设计后评估方法研究 [D]. 北京：华北电力大学，2009.

[85] Musial I W, McNiff B. Wind Turbine Testing in the NREL Dynamometer Test Bed [R], Office of Scientific & Technical Infor mation Reports, 2000.

[86] T W Verbruggen. Wind Turbine Operation & Maintenance based on Condition Monitoring [R], 2003.

[87] M J Schulz, M J Sundaresan. Smart Sensor System for Structural Condition Monitoring of Wind Turbines [C]//Energy Conversion Congress and Exposition (ECCE), 2010.

[88] 熊晓燕．高分辨率扭振测量方法及其应用 [J]. 振动、测试与诊断，2003，23 (1)：41 - 43.

[89] 钟秉林，黄仁．机械故障诊断学 [M]. 北京：机械工业出版社，1997.

[90] 张安华．机电设备状态监测与故障诊断技术 [M]. 西安：西北工业大学出版社，1995.

[91] GB/T 20319—2006 风力发电机组验收规范 [S]. 2006.

[92] GB/T 19960. 2—2005 风力发电机组 通用试验方法 [S]. 2005.

[93] GB/T 20320—2006 风力发电机组 电能质量测量和评估方法 [S]. 2006

[94] Jozwiak R, Munro A, Halstead D, et al. Field Comparison of IEC 61400 - 11 Wind Turbines - Part 11: Acoustic Noise Measurement Techniques [C]//ASME 2015 Noise Control and Acoustics Division Conference at Internoise, 2015.

[95] H Holttinen, R Hirvonen. Wind Power in Power Systems [R]. 2005.

[96] 李庆．风电机组和风电场的功率特性及电能质量测试研究 [D]. 北京：电力科学研究院，2006.

[97] 雷军，张海荣. 风力发电机振动与噪声测试及其减噪方法研究 [J]. 北方环境，2011，23 (12)：101 - 104.

本书编辑出版人员名单

封面设计　芦　博　李　菲

版式设计　黄云燕

责任排版　吴建军　郭会东　孙　静　丁英玲　聂彦环

责任校对　张　莉　梁晓静　张伟娜　黄　梅　曹　敏

吴翠翠　杨文佳

责任印制　刘志明　崔志强　帅　丹　孙长福　王　凌